U0321998

审协湖北中心专利审查丛书

显示领域热点技术
专利分析及信息利用

国家知识产权局专利局专利审查协作湖北中心

—

组织编写

知识产权出版社
全国百佳图书出版单位
—北京—

图书在版编目（CIP）数据

显示领域热点技术专利分析及信息利用／国家知识产权局专利局专利审查协作湖北中心
组织编写 . —北京：知识产权出版社，2024.9. —ISBN 978-7-5130-9547-1

Ⅰ. TN873

中国国家版本馆 CIP 数据核字第 202446338Q 号

内容提要

本书聚焦新型显示领域，选取分别代表新型显示领域成熟技术、当前热点技术和未来具
有广阔前景技术的 LCD 显示技术、OLED 显示技术、Micro-LED 显示技术为本书的三大主要研
究方向，从专利申请态势、技术发展路线、重点申请人的重要专利的布局情况等方面，进行
专利分析。同时，本书结合 LCD、OLED 及 Micro-LED 显示技术的发展阶段特点和实际案例，
并基于高价值专利培育的理论，对显示领域高价值专利培育进行了案例分析。

本书可作为知识产权从业者和相关创新主体的参考用书。

责任编辑：许　波　　　　　　　　责任印制：孙婷婷

显示领域热点技术专利分析及信息利用

XIANSHI LINGYU REDIAN JISHU ZHUANLI FENXI JI XINXI LIYONG

国家知识产权局专利局专利审查协作湖北中心　　组织编写

出版发行：**知识产权出版社**有限责任公司	网　　址：http://www.ipph.cn
电　话：010-82004826	http://www.laichushu.com
社　　址：北京市海淀区气象路 50 号院	邮　　编：100081
责编电话：010-82000860 转 8380	责编邮箱：xubo@cnipr.com
发行电话：010-82000860 转 8101	发行传真：010-82000893
印　　刷：北京建宏印刷有限公司	经　　销：新华书店、各大网上书店及相关专业书店
开　　本：720mm×1000mm　1/16	印　　张：24.5
版　　次：2024 年 9 月第 1 版	印　　次：2024 年 9 月第 1 次印刷
字　　数：483 千字	定　　价：118.00 元

ISBN 978-7-5130-9547-1

本书编委会

主　编：杨　兴
副主编：薛　松　　张　辉
编　委：符媛英　　路丽芳　　罗　强
　　　　喻天剑　　叶　盛　　孟慧慧

本书涉及主要申请人名称约定表

序号	约定名称	对应申请人名称
1	京东方	京东方科技集团股份有限公司
2	天马微电子	天马微电子股份有限公司
3	华星光电	TCL 华星光电技术有限公司
4	维信诺	维信诺科技股份有限公司
5	和辉光电	上海和辉光电股份有限公司
6	惠科	惠科股份有限公司
7	彩虹光电	咸阳彩虹光电科技有限公司
8	龙腾光电	昆山龙腾光电股份有限公司
9	信利	信利半导体有限公司
10	三星	三星显示有限公司（SAMSUNG DISPLAY CO LTD）
11	乐金	乐金显示有限公司（LG DISPLAY CO LTD）
12	友达光电	友达光电股份有限公司
13	苹果	苹果公司（APPLE INC）
14	日本显示	日本显示器公司（Japan Display Inc）
15	精工爱普生	精工爱普生株式会社（SEIKO EPSON CORP）
16	半导体能源研究所	株式会社半导体能源研究所（SEMICONDUCTOR ENERGY LAB）
17	索尼	索尼株式会社（SONY CORP）
18	夏普	夏普株式会社（SHARP KK）
19	松下	松下公司（Panasonic Corporation）
20	佳能	佳能株式会社（CANON kk）
21	群创光电	群创光电股份有限公司
22	东芝	东芝株式会社（TOSHIBA KK）
23	日立	株式会社日立制作所（HITACHI LTD）

续表

序号	约定名称	对应申请人名称
24	日本有机显示	株式会社日本有机雷特显示器（Joled Inc）
25	华映	中华映管股份有限公司
26	柔宇	柔宇科技有限公司
27	华为	华为技术有限公司
28	欧珀	OPPO 广东移动通信有限公司
29	TCL	TCL 移动通信有限公司
30	维沃	维沃移动通信有限公司
31	环球显示	环球显示器公司（UNIVERSAL DISPLAY CORPORATION）
32	全球 OLED 显示	全球 OLED 显示有限公司（GLOBAL OLED TECHNOLOGY LLC）
33	出光兴产	出光兴产株式会社（IDEMITSU KOSAN CO）
34	中电熊猫	南京中电熊猫液晶显示科技有限公司
35	富士康	鸿海精密工业股份有限公司
36	康佳	康佳集团（KONKA）
37	锋创	英属开曼群岛商錼创科技股份有限公司（PlayNitride INC）
38	艾克斯展示	艾克斯展示（X-DISPLAY CO TECHNOLOGY LTD）
39	首尔伟傲世	首尔伟傲世有限公司（Seoul Viosys CO LTD）
40	伊乐视	伊乐视有限公司（eLux INC）
41	思坦科技	思坦科技有限公司
42	美科米尚	美科米尚技术有限公司
43	华灿光电	华灿光电股份有限公司
44	乾照光电	乾照光电股份有限公司
45	晶元光电	晶元光电股份有限公司
46	光铉	光铉科技股份有限公司
47	聚积科技	聚积科技有限公司
48	普列斯	普列斯有限公司（Plessey CO LTD）
49	欧酷拉	欧库勒斯虚拟现实有限责任公司（Oculus VR LLC）
50	非结晶	非结晶公司（Amorphyx INC）
51	罗茵尼	罗茵尼公司（Rohinni INC）
52	京东方像素	合肥京东方像素科技有限公司
53	维耶尔	维耶尔公司（VueReal INC）

序号	约定名称	对应申请人名称
54	易美芯光	易美芯光（北京）科技有限公司
55	北大青鸟显示	香港北大青鸟示有限公司
56	歌尔股份	歌尔股份有限公司
57	三安光电	三安光电股份有限公司
58	利亚德	利亚德集团
59	晶能光电	晶能光电股份有限公司
60	流明斯	流明斯有限公司（LUMENS CO LTD）
61	东丽	东丽株式会社（TORAY INDUSTRIES）
63	三洋	三洋电机株式会社（Sanyo-Electric-Co. Ltd）
64	柯达	伊斯曼柯达公司（EASTMAN KODAK Company）
65	霍尼韦尔	霍尼韦尔国际公司（Honeywell International INC）

前　言

《中华人民共和国国民经济和社会发展第十四个五年规划和 2035 年远景目标纲要》指出，更好保护和激励高价值专利，培育专利密集型产业，发展壮大战略性新兴产业。专利密集型产业成长性高、创新能力强、发展潜力大，在支撑实体经济创新发展中发挥了重要作用。据 2024 年发布的《中国专利密集型产业统计监测报告》显示，我国专利密集型产业集聚了全国企业研发投入之和的五成，产出了七成左右的发明专利，贡献了全国 12.71% 的 GDP。大力发展专利密集型产业，已经成为推动我国科技高质量发展的一项战略任务。作为新一代电子信息技术产业的重要组成部分，新型显示产业既是重要的国家战略性新兴产业，也是专利密集型产业，该行业对整个产业链上下游具有巨大的带动作用，全球显示面板及相关产业的产值达到千亿美元的规模。

三十年来，我国企业在新型显示领域的发展经历了由跟跑、并跑到逐渐领跑的发展过程。特别是近十年间，我国新型显示产业规模与出货量稳步增长，液晶显示（Liquid Crystal Display，LCD）面板出货量稳居全球第一，有机发光二极管（Organic Light-Emitting Diode，OLED）显示领域迎头赶上，微发光二极管（Micro Light-Emitting Diode，Micro-LED）等新型显示技术迅速发展。新型显示领域的快速发展是我国实施创新驱动发展战略、全球竞争力和创新能力不断提升的重要体现。

新型显示领域具有明显的资金投入大，技术发展快，技术壁垒高的特点，从大量专利中挖掘出新型显示技术热点和未来发展趋势成为各大创新主体开展技术研发的重要工作。为便于相关创新主体和知识产权从业者了解该领域国内外的技术发展状况，获取重要专利技术信息，为技术研发和专利运用提供信息支撑。本书从专利视角对新型显示领域进行分析，展示出新型显示领域技术发展脉络和专利布局特点。本书第 1 章介绍新型显示领域的技术发展历程及产业发展概况；第 2 章至第 4 章分别针对新型显示领域中 LCD、OLED 和 Micro-LED 三大技术方向的热点技术分支，基于专利申请态势、专利技术发展路线、主要申请人重要专利的布局情况等方面进行了专利分析；其中，LCD 为新型显示领域成熟技术，

OLED 代表当前热点技术，Micro-LED 则代表未来具有广阔前景技术。第 5 章基于高价值专利培育的理论，结合 LCD、OLED 和 Micro-LED 的发展阶段特点和实际案例，对显示领域高价值专利培育进行了案例分析，第 6 章为全书结语。

本书主编杨兴，副主编薛松、张辉，本书编写人员排序及分工情况如下：

薛松（第 1 章第 1.3 节，第 3 章第 3.4.1~3.4.4 节、第 3.9 节，第 4 章第 4.5.1~4.5.4 节、第 4.5.8~4.5.9 节，第 6 章第 6.1~6.2 节，合计 5.79 万字），张辉（第 1 章第 1.2 节、第 3 章第 3.1~3.3 节、第 3.4.5~3.4.7 节，合计 5.63 万字），符媛英（第二章第 2.2~2.3 节、第 2.5.2~2.5.8 节、第 2.6.5 节、第 2.6.7 节，第三章第 3.5.1~3.5.3 节、第 3.6.4~3.6.8 节、第 3.7.2~3.7.4 节，第五章第 5.5 节、第 5.9 节，合计 10.38 万字），路丽芳（第二章第 2.1.2 节、第 2.6.4 节，第三章第 3.8 节，第四章第 4.1~4.2 节、第 4.4 节、第 4.5.5~4.5.7 节、第 4.6~4.7 节，合计 10.46 万字），罗强（第 1 章第 1.1 节、第 2 章第 2.1.3 节，第 3 章第 3.6.1~3.6.3 节、第 3.6.9 节，第 4 章第 4.3 节，第 5 章第 5.1~5.2 节、第 6 章第 6.3 节，合计 3.28 万字），喻天剑（第二章第 2.1.1 节、第 2.6.1~2.6.3 节、第 2.6.6、2.6.8 节、第 2.7 节，第三章第 3.5.4 节、第 3.5.9 节、第 3.7.1 节、第 3.7.5~3.7.6 节，合计 5.33 万字），叶盛（第五章第 5.3~5.4 节、第 5.6~5.8 节，合计 3.28 万字），孟慧慧（第二章第 2.4 节、第 2.5.1 节，合计 3.24 万字）。

本书提供了显示领域的专利信息和专利分析运用的实例，可作为知识产权从业者和相关创新主体的参考用书，希望本书能够促进相关领域的技术创新和经济高质量发展。由于研究人员水平有限，书中难免有疏漏之处，相关数据分析和结论仅供读者参考。

目 录

contents

第1章 显示产业及热点技术概况

随着物联网、云计算、大数据、元宇宙等新技术的兴起，人类社会已进入万物互联时代，在这个过程中，新型显示作为智能交互的重要端口，已成为承载超高清视频、物联网、虚拟现实和增强现实等新兴产业的重要支撑和基础，同时也是全球各国及地区近年来竞相发展的战略性新兴产业。新型显示技术主要包括液晶显示（Liquid Crystal Display，LCD）、有机发光二极管显示（Organic Light Emitting Diode，OLED）、微型发光二极管显示（Micro Light Emitting Diode，Micro-LED）、量子点显示（Quantum Dots Light Emitting Diode，QLED）等，其中，LCD 技术成熟度最高，OLED 则是现阶段新型显示产业的主流技术，Micro-LED、QLED 是未来新型显示技术。本书以 LCD、OLED 及 Micro-LED 三种显示技术为研究对象，结合专利数据信息研究其技术发展脉络和发展现状，以期给相关从业人员提供一定的参考。

1.1 全球新型显示产业发展情况

1.1.1 全球显示产业发展历程

全球显示产业发展经历了初代显示技术萌芽阶段、阴极射线管（Cathode Ray Tube，CRT）显示产业快速崛起阶段、LCD 显示产业扩张阶段、LCD 主导显示产业阶段及"双核"多元化显示格局阶段。其中，"双核"多元化显示格局阶段主要以 LCD 和 OLED 双核为主导，QLED、Micro-LED、激光显示等新兴显示多元化发展并存，其具体发展历程如图 1-1-1 所示。❶ 在电子消费市场的不断推动下，显示产业的技术水平不断提升，各种新技术竞相发展。

---

❶ 赛迪顾问. 2020 中国新型显示十大园区白皮书［R/OL］. （2020-12-25）［2022-06-25］. http://www.199it.com/archives/1177648.html.

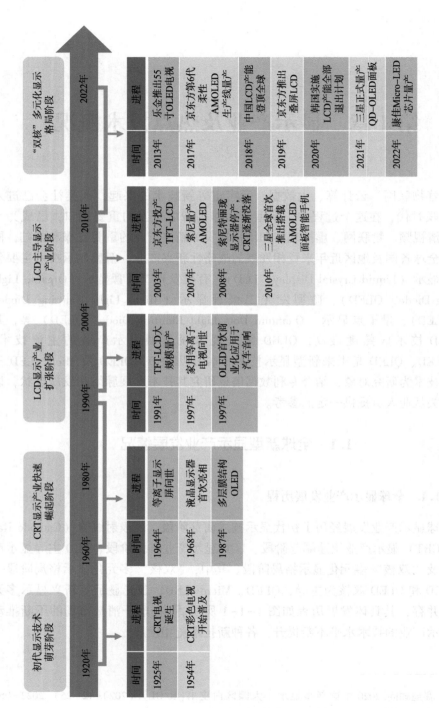

图 1-1-1 全球新型显示技术发展历程

初代显示技术 萌芽阶段		CRT显示产业快速 崛起阶段		LCD显示产业 扩张阶段		LCD主导显示 产业阶段		"双核" 多元化显示 格局阶段	
时间	进程	时间	进程	时间	进程	时间	进程	时间	进程
1925年	CRT电视 诞生	1964年	等离子显示 屏问世	1991年	TFT-LCD大 规模量产	2003年	京东方投产 TFT-LCD	2013年	乐金推出55 寸OLED电视
1954年	CRT彩色电视 开始普及	1968年	液晶显示器 首次亮相	1997年	家用等离子 电视问世	2007年	索尼量产 AMOLED	2017年	京东方第6代 柔性 AMOLED 生产线量产
		1987年	多层膜结构 OLED	1997年	OLED首次商 业化应用于 汽车车音响	2008年	索尼特丽珑 显示器停产, CRT逐渐没落	2018年	中国LCD产能 登顶全球
						2010年	三星全球首次 推出搭载 AMOLED 面板智能手机	2019年	京东方能 叠屏LCD
								2020年	韩国实施 LCD产能全部 退出计划
								2021年	三星正式量产 QD-OLED面板
								2022年	康佳Micro-LED 芯片量产

时间轴: 1920年 — 1960年 — 1980年 — 1990年 — 2000年 — 2010年 — 2022年

初代显示产业萌芽阶段（1920—1960 年）。该阶段出现 CRT 显示技术，该技术曾经长期统治显示技术领域。CRT 是由德国物理学家布劳恩发明的，1897 年首次被应用于一台示波器中，用于测量并显示快速变化的电信号。1925 年，英国人拜尔德利用"机械扫描圆盘"成功研制了无线电传影机，并与英国国家广播公司合作，首次播出电视试验节目，这意味着机械扫描黑白电视时代的开始。因此，人们在谈论电视的发明时，都把英国人拜尔德视为"电视发明者"。1953 年，美国无线电公司的彩色电视系统因兼容黑白电视信号，最终获得了美国联邦通信委员会的认可。1954 年，基于该系统的彩色电视机开始销售，这是现代彩色电视机正式成为商品的标志，同年美国正式播出彩色电视节目，成为世界上第一个播放彩色电视节目的国家。❶

CRT 显示产业快速崛起阶段（1960—1990 年）。从彩色电视开始销售至 20 世纪 90 年代，CRT 显示产业进入快速发展时期；20 世纪 80 年代，拥有 CRT 电视是很多人的梦想；20 世纪 90 年代，CRT 电视已经家喻户晓。但随着液晶显示技术的发展，CRT 显示器开始逐渐走向没落。目前，作为第一代显示的 CRT 已退出历史舞台；等离子显示屏于 1964 年由美国伊利诺伊大学两位教授唐纳德·比泽尔和吉恩·斯赖尔发明，当时只可显示单色，通常是橙色或绿色；20 世纪 80 年代个人电脑刚刚普及，由于当时液晶显示发展仍未成熟，等离子显示器一度被拿来用作电脑屏幕，直到薄膜晶体管液晶显示器（TFT-LCD）被发明，等离子显示器才逐渐退出电脑屏幕市场。❷

LCD 显示产业扩张阶段（1990—2000 年）。液晶显示器是除 CRT 外的另一种应用最广、而且从目前看来生命力仍然十分强劲的显示器。1963 年，美国无线电公司的威廉发现液晶受到电场的影响会产生偏转现象，首次发现了电光效应；1968 年，美国无线电公司的 Heil 振荡器开发部门开发了全球首台利用液晶偏转特性形成画面的屏幕，液晶显示器首次亮相，当时的液晶显示器工作不稳定，距离日常实际应用还有一定差距；直到 1973 年，英国大学教授葛雷发现了可以利用联苯来制作液晶显示器，才使液晶显示器产品正式批量生产，并为日本夏普公司的 EL-8025 电子计算机提供了屏幕。自此以后，开启了液晶多方面的应用，也逐渐促进了 LCD 产业的兴起。1991 年，第一代大面积玻璃基板（300mm×400mm）TFT-LCD 生产线投产。随着 TFT 技术的成熟，彩色液晶平板显示器迅速发展，不到十年的时间，TFT-LCD 迅速成长为主流显示器，以绝对优势占据了全球平板显示的大部分市场份额。

LCD 主导显示产业阶段（2000—2010 年）。2003 年，京东方收购韩国现代显

❶　肖运虹，王志铭. 显示技术［M］. 2 版. 西安：西安电子科技大学出版社，2018.
❷　任兴明，董国军. 教你选购、使用与维护电视机［M］. 成都：电子科技大学出版社，2009.

示技术株式会社的 TFT-LCD 业务，迅速切入 TFT-LCD 产业链核心环节，拉开了国产液晶显示屏蓬勃发展的大幕；国内京东方、天马微电子、华星光电等面板厂商纷纷参与 TFT-LCD 生产线建设浪潮中，中国的 TFT-LCD 产能也逐渐增加。此阶段，日本索尼也于 2007 年研发出 OLED 新型显示技术，其显示效果优于 LCD，成为各大面板厂商研究的热点，三星、乐金、京东方、华星光电、天马微电子等纷纷加大对 OLED 显示技术的研发。

"双核"多元化显示格局阶段（2010 年至今）。该阶段主要以 LCD 和 OLED "双核"为主导，量子点、Micro-LED 等新兴显示技术多元化发展并存。随着消费电子产业的迅猛发展，智能终端、穿戴设备、元宇宙、物联网及新能源汽车等领域对显示屏的品质要求不断提升，显示产业的重要地位也不断凸显。与此同时，电子消费市场客户多样化需求也不断推动着显示技术的革新，OLED 被认为将替代 LCD 成为显示技术的主流，同时 QLED、Micro-LED、激光显示等新兴显示技术也竞相发展，不断推出新产品满足各种应用场景下的显示需求。目前，Micro-LED 被业界普遍认为是最有发展前景的下一代显示技术之一，其亮度范围、寿命、色域都能达到较高水平，可以满足未来消费者对显示本身的高性能需求，产品领域从巨屏显示一直覆盖到微型显示，预期可以和 OLED 显示技术一起构建全领域、全尺寸覆盖的显示应用场景。

1.1.2 全球新型显示产能发展现状

在众多显示技术中，目前除了 LCD 外 OLED 也占领了显示产业的主赛道。根据《新型显示产业技术发展白皮书（2023）》，2022 年全球新型显示面板的市场规模为 1 436 亿美元，其中 LCD 仍占据主要市场，市场规模达 827 亿美元，占比 58%；随着高端显示需求的不断提升，OLED 占据的市场份额也得到了进一步提升，达 29%，两种显示技术占据绝对优势地位。而在主赛道之外，QLED、激光、Mini-LED、Micro-LED 等新兴显示技术也在竞相发展。随着元宇宙、智能穿戴设备的迅速发展，Micro-LED、QLED、激光显示等其他新型显示技术市场规模也得到较大提升，占比 13%，其预计会成为新型显示技术的新的发力点。2022 年全球新型显示市场规模如图 1-1-2 所示。预计到 2027 年，全球显示面板的市场规模将达到 2 551 亿美元，5 年复合年均增长率预计约为 11.8%，未来的新型显示产业将是多种技术互补、"百花齐放"的竞争格局。❶

---

❶ 国家新型显示技术创新中心. 新型显示产业技术发展白皮书[R/OL]. (2023-09-12) [2023-12-13]. http://ceea. org. cn/ceeacms/webArticleAction! detailView. do? articleID=2023091256885410044283546430098.

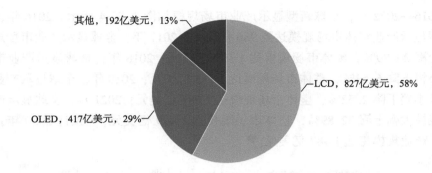

图 1-1-2　2022 年全球新型显示市场规模

　　2010—2020 年，全球新型显示产能主要区域分布情况如图 1-1-3 所示。从 2010 年到 2020 年的 10 年间，日本、韩国的新型显示产能稳中有降，并在近年来下降趋势明显，日本从 2010 年的 2 170 万平方米下降到 2020 年的 1 720 万平方米；韩国从 2010 年的 8 010 万平方米增长到 2012 年的峰值 10 090 万平方米后，开始逐年下降，到 2020 年为 7 570 万平方米；全球新型显示产能整体上是增加的，主要依赖于中国的产能迅速增长，中国新型显示产能从 2010 年的 7 020 万平方米增加到 2020 年的 26 350 万平方米。随着中国消费市场规模的不断扩大，全球新型显示产能逐渐向中国迁移，2012 年产能首次超过韩国后一直保持全球第一的领先位置。❶

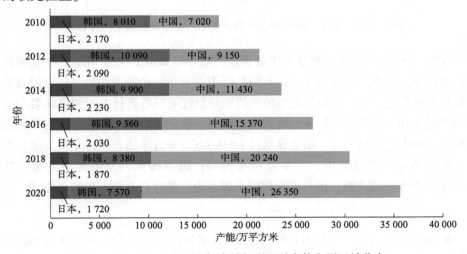

图 1-1-3　2010—2020 年全球新型显示产能主要区域分布

　　❶ 谷月，马利亚. 三分钟读懂全球新型显示产业发展格局［EB/OL］.（2020-12-06）［2023-12-13］. http://www.cena.com.cn/tablet/20201206/109690.html.

2016—2022 年，全球新型显示产业市场规模如图 1-1-4 所示。2016 年，全球新型显示产业整体市场规模达到 986 亿美元，2017 年，全球显示产业市场规模大幅上涨 20.89%，整体市场规模达 1 192 亿美元；2018 年，全球显示产业市场规模小幅下降 6.63%，整体市场规模达 1 113 亿美元；2019 年，全球显示产业市场规模小幅下降 2.52%，整体市场规模达 1 085 亿美元；2021 年，全球显示产业市场规模大幅上涨 32.89%，整体市场规模达 1 499 亿美元，❶预计 2030 年，全球显示产业规模将达 1 487 亿美元。❷

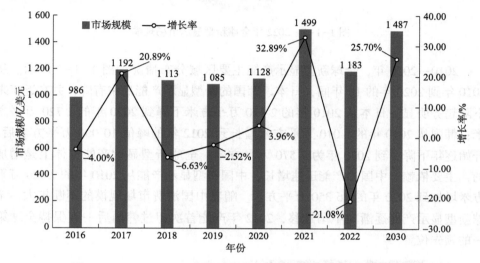

图 1-1-4　2016—2030 年全球新型显示产业市场规模及同比增速

2010—2020 年全球新型显示主要企业产能分布如图 1-1-5 所示。在全球新型显示企业中，京东方遥遥领先，以 6 502.42 万平方米的产能占据第一位，超过第二名华星光电将近一倍，而华星光电的产能则是超过第三名惠科电子和第四名中电熊猫的产能之和，京东方和华星光电为全球新型显示企业的第一梯队；第二梯队除了惠科电子和中电熊猫之外，乐金显示以 1 518.00 万平方米的产能排在第五位；而第三梯队的企业为彩虹光电、三星显示和天马；第四梯队以龙腾光电为首，具有 188.76 万平方米的产能，信利国际和富士康也为产能过百万平方米的企业。❸

────────────────

❶　集微咨询.2022 年中国显示面板行业研究报告[R/OL].（2023-06-16）[2023-12-13].https://www.icspec.com/news/article-details/2193488.

❷　中国平安.显示面板行业全景图:千亿美元级市场,产业格局清晰成熟[R/OL].（2023-06-16）[2023-12-13].https://pdf.dfcfw.com/pdf/H301_AP202306201591087415_1.pdf.

❸　谷月,马利亚.三分钟读懂全球新型显示产业发展格局[EB/OL].（2020-12-06）[2023-12-13].http://www.cena.com.cn/tablet/20201206/109690.html.

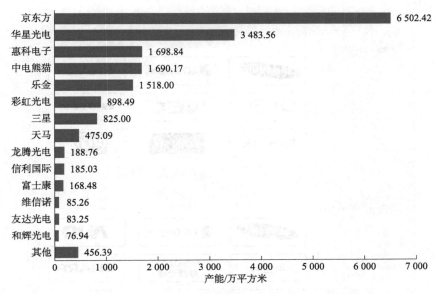

图 1-1-5　2010—2020 年全球新型显示主要企业产能分布

　　全球新型显示产业竞争中，诸多知名企业逐渐淘汰，全球新型显示产业的寡头竞争格局逐渐明晰，1990 年至今全球显示领域代表企业变化如图 1-1-6 所示。全球显示面板产业链产能转移经历了三个时期：2000 年前是由日本主导的全球 TFT-LCD 产业发展，同时期的韩国企业大力发展该产业，该时期全球出货量第一是三星；2000—2010 年日本向中国台湾省技术转移，同时期中国以京东方为代表的企业通过收购的方式开始快速发展液晶显示产业；2010 年到 2019 年，日本多家面板厂商已经退出 LCD 产业，而韩国也将重心转移至 OLED，LCD 产能主要转移到中国，使得中国的 LCD 面板产能位居全球第一。根据赛迪顾问数据，2020 年至今我国 LCD 产能占全球产能的 50%，未来的 LCD 产能也继续集聚在中国。

1.2　中国新型显示产业发展现状

　　为突破我国电子工业"缺芯少屏"困境，我国显示产业近年来取得了长足的发展。近年来，国家有关部门相继出台了支持面板产业发展的一系列政策，做好了顶层设计，通过规范布局、动态调整，对我国新型显示产业高质量发展起到了重要的引导和推动工作。自 2006 年起，我国先后出台了 OLED 产业相关的支持政策，如表 1-2-1 所示。针对"十四五"期间全球和全国新型显示产业出现的新趋势，中国光学光电子行业协会液晶分会副秘书长胡春明对行业发展提出如

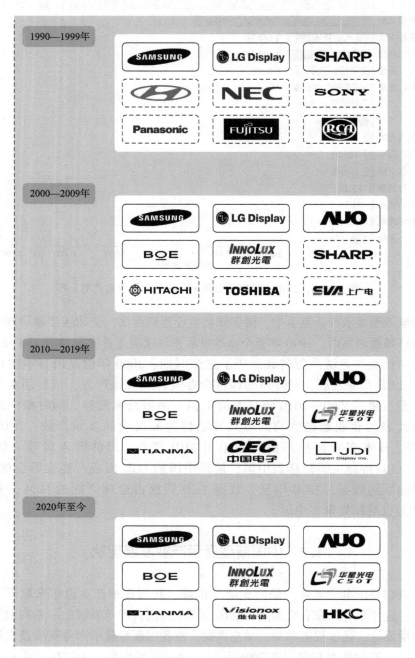

图 1-1-6　1990 年至今全球显示领域代表企业变化

下建议：在技术方向上，一是重点发展柔性 AMOLED 技术。在中小尺寸市场确保形成一定的市场占有率，防止出现技术替代被动局面；与终端品牌厂商协同创新，争取在中大尺寸市场实现柔性 AMOLED 应用的产品化和商品化；在大尺寸市场完成以印刷技术为基础的柔性 AMOLED 储备。二是兼顾发展 TFT-LCD 技术，将高端 TFT-LCD 培养成战略产业，进一步延长 TFT-LCD 技术的生命周期。三是积极储备与印刷工艺相关的器件、材料和装备技术，将其作为支撑显示产业发展的重要抓手。四是紧密跟踪 Micro-LED、QLED、激光全息等技术发展，关注技术原理上的变革，厘清技术发展关键节点和发展前景，组织企业、研究机构共同参与协同攻关，注意应对颠覆性技术带来的冲击。❶

表 1-2-1　我国关于显示行业相关的支持政策

序号	发布时间	政策名称	主要内容
1	2006 年	国家中长期科学和技术发展规划纲要（2006—2020 年）❷	将"开发有机发光显示技术，建立平板显示材料与器件产业链"列为优先主题
2	2010 年	国务院关于加快培育和发展战略性新兴产业的决定❸	决定将新一代信息技术产业确立为我国七大战略性新兴产业之一，而新型显示器件作为光电子领域的龙头产业，是信息产业中电子信息产品的基础支柱之一
3	2012 年	国务院关于印发"十二五"国家战略性新兴产业发展规划的通知❹	加快推进 OLED 等新一代显示技术研发和产业化，攻克 OLED 产业共性关键技术和关键装备、材料，提高 OLED 照明的经济性

❶　胡春明. 我为"十四五"建言丨中国光学光电子行业协会液晶分会副秘书长胡春明：坚持市场导向推进显示产业集群化发展[EB/OL]. (2020-12-06)[2023-12-13]. http://www.cena.com.cn/tablet/20201206/109684.html.

❷　国家中长期科学和技术发展规划纲要（2006—2020 年）[EB/OL]. (2006-02-07)[2023-12-13]. 中国政府网. https://www.gov.cn/gongbao/content/2006/content_240244.htm.

❸　国务院关于加快培育和发展战略性新兴产业的决定[EB/OL]. (2010-10-18)[2023-12-13]. 中国政府网. https://www.gov.cn/zwgk/2010-10/18/content_1724848.htm.

❹　国务院关于印发"十二五"国家战略性新兴产业发展规划的通知[EB/OL]. (2012-07-20)[2023-12-13]. 中国政府网. https://www.gov.cn/zwgk/2012-07/20/content_2187770.htm.

序号	发布时间	政策名称	主要内容
4	2014 年	关于印发 2014—2016 年新型显示产业创新发展行动计划的通知❶	强调新型显示是信息产业重要的战略性和基础性产业，推动新型显示成为新一代信息技术产业创新发展的重要支撑
		两部门关于新型平板显示和宽带设备研发等事项的通知❷	将新型平板显示领域列为专项支持重点，其中包含了有源有机发光显示（AMOLED）高精度金属蒸镀掩模板研发和产业化
5	2015 年	国务院关于印发《中国制造2025》的通知❸	将新一代信息技术列为十大重点发展突破领域的首位，要求提升集成电路及专用装备等制造业自主发展能力，形成关键制造装备的供货能力。
6	2016 年	国务院关于印发"十三五"国家科技创新规划的通知❹	把发展印刷 OLED 技术作为重点支持项目之一，草拟中的国家新材料重大工程中也已将印刷 OLED 技术列入。
		国家发展改革委工业和信息化部关于实施制造业升级改造重大工程包的通知❺	提出重点发展低温多晶硅、氧化物、有机发光半导体显示等新一代显示量产技术，建设高世代生产线。
7	2017 年	科技部关于印发"十三五"先进制造技术领域科技创新专项规划的通知❻	在新型显示等泛半导体领域开展关键装备与工艺的研究，推动新技术研发与关键装备研发的协同发展，构建高端电子制造装备自主创新体系。

❶　关于印发 2014—2016 年新型显示产业创新发展行动计划的通知［EB/OL］.（2014-10-13）［2023-12-13］.中国政府网.https∶//www.gov.cn/zhengce/2014-10/13/content_5023560.htm.

❷　两部门关于新型平板显示和宽带设备研发等事项的通知［EB/OL］.（2014-05-06）［2023-12-13］.中国政府网.https∶//www.gov.cn/xinwen/2014-05/06/content_2672647.htm.

❸　国务院关于印发《中国制造 2025》的通知［EB/OL］.（2015-05-19）［2023-12-13］.中国政府网.https∶//www.gov.cn/zhengce/content/2015-05/19/content_9784.htm.

❹　国务院关于印发"十三五"国家科技创新规划的通知［EB/OL］.（2016-08-08）［2023-12-13］.中国政府网.https∶//www.gov.cn/zhengce/content/2016-08/08/content_5098072.htm.

❺　国家发展改革委工业和信息化部关于实施制造业升级改造重大工程包的通知［EB/OL］.（2016-05-18）［2023-12-13］.中国政府网.https∶//www.gov.cn/xinwen/2016-05/18/content_5074373.htm.

❻　科技部关于印发"十三五"先进制造技术领域科技创新专项规划的通知［EB/OL］.（2017-05-02）［2023-12-13］.中国政府网.https∶//www.gov.cn/xinwen/2017-05/02/content_5190479.htm.

续表

序号	发布时间	政策名称	主要内容
8	2018 年	工业和信息化部 发展改革委关于印发《扩大和升级信息消费三年行动计划（2018—2020 年）》的通知❶	支持企业推进柔性面板、超高清、新型背板等量产技术的研发与应用，通过技术创新实现产品创新，带动产品结构调整，推进印刷 OLED 显示、量子点、AMOLED 微显示等前沿显示技术的研究布局，强化技术储备，进行产业新技术探索和布局
9	2019 年	工业和信息化部 广电总局 中央广电总台关于印发《超高清视频产业发展行动计划（2019—2022 年）》的通知❷	按照"4K 先行、兼顾 8K"的总体技术路线，大力推进超高清视频产业发展和相关领域的应用
10	2020 年	鼓励外商投资产业目录（2020 年版)❸	将"TFT-LCD、OLED、AMOLED、激光显示、量子点、3D 显示等平板显示屏、显示屏材料（6 代及 6 代以下 TFT-LCD 玻璃基板除外）"及"超高清及高新视频产品制造：4K/8K 超高清电视机、4K 摄像头、监视器以及互动式视频、沉浸式视频、VR 视频、云游戏等高新视频端到端关键软硬件"划入鼓励外商投资产业目录
11	2021 年	关于 2021—2030 年支持新型显示产业发展进口税收政策的通知❶	对新型显示器件生产企业进口国内不能生产或性能不能满足需求的自用生产性原材料、消耗品和净化室配套系统、生产设备零配件，对新型显示产业的关键原材料、零配件生产企业进口国内不能生产或性能不能满足需求的自用生产性原材料、消耗品，免征进口关税

---

❶ 工业和信息化部 发展改革委关于印发《扩大和升级信息消费三年行动计划（2018—2020 年）》的通知[EB/OL].（2018-07-27）[2023-12-13]. 中国政府网. https://www. gov. cn/gongbao/content/2019/content_5355478. htm.

❷ 关于印发《超高清视频产业发展行动计划（2019—2022 年）》的通知[EB/OL].（2019-02-28）[2023-12-13]. 中国政府网. https://www. gov. cn/gongbao/content/2019/content_5419224. htm.

❸ 鼓励外商投资产业目录（2020 年版)[EB/OL].（2020-12-27）[2023-12-13]. 中国政府网. https://www. gov. cn/zhengce/2020-12/27/content_5713269. htm.

❶ 关于 2021—2030 年支持新型显示产业发展进口税收政策的通知[EB/OL].（2021-03-31）[2023-12-13]. 中国政府网. https://www. gov. cn/zhengce/zhengceku/2021-04-14/content_5599492. htm.

续表

序号	发布时间	政策名称	主要内容
12	2022 年	关于印发《虚拟现实与行业应用融合发展行动计划（2022—2026 年）》的通知❶	工信部等国家五部门发布，提出到 2026 年虚拟现实终端销量超过 2500 万台，并将近眼显示技术作为关键技术融合创新工程，重点推动 Fast-LCD、硅基 OLED、Micro-LED 等微显示技术升级
13	2023 年	关于印发电子信息制造业2023—2024 年稳增长行动方案的通知❷	工信部和财政部联合印发该方案，提出面向新型智能终端、文化、旅游、景观、商显等领域，推动AMOLED、Micro-LED、3D 显示、激光显示等扩大应用

事实证明，我国对新型显示产业发展的激励政策极大地推动了我国显示产业的蓬勃发展。近年来，中国（不包含台湾省数据）新型显示产业始终保持正增长，整体增长速度已经连续多年超过全球产业增长速度，具体产能增速如图1-2-1 所示。❸ 2003 年京东方以"海外收购、自主建线"模式开启显示产业发展之路；2010 年至 2012 年是我国显示产业迅速发展期，产能呈快速增长趋势，至2012 年，产能增长速度达到顶峰 84%，中国显示面板产能占据全球产能的 10%，达到 2 200 万平方米，首次超过日本；2013—2016 年，中国显示产业产能处于稳定发展阶段，增长速度放缓维持在 40% 左右；2017 年以后中国显示产业产能处于成熟发展阶段，增长速度进一步放缓维持在 30% 左右，2017 年中国（不包含台湾省数据）显示面板产能达到 9 440 万平方米，占据全球产能的 34%，首次超越韩国，跃升为显示面板出货量第一之后，中国（不包含台湾省数据）显示面板产业产能持续增加，2022 年已经占据全球产能的一半以上，跻身世界第一梯队。❹ 2022 年，我国新型显示产业稳中有进，继续引领全球新型显示产业发展。据中国光学光电子行业协会液晶分会数据，截至 2022 年年底，我国已经建成显

---

❶ 关于印发《虚拟现实与行业应用融合发展行动计划（2022—2026 年）》的通知［EB/OL］.（2022 - 10 - 28）［2023 - 12 - 13］. 中国政府网. https://www. gov. cn/zhengce/zhengceku/2022-11/01/content_5723273. htm.

❷ 中华人民共和国工业和信息化部. 关于印发电子信息制造业 2023—2024 年稳增长行动方案的通知［EB/OL］.（2023 - 08 - 10）［2023 - 12 - 13］. https://wap. miit. gov. cn/zwgk/zcwj/wjfb/tz/art/2023/art_6ec44841d92a49729b9c04a91b5f89f9. html.

❸ 谷月，马利亚. 三分钟读懂全球新型显示产业发展格局［EB/OL］.（2020 - 12 - 06）［2023 - 12 - 13］. http://www. cena. com. cn/tablet/20201206/109690. html.

❹ 王伟. 欧阳钟灿院士：我国显示产业跻身世界第一梯队［EB/OL］.（2021 - 03 - 10）［2023 - 12 - 13］. http://www. cena. com. cn/industrynews/20210310/110953. html.

示面板年产能达到 2 亿平方米，全年实现产值超过 4 900 亿元，全球市场占比超过 36%。在行业快速发展的同时，我国也围绕新型显示形成了全球少有的超大规模内需市场，有力支撑了智能手机、电视和显示器等传统领域应用。我国新型显示产业投资结构明显改善，在材料上的投资首次超过器件投资，投资重点从 LCD 向 OLED、Micro-LED 及产业链上游延伸。❶工信部也积极推动资源要素聚集和整合，引导显示产业重点区域合理布局，提升产业链、供应链韧性，推动新型显示产业向价值链中高端跃进，坚持创新驱动发展，全力攻克新型显示领域关键核心技术。❷

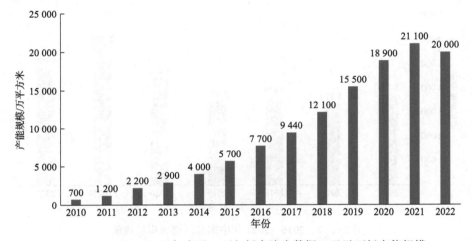

图 1-2-1　2010—2022 年中国（不包括台湾省数据）显示面板产能规模

"十三五"时期，全球显示行业规模进入高位后振荡调整，继续保持强周期性。我国显示行业产值与全球同步周期性波动，市场地位进一步稳固，2016—2021 年中国显示面板市场规模如图 1-2-2 所示。2016 年，我国显示行业整体产值达到 3 753 亿元，达到"十三五"峰值，全球占比 24.8%。2017 年，我国显示行业开始出现周期性下滑，显示行业产值同比下滑 10%，为 3 374 亿元；2018 年，我国显示行业产值同比上涨 7%，达 3 628 亿元，全球占比 24.6%；2019 年，我国显示行业产值 3 471 亿元，同比下滑 4.3%；"十三五"后期，我国显示行业抵御不确定性风险的能力显著增强，行业产值逆势成长，2019 年年末到 2020 年，我国显示行业积

---

❶　中国电子报. 中国电子报评出 2022 年新型显示产业十件大事[EB/OL]. (2023-01-17) [2023-12-13]. http://www.cena.com.cn/industrynews/20230117/118776.html.

❷　经济参考报. 我国新型显示产业加快迈向中高端[EB/OL]. (2022-12-08) [2023-12-13]. http://www.news.cn/fortune/2022-12/08/c_1129190973.htm.

极应对新冠疫情的冲击，充分发挥行业特点和优势，成效显著。● 2020年，行业整体产值约4 460亿元，同比增长28.5%，全球占比进一步扩大到40.3%，产业规模居全球首位，2021年显示产业营收再创新高，达到5 800亿元，成为名副其实的"产屏大国"；● 2022年，我国新型显示产业全行业产值超过4 900亿元，全球占比36%，继续居首位，● 但产值出现下降，其主要原因有两个方面：一是2021年居家办公模式使得面板需求激增，促使显示行业提前消费，进而导致2022年显示面板需求有所下降；二是2022年全球政治经济形势动荡、新冠疫情反复等因素影响了产业链、供应链、市场需求及经济贸易等方面。

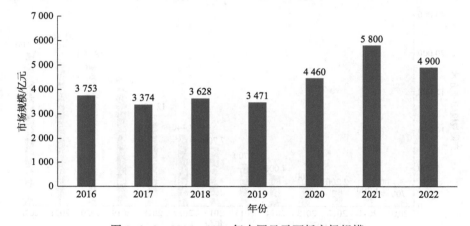

图1-2-2　2016—2021年中国显示面板市场规模

经过十年的快速发展，我国正在成为全球新型显示产业的重要一极，目前已经初步形成了以北京为核心的京津冀地区，以合肥、上海、南京和昆山为代表的长三角地区显示产业集群，以深圳、广州、厦门为代表的珠三角地区，以及成都、重庆、武汉为代表的成渝鄂地区的四大产业集群的空间布局，这四大集群特点鲜明，优势各异，具体分布数据如图1-2-3所示。●

● 胡春明.我为"十四五"建言｜中国光学光电子行业协会液晶分会副秘书长胡春明：坚持市场导向推进显示产业集群化发展［EB/OL］.（2020-12-06）［2023-12-13］.http：//www.cena.com.cn/tablet/20201206/109684.html.

● 占比超四成！我国新型显示产业规模位居全球第一［EB/OL］.（2021-06-17）［2023-12-13］.新华社.https：//www.gov.cn/xinwen/2021-06/17/content_5618858.htm.

● 2022年我国新型显示产业产值居全球首位［EB/OL］.（2021-06-17）［2023-12-13］.人民日报.https：//tech.gmw.cn/2023-09/08/content_36818214.htm.

● 前瞻产业研究院.2020年中国显示面板行业市场现状及区域格局分析［EB/OL］.（2021-03-22）［2023-12-13］.https：//bg.qianzhan.com/trends/detail/506/210322-8c8ffa7a.html.

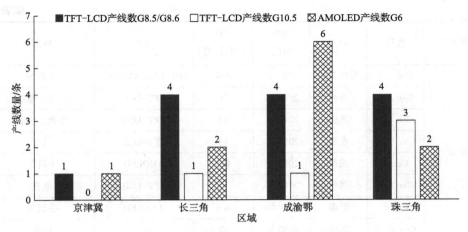

图 1-2-3　中国新型显示四大产业集群空间布局

京津冀、长三角、成渝鄂、珠三角四大地区在 TFT-LCD、AMOLED 面板产线领域的总投资额超过了 12 000 亿元，拥有已建或在建的 G10.5 代 TFT-LCD 产线 5 条，G8.5/8.6 LCD 产线 13 条，G6 代 AMOLED 产线 11 条，是国内面板产能的集中地，中国显示产业主要企业显示器产线布局如表 1-2-2 所示。❶ 从表 1-2-2 可以看出，我国显示面板产线已经初步完成了大规模新建阶段，并逐步转向建成出货阶段，随着新建产线产能逐步拉升，我国将迎来一个面板产能的小高峰。到 2022 年，全产业已规划产线全部投产，总产能超过 2 亿米²/年。伴随产业规模的壮大，我国新型显示产业的技术水平也在不断提升。2021 年 3 月 8 日，国家新型显示技术创新中心获得科技部批准组建，聚焦新型显示产业关键共性技术，布局前沿核心技术，有效推动我国新型显示产业超越发展。

表 1-2-2　中国显示产业主要企业显示器产线布局

面板厂	世代	地点	量产时间	产能/(万片/月)	技术	应用
京东方	Gen 5	北京	2005 年	70	TFT-LCD	电视
	Gen 4.5	成都	2009 年	4.5	TFT-LCD	手机
	Gen 6	合肥	2010 年	9	TFT-LCD	电视、电脑
	Gen 8.5	北京	2011 年	14	TFT-LCD	电视

❶ 赛迪智库. 新型显示产业发展白皮书（2019）[EB/OL]. (2019-11-22) [2023-12-13]. http://www.cena.com.cn/industrynews/20191122/103440.html.

续表

面板厂	世代	地点	量产时间	产能/(万片/月)	技术	应用
京东方	Gen 4.5	鄂尔多斯	2014 年	4.4	TFT-LCD/AMOLED	手机等
	Gen 8.5	合肥	2014 年	9	TFT-LCD	电视、电脑
	Gen 8.5	重庆	2015 年	12	TFT-LCD	电视、电脑
	Gen 10.5	合肥	2018 年	12	TFT-LCD	电视
	Gen 6	成都	2017 年	4.8	AMOLED	手机等
	Gen 8.5	福州	2017 年	12	TFT-LCD	电视
	Gen 6	绵阳	2019 年	4.8	AMOLED	手机等
	Gen 10.5	武汉	2020 年	12	TFT-LCD	电视
华星光电	Gen 8.5	深圳	2011 年	14.5	TFT-LCD	电视等
	Gen 8.5	深圳	2015 年	13	TFT-LCD	电视等
	Gen 6	武汉	2017 年	3	TFT-LCD	手机等
	Gen 6	武汉	2020 年	4.5	AMOLED	手机等
	Gen 11	深圳	2019 年	14	TFT-LCD/AMOLED	手机、电视等
中电熊猫	Gen 6	南京	2011 年	8	TFT-LCD（a-Si）	电视等
	Gen 8.5	南京	2015 年	6	TFT-LCD（IGZO）	电视等
	Gen 8.6	成都	2018 年	12	TFT-LCD（IGZO）	电视等
中电熊猫	Gen 4.5	上海	2010 年	3	TFT-LCD	手机等
	Gen 4.5	成都	2010 年	3	TFT-LCD	手机等
	Gen 4.5	武汉	2010 年	9	TFT-LCD	手机等
	Gen 5	上海	2005 年	9	TFT-LCD	手机等
	Gen 4.5	厦门	2015 年	3	TFT-LCD	手机等
	Gen 4.5	上海	2016 年	1.5	AMOLED	手机等
	Gen 6	厦门	2016 年	3	TFT-LCD	手机等
	Gen 6	武汉	2017 年	3	AMOLED	手机等
中电熊猫	Gen 4.5	上海	2014 年	1.5	AMOLED	手机等
	Gen 6	上海	2019 年	3	AMOLED	手机等
友达光电	Gen 6	昆山	2016 年	6	TFT-LCD	手机、笔记本等
龙腾光电	Gen 5	昆山	2006 年	12	TFT-LCD	手机、笔记本等

面板厂	世代	地点	量产时间	产能/(万片/月)	技术	应用
维信诺	Gen 4.5	昆山	2014 年	0.4+1.1	AMOLED	手机等
	Gen 6	固安	2018 年	3	AMOLED	手机等
彩虹光电	Gen 8.6	咸阳	2018 年	12	TFT-LCD	电视等
惠科	Gen 8.5	重庆	2017 年	7	TFT-LCD（a-Si）	电视等
	Gen 8.6	滁州	2020 年	12	TFT-LCD（a-Si）	电视等
三星	Gen 8.5	苏州	2014 年	9	TFT-LCD	电视等
乐金	Gen 8.5	广州	2014 年	12	TFT-LCD	电视等
信利	Gen 4.5	惠州	2016 年	3+6	TFT-LCD/AMOLED	手机、笔记本等
	Gen 5	汕尾	2018 年	5	TFT-LCD	车载及智能终端显示
	Gen 5	眉山	2019 年	1.4	TFT-LCD	车载显示、手机、平板电脑等
	Gen 6	眉山	2020 年	3	AMOLED	车载显示、手机、平板电脑等
华映	Gen 6	莆田	2017 年	3	TFT-LCD	手机、笔记本等
	Gen 6	莆田	—	—	AMOLED	手机、笔记本等
富士康	Gen 10.5	广州	2019 年	9	TFT-LCD（IGZO）	电视等
柔宇	Gen 4.5	深圳	2018 年	0.5	AMOLED	手表、手机、电脑显示

注：根据网络资料整理，排名不分先后

1.3　新型显示产业的专利密集型特点

2018 年国家统计局发布了《战略性新兴产业分类（2018）》，将新一代信息技术、高端装备制造、新材料、生物技术、新能源汽车、新能源、节能环保、数字创意产业、相关服务业 9 大领域认定为现阶段的战略性新兴产业。新型显示产业作为新一代信息技术产业的重要组成部分，是信息产业中电子信息产业的基础支柱之一。新型显示产业链上游涉及原材料、芯片、生产工艺设备及零部件；中游涉及面板制造和模组生产；下游涉及显示终端的各类应用，包括手机、VR/AR、可穿戴设备、车载显示、平板/电脑等。新型显示产业对于整个产业链上下游具有强大的带动作用，全球面板及相关产业的产值在千亿美元的规模。新型显示产业是典型的技术密集型和资金密集型产业，投资兴建面板生产线需要耗费巨额的资金投入，而显示产业本身的技术壁垒以及技术本身的快速更迭，意味着要发展新型显示产业必须不断研发攻克技术难关。正是由于过高的技术壁垒和资金壁垒，因此全球显示产业的大企业主要集中在中国的京东方、华星光电、天马微电子，韩国的三星、乐金，日本的日本显示、夏普等少数大型企业。各国新型显示产业的发展中都离不开国家产业政策的支持，人力物力资金的持续投入才能发展好新型显示产业。

专利密集型产业是指发明专利密集度、规模达到规定标准，依靠知识产权参与市场竞争，符合创新发展导向的产业集合。知识产权（专利）密集型产业范围包括信息通信技术制造业，信息通信技术服务业，新装备制造业，新材料制造业，医药医疗行业，环保产业，研发、设计和技术服务业等七大类。❶ 新型显示产业是典型的专利密集型产业，其涉及信息通信技术制造业大类下的 8 个细分分支之一，具有专利密度高、附加值高、经济贡献高的特点。如前所述，新型显示产业具有技术更迭快、技术壁垒高的特点，而通过专利分析则可以了解新型显示产业的技术发展和布局。本书后续章节将从专利视角对新型显示产业开展分析，具体选择 LCD、OLED、Micro-LED 三大显示技术，从专利申请态势，专利技术的发展路线，专利的申请布局等多方面开展分析，并根据高价值专利培育的理论，结合三大显示技术的实际案例，得出分析结论，以期对相关领域的研发人员和知识产权工作者具有一定启示参考作用，促进我国相关领域的高质量发展。

本书所使用的主要检索系统为国家知识产权局智能化检索系统，结合使用智慧芽（PatSnap）系统。其中，中文的专利数据主要采用智能检索系统的 CNTXT 数据库进行检索，外文专利数据主要采用智能化检索系统的 DWPI 数据库进行检索，并结合智慧芽（PatSnap）系统开展统计分析。本书检索的专利申请的公开日截至 2022 年 6 月，部分 2020—2021 年申请的数据由于尚未公开而不能代表完整的专利申请数量，因此，在与年份有关的趋势图中并未完全示意出。

本书中专利申请数量统计的单位"项"是指：同一项发明可能在多个国家或者地区提出专利申请，DWPI 数据库将这些相关的多件申请作为一条记录收录。在进行专利申请数量统计时，对于数据库中以一族（这里的族指的是同族专利中的族）数据出现的一系列专利文献，计算为一项。一般情况下，专利申请的项数对应于技术的数目。本书中专利申请数量统计的单位"件"是指：进行专利申请数量统计时，如为了分析申请人在不同国家、地区或者组织所提出的专利申请的分布情况，将同族专利申请分开进行统计，所得到的结果对应于申请的件数。1 项专利申请可能对应于 1 件或者多件专利申请。

---

❶　国家统计局. 知识产权（专利）密集型产业统计分类（2019）［EB/OL］.（2019-04-01）［2023-12-13］. https://www.gov.cn/zhengce/zhengceku/2019-09/05/content_5427557.html.

第 2 章 LCD 显示技术专利分析

2.1 LCD 显示技术概述

LCD 是一种采用液晶材料的显示器。液晶是一类介于固态和液态间的有机化合物，加热会变成透明液态，冷却后会变成结晶的混浊固态。液晶显示器主要是以电流刺激液晶分子产生点、线、面配合背部灯管构成画面。[❶]

液晶显示器的工作原理如下：在电场的作用下，液晶分子的排列方向发生变化，使外光源透光率发生变化，完成电到光变换，再利用 R、G、B 三基色信号的不同激励，通过红、绿、蓝三基色滤光膜，完成时域和空间域的彩色重显。[❷]

如图 2-1-1 所示，液晶面板包括偏振膜，玻璃基板，黑色矩阵，彩色滤光片，取向膜，普通电极，校准层，液晶层（液晶、间隔、密封剂），电容，显示电极，棱镜层，散光层。偏振膜又称"偏光片"（Polarizer），偏光片分为上偏光片和下偏光片，上偏光片和下偏光片的偏振功能相互垂直，起到了类似栅栏的作用，按照要求阻隔光波分量，如阻隔掉与偏光片栅栏垂直的光波分量，只准许与栅栏平行的光波分量通过。玻璃基板（Glass Substrate）在液晶显示器中可分为上基板和下基板，其主要作用在于两基板之间的间隔空间夹持液晶材料。玻璃基板的材料一般采用机械性能优良、耐热与耐化学腐蚀的无碱硼硅玻璃。对于 TFT-LCD 而言，一层玻璃基板分布有 TFT，另一层玻璃基板则沉积彩色滤光片。黑色矩阵（Black Matrix）借助于高度遮光性能的材料以分隔彩色滤光片中红、绿、蓝三原色，防止色混淆、防止漏光，从而有效地提高各个色块的对比度。此外，在 TFT-LCD 中，黑色矩阵还能遮掩内部电极走线及薄膜晶体管。彩色滤光片（Color Filter）又称"滤色膜"，其作用是产生红、绿、蓝 3 种基色光，实现

---

❶ 吕延晓. 液晶显示器(LCD)产业的迭代演进[J]. 精细与专用化学品, 2018, 26(2): 5-12.

❷ 王边杰. 简述液晶显示器的工作原理[J]. 家电检修技术, 2009(4): 17-18.

液晶显示器的全彩色显示。取向膜（Alignment Layer）又称"配向膜"或"定向层"，其作用是让液晶分子能够在微观尺寸的层面上实现均匀的排列和取向。透明电极（Transparent Electrode）分为公共电极与像素电极，输入信号电压就是加载在像素电极与公共电极两电极之间的电压。透明电极通常是在玻璃基板上沉积氧化铟锡（ITO）材料构成的透明导电层。液晶材料（Liquid Crystal Material）在LCD中起到一种类似光阀的作用，可以控制透射光的明暗，从而获得信息显示的效果。驱动IC是一套集成电路芯片装置，用来对透明电极上电位信号的相位、峰值、频率等进行调整与控制，建立起驱动电场，最终实现液晶的信息显示。

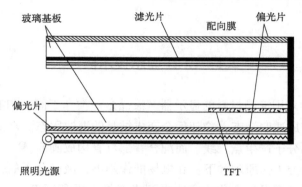

图 2-1-1　液晶面板结构示意

　　LCD产品是一种非主动发光电子器件，本身并不具有发光特性，必须依赖背光模组中光源的发射才能获得显示性能，因此LCD的亮度要由其背光模组来决定。由此可见，背光模组的性能好坏直接影响到液晶面板的显示品质。背光模组包括照明光源、反射板、导光板、扩散片、增亮膜（棱镜片）及框架等。LCD采用的背光模组主要可分为侧光式背光模组和直射式背光模组两大类。手机、笔记本电脑与监视器（15英寸）主要采用侧光式背光模组，而液晶电视大多采用直射式背光模组光源。背光模组光源主要以冷阴极荧光灯（Cold Cathode Fluorescent Lamp，CCFL）和发光二极管光源为LCD的背光源。❶

2.1.1　LCD显示技术发展历程

　　液晶显示主要利用的是电光效应，包括动态散射、扭曲效应、相变效应、宾主效应和电控双折射效应等。从技术发展的历程来看，LCD主要经历了4个发展阶段。

---

❶　吕延晓. 液晶显示器产业的迭代演进[J]. 精细与专用化学品,2018,26(2):5-12.

1. 动态散射液晶显示器件（1968—1971 年）

1968 年，美国无线电公司（Radio Corporation of America，RCA）普林斯顿研究所的海尔迈耶（G. H. Heilmeier）发现了液晶的动态散射现象和相变的一系列电光效应，同年该公司成功研制出世界上第一块动态散射液晶显示器（Dynamic Scattering Mode LCD，DSM-LCD）。1971—1972 年，该公司开发出了第一块采用 DSM-LCD 的手表，标志着 LCD 技术进入实用化阶段。但是由于动态散射中的离子运动易破坏液晶分子，这种显示模式很快被淘汰了。

2. 扭曲向列相液晶显示器件（1971—1984 年）

1971 年，瑞士人施哈德特（M. Schadt）等首次公开了向列相液晶的扭曲效应。1973 年，日本的声宝公司开发了扭曲向列相液晶显示器（Twisted Nematic-Liquid Crystal Display，TN-LCD），运用于制作电子计算器的数字显示，因此全球第一台采用 LCD 的计算机问世。20 世纪 70 年代，日本正处于"以电子个人化"为导向的产业开发时期，日本厂商将大规模集成电路与液晶技术相结合，开创了 LCD 实用化的新局面。早期，日本厂商采用美国无线电公司 RCA 的技术，开始了 TN-LCD 的产业化。80 年代初，TN-LCD 产品在计算器上得到广泛应用。因制造成本和价格低廉，TN-LCD 在 20 世纪七八十年代得以大量生产，主要用于笔段式数字显示和简单字符显示。

3. 超扭曲向列相液晶显示器件（1985—1990 年）

1984 年 T. Scheffer 发现了超扭曲双折射效应并发明了超扭曲向列相液晶显示器（Super Twisted Nematic LCD，STN-LCD）技术。STN-LCD 在显示容量、视角等方面与 TN-LCD 相比有了极大的改善。日本从 20 世纪 80 年代末期起实现了 STN-LCD 产品的大规模生产。由于 STN-LCD 具有分辨率高、视角宽和对比度好的特点，很快在大信息容量显示的笔记本电脑、图形处理机及其他办公和通信设备中获得广泛应用，并成为该时代的主流产品。

4. 薄膜晶体管液晶显示器件（1990 年至今）

20 世纪 80 年代末期，日本厂商掌握了 TFT-LCD 的生产技术，并开始进行大规模生产。1988 年，10.4 英寸的 TFT-LCD 问世；1990 年，采用 TFT-LCD 的笔记本电脑批量生产；1992 年，日本建立了第 1 代生产线（加工面板 320mm×400mm）。1997 年，日本又兴建了一批第 3 代大尺寸基板的 TFT-LCD 生产线（550mm×670mm），使 LCD 产品成本大大降低。1998 年，液晶显示技术进入台式显示器的应用领域，反射式 TFT-LCD 开始生产。在有源矩阵液晶显示器飞速发展的基础上，LCD 技术开始进入高画质液晶显示阶段。随着技术的进一步发展，TFT-LCD 的生产成本大幅度下降，最终超过了 CRT 的市场份额。需要指出的是，韩国和中国于 1996 年以后开始步入第 3 代 TFT-LCD 生产线，致使 21 世纪东亚

LCD 产业出现激烈的市场竞争。❶❷❸

如图 2-1-2 所示，1962 年，美国无线电公司研发出第一个液晶显示模型，随后相关技术传入日本，日本对液晶有了近乎疯狂的投入，到 20 世纪 90 年代，日本企业几乎垄断了整个液晶市场。90 年代中期，韩国利用液晶周期低谷大幅度扩张，到 2000 年前后取代了日本的地位。到 2009 年，中国的京东方宣布兴建 8.5 代线，打破了日韩的技术封锁。自此，中国的液晶产业进入了十年的快速扩张期。

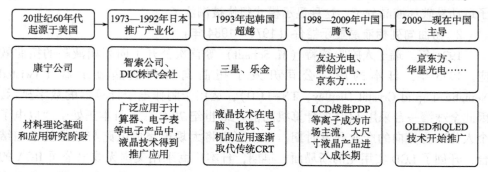

图 2-1-2　全球面板产业发展简史

如图 2-1-3 所示，1998 年 9 月，北方彩晶从日本 DTI 引进了一条第 1 代液晶面板生产线，由于没有核心技术，企业无法持续发展。2003 年中国有企业再次引进液晶面板生产线，但是由于专利费用导致产品价格没有竞争力，这次尝试也以失败告终。

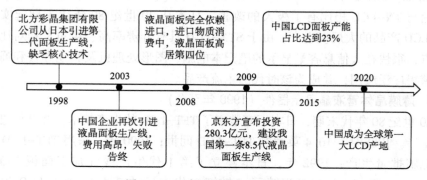

图 2-1-3　中国面板产业发展历程

❶　吕延晓. 液晶显示器（LCD）产业的迭代演进[J]. 精细与专用化学品, 2018, 26(2): 5-12.
❷　你不知道的 lcd 液晶显示屏的发展史[EB/OL]. (2020-08-31)[2024-01-29]. https://www.sohu.com/a/415695009_120681135.
❸　预见 2021：《2021 年中国面板产业全景图谱》(附市场现状、竞争格局、发展趋势等)[EB/OL]. (2021-03-12)[2024-1-29]. https://baijiahao.baidu.com/s? id=1693988706468711971 & wfr=spider & for=pc.

至 2008 年，中国液晶面板仍完全依赖进口，甚至中国每年的进口物资消费排行中，液晶面板仅次于石油、铁矿石、芯片，而位居第四。

经过多年的发展，我国面板行业后来居上，2015 年我国 LCD 面板产能占全球比重达到 23%。伴随着韩国厂商先后宣布退出 LCD 进而转向 OLED，全球 LCD 产能进一步聚集中国，2020 年我国 LCD 产能已经位居全球第一，中国生产了全球一半左右的 LCD 面板。❶

中国 LCD 产业开始于 1980 年，起步并不晚，但是长期只限于 TN-LCD 与 STN-LCD 产品，因而在技术上并没有取得重大突破。中国真正开始大规模建设 TFT-LCD 生产线，那是在 2003 年之后的事。如果从 2003 年在北京兴建第 5 代生产线算起，中国从零开始建立起了一个规模宏大的 TFT-LCD 产业。❷ 2005 年，京东方自主建设的北京第 5 代 TFT-LCD 生产线投产，结束了中国的"无自主平板显示屏时代"，翻开了中国自主制造液晶显示屏的新篇章。❸

进入 21 世纪之后，伴随着 TFT-LCD 生产线由第 8.5 代线发展到了第 10 代线，大屏幕液晶电视也越来越普及从根本上改变了显示产业的面貌。液晶显示产业已发展成年产值高达数千亿美元的新兴产业，在信息显示领域占有主导地位。❹

2.1.2　LCD 显示产业发展现状

2.1.2.1　LCD 产业链概述

从产业链来看，LCD 产业可以分为上游基础材料、中游面板制造及下游终端产品三个部分。其中，上游基础材料包括玻璃基板、彩色滤光片、偏光片、液晶材料、驱动 IC、背光模组；中游面板制造包括列阵（Array）、成盒（Cell）、模组（Module）；下游终端产品包括液晶电视、电脑显示器、笔记本电脑、智能手机、车载显示屏、平板电脑和其他消费类电子。LCD 的产业链情况如图 2-1-4 所示：

如图 2-1-5 所示，从 LCD 面板本身来看，成本占比最高的两部分，是偏光片和彩色滤光片，仅这两部分的成本占比之和就为 50%。这种材料听起来并不陌生，但实际生产的技术壁垒却很高，基本被日本韩国企业垄断生产。而 LCD

---

❶ 预见 2021:《2021 年中国面板产业全景图谱》(附市场现状、竞争格局、发展趋势等) [EB/OL].（2021-03-12）[2024-1-29]. https://baijiahao.baidu.com/s? id=1693988706468711971 & wfr=spider & for=pc.

❷ 吕延晓. 液晶显示器(LCD)产业的迭代演进[J]. 精细与专用化学品,2018,26(2):5-12.

❸ 京东方:电子信息产业的"幕"后英雄[EB/OL].（2013-09-06）[2024-1-29]. https://www.news.zol.com.cn/397/3973613.html

❹ 你不知道的 lcd 液晶显示屏的发展史[EB/OL].（2020-08-31）[2024-01-29]. https://www.sohu.com/a/415695009_120681135.

面板另外的玻璃基板、液晶材料、驱动 IC 等材料和零部件，也是美国、日本、韩国、德国的天下，当然，关键的 LCD 领域比较先进的工艺、量度、检测修复等设备，中国厂商的自主能力仍然非常薄弱，基本依靠向日韩进口。然而这种垄断情形在 2009 年后，随着中国液晶产业的快速发展逐渐被打破；在上游、中游和下游中都涌现了大量的厂商。尤其在中游的面板生产制造，中国厂商在 LCD 市场份额上占据领先地位（图 2-1-6）。

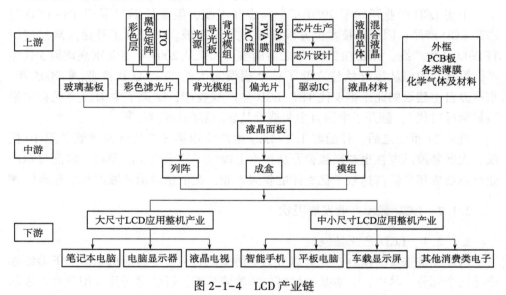

图 2-1-4　LCD 产业链

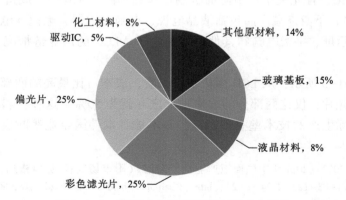

图 2-1-5　55 英寸 LCD 面板原材料成本拆分

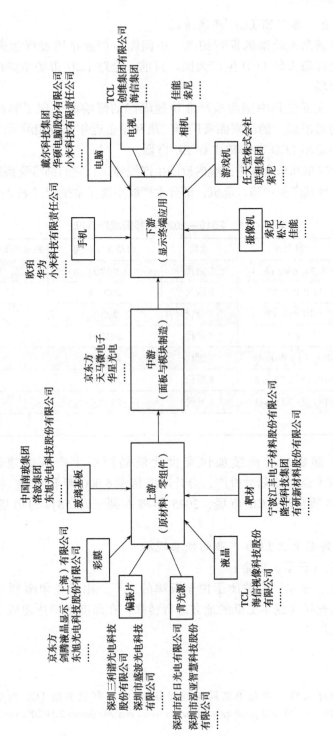

图 2-1-6 LCD 产业链厂商分布

2.1.2.2　全球各厂商 LCD 产线情况

近年来，受到国家政策的保驾护航，中国面板产业迅速发展起来，2018 年超过韩国成为全球最大的 LCD 生产大国。目前，全球 LCD 市场主要由中国、韩国和日本瓜分市场。

韩国面板产业因受到中国面板产业快速崛起的影响而出现了利润下降等问题，因此，作为韩国最大的两家面板厂商三星和乐金近年来也相继减产，在 2019 年更是提出加快退出 LCD 市场转战 OLED 市场。

与此同时，三星和乐金在中国境内设的生产线停工，它们都将受到影响的生产线转移回韩国，且其产能均陷入危机，部分生产线不能正常生产（表 2-1-1）。❶

表 2-1-1　2019—2022 年韩国减产情况

厂商	产线名称	世代	启动关停时间	关闭产能/(千片/季度)
三星	SEC Tangjong L8-1	8 世代	2019Q3	240
乐金	LGP Paju P7	8 世代	2020Q1	690
乐金	LGD Paju P8	8 世代	2020I	300
乐金	P7	7 世代	2022Q4	225
三星	SDC L8-2 Phase1b	8 世代	2022Q2	60
三星	SDC L8-2 Phase2	8 世代	2022Q2	180
三星	SDC L8-2 Phase3	8 世代	2022Q2	18
合计				1713

反观中国，面板厂商继续加快高世代液晶面板生产线的建设与投产，2019—2021 年有 8 条产线陆续投产，合计产能超过 6 000 万平方米。相信未来中国将会进一步占领全球 LCD 市场，2025 年将占到全球 58% 的市场份额（表 2-1-2）。

2.1.2.3　典型企业 LCD 产业的发展现状

1. 国外企业（三星、乐金）

2018 年年末，三星已经关闭了位于天津的工厂。由于竞争激烈及市场份额下降的原因，其选择向成本更低的地方进行转移，在印度诺伊达建成了该品牌旗下最大的手机工厂。

---

❶　2020 年全球面板产业竞争格局与趋势分析：中国有望垄断 LCD 市场［EB/OL］.（2020-03-17）［2024-01-29］. https://www.qianzhan.com/analyst/detail/220/200316-326e19b4.html.

表 2-1-2　中国部分 LCD 产线情况

面板厂	世代	地点	量产时间	产能/(万片/月)	技术	应用
京东方	Gen 5	北京	2005 年	70	TFT-LCD	电视
	Gen 4.5	成都	2009 年	4.5	TFT-LCD	手机
	Gen 6	合肥	2010 年	9	TFT-LCD	电视、电脑
	Gen 8.5	北京	2011 年	14	TFT-LCD	电视
	Gen 5.5	鄂尔多斯	2014 年	5.4	TFT-LCD/AMOLED	手机等
	Gen 8.5	合肥	2014 年	9	TFT-LCD	电视、电脑
	Gen 8.5	重庆	2015 年	12	TFT-LCD	电视、电脑
	Gen 10.5	合肥	2018 年	12	TFT-LCD	电视
	Gen 8.5	福州	2017 年	12	TFT-LCD	电视
	Gen 10.5	武汉	2020 年	12	TFT-LCD	电视
华星光电	Gen 8.5	深圳	2011 年	15.5	TFT-LCD	电视等
	Gen 8.5	深圳	2015 年	13	TFT-LCD（含氧化物半导体及 AMOLED）	电视等
	Gen 6	武汉	2017 年	3	TFT-LCD	手机等
	Gen 11	深圳	2019 年	14	TFT-LCD/AMOLED	手机、电视等
中电熊猫	Gen 6	南京	2011 年	8	TFT-LCD（a-Si）	电视等
	Gen 8.5	南京	2015 年	6	TFT-LCD（IGZO）	电视等
	Gen 8.6	成都	2018 年	12	TFT-LCD（IGZO）	电视等
天马微电子	Gen 4.5	上海	2010 年	3	TFT-LCD	手机等
	Gen 4.5	成都	2010 年	3	TFT-LCD	手机等
	Gen 4.5	武汉	2010 年	9	TFT-LCD	手机等
	Gen 5	上海	2005 年	9	TFT-LCD	手机等
	Gen 5.5	厦门	2015 年	3	TFT-LCD	手机等
	Gen 6	厦门	2016 年	3	TFT-LCD	手机等
友达光电	Gen 6	昆山	2016 年	6	TFT-LCD	手机、笔记本等
彩虹光电	Gen 8.6	咸阳	2018 年	12	TFT-LCD（IGZO）	电视等
惠科	Gen 8.5	重庆	2017 年	7	TFT-LCD（a-Si）	电视等
	Gen 8.6	滁州	2020 年	12	TFT-LCD（a-Si）	电视等
三星	Gen 8.5	苏州	2014 年	9	TFT-LCD	电视等 2021 年被 TCL 收购

续表

面板厂	世代	地点	量产时间	产能/(万片/月)	技术	应用
乐金	Gen 8.5	广州	2014年	12	TFT-LCD	电视等
信利	Gen 4.5	惠州	2016年	3+6	TFT-LCD/AMOLED	手机、笔记本等
	Gen 5	汕尾	2018年	5	TFT-LCD	车载及智能终端显示
	Gen 5	眉山	2019年	1.4	TFT-LCD	车载显示、手机、平板电脑等
华映	Gen 6	莆田	2017年	3	TFT-LCD	手机、笔记本等
富士康	Gen 10.5	广州	2019年	9	TFT-LCD（IGZO）	电视等

注：排名不分先后

2019年10月2日，三星停止在中国生产手机产品，原因是来自中国竞争对手的竞争日益激烈。这也意味着，三星在中国最后一家位于惠州的工厂已经停工关闭。

2020年4月，三星正式宣布退出LCD面板市场，于2020年年底关停旗下在韩国和中国的所有LCD面板产线。三星显示副总裁崔俊森（Choi Jooseon）致信中国客户，通报了三星退出LCD业务的计划，并对其抛出了新的合作方式。❶

2021年3月底，TCL科技公司完成对苏州三星电子液晶显示科技有限公司收购项目的交割，苏州三星电子液晶显示科技有限公司更名为苏州华星光电技术有限公司。根据协议，这笔收购并非单纯的资本运作，三星也将通过换股的方式增资华星光电，成为华星光电的重要战略投资者。换句话说，资本合作的背后是华星光电和三星战略客户关系的进一步深化和巩固。❷

2022年，三星关停了最后一个LCD产线汤井L8-2，正式宣告退出液晶面板市场。

2020—2022年上半年，乐金相继关闭了7代线、8代线共计3条世代线，并将韩国坡洲8代线转产OLED。❸

2022年年底，乐金韩国坡洲P7厂停产LCD面板，至此乐金在韩国境内的

❶ 三星.[EB/OL].(2024-01-25)[2024-01-29].百度百科.https://baike.baidu.com/item/三星/244153？fr=ge_ala.

❷ TCL收购三星苏州工厂,中国面板产业增强话语权[EB/OL].(2021-04-13)[2024-01-29].中国发展网.https://baijiahao.baidu.com/s？id=16968927492210233374 & wfr=spider & for=pc.

❸ 技术与市场:LCD面板产线产能盘点与市场博弈[EB/OL].(2023-05-25)[2024-01-29].电子发烧友.https://www.elecfans.com/d/2090713.html.

LCD 电视面板生产全部结束。❶

2. 国内企业（京东方、华星光电、天马微电子）

（1）京东方。

2018 年，TFT-LCD 销售量达 42 232km²，2019 年，TFT-LCD 销售量达 50 316 km²，同比增长 19.14%。

2018 年，京东方营业收入达 971.1 亿元，同比增长 3.53%；归属于上市公司股东的净利润为 34.4 亿元；2019 年，京东方营业收入突破千亿元，达 1 160.6 亿元，同比增长 19.51%；归属于上市公司股东的净利润为 19.2 亿元。

2018 年，京东方全球首条 TFT-LCD 最高世代生产线——合肥 10.5 代生产线 3 月实现量产，产能和良率稳步提升；武汉 10.5 代 TFT-LCD 生产线 11 月完成主体结构封顶。TFT-LCD 技术实力持续提升，全球首款采用 LTPS COF+COB 技术的非 Notch 全面屏产品、8 英寸 WXGA TDDI 产品、10.1 英寸 WUXGA TDDI 产品、13.3 英寸 OGM Tilt 主动笔产品实现量产出货，全球最薄的 3.9 毫米 23.8 英寸 Ultra Slim MNT 产品成功量产；良率方面，福州 8.5 代 TFT-LCD 生产线综合良率创造京东方 8.5 代 TFT-LCD 生产线历史最佳水平，其中 43 英寸 FHD 良率连续 7 个月突破 98%，创业内最高水平。❷

2019 年，京东方领先的精益管理水平和运营效率深入挖掘产线工艺能力，建立 OEE 管理体系，持续优化瓶颈工序，推动产能和产线运营能力进一步提升；合肥第 6 代 TFT-LCD 生产线盈利能力引领全球，重庆第 8.5 代 TFT-LCD 生产线各产品出货率均达历史最高水平，福州第 8.5 代 TFT-LCD 生产线刷新京东方 8.5 代线单月产能最高纪录；产品集中化进程有效推进，产线产品结构进一步优化；智造服务导入模块化、自动化生产，人力节省，工时效率得到提升。❸

2020 年，京东方收获了产能、出货量全球第一的卓越成绩，彰显了行业顶流的不凡实力。2020 年以来，京东方不断调整产业布局，收购整合中电熊猫南京 8.5 代和成都 8.6 代 LCD 生产线项目，完善了京东方技术和产品布局，同时提升了行业集中度，引领和优化产业环境。❹

---

❶ 消息称 LG 显示韩国 LCD 电视产线本月将全部停产广州厂 LCD 电视面板产能减少 40%［EB/OL］.（2022-12-12）［2024-01-29］. https：//www. cls. cn/detail/1209960.

❷ 京东方 2018 年净利 34.4 亿元［EB/OL］.（2019-03-26）［2024-01-29］. https：//www. sohu. com/a/304089346_287399.

❸ 京东方 A：2019 年年度报告［EB/OL］.（2020-04-28）［2024-01-29］. https：//money. finance. sina. com. cn/corp/view/vCB_AllBulletinDetail. php？stockid=000725 & id=6156285.

❹ 京东方 2020 年度报告！产能、出货量全球第一，业界真顶流！［EB/OL］.（2021-01-15）［2024-01-29］. https：//www. sohu. com/a/444706162_600795.

2021年，京东方在8K、超高刷新率等创新技术带动下，显示产品销售面积同比增长37%，智能手机、平板电脑、笔记本电脑、显示器、电视等五大主流产品液晶显示屏出货量继续稳居全球第一，创新应用产品销售面积同比增长26%。❶

2022年，LCD主流应用全年出货稳中有升，在智能手机、平板电脑、笔记本电脑、显示器、电视等五大应用领域出货面积继续稳居全球第一。通过采用ADS Pro技术，在大尺寸TV领域打造出媲美OLED的顶级画质，并应用于海信、三星等高端电视产品上。❷

（2）华星光电。

2018年华星光电实现营业收入276.7亿元，净利润23.2亿元；2018年年报报告期内，华星光电的两条8.5代线——t1和t2项目继续保持满产满销，累计投入玻璃基板359.3万片，同比增长7.95%，大尺寸液晶面板出货量排名全球第五，32寸和55寸UD产品出货量排名全球第二，对国内一线品牌客户出货量稳居第一。第11代TFT-LCD及AMOLED新型显示器件生产线——t6项目已于2018年11月份点亮投产，主要生产65寸、75寸等超大尺寸新型显示面板。在中小尺寸领域，公司第6代LTPS-LCD生产线——t3项目于2018年第四季度实现满产满销，出货量跃升至全球第三，增长速度全球第一；2018年第四季度华星光电t3以2 480万片的出货量排名全球第三、国内第二，增长速度全球第一。❸

2019年年报报告期内，华星光电产能快速增长，市场份额不断提升，t1和t2满销满产，t6 G11提前达产，华星光电t3 LTPS产品销量位居全球第二。目前，华星光电大尺寸面板在细分领域市场地位稳固：55寸电视面板出货量排名第一、65寸排名第三，86寸白板领域排名第二，32寸电竞领域出货量排名第三，综合竞争力已跻身全球显示面板行业前列。6代LTPS t3产线对一线手机品牌客户出货量占比80%；公司在LCD显示领域，重点开发4K/8K及Touch产品，t4产线折叠屏已量产出货。t3 G6 LTPS产线突破设计产能扩产至50K/月，成为全球单体产能最大的LTPS工厂，通过2条8.5代线、2条11代线、2条6代线的投资建设，华星光电已形成大、中、小尺寸齐备的产线格局，满足市场主流产品需求，2019年电视面板市场份额提升至全球第三，LTPS手机面板市场份额保

---

❶ 京东方2021年报：全年营收及利润创历史新高高质量发展势头强劲[EB/OL].（2022-03-31）[2024-01-29]. https://baijiahao.baidu.com/s？id=1728796652457909 824 & wfr=spider & for=pc.

❷ 京东方发布2022年年报：全年营收1 784.14亿元，归母净利润75.51亿元[EB/OL].（2023-04-06）[2024-01-29]. https://www.sohu.com/a/663533407_468595.

❸ TCL集团股份有限公司2018年年度报告[EB/OL].（2019-03-19）[2024-01-29]. http://file.finance.sina.com.cn/211.154.219.97:9494/MRGG/CNSESZ_STOCK/2019/2019-5/2019-05-17/5375748.PDF.

持全球第二。大尺寸产品出货 2 082.0 万平方米，同比增长 19.1%，出货量 4 119.5 万片，同比增长 5%；中小尺寸出货面积为 136.5 万平方米，同比增长 2.12 倍，出货量 11 397.8 万片，同比增长 1.25 倍；实现营业收入 150.7 亿元，同比增长 1.50 倍。❶

2020 年华星光电通过技改增效，武汉 t3（LTPS）产能由 48K 提高到 53K；深圳 t1、t2 和 t6（G11）保持满销满产，其中 t6 产能由 90K 增加到 98K，大尺寸产品出货面积增长 32.9%。受惠全球液晶产品市场需求增长，6 月份大尺寸液晶产品价格开始上涨，华星光电经营利润逐月提高。t3 产线 LTPS 手机面板出货量全球前三；大尺寸业务保持效率效益全球领先，规模优势继续扩大，市场地位进一步提升。报告期内，t1、t2 和 t6 工厂保持满销满产，t7 工厂顺利投产，大尺寸产品出货 2 767.5 万平方米，同比增长 32.9%；出货量 4 574.6 万片，同比增长 11.0%；实现销售收入 289.8 亿元，同比增长 53.1%。该公司在 TV 面板市场份额提升至全球第二，55 寸产品份额全球第一，32 寸产品份额全球第二，65 寸和 75 寸产品份额已跃居全球第二；商用显示领域，交互白板出货量跃居全球第一，轨道交通、电竞等产品市场份额快速提升。中尺寸业务优化产品和客户结构，小尺寸业务聚焦技术创新提升产品竞争力，在高端细分市场快速发展。t3 产线实现 LTPS 手机面板出货量全球第三，中尺寸业务导入多家高端笔电、平板及车载显示的品牌客户，业务快速突破，LTPS 笔电面板出货量居全球第二。报告期内，中小尺寸出货面积为 142.2 万平方米，同比增长 4.2%；出货量 9 923.5 万片，同比下降 12.8%；实现营业收入 177.9 亿元，同比增长 18.1%。目前华星光电产品覆盖大、中、小尺寸面板及触控模组、电子白板、拼接墙、车载、电竞等高端显示应用领域。❷

2021 年，华星光电实现销售面积 3 949.15 万平方米，同比增长 36%，半导体显示业务实现营业收入 881 亿元，同比增长 88.4%，净利润 106.5 亿元，同比增长 339.6%。该公司在大尺寸面板的龙头地位进一步巩固，TV 面板市场份额全球第二，55 寸产品份额稳居全球第一。❸

2022 年，报告期内，受全球经济下行影响，终端需求下降，大尺寸面板产品价格大幅下降，半导体显示产业经营业绩在底部徘徊。该公司半导体显示实现

❶　TCL 集团股份有限公司 2019 年年度报告［EB/OL］.（2020-03-31）［2024-01-29］. http://file.finance.sina.com.cn/211.154.219.97:9494/MRGG/CNSESZ_STOCK/2020/2020-3/2020-03-31/5985103.PDF.

❷　TCL 科技：2020 年年度报告［EB/OL］.（2021-03-11）［2024-01-29］. http://vip.stock.finance.sina.com.cn/corp/view/vCB_AllBulletinDetail.php? stockid=000100 & id=6942364.

❸　TCL 科技集团股份有限公司 2021 年年度报告［EB/OL］.（2022-04-27）［2024-01-29］. https://data.eastmoney.com/notices/detail/000100/AN202204271562043333.html.

销售面积同比增长 8.3%，营业收入 657.2 亿，同比下滑 25.5%，出货及市占率稳步提升，TV 面板市场份额稳居全球前二。❶

（3）天马微电子。

从 2017 年四季度起，该公司 LTPS 智能手机面板出货量超过国外厂商，并持续保持全球第一；2018 年，该公司车载 TFT 出货量全球第三、国内第一，成为增长最快的面板厂商，同时也是国内最大的车载 TFT 面板厂，车载仪表显示出货量全球第二，市场占有份额稳步提升，并在高端医疗、航海、航空、HMI 等细分领域市场份额均保持全球领先地位。

天马微电子第 5.5 代、第 6 代 LTPS TFT-LCD 产线已先后实现了满产满销❷；2018 年，天马微电子 LTPS LCD 出货量 1.49 亿片，同比增长 39%，应用于智能手机的 LTPS TFT LCD 出货占智能手机市场 LTPS LCD 供应量的 23%，全年出货量排名占据全球第一的位置。这也是中国面板厂商第一次在这一项面板技术领域上，打破了国外厂商独霸十几年的寡头垄断，实现了历史性的突破！LTPS（低温多晶硅）技术被视作目前全球高端显示器应用市场中的主流显示技术之一，主要应用于中高端智能手机、平板电脑、超极本等产品。目前，华为、小米、欧珀、维沃、联想等众多知名品牌的多款旗舰产品均采用了天马微电子 LTPS 显示屏。❸

2019 年车载显示屏出货排名中天马微电子以 2 340 万片的出货量、14.4% 的市场占有率位列全球第二；该公司 LTPS 智能手机面板出货量已连续两年保持全球第一；随着全面屏产品规格进一步升级，打孔屏方案正成为市场新焦点，截至 2019 年年底该公司 LCD 智能手机打孔屏出货量全球第一。2019 年，该公司车载 TFT 出货量全球第二、国内第一，实现连续 5 年保持双位数增长，也是国内最大的车载 TFT 面板厂；车载仪表显示出货量全球第二，车载中控显示出货量全球第三。❹

2019 年显示屏及显示模组营业收入额达 300.5 亿元，同比增长 5.35%。

2020 年显示屏及显示模组营业收入额达 290.4 亿元，同比减少 3.36%。2020

---

❶ TCL 科技集团股份有限公司 2022 年年度报告摘要［EB/OL］.（2023-03-31）［2024-01-29］. http：//vip. stock. finance. sina. com. cn/corp/view/vCB_AllBulletinDetail. php？stockid = 000100 & id = 8942403.

❷ 天马微电子股份有限公司 2018 年年度报告［EB/OL］.（2019-03-31）［2024-01-29］. http：//file. finance. sina. com. cn/211. 154. 219. 97：9494/MRGG/CNSESZ_STOCK/2019/2019-3/2019-03-15/5085414. PDF.

❸ 中国厂商历史性突破！天马实现 2018 全年 LTPS 手机面板出货量全球第一.［EB/OL］.（2019-03-31）［2024-01-29］.

❹ 天马微电子股份有限公司 2019 年年度报告［EB/OL］.（2020-03-31）［2024-01-29］. https：//gu. qq. com/sz000050/gp/jbnb/nos1207381338.

年，该公司 LTPS 智能手机面板出货量已连续三年保持全球第一，基本实现了行业主流品牌客户 LTPS 手机全覆盖；LCD 智能手机打孔屏出货量全球第一；车载显示器出货市场占有率逐年提升，2020 年连续两个季度登顶全球第一，前三季度累计全球第一；该公司在高端医疗、航海、智能家居、VoIP 等多个细分市场份额均保持全球领先。❶ 2020 上半年，天马微电子 LTPS LCD 面板出货量约为 6 500 万片，列全球 LTPS LCD 智能手机面板出货首位，占全球总体 LTPS 手机面板出货量的25.9%，即每四台 LTPS 屏幕的手机，就有一台搭载天马微电子 LTPS 显示屏。

2021 年，该公司实现营业收入 318.29 亿元，同比增长 8.88%；实现净利润15.42 亿元，同比增长 4.61%。报告期内，该公司成熟产线持续满产满销，AMOLED 产能不断释放，行业和市场地位进一步巩固：市场表现上，该公司LTPS 智能机、车载 TFT、车载仪表出货量全球第一，刚性 OLED 智能穿戴出货量全球第二，并在高端医疗、智能家居、工业手持、人机交互等多个细分市场保持全球领先。❷

2022 年，该公司实现营业收入 314.47 亿元，归母净利润 1.13 亿元。LTPS智能手机面板出货量连续五年全球第一，车载前装显示和仪表显示出货量连续三年全球第一，工业品显示出货量全球第一。❸

2.1.3　LCD 市场发展现状

2.1.3.1　全球 LCD 数量产能对比

液晶显示器自 20 世纪 90 年代开始，一直是由国外企业占据领导地位，如三星、乐金、夏普等；直至 2000 年开始，中国友达光电、京东方才逐渐崭露头角；到 2010 年之后，中国涌现出如华星光电、天马微电子等大批发展液晶显示器的企业。

近年来随着多条 G8.5/G8.6 及 G10.5 代线的先后量产，我国 LCD 产能保持高位增长，2018 年我国 LCD 面板产能增速甚至达到了 40.5%。2019 年，我国LCD 产能达到了 11 348 万平方米，同比增长 19.6%，稳居全球第 1。

2019 年 LCD 产品仍然占据 2019 年中国面板显示市场的主要份额，占比达78%；市场规模达到 1 350.2 亿元（图 2-1-7）。

❶　天马微电子股份有限公司 2020 年年度报告［EB/OL］.（2021-03-31）［2024-01-29］.http://file.finance.sina.com.cn/211.154.219.97:9494/MRGG/CNSESZ_STOCK/2021/2021-3/2021-03-13/6947236.PDF.

❷　天马 2021 年年度报告摘要［EB/OL］.（2022-03-15）［2024-01-29］. https://www.sohu.com/a/529852334_115433.

❸　天马微电子股份有限公司 2022 年年度报告［EB/OL］.（2023-03-31）［2024-01-29］.https://data.eastmoney.com/notices/detail/000050/AN202307041592030916.html.

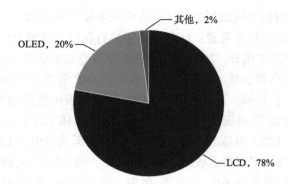

图 2-1-7　2019 年中国面板显示市场结构

2020 年韩国三星和乐金在内的一些韩国企业宣布退出 LCD 的生产，根据赛迪顾问数据，2020 年我国 LCD 产能占全球产能的 50%。我国企业在 LCD 产业已经取得主导地位，中国已经成功实现了全球液晶面板产能的转移，随着我国政府的大力扶持以及国内企业研发不断取得突破，我国面板产业链整合能力正在稳定持续攀升。❶

自 LCD 的产能从韩国转移到中国后，全球 LCD 市场的竞争格局已经发生了明显的改变。目前，京东方已经成为全球第一大 LCD 面板供应商。无论是在大尺寸 LCD 面板供应数量还是在大尺寸 LCD 供应面积上，2020 年京东方全球市占率均在 20% 以上。

2021—2022 年，京东方在智能手机、平板电脑、笔记本电脑、显示器、电视等五大应用领域出货面积继续稳居全球第一。

2.1.3.2　LCD 市场需求情况

纵观 LCD 市场的整个发展历程，最初市场对 LCD 面板的需求是保证显示正常，少故障率，极性反转技术则是为满足这一需求提出的；到 LCD 面板的发展高峰值时，则对 LCD 面板的显示质量提出高要求、高标准，避免显示残影是市场对 LCD 面板的基本要求；之后随着产业的发展以及需求的提升，TFT-LCD 市场增长点主要集中在高规产品，包括 4K/8K、120Hz、Oxide、LTPS 等。从细分应用市场来看，拥有大尺寸、高分辨率、高对比度、高动态范围图像（HDR）、高刷新率的 TFT-LCD 终端产品市场规模仍会持续增加❷，这也对 LCD 面板的集成度提出了新的要求，GOA 技术应运而生；此外，用户追求窄边框、大视角的体验不断增强，促使了全面屏的面世，也促进了 GOA 技术的进一步发展。

❶ 2020 年中国显示面板行业市场现状及竞争格局分析［EB/OL］.（2020-12-18）［2024-01-29］. https://www.sohu.com/a/439062356_120695625.

❷ 欧阳钟灿院士：液晶显示不会被取代，中国 OLED 将后来居上［EB/OL］.（2020-12-03）［2024-01-29］. http://www.cena.com.cn/tablet/20201203/109664.html.

2.2　LCD 显示技术专利总体态势分析

2.2.1　液晶显示全球专利申请趋势分析

通过对液晶显示技术全球相关专利申请随年代变化趋势的分析，可以初步掌握自 1960 年以来，全球液晶显示技术的发展过程和趋势，从而对其未来发展方向形成简单判断。

液晶显示技术起步较早，早在 1960 年就开始了对液晶显示技术的研究，经过了长达 20 年的初步探索，到 1980 年开始液晶显示技术开始逐步递增，自 2000 年起快速发展，到 2006 年形成了液晶显示技术的第一个高峰，2007—2015 年形成液晶显示技术的发展稳定期，2016 年后 OLED 面板逐步兴起。由于 OLED 面板在使用中会用到与 LCD 相同的某些技术，因此液晶显示技术在 2017 年迈向了第二个高峰。但这些专利申请中大多涉及面板的驱动、提高显示质量等控制技术，这些技术能够通用在 LCD 显示面板和 OLED 显示面板上，而对 LCD 面板自身的结构和材料的改进已逐步减少，液晶显示技术的发展已经达到成熟期，未来将逐步被 OLED 取代（图 2-2-1）。

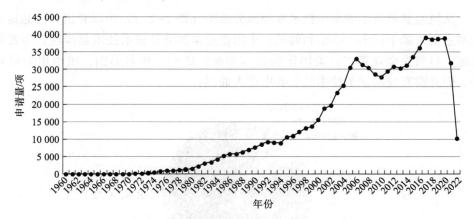

图 2-2-1　液晶显示全球专利申请趋势分布

2.2.2　液晶显示全球专利主要申请人分析

从液晶显示技术的全球专利主要申请人排名（图 2-2-2）可以看出，前十名申请人中，日本占据了大半，其次是韩国。三星作为液晶显示的龙头企业，其申请量远超第二、三名，第二梯队申请人有精工爱普生、夏普、乐金、佳能和京东方；第三梯队申请人有索尼、华星光电、松下和东芝；由于日韩企业对液晶显示技术的研发早，因此液晶显示技术的基础核心专利基本掌握在日韩企业中；中国企业京东方和华星光电后来居上，也成为液晶显示技术的重要申请人，在液晶显示技术中占有一席之地。

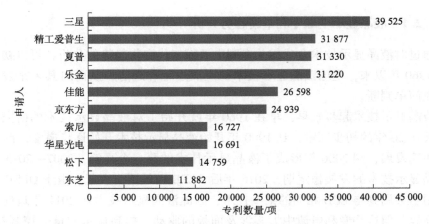

图 2-2-2　液晶显示全球专利主要申请人排名

2.2.3　液晶显示全球国家/地区分布分析

从液晶显示技术的全球技术来源国分布图（图 2-2-3）可以看出，液晶显示技术主要来源于日本、中国和韩国。中国企业虽然液晶显示技术起步晚，但发展迅速，目前为全球第二；美国作为技术来源国之一，排名第四，虽然申请量较多，但并没有液晶显示技术的重要申请人涌现。

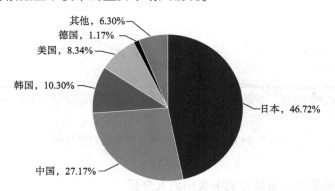

图 2-2-3　液晶显示全球来源国分布

从液晶显示技术的全球目标国分布图（图 2-2-4）可以看出，日本、中国和美国是液晶显示技术的主要目标国，韩国排在第四，这与国家发展、市场需求有关。美国作为经济发达国家，也是液晶显示技术的主要目标国之一。中国虽然起步晚，但也成为液晶显示技术的主要目标国之一，这与中国的高速发展及对液晶显示技术的大力支持息息相关。

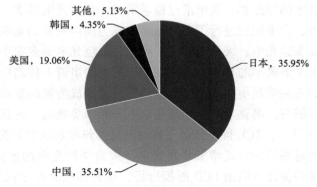

图 2-2-4　液晶显示全球目标国分布

2.2.4　液晶显示在华申请趋势分析

国内液晶显示技术虽然相较于全球液晶显示技术起步晚，但发展迅速，自 2001 年起逐步稳定发展。由于受限于日韩企业的垄断，发展并未达到峰值；自 2015 年后国内 LCD 产线增多，产能增加，加之日韩企业大多转型或退出 LCD 市场，促使国内液晶显示技术开始急速上升，到 2020 年达到峰值，打破了液晶显示技术由日韩企业垄断的局面，中国成为液晶显示面板的第一产能大国（图 2-2-5）。

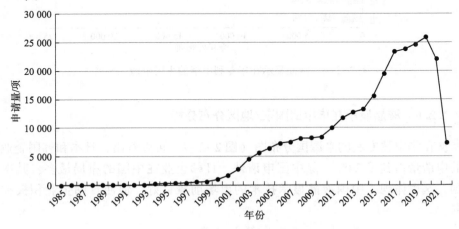

图 2-2-5　液晶显示在华申请趋势分布

2.2.5　液晶显示在华主要申请人分析

从液晶显示技术在华专利申请的主要申请人排名（图2-2-6）来看，京东方作为液晶显示技术的领跑者，其申请量稳居第一，华星光电其次；三星和乐金在占据本土市场外，在中国也进行了积极布局，成为国内企业的重要竞争对手；此外，还涌现出如友达光电、天马微电子、维沃、群创光电等多家中国企业。而作为液晶显示技术发展最早的日本企业，在中国前十的申请人排名中，只有夏普和索尼，其在华的布局明显不如三星，这也是三星能够成为液晶显示技术的领头羊的原因。中国能够与三星竞争的企业则是京东方和华星光电；并且根据市场调查显示，2021年3月底，TCL科技公司完成对三星苏州收购项目的交割，而根据协议，三星也将通过换股的方式增资华星光电，成为华星光电的重要战略投资者。由此可见，三星即使逐步退出LCD面板市场，也并未放弃在中国对LCD面板的投资；这也侧面说明了中国在LCD面板的占领地位已凸显。

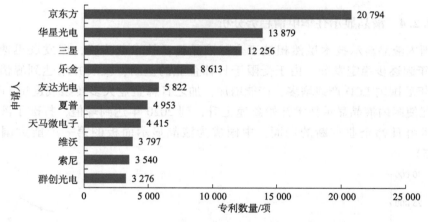

图2-2-6　液晶显示在华专利申请的主要申请人排名

2.2.6　液晶显示在华申请国家/地区分布分析

从在华申请专利的来源国分布图（图2-2-7）可以看出，日本和韩国企业在华的申请量占到了24%，除中国申请外，日韩企业在中国的布局最多，其次是美国，这也体现了中国液晶显示技术的市场前景良好，促使日韩企业积极在华布局。

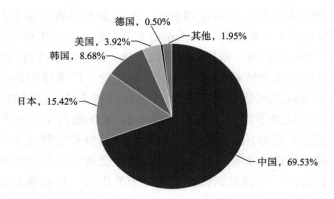

图 2-2-7　液晶显示在华申请来源国分布

2.3　LCD 显示重点技术和专利筛选原则

本章从 LCD 面板的基本原理、技术要求以及发展趋势进行了重点技术分支的选取，选择极性反转技术、残影技术和 GOA 技术三个技术分支进行分析。其中，极性反转是保证 LCD 面板能够正常运行的基础技术；残影则是影响显示面板显示质量的重要原因，是市场对 LCD 面板的技术要求之一；随着 LCD 面板的发展，为实现窄边框，GOA 技术应运而生，同样成为保证 LCD 面板正常运行的基础技术。根据这三类技术在 LCD 面板中发挥的作用，本章将极性反转和 GOA 划分为基础型技术，将残影划分为应用型技术。

对于极性反转技术、残影技术和 GOA 技术中重点专利的筛选，主要考虑以下因素：①该专利是否具有较多的同族，即申请人对该专利技术在多个国家地区进行布局；②该专利是否为核心技术或基础技术，如引证和被引证次数较多；③该专利是否授权，授权后是否维持有效，或者维持有效年限较长；④该专利是否有无效、诉讼、许可的情形。只要满足前述任一因素即可认为是重点专利。

2.4　极性反转控制技术

2.4.1　极性反转技术概述

LCD 面板的基本显像单位是子像素，该子像素在面板结构中具有电容效应，只要在两边加以足够的驱动电压就会显示，现有技术中通常是将像素电压分成两种极性（正极性和负极性），当像素电极的电压高于公共电极的电压时，称为正极性，当像素电极的电压低于公共电极的电压时，称为负极性。

由于 LCD 面板的子像素具有电容效应，所以加在电容两端上的电压极性如果不反转，则显示的子像素被同一电压长期充电，这将会在电极间长期积存一定电荷量，对其产生不良影响，即使将电压取消掉，液晶分子会因为特性的破坏而无法再因应电场的变化来转动，以形成不同的灰阶。严重影响的会导致液晶极化而使该子像素的液晶失效，轻微的影响也将使得 LCD 面板的显示有一些底色存在，且颜色对比会下降，这在高分辨率的 LCD 面板中会更严重。所以每隔一段时间，就必须将电压恢复原状，以避免液晶分子的特性遭到破坏。为解决这一问题，降低液晶的劣化，可以通过交替改变像素电压的电平的正负极性改变液晶分子的转向，从而起到保护液晶分子的作用。目前常见的电压转变模式有四类：帧反转（frame inversion）、行反转（column inversion）、列反转（row inversion）以及点反转（dot inversion）驱动。其中帧反转以及列反转驱动易造成液晶屏幕上的残影及波纹，因此，现在常使用的电压转变模式为行反转以及点反转，这些方式都是在下一次更换画面数据的时候对驱动电压的极性进行反转。

图 2-4-1 为现有帧反转方式的示意图。其中，每一帧中的所有相邻亚像素都是拥有相同的驱动电压极性。帧反转方式最省功率消耗，但图像品质却最为低劣。

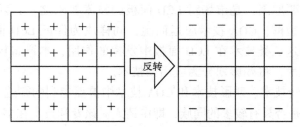

图 2-4-1　帧反转

如图 2-4-2 为现有列反转方式的示意图。其中，位于同一列的亚像素具有相同的驱动电压极性，位于相邻列的亚像素具有不同的驱动电压极性。

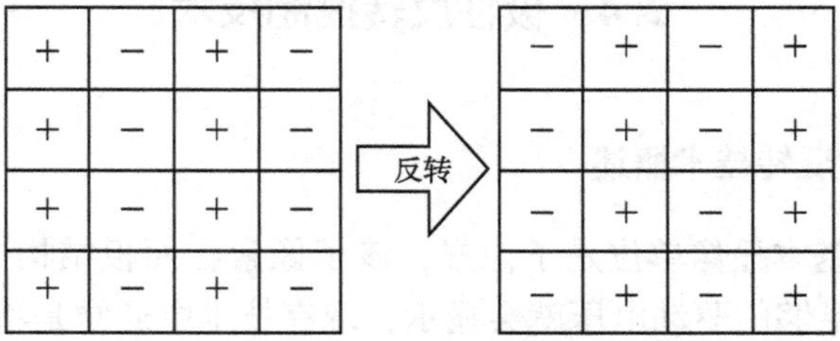

图 2-4-2　列反转

　　列反转方法于消除数据线的数据延迟与降低功率消耗上表现出色，但却可能引发垂直闪烁（vertical flickering）与垂直串音（vertical crosstalk）现象而降低了影像品质。

　　图 2-4-3 为现有行反转方式的示意图。其中，位于同一行的亚像素具有相同的驱动电压极性，位于相邻行的亚像素具有不同的驱动电压极性。

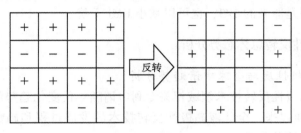

图 2-4-3　行反转

　　上述三种反转方式的缺陷在于：现有液晶分子的驱动电压一般为交流电压，若公共电极的电压值发生波动，则反转后的正电极和负电极的电压值与反转前的电压值不能保持一致，使正负极性的同一灰阶电压值会有所差别，导致灰阶的不同，从而产生亮暗效果变化，在视觉上则表现为闪烁现象。此外，其会使某一亚像素要显示的画面受到相邻的亚像素的影响，导致显示的画面会有不正确的状况，从而产生色度亮度干扰（crosstalk）现象。帧反转显示效果最差，行反转和列反转次之。

　　图 2-4-4 为现有点反转方式的示意图。其中，每个亚像素与自己相邻的上下左右四个亚像素的驱动电压极性均不相同。

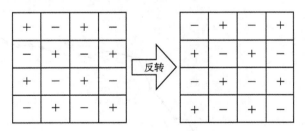

图 2-4-4　点反转

　　点反转方式的优缺点：由于点反转方式相邻亚像素的极性不一样，因此与帧反转、行反转、列反转等方式相比，降低了受到闪烁现象和色度亮度干扰现象的影响，显示效果最好，但点反转方式的功耗较大，驱动复杂。

　　为减小液晶驱动显示过程中的直流残影和信号线对公共电极的耦合而引起公共电压的波动造成的画面闪烁和串扰，当前液晶面板的驱动方式多采用点反转、

2 点反转，以及 1+2 点反转的极性反转方式。

之后出现的像素反转，由于像素排列不一样，所以是以 RGB 三个点形成的像素（pixel）作为一个基本单位。当以一个完整的像素为单位时，就与点反转很相似了，也就是每个像素与自己上下左右相邻的像素是使用不同的极性来显示的。每三个像素点反转一次即可，和点反转相比每个像素点都需要反转，简化了设计，切换频率是原来的 1/3，也可以减小 EMI 干扰。

2.4.2 极性反转总体态势分析

2.4.2.1 极性反转全球申请趋势分析

通过对液晶极性反转技术领域相关专利申请随年代变化趋势的分析，可以初步掌握自 1990 年以来，全球液晶极性反转技术的发展过程和趋势，从而对其未来发展方向形成简单判断。

液晶极性反转技术是为了提高液晶寿命而较早提出并发展起来的技术，图 2-4-5 显示了液晶极性反转技术的全球专利申请趋势分布，图中显示全球的专利申请量从 1993 年起呈现出逐步上升的趋势，并在 2000 年开始迅速增长并在 2006 后申请量趋于平稳，说明在 2000 年之后，产业对液晶极性反转的研究日益凸显，各显示面板厂商都积极布局液晶极性反转技术；2007—2017 年申请量趋于平稳并有小幅增加，说明 2007—2017 年，各显示面板厂商保持对液晶极性反转技术的积极布局，这期间液晶显示面板占据市场主流；申请量从 2019—2020 年下滑并在 2020—2022 年急速下滑，主要原因在于液晶显示面板极性反转技术的成熟、新型显示面板的出现和发展对 LCD 面板的需求冲击以及部分专利申请暂未公开。

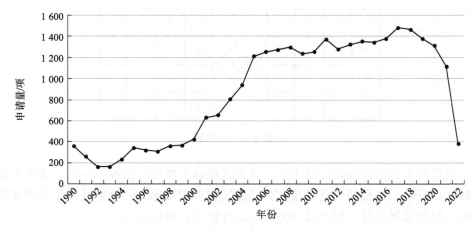

图 2-4-5 极性反转技术全球专利申请趋势分布

2.4.2.2　极性反转全球主要申请人分析

图 2-4-6 展示了液晶极性反转技术全球主要申请人排名情况。从图中可以看出，日韩面板厂商三星、夏普、乐金在液晶极性反转技术上的布局较多，国内面板厂商京东方排名第一，华星光电也占据较大的份额，友达光电也位列前十。

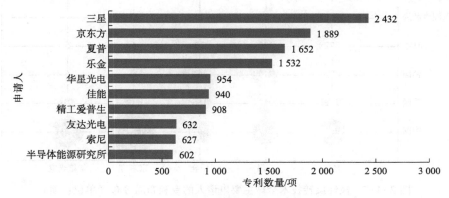

图 2-4-6　极性反转全球主要申请人排名

2.4.2.3　极性反转全球主要申请人国家/地区分布分析

图 2-4-7 展示了极性反转技术全球主要申请人在不同国家或组织的专利布局分布情况。从图中可以看出，夏普针对极性反转技术的布局量在日本最多，中国、美国次之，在欧洲主利局也有一定布局；三星针对极性反转技术的布局量在美国、韩国和中国均有较大的布局量，日本次之，在欧洲专利局也有一定布局；乐金针对极性反转技术的布局量在韩国最多，中国、美国次之，日本和欧洲专利局均有一定量的布局；京东方针对极性反转技术的布局量在中国最多，美国次之，且在韩国、日本和欧洲专利局也具有一定量的布局；华星光电针对液晶极性反转技术的布局量在中国最多，美国次之，在韩国、日本也具有一定量的布局。由此可以看出，夏普对液晶极性反转技术的布局以日本为主，中国和美国较均衡；三星则是在中国、美国和韩国同步进行布局，以美国为主要布局国；乐金的布局策略与夏普比较相似，均以本土为主，中国和美国均衡布局；而京东方和华星光电则以中国为主，美国为辅，尽量避开日本和韩国；此外，夏普和三星还注重欧洲专利局的布局。

图 2-4-8 展示了液晶极性反转技术来源国的专利分布情况。从图中可以看出，韩国专利申请量居首，占比 35.65%，中国专利申请量次之，占比 30.55%，日本专利申请量第三，占比 23.83%。此外，美国、德国也进行了少量的专利申请。由此可以看出，液晶极性反转技术主要集中在韩国、中国和日本。

图 2-4-9 展示了液晶极性反转技术目标国的专利分布情况。从图中可以看出，在中国的申请量居首，占比 32.84%，在美国的申请量次之，占比 27.04%，

在韩国、日本也具有较多的申请量，分别占比 14.66%、10.77%。由此可以看出，中国作为 LCD 面板的主要市场，极性反转技术的布局很关键；美国次之，韩国和日本也作为 LCD 面板的需求国，极性反转技术的布局同样重要。

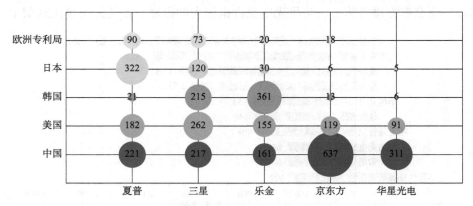

图 2-4-7　极性反转技术全球主要申请人的专利布局分布（单位：项）

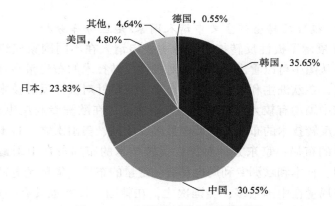

图 2-4-8　极性反转技术来源国排名

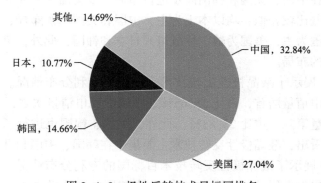

图 2-4-9　极性反转技术目标国排名

2.4.3　三星极性反转技术专利分析

2.4.3.1　极性反转技术发展路线分析

三星在采用极性反转技术时主要解决 LCD 面板功耗高和 LCD 面板显示质量下降两个方面的技术问题。采用专利同族数量进行重点专利技术的选择，绘制各技术分支随时间的变化关系。从图 2-4-10 可以看出，提高 LCD 面板的显示质量是三星公司的主要发展方向，产生时间最早可追溯到 2001 年 9 月 17 日，2001—2003 年，三星主要围绕液晶面板闪烁的技术问题进行改进；2004 年，三星提出解决采用极性反转技术时带来的视觉缺陷问题，之后分别在 2014 年、2018 年再次提出。2003—2007 年，三星主要围绕像素结构布局和像素充电不足带来的显示质量下降的技术问题进行改进。引起功耗高的原因有很多，三星对于在采用极性反转技术时带来的功耗高的技术问题，研发较少也较为分散。总体来说，提高显示质量是三星在采用极性反转技术时主要解决的问题。

2.4.3.2　各分支代表性专利技术分析

通过梳理三星的发明专利申请，发现该公司整体研发重点包括两个方面：第一，寻找途径来解决显示面板的提高显示质量的问题；第二，寻找途径来解决极性反转带来的高功耗问题。对三星的重点极性反转技术专利申请进行如下分析。

1. 显示面板提高显示质量的解决方案

（1）2001 年，三星提交了名为"具有多帧反转功能的液晶显示器及其驱动装置和方法"的申请，公开号为 US20020089485A1。定时控制器具有多帧反转驱动部分，用于调制 REV 信号，该 REV 信号指定用于切换极性的数据电压的极性。栅极驱动器产生栅极驱动电压；数据驱动器，用于根据从定时控制器接收的调制 REV 信号产生数据驱动电压；并且 LCD 面板基于栅极驱动电压和数据驱动电压在 p 帧的周期内重复反转驱动，根据帧的变化，反转在一帧的周期中向下移位。因此，可以去除在驱动 LCD 时由 2×1 点反转引起的点反转和水平线引起的闪烁。

（2）2004 年，三星提交了名为"具有实现点反转的跨接线连接的显示屏"的申请，公开号为 CN1799086A。显示器，具有跨接线连接来使得点反转起作用。该显示器实质上由一种子像素重复组所构成，该重复组跨越第一方向具有偶数个子像素。该显示器还包含耦合到该显示屏的驱动器电路，提供图像数据信号给该显示屏，这些信号实质上对该显示屏产生一种点反转模式。该显示屏还包含从该驱动器电路到该显示屏的列的多个跨接线连接，从而使相同彩色子像素跨越该第一方向，即其极性可实质上交替变更。

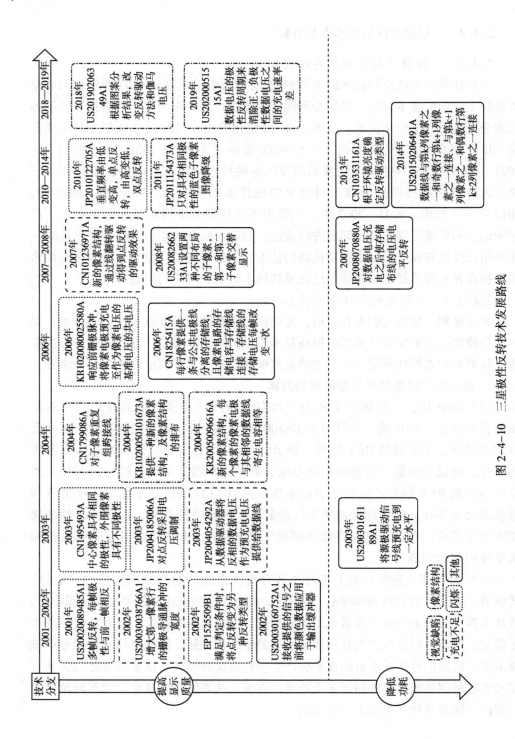

图 2-4-10　三星极性反转技术发展路线

（3）2008 年，三星提交了名为"液晶面板及包括该面板的液晶显示装置"的申请，公开号为 US2008266233A1。液晶面板包括彼此相邻形成的第一类型像素和第二类型像素。第一类型像素具有相应的第一和第二子像素的第一布局，第二类型像素具有相应的第一和第二子像素的第二布局。第一布局与第二布局不同，使得液晶面板根据点反转被驱动，其中交替的第一和第二子像素确定显示在液晶面板上的图像以防止垂直故障。

（4）2011 年，三星提交了名为"带有分开蓝色子像素的新型液晶显示器中图像劣化的校正"的申请，公开号为 JP2011154373A。液晶显示器由一种子像素重复组所组成的显示屏，子像素重复组含有红色和绿色子像素所构成的棋盘状图案，中间放置有两列蓝色子像素，两列蓝色子像素共享同一个列驱动器。由于其上不完善的点反转模式，对于由在第一方向具有偶数个子像素的子像素重复组所组成的显示屏，可能具有寄生电容和其他的信号误差。揭示了用于信号校正和把误差局部化到特定的子像素上的技术。

（5）2019 年，三星提交了名为"显示装置及其驱动方法"的申请，公开号为 US20200051515A1。显示设备包括数据驱动器，数据驱动器基于极性控制信号以水平时段将正极性的数据电压或负极性的数据电压输出至数据线，并且，当帧图像数据满足余像图案的条件时，帧周期中的正水平时段的数量与帧周期中的负水平时段的数量不同，在正水平时段中，正极性的数据电压输出至数据线，在负水平时段中，负极性的数据电压输出至数据线。

2. 极性反转技术带来的高功耗问题的解决方案

（1）2003 年，三星提交了名为"信号线的预充电方法和预充电电压产生电路"的申请，公开号为 US20030161189A1。在预充电模式下将连接到辅助源极驱动器的信号线预充电到预定电压电平的信号线预充电方法包括，响应于输入数据的极性反转信号和输入数据的最高有效位的组合，输出在具有不同电压电平的预充电电压中选择的一个电压电平，并且响应于预充电定时控制信号，将信号线预充电到所选择的电压电平。在预充电方法中，响应于极性反转信号的变化和输入的数据的 MSB 的变化，连接到辅助源极驱动器的信号线被预充电到最佳预充电电平，使得所有的短的和恒定的转换速率保持输出信号。

（2）2013 年，三星提交了名为"用于 LCD 的省电的方法及其电子装置"的申请，公开号为 CN103531161A。用于确定极性反转方案的方法包括检测电子装置所放置的区域的亮度；通过考虑电子装置的区域的亮度并且根据预定标准来确定 LCD 的极性反转方案。

2.4.3.3　各分支代表专利对比分析

对于极性反转技术而言，常规单点反转容易造成屏幕闪烁、行列反转存在串扰和闪烁，降低 LCD 面板的显示效果，极性反转过程需要不断改变数据电压的极性，增加了功耗。从三星重点专利的梳理分析可知，通过时序控制、像素结构、像素排布来提高显示质量是三星公司主要的改进方向；而通过源极驱动控制数据电压极性和灵活选择反转方式来降低功耗是三星公司主要的改进方向。

2.4.4 乐金极性反转技术专利分析

2.4.4.1 极性反转技术发展路线分析

乐金在采用极性反转技术时主要解决 LCD 面板功耗高、LCD 面板显示质量下降和公共电压偏移三个方面的技术问题。采用专利同族数量进行重点专利技术的选择，绘制各技术分支随时间的变化关系。从图 2-4-11 可以看出，降低 LCD 面板功耗和提高 LCD 面板显示质量是乐金公司的主要发展方向。在降低 LCD 面板功耗方面，产生时间最早可追溯到 2002 年 12 月 19 日，随后乐金公司围绕着控制源极驱动电路来降低功耗。直到 2014 年，乐金公司首次控制栅极驱动来降低功耗，但随后并未再产生相关的专利申请。在提高 LCD 面板显示质量方面，截至 2009 年，乐金公司主要围绕时序控制器控制反转方式和源极驱动控制数据电压来解决极性反转带来的闪烁等问题；在 2010—2014 年间发生间断，2016—2019 年，乐金公司提出针对不同刷新频率选择不同的反转模式来降低功耗。乐金公司解决极性反转带来的公共电压偏移问题主要集中在 2005—2011 年间，采取时序控制和源极驱动控制来改善。总体来说，降低功耗、提高显示质量是乐金在采用极性反转技术时主要解决的问题，同时也涉及在采用极性反转技术时解决公共电压偏移的问题。

2.4.4.2 各分支代表性专利技术分析

通过梳理乐金的发明专利申请，发现该公司整体研发重点包括三个方面：第一，寻找途径来解决极性反转带来的显示质量下降的问题；第二，寻找途径来解决极性反转带来的高功耗问题；第三，寻找途径来解决极性反转带来的公共电压偏移问题。对乐金的重点极性反转技术专利申请进行如下分析。

1. 显示面板提高显示质量的解决方案

（1）2004 年，乐金提交了名为"用于液晶显示器的驱动装置"的申请，公开号为 US20040263454A1。LCD 装置对每个奇数场和每个偶数场反转的 RGB 数据进行时间分割，并且对于每一个水平周期进行反转，然后在一个水平周期将它们应用于水平线。从而放大并显示 RGB 数据；并且在一个水平周期期间将 RGB 数据应用于水平线，从而原样显示 RGB 数据而不放大它们，从而可以减少残留的直流电压长时间流入液晶中，从而防止液晶变质。

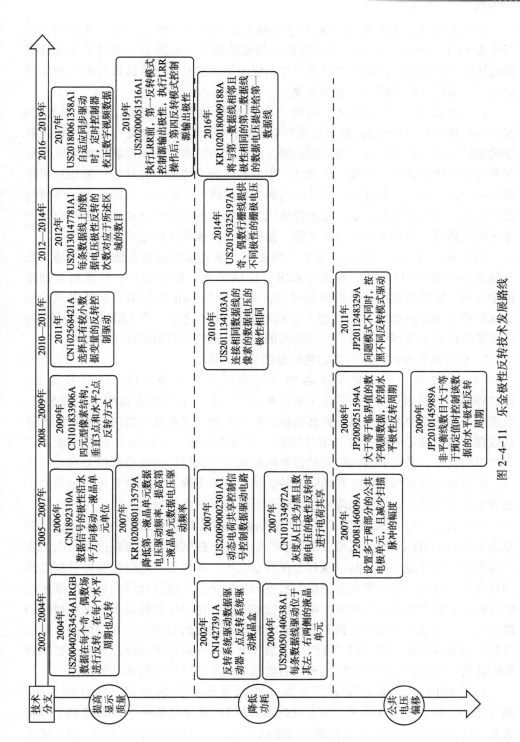

图 2-4-11　乐金极性反转技术发展路线

（2）2007 年，乐金提交了名为"液晶显示装置及其驱动方法"的申请，公开号为 KR1020080113579A。通过降低施加给液晶显示板的第一液晶单元组的数据电压的驱动频率，提高施加给液晶显示板的第二液晶单元组的数据电压的驱动频率，从而防止电荷残留造成的余像。

（3）2012 年，乐金提交了名为"液晶显示装置"的申请，公开号为 US20130147781A1。LCD 面板被划分成多个区域，每个区域被定义为包括与相同数量的栅极线相对的像素区；数据驱动器，该数据驱动器被配置成将数据电压施加到所述数据线；伽马产生器，该伽马产生器被配置成将多个伽马电压施加到所述数据驱动器，其中，所述数据线接收将相邻数据线上的数据电压的极性反转后的数据电压，并且对于每一帧，每条数据线上的数据电压极性反转的次数对应于所述区域的数目，使得每个区域内的第一栅极线上的像素区被过驱动。

（4）2019 年，乐金提交了名为"液晶显示装置及其驱动方法"的申请，公开号为 US20200051516A1。在执行 LRR（低刷新率）操作之前，在面板自刷新帧中以第一反转模式控制源输出的极性，通过参考 LRR 中的第一反转模式的第三反转模式来控制源输出的极性，在执行 LRR 操作之后，在 LRR 操作结束后，在正常刷新帧中使用参考第二反转模式的第四反转模式控制源输出的极性。

2. 极性反转技术带来的高功耗问题的解决方案

（1）2002 年，乐金提交了名为"液晶显示器"的申请，公开号为 CN1427391A。具有通过 i 条水平线交替连接到与之相邻的不同数据线上的液晶盒，数据驱动器包括多路复用器阵列和数模转换器阵列，多路复用器阵列确定输入像素数据的输出通道并根据控制信号添加一个空白数据，控制信号的极性由"i"条水平线反转，数模转换器阵列把像素数据和空白数据转换成像素信号和空白信号，信号的极性通过数据线和帧频反转。从而可将正确的像素信号传送到沿曲折线布置的液晶盒中，明显地降低了能耗而且提高了图像质量。

（2）2007 年，乐金提交了名为"液晶显示器及其驱动方法"的申请，公开号为 US20090002301A1。其通过应用动态电荷共享控制信号控制数据驱动电路来向数据线供应任意一种公共电压和电荷共享电压，具体为：定时控制器分析数据的灰度级、在两个水平周期期间检测数据的灰度级值从白灰度级向黑灰度级改变的时间，并检测数据电压的极性将要反转的时间，定时控制器基于数据和极性的检测结果，生成用于减少数据驱动电路的发热和功耗的动态电荷共享信号，动态电荷共享信号仅在数据从白灰度级变为黑灰度级并且对提供给液晶显示面板的数据电压的极性进行反转的时候，允许对数据驱动电路进行电荷共享驱动。

（3）2010 年，乐金提交了名为"液晶显示器"的申请，公开号为 US2011134103A1。使用在水平方向上彼此相邻的 LC 单元共享一个数据的 TFT 连接关系，减少源极驱动 IC 的数据线和通道的数量，在连接至相同数据线的 LC 单元中充电的数据电压的极性被控制为相同，从而减少源极驱动 IC 中的功耗并且使其均匀每个 LC 单元中充电的数据量；减少数据电压极性反转的次数，降低源驱动 IC 的功耗。

（4）2016 年，乐金提交了名为"显示面板和液晶显示装置"的申请，公开号为 KR1020180009188A。将具有水平 1 点-垂直 1 点的反转系统的数据电压提供给多个子像素的同时，解决数据线驱动器的发热问题。数据线驱动器包括连接到第一数据线的伪数据输出单元，伪数据输出单元将与提供给与第一数据线相邻的第二数据线的数据电压具有相同极性的数据电压提供给第一数据线，在不改变显示面板的像素排列结构的情况下，提供具有相同极性的数据电压的数据线之间的垂直线，减小由于彼此相邻并且被提供有相同极性的数据电压的数据线之间的垂直线引起的垂直线缺陷的可见性。

3. 极性反转技术带来的公共电压偏移问题的解决方案

（1）2007 年，乐金提交了名为"液晶显示装置及其驱动方法"的申请，公开号为 JP2008146009A。液晶显示器具有多个独立施加有公共电压的公共电极，并且分为多于两个部分从而以分开的公共电极单元为单元改变公共电压的电势，并且减少扫描脉冲的幅度以防止由于馈通电压引起显示质量的恶化。

（2）2009 年，乐金提交了名为"液晶显示器"的申请，公开号为 JP2010145989A。数据驱动电路，用于将数字视频数据转换为正/负数据电压以提供给数据线，并调整正/负数据电压的水平极性反转周期；定时控制器，用于产生垂直极性控制信号和水平极性控制信号，将 FRC 校正值加到输入数字视频数据上以将输入数字视频数据提供给数据驱动电路，从输入数字视频数据中检测预定的弱图案，当检测到具有所述弱图案的数据时，改变所述垂直极性控制信号的逻辑反转周期或所述水平极性控制信号的逻辑，并且改变添加有所述 FRC 校正值的所述数据的位置。

（3）2011 年，乐金提交了名为"液晶显示器及其驱动方法"的申请，公开号为 JP2011248329A。液晶显示器先前定义了各种类型的问题图案，如关闭图案、拖尾图案和闪烁图案。当输入除了闪烁图案之外的问题图案时，以水平 2 点反转方案驱动液晶显示器，从而使公共电压的偏移最小化；当输入闪烁图案时，以水平 1 点反转方案驱动液晶显示器，并保持公共电压的移位状态，从而优化公共电压调谐过程中的公共电压。

2.4.4.3 各分支代表专利对比分析

对于极性反转技术而言，常规单点反转容易造成屏幕闪烁、行列反转存在串扰和闪烁，降低 LCD 面板的显示效果，极性反转过程需要不断改变数据电压的极性，增加了功耗。极性反转的数据电压极性无法保证正、负极性的平衡，导致施加到公共电极的公共电压发生偏移。从乐金重点专利的梳理分析可知，对于在采用极性反转技术时提高显示质量方面，通过时序控制、灵活选择反转驱动方式是乐金公司主要的改进方向，此外还涉及源极驱动控制、像素结构和像素排布；对于在采用极性反转技术时降低功耗方面，乐金公司主要通过源极驱动控制和时序控制进行解决，还涉及灵活选择反转方式、像素结构和像素排布。与三星不同的是，乐金还关注公共电压偏移问题，其主要通过灵活选择反转方式进行解决，还涉及源极驱动控制和时序控制。

2.4.5　夏普极性反转技术专利分析

2.4.5.1　极性反转技术发展路线分析

夏普在采用极性反转技术时主要解决 LCD 面板显示质量下降、LCD 面板功耗高和简化电路结构三个方面的技术问题。采用专利同族数量进行重点专利技术的选择，绘制各技术分支随时间的变化关系。从图 2-4-12 可以看出，提高 LCD 面板的显示质量和降低 LCD 面板功耗和简化电路结构是夏普公司的主要发展方向。在提高 LCD 面板显示质量方面，产生时间最早可追溯到 1990 年 6 月 29 日，1990—2002 年，夏普主要围绕源极驱动控制和时序控制来解决显示亮度不均的问题；2005—2011 年，夏普主要解决极性反转带来的显示条纹问题，2013—2014 年，夏普主要解决极性反转带来的闪烁问题。即使在申请量下降的 2016—2017 年，夏普仍关注提高 LCD 面板的显示质量。在降低 LCD 面板功耗方面，夏普在 2001—2007 年持续关注，2008—2012 年中断，但是 2013 年后仍在间断性地布局。

2.4.5.2　各分支代表性专利技术分析

通过梳理夏普的发明专利申请，发现该公司整体研发重点包括三个方面：第一，寻找途径来解决极性反转带来的高功耗问题；第二，寻找途径来解决 LCD 面板存在的亮度不均、闪烁、串扰等问题；第三，对电路结构进行简化。对夏普的重点极性反转技术专利申请进行如下分析。

1. 极性反转技术带来的高功耗问题的解决方案

（1）2002 年，夏普提交了名为"图像显示装置和显示驱动方法"的申请，公开号为 US2003058207A1。其公开了在改变对电极的电位之前，在扫描信号线 G 的非选择周期期间，电位保持电路固定地保持数据信号线 S 的电位。为了防止数据信号线 S 的电位由于电极和每条数据信号线 S 之间的耦合电容引起的成为不希望的高电位，由此通过使用数据信号线 S 的相对低的电位向像素电容提供与要显示的灰度对应的电荷，降低了数据信号驱动电路 SD 的电源电压，从而减少了电力消耗。利用这种布置，液晶显示装置可以通过数据信号线驱动电路 SD 的低电源电压执行用于线反转驱动，帧反转驱动等的相对的 AC 驱动，从而减少电能量消耗。

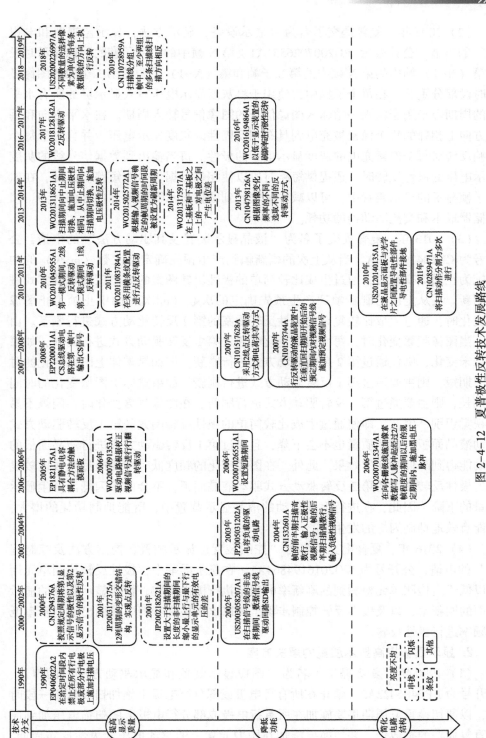

图 2-4-12　夏普极性反转技术发展路线

（2）2005 年，夏普提交了名为"显示设备，显示方法，显示监视器和电视机"的申请，公开号为 WO2007026551A1。第 N 帧中的第一子帧的图像显示时段与第（N-1）帧中的第 N 帧中的第二子帧和第（N-1）帧中的第二子帧的图像显示时段部分重叠。在每个子帧中，使用于将灰度显示电压写入显示屏的所有水平线的周期等于用于输入一帧输入图像信号的图像信号输入周期。在水平方向和垂直方向上相邻的每个像素被充电到具有相反极性的灰度显示电压，并且对于每个子帧反转对每个像素充电的灰度显示电压的极性。每当输出到数据信号线的灰度显示电压的极性反转时，还提供短路时段以使相邻数据信号线短路。由此，在执行子帧显示的显示装置中，可以减少从输入到图像显示器的图像信号的时滞，帧存储器成本和交流驱动器的功耗。

（3）2013 年，夏普提交了名为"液晶显示装置及其驱动方法"的申请，公开号为 CN104798126A。当从上次的刷新帧到产生预先确定的次数（m 次）的中止帧为止图像变化时，通过生成比较简单的极性反转图案的第 1 反转驱动方式进行刷新。在从上次的刷新帧到产生预先确定的次数（m 次）的中止帧为止图像未变化时，通过生成比较复杂的极性反转图案的第 2 反转驱动方式进行刷新。由此，当图像频繁变化时，每次图像变化时通过第 1 反转驱动方式进行刷新，如果图像未变化，则仅通过第 2 反转驱动方式进行刷新。即如果整体上图像变化的时间周期短，则主要通过第 1 反转驱动方式进行刷新，如果整体上图像变化的时间周期长，则主要通过第 2 反转驱动方式进行刷新。在图像频繁变化时，闪烁不易被视觉识别，因此，即使通过生成比较简单的极性反转图案的第 1 反转驱动方式驱动液晶面板，显示质量也不会下降，且通过第 1 反转驱动方式进行液晶面板的驱动能得到降低功耗的效果。此外，在图像变化的频度低时主要通过生成比较复杂的极性反转图案的第 2 反转驱动方式驱动液晶面板，不会由于闪烁而产生显示质量的下降。因此，在进行上述驱动的液晶显示装置中，既能抑制功耗的增大，又能有效地抑制闪烁的发生。

（4）2016 年，夏普提交了名为"控制装置、显示装置、控制方法及控制程序"的申请，公开号为 WO2016194864A1。在显示屏幕中，极性反转控制单元用于以低于由检测单元检测到的刷新率的频率执行极性反转，检测显示装置的显示画面的刷新率，以及极性反转控制步骤，其以比在检测步骤中检测出的刷新率低的频率进行极性反转。

2. 显示面板提高显示质量的解决方案

（1）1990 年，夏普提交了名为"图像显示装置和显示驱动方法"的申请，公开号为 EP0406022A2。禁止在所有行电极或部分行电极上施加扫描电压一段时间，以便切换重复周期将要施加在所有行电极或部分行电极上的扫描电压加到原始重复周期的整数倍，并切换要施加在图像元素上的驱动电压的极性反转周期。

切换扫描电压的重复周期，由此即使在扫描电压的第一重复周期的信号电压不同于第二次重复的信号电压的情况下，也可以实现 AC 驱动操作。

（2）2000 年，夏普提交了名为"矩阵型显示器"的申请，公开号为 CN1294376A。多个源极信号线分别与上述多个像素电极中的指定第 1 色素的至少一个第 1 像素电极、指定第 2 色素的至少一个第 2 像素电极以及指定第 3 色素的至少一个第 3 像素电极连接。上述源极信号线驱动器将第 1 显示信号供给上述多个源极信号线中的第 1 源极信号线，将其极性与该第 1 显示信号相反的第 2 显示信号供给上述多个源极信号线中的与第 1 源极信号线相邻的第 2 源极信号线，并且按照规定周期将第 1 显示信号的极性以及第 2 显示信号的极性反转。

（3）2005 年，夏普提交了名为"具有触摸传感器的显示设备，以及设备的驱动方法"的申请，公开号为 EP1821175A1。触摸感应显示装置包括：对置基板，其经由显示介质层设置在有源矩阵基板的观察者侧，对置基板具有与像素电极相对的对电极；显示面板驱动电路，用于向对电极提供经历极性周期性反转的公共电压；用于位置检测的透明导电膜放置成通过对置基板与对电极相对；选通信号发生电路，用于产生与公共电压的极性反转周期同步的选通信号；以及噪声截止电流信号发生电路，用于产生通过基于消除而获得的噪声截止电流信号。选通信号是从连接到透明导电膜的端子流出的电流的预定部分，用于位置检测。通过使用选通信号消除由于提供给显示面板的对电极并经历周期性极性反转的公共电压而在从用于位置检测的导电膜的端子流动的电流中产生的噪声。此外，通过基于提供给显示面板的水平同步信号生成选通信号，可以简化电路结构。

（4）2013 年，夏普提交了名为"显示装置及其驱动方法"的申请，公开号为 WO2013118651A1。显示装置的极性反转控制部输出的 POL 的极性在 1 个扫描期间及紧随其后的 1 个中止期间总是相同，且每次在从中止期间向扫描期间切换时进行反转。由此，能执行中止驱动且不会使显示面板出现残影。

（5）2019 年，夏普提交了名为"图像显示装置和显示驱动方法"的申请，公开号为 CN110728959A。液晶显示装置还包括用于扫描栅极线的栅极线驱动电路、通过列反转驱动向源极线提供数据信号的源极线驱动电路。栅极线驱动电路将多条栅极线至少分为两组，在一帧中，对每一组，顺次扫描该组内的每条栅极线一次。至少两组包括在所述一帧中，向多条栅极线排列的第一方向扫描栅极线的组和向与第一方向相反的第二方向扫描栅极线的组。即使进行列反转驱动也能够使串扰难以发生。

3. 对电路结构进行简化的解决方案

（1）2006 年，夏普提交了名为"显示装置，其驱动电路和驱动方法"的申请，公开号为 WO2007015347A1。在点反转驱动方法的有源矩阵型液晶显示装置中，在每一个水平扫描周期中将相邻的源极线短路预定周期 Tsh，栅极驱动器施加脉冲以接通 TFT 中的 TFT。像素形成单元作为要给予每条扫描信号线的扫描信号 G（j）（j＝1 到 m）。在每个帧周期中，像素数据写入脉冲 Pw 被连续地施加到栅极线 GL1 至 GLm。在从每条栅极线 GLj 的像素数据写入脉冲 Pw 的施加开始经过约 2/3 帧的周期（Thd）之后，在预定时段 Tsh 内施加黑电压施加脉冲 Pb。可以在抑制驱动电路的复杂化或者在保持型显示装置中增加操作频率的同时使显示成为脉冲。

（2）2010 年，夏普提交了名为"液晶显示模块"的申请，公开号为 US 20120140135A1。液晶显示模块包括液晶显示面板和光学片，在该液晶显示面板上施加极性以预定周期改变以进行显示驱动的电压。导电构件设置在液晶显示板和光学片之间。导电构件连接到接地部分。即使将极性反转的电压施加到液晶显示面板的公共电极，也可以降低光学片上的电场变化的影响。

2.4.5.3 各分支代表专利对比分析

对于极性反转技术而言，常规单点反转容易造成屏幕闪烁、行列反转存在串扰和闪烁，降低 LCD 面板的显示效果，极性反转过程需要不断改变数据电压的极性，增加了功耗。极性反转的实现，使得驱动电路等复杂化。从夏普重点专利的梳理分析可知，对于在采用极性反转技术时提高显示质量方面，时序控制、像素结构和像素排布是夏普公司主要的改进方向，此外还涉及源极驱动控制和灵活选择反转方式；对于降低功耗方面，夏普公司主要通过时序控制来控制反转周期进行解决，还涉及源极驱动控制数据电压极性、灵活选择反转方式和重新构造像素结构和像素排布；与三星和乐金不同的是，夏普还关注简化电路结构，其主要通过时序控制进行解决，还涉及重新构造像素结构和像素排布。

2.4.6 京东方极性反转技术专利分析

2.4.6.1 极性反转技术发展路线分析

京东方在采用极性反转技术时主要解决 LCD 面板显示质量下降、LCD 面板功耗高两个方面的技术问题。采用专利同族数量进行重点专利技术的选择，绘制各技术分支随时间的变化关系。从图 2-4-13 可以看出，相较于三星、乐金、夏普，京东方起步较晚，提高 LCD 面板的显示质量是京东方的主要发展方向，其产生时间最早可追溯到 2003 年 10 月 13 日。2003—2009 年的发展阶段，京东方主要从改善闪烁和色偏两个方面提高 LCD 面板的显示质量，该阶段，没有关注降低功耗的技术问题。2012—2013 年处于申请量顶峰，提高显示质量和降低功耗均进行了关注，主要从改善闪烁方面提高 LCD 面板的显示质量，同时还涉及改善色偏和保持充电均匀。后期，京东方持续关注提高显示质量和高功耗问题。

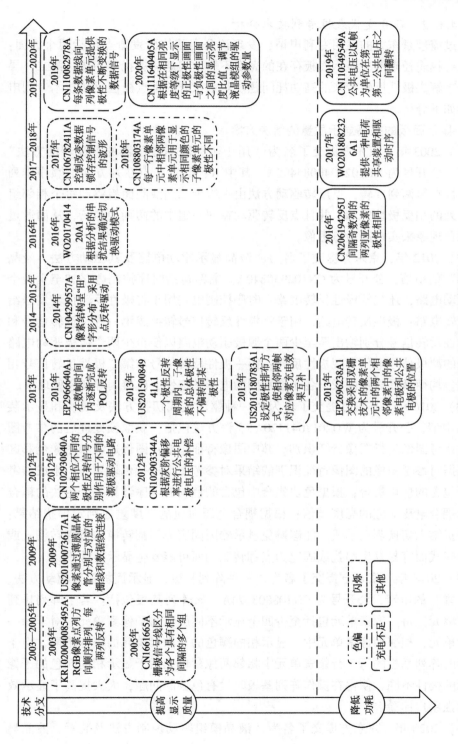

图 2-4-13　京东方极性反转技术发展路线

2.4.6.2　各分支代表性专利技术分析

通过梳理京东方的发明专利申请，发现该公司整体研发重点包括两个方面：第一，寻找途径来解决显示面板存在的亮度不均、闪烁、串扰等问题；第二，寻找途径来解决极性反转带来的高功耗问题。对京东方的重点极性反转技术专利申请进行如下分析。

1. 显示面板的提高显示质量的解决方案

（1）2003 年，京东方提交了名为"用于驱动液晶显示器的点反转的方法"的申请，公开号为 KR1020040085495A。其中 R、G 和 B 点在列方向上顺序排列并且极性在每两列反转，点反转驱动方法由一组十二列液晶面板驱动每个相邻组以相应列的相反极性驱动，并且点反转驱动在同一组中的两列中执行，从而通过消除绿色现象来实现高质量图像。

（2）2012 年，京东方提交了名为"液晶显示驱动电路及其驱动方法、液晶显示器"的申请，公开号为 CN102930840A。电路包括时序控制电路和至少两个源极驱动电路，还包括极性反转电路；时序控制电路用于将极性反转信号发送给极性反转电路；极性反转电路，用于将极性反转信号转换成第一极性反转信号和第二极性反转信号分别输出至至少两个源极驱动电路以使至少两个源极驱动电路所驱动的源极信号电压实现极性反转；第一极性反转信号与第二极性反转信号相位不同。均衡液晶显示面板上各子像素间的电压的极性，改善闪烁和色偏现象。

（3）2016 年，京东方提交了名为"一种驱动模式切换方法及模块和显示装置"的申请，公开号为 WO2017041420A1。该方法包括：获取预处理后的参考图像；对参考图像进行图像特征识别。其中图像特征包括：图像边缘和图像色彩区域；根据对参考图像的图像特征识别的结果对参考图像进行色块划分，生成参考图像所包含的色块集合；根据色块集合中包含的色块的顺序计算各个色块的耦合电压和耦合电压对应的亮度差值；根据耦合电压对应的亮度差值判定串扰结果；根据串扰结果切换驱动模式。能够避免显示器因固定为列翻转模式行翻转模式或帧翻转模式而容易发生串扰或固定为点翻转驱动而可能发生显示异常。

（4）2018 年，京东方提交了名为"一种阵列基板、显示面板及其驱动方法、显示装置"的申请，公开号为 CN108803174A。该阵列基板包括：若干阵列排列的像素单元，每一像素单元包括至少四个显示不同颜色的子像素单元。对于每一行像素单元，相邻两像素单元中，显示相同颜色的子像素单元的极性不同。由于本申请的阵列基板的每一行像素单元中相邻两像素单元用于显示相同颜色的子像素单元的极性不同，使得在操作阵列基板时没有色偏的问题，大大提高了显示效果，增强用户体验。

（5）2020 年，京东方提交了名为"液晶模组驱动控制方法及装置、液晶显示器"的申请，公开号为 CN111640405A。该方法的具体实施方式包括：获取液晶模组在相同亮度等级下显示的正极性画面与负极性画面之间的显示亮度比值；根据显示亮度比值，调节液晶模组在进行正极性驱动或负极性驱动时的驱动参数量，以使得液晶模组在相同亮度等级下显示的正极性画面与负极性画面的显示亮度相同。该实施方式可消除闪烁等显示不良，提升显示效果。

2. 极性反转带来的高功耗问题的解决方案

（1）2013 年，京东方提交了名为"液晶显示器的驱动方法"的申请，公开号为 EP2696238A1。该发明提供的像素单元中，改变了利用双栅技术的像素单元中，相邻像素中像素电极与公共电极的位置，并由该像素单元组成的阵列构成像素结构，并对应像素结构提供相应的像素驱动方法，实现像素点反转或列反转时，无须改变输入到每条数据线的数据信号的电压极性，降低了功耗。

（2）2016 年，京东方提交了名为"数据线多路分配器、显示基板、显示面板及显示装置"的申请，公开号为 CN206194295U。该数据线多路分配器包括：开关模块、多个开关信号端和多个数据信号端；该开关模块能够在该多个开关信号端的控制下，将每个该数据信号端与至少两列亚像素连通，该至少两列亚像素中相邻的两列亚像素在该显示装置中间隔奇数列亚像素。由于在列反转驱动过程中，间隔奇数列的两列亚像素的极性相同，因此每个数据信号端在驱动其所连通的至少两列亚像素时，无须反转数据信号的电压极性即可实现列反转驱动，该驱动过程中显示装置的功耗较低。

（3）2019 年，京东方提交了名为"液晶显示面板的驱动方法、驱动电路及显示装置"的申请，公开号为 CN110349549A。液晶显示面板的驱动方法，包括：向液晶显示面板的公共电极线发送公共电极信号，使公共电极线上通过的公共电压信号以 K 帧为单位在第一公共电压以及第二公共电压之间翻转，第一公共电压和第二公共电压相对于基准电压的极性相反，K 为大于 1 的整数。本发明的技术方案能够改善显示设备的色域，降低电路系统动态功耗，减小 EMI。

2.4.6.3　各分支代表专利对比分析

对于极性反转技术而言，常规单点反转容易造成屏幕闪烁、行列反转存在串扰和闪烁，降低 LCD 面板的显示效果，极性反转过程需要不断改变数据电压的极性，增加了功耗。从京东方重点专利的梳理分析可知，对于在采用极性反转技术时提高显示质量方面，通过源极驱动控制和时序控制是京东方公司主要的改进方向，还涉及灵活选择反转方式和重新构造像素结构和像素排布；对于降低功耗方面，京东方公司主要通过时序控制进行解决，还涉及源极驱动控制和重新构造像素结构和像素排布进行解决。

2.4.7 华星光电极性反转技术专利分析

2.4.7.1 极性反转技术发展路线分析

华星光电在采用极性反转技术时主要解决 LCD 面板显示质量下降、LCD 面板功耗高两个方面的技术问题。采用专利同族数量进行重要专利技术的选择，绘制各技术分支随时间的变化关系。从图 2-4-14 可以看出相较于三星、乐金、夏普、京东方，华星光电起步最晚，提高 LCD 面板的显示质量是华星光电的主要发展方向，其产生时间最早可追溯到 2013 年 10 月 24 日。2013—2014 年的发展阶段，华星光电主要从改善串扰和亮度不均方面提高 LCD 面板的显示质量，该阶段，没有关注降低功耗的技术问题。2015—2016 年处于申请量顶峰，提高显示质量和降低功耗均进行了关注，从改善串扰、亮度不均和残像三方面提高 LCD 面板的显示质量。后期，华星光电持续关注提高显示质量和高功耗问题。

2.4.7.2 各分支代表性专利技术分析

通过梳理华星光电的发明专利申请，发现该公司整体研发重点包括两个方面：第一，寻找途径来解决显示面板存在的亮度不均、闪烁、串扰等问题；第二，寻找途径来解决极性反转带来的高功耗问题。对华星光电的重点极性反转技术专利申请进行如下分析。

1. 显示面板的提高显示质量的解决方案

（1）2013 年，华星光电提交了名为"阵列基板和液晶显示面板"的申请，公开号为 KR1020160052707A。阵列基板中，每个像素单元包括一电压补偿电路，在沿扫描方向排列且与本像素单元间隔一个像素单元的像素单元所对应的第一扫描线输入扫描信号时，本像素单元的电压补偿电路作用于本像素单元的第二像素电极，以使得在正极性反转时第二像素电极和公共电极之间的电压差与第一像素电极和公共电极之间的电压差的比值，和在负极性反转时第二像素电极和公共电极之间的电压差与第一像素电极和公共电极之间的电压差的比值相等。通过上述方式，提高低色偏效果。

（2）2015 年，华星光电提交了名为"列反转驱动方式的液晶显示面板及其驱动方法"的申请，公开号为 US2017103719A1。通过在像素驱动电路中增加充电控制薄膜晶体管（T2），并依据数据线提供的电压的正、负极性不同，调整提供给充电控制薄膜晶体管（T2）栅极的时钟信号（CK）的电位高低及脉冲宽度，控制正、负极性电压分别对相邻两列像素进行充电的时间，能够平衡正、负极性电压对相邻两列像素的充电效果，补偿正、负极性电压对相邻两列像素造成的充电差异，使得画面显示效果均匀。

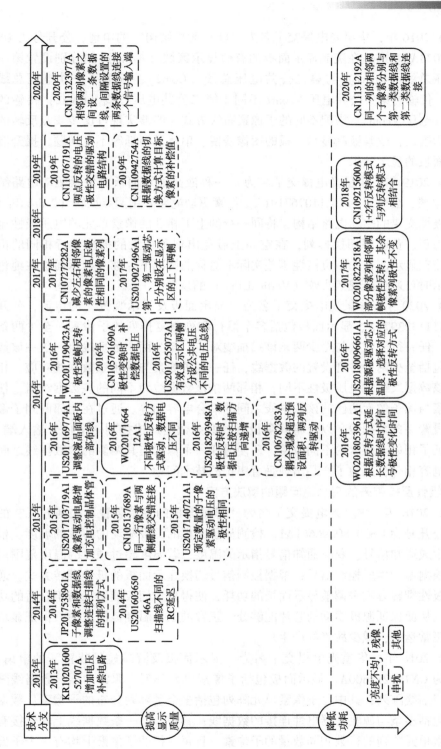

图 2-4-14 华星光电极性反转技术发展路线

（3）2016 年，华星光电提交了名为"LCD 面板结构"的申请，公开号为 US 2017255073A1。通过在液晶显示面板的有效显示区域（AA）两侧分别设置第一公共电压总线（Com1）与第二公共电压总线（Com2），且第一公共电压总线（Com1）传输的第一公共电压 Vcom1 不同于第二公共电压总线（Com2）传输的第二公共电压 Vcom2，搭配不同的子像素布线方式，能够实现行反转或点反转的驱动显示模式，改善液晶显示面板的图像残留、串扰及闪烁等不良问题，提升液晶显示面板的显示效果。

（4）2019 年，华星光电提交了名为"一种液晶显示面板的像素驱动电路结构"的申请，公开号为 CN110767191A。像素驱动电路采用两点反转（2 dot flip）的电压极性交错的驱动电路结构，将同一行的上下相邻的像素单元的电压极性排配方式为正、负顺序切换排列，在空间上避免出现子像素的极性整行相同的情况，即使在显示面板的正负极性压差实际不对称的情况下，液晶显示面板在纯色画面显示时可避免出现摇头纹（Vertical line）的现象。

（5）2020 年，华星光电提交了名为"显示面板及显示装置"的申请，公开号为 CN111323977A。显示面板包括多个沿行和列重复排列的子像素；至少两条扫描线，任一行子像素与至少两条该扫描线对应；至少两个数据线组，任一该数据线组包括至少两条并列设置的数据线，任一列子像素与一条该数据线对应，相邻两个该数据线组的电压极性不同，相邻两条该数据线为不同的该数据线组；任一子像素与该子像素两侧的该数据线之间的耦合电容相等。通过在相邻两列子像素之间设置一条数据线，以及将间隔设置的两条数据线连接到一个信号输入端，不仅保证了相邻子像素的不同极性，还使得任一子像素与其两侧的该数据线之间的耦合电容相等，避免了产品出现垂直串扰的技术问题。

2. 极性反转带来的高功耗问题的解决方案

（1）2016 年，华星光电提交了名为"显示面板的控制装置及控制方法"的申请，公开号为 US20180096661A1。检测显示面板的源极驱动的芯片的温度，根据温度生成通知信号；获取通知信号指示的温度，若温度超过预设的温度范围阈值，则根据温度生成控制信号；根据控制信号切换显示面板的极性翻转方式。通过调整极性翻转方式来调整显示面板的功耗，使得显示面板能够工作于合适的功耗之下，从而保证源极驱动的芯片能够处于正常的工作温度范围之内，保证显示面板的正常运转，减少故障的产生。

（2）2018 年，华星光电提交了名为"显示面板及液晶显示装置"的申请，公开号为 CN109215600A。显示面板包括子像素单元阵列、源驱动器、数据线阵列以及扫描线阵列；其中，子像素单元阵列包括多个呈阵列分布的子像素；数据线阵列包括多条与源驱动器电性连接的数据线；其中，每一条数据线上均连接有与子像素单元阵列的行数相同数量的子像素，且每一行的子像素上均有一个子像素与一条数据线对应连接；每一行的子像素和每一列的子像素均包括第一像素和第二像素，每一条数据线所连接的所有子像素均为第一像素或均为第二像素。将1+2 行反转模式与列反转模式相结合，每条数据线上连接的所有子像素均为同一种极性的像素，在一个行扫描周期内，一条数据线上的子像素只需要进行一次极性转化，从而降低源驱动器的功耗。

（3）2020 年，华星光电提交了名为"驱动电路及液晶显示器"的申请，公开号为 CN111312192A。通过使同一列子像素中的相邻两个子像素分别与第一类数据线和第二类数据线连接，同一行子像素中的相邻两个子像素分别与第一类数据线和第二类数据线连接，输入第一类数据线的第一类数据信号和输入第二类数据线的第二类数据信号的极性相反，以实现液晶显示器显示时的点反转驱动方式，改善画面闪烁现象，避免出现纵向信号串扰的同时，降低驱动芯片所需的功耗。

2.4.7.3　各分支代表性专利对比分析

对于极性反转技术而言，常规单点反转容易造成屏幕闪烁、行列反转存在串扰和闪烁，降低 LCD 面板的显示效果，极性反转过程需要不断改变数据电压的极性，增加了功耗。从华星光电重点专利的梳理分析可知，对于采用极性反转技术提高显示质量方面，重新构造像素结构、像素排布和源极驱动控制是华星光电公司主要的改进方向，还涉及时序控制和灵活选择反转方式；对于降低功耗方面，华星光电公司主要通过时序控制进行解决，还涉及灵活选择反转方式、像素结构和像素排布进行解决。

2.4.8　极性反转全球主要申请人比对分析

2.4.8.1　主要申请人申请趋势对比

从主要申请人的申请趋势对比可以看出（图 2-4-15），极性反转技术的布局上外国企业夏普起步最早，国内企业京东方起步较早；在 LCD 面板发展的第一个高峰期 2006 年左右，基本上是夏普、乐金和三星的申请，京东方和华星光电的申请明显滞后；随着国内 LCD 面板的崛起，到 LCD 发展的第二个高峰值2015—2016 年，京东方和华星光电的专利申请量已经远超夏普、三星和乐金，这也可以看出 LCD 产业已经逐渐从日韩转移到中国。

2.4.8.2　主要申请人代表性专利对比

通过前面对主要申请人代表性专利的分析可以看出，提高显示质量是各主要申请人关注的重点，降低功耗也持续受到申请人的关注。与三星、京东方和华星光电不同的是，在关注提高显示质量和降低功耗的同时，乐金还关注公共电压偏移，夏普还关注电路结构的简化。提高显示质量和降低功耗持续受到申请人的关注，公共电压偏移和简化电路结构申请较少，且比较分散，仅在个别年份进行了申请。

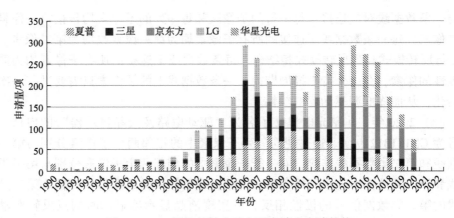

图 2-4-15　极性反转全球主要申请人申请趋势

2.4.9　小结

极性反转技术的国外重要申请人有三星、乐金、夏普，国内重要申请人有京东方和华星光电，国外申请人对该技术的研究早于国内，其中夏普最早开始研究极性反转技术。提高显示质量和降低功耗是所有公司普遍关注的重点问题，三星和乐金在提高显示质量时主要通过时序控制来实现，京东方主要通过源极驱动控制来实现，华星光电主要通过像素结构、像素排布来实现，夏普则主要通过时序控制、像素结构和像素排布来实现；三星、夏普、京东方、华星光电的极性反转专利申请主要集中在提高显示质量上，乐金在提高显示质量和降低功耗的申请量差异不大，与三星、京东方、华星光电不同的是，乐金还涉及公共电压偏移，夏普还涉及简化电路结构。早期三星的申请量较大，夏普与乐金的申请量次之，京东方也具有一定量的申请量。随着早期专利布局和极性反转技术的成熟，三星申请量下降，乐金和夏普申请量也相对减少；随着企业发展，京东方、华星光电的申请量大大增加。

2.5　残影技术

2.5.1　残影技术概述

残影是明显可见的上一个画面的残留，部分技术人员会形容为"烧屏"。它是连续长时间驱动某一个点多于其他的点造成的结果。在 CRT 显示器中，这会导致磷的磨损，图案被烧进显示器中，但是在 LCD 屏幕上使用时并不涉及实际的发热或是烧毁。TFT LCD 残影是如何产生的呢？

TFT 中的液晶（LC）必须使用交流电驱动；如果使用直流驱动的话，晶体的极性会被破坏；实际上是没有绝对对称的交流电，在连续驱动 TFT 的像素点时，相关微小的不平衡会吸引自由的离子到内部电极上，吸附于内部电极的离子会造成类似直流+交流的驱动效果（图 2-5-1）。❶

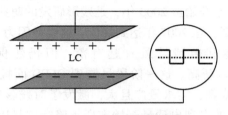

图 2-5-1　液晶内电场示意

当 LCD 面板为显示某一画面而长时间处于高电压驱动时，液晶分子内的带电离子会吸附上下玻璃基板的两端而形成内建电场，并产生一个衍生电容。于是当 LCD 面板显示下一画面时，带电离子无法及时从衍生电容中释放出来，使得液晶分子不能马上转到相对应的角度而造成图像残影。❷

除了显示残影外，显示屏在关机时容易造成关机残影，当液晶显示器在关闭电源时，因为电晶体的漏电流很小，所以之前显示画面的电荷有时会因为放电不足而残留在液晶显示面板的液晶电容之内，因此会有残影现象的发生。为了避免残影的问题，现有技术在关机启动之后，时序控制器送出一特定的数据信号电压，使得源极驱动器可依据该特定的数据信号电压产生特定的画面，如黑画面或是白画面，但这样的设计会增加系统设计的复杂度，因此仍有待进一步改善。

还有一种现有技术的改善关机残影现象的液晶显示装置是在该关闭电压输入端（Vgl）与地之间串接一电阻，加快该薄膜晶体管栅极的关闭电压放电速度，从而加快液晶像素电压的放电速度。但是，该液晶显示装置在正常工作时也会通过该电阻持续放电，从而会增加系统额外功耗。

此外，现有技术中在关机瞬间，扫描驱动集成电路上会触发 XAO（Output All-on）功能。即当扫描驱动集成电路接收到 XAO 信号为"0"时，就把所有行输出信号完全打开，使像素中的残存电荷释放和中和。❸

❶　TFT LCD 液晶显示器的残影现象［EB/OL］.（2021-4-29）［2024-01-29］. https://weibo. com/ttarticle/p/show？id=2309404631249569316941 & sudaref=www. baidu. com.

❷　残影［EB/OL］.（2023-5-20）［2024-01-29］. https://baike. baidu. com/item/% E6% AE% 8B% E5% BD% B1/19829171？ fromModule=search-result_lemma.

❸　廖燕平. 薄膜晶体管液晶显示器显示原理与设计［M］. 北京：电子工业出版社，2016.

2.5.2 残影总体态势分析

2.5.2.1 残影全球申请趋势分析

液晶显示中发生残影现象时会直观地体现在面板上，因此对残影技术的研发也起源较早，从 1990 年开始至 2000 年，是残影研发的萌芽期，2000—2007 年是残影研发的快速增长期，至 2007 年达到峰值，这也是因为 2007 年是 LCD 面板发展的高峰期，此后专利申请量虽有起有落，但仍然保有一定数量，并于 2015—2017 年再次创造新高。这一阶段虽受到 OLED 面板发展的影响，但 LCD 在市场应用上已经很成熟，需求量广且大，激发了对残影技术的继续研发热情。而至 2019 年后，残影的专利申请量开始有所下降，这是因为受到 OLED 面板的不断扩张，挤占了部分 LCD 市场份额，研发投入减少；另外，对 LCD 面板的残影研发也接近了成熟期（图 2-5-2）。

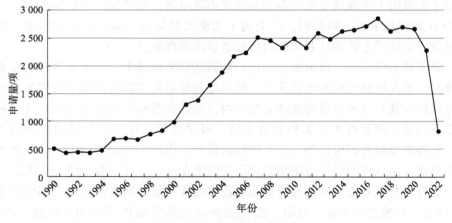

图 2-5-2　残影全球专利申请趋势分布

2.5.2.2 残影全球主要申请人分析

从全球残影专利主要申请人排名来看（图 2-5-3），京东方作为 LCD 面板厂商，虽然起步较晚，但由于其主营业务是 LCD 面板，因此对 LCD 面板的品质要求较高，对残影技术的研发也是最多的；三星作为 LCD 面板的领跑者，对 LCD 面板的专利布局较全面，因此在残影技术上也投入了相当的研发力度，其专利申请量仅次于京东方；而夏普和乐金作为全球 LCD 面板的主要供货商，其对残影技术的研发力度也是可观的，分别排名第三、第四。从整体申请人排名来看，国外企业的比例明显多于国内企业，这也体现了国外企业在 LCD 面板残影技术上的关注度和投入量，国内企业能与之匹敌的只有京东方。

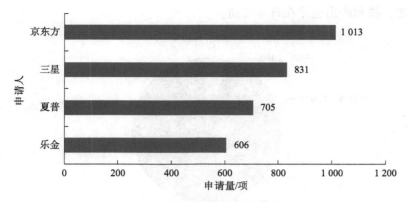

图 2-5-3　残影全球主要申请人排名

2.5.2.3　残影全球主要申请人国家/地区分布分析

从各主要申请人的专利布局情况来看（图 2-5-4），京东方的残影技术专利申请主要布局是本土，即中国，其次是美国；而三星的布局则是以美国优先，本土韩国为辅，其次是中国，此外在欧洲也有部分布局，这与三星企业的战略规划有关；夏普则是主要布局在日本，美国和中国的布局情况相近；并且，京东方和夏普的布局均是避开了技术实力较强的韩国；而韩国的另一大企业乐金，除了在韩国本土布局外，在美国和中国的布局也是相当的；整体来看，三星和乐金几乎垄断了整个韩国市场，并且三星、夏普和乐金均在中国进行了一定的布局，也说明了中国的市场潜力较大。

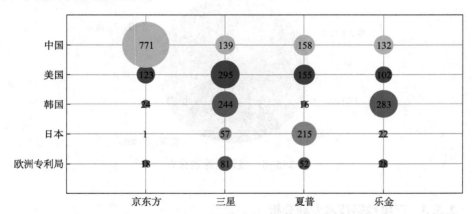

图 2-5-4　残影全球主要申请人的专利布局分布

从残影技术的技术来源国分布可以看出（图 2-5-5），残影技术主要来源于韩国，这得益于三星和乐金，其次是中国，第三是日本；这也体现了韩国企业对 LCD 面板的影响力巨大，而中国虽然 LCD 面板的发展较韩国和日本较晚，但其发展迅速，技术产出也排在日本之前。

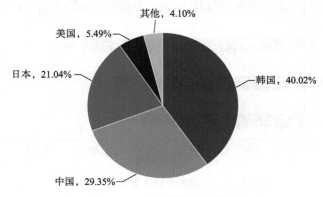

图 2-5-5　残影来源国分布

从残影技术的目标国分布来看（图 2-5-6），与来源国的分布情况有所不同，中国作为第一目标国，美国作为第二目标国，韩国作为第三目标国，日本则作为第四目标国。这与中国不断发展壮大的经济实力和市场发展有很大关系，与中国不断涌现的 LCD 厂商也有关系。生产线的扩张使中国超越了美国和韩国，成为 LCD 面板生产的第一大国。美国虽然在 LCD 面板的申请人较少，但受其经济影响，仍然占据了 LCD 面板的较大市场，使其成为各大申请人在残影技术上争相抢占的市场之一。

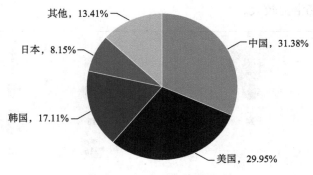

图 2-5-6　残影目标国分布

2.5.3　三星残影技术专利分析

2.5.3.1　残影关键技术发展路线分析

残影一直是影响 LCD 面板显示质量的关键原因，因此为了抑制残影，三星于 1999 年便开始进行研发；1999—2004 年，是三星研究残影的起步阶段，着力于解决显示残影；2005—2006 年，是 LCD 发展的高峰期，因此三星也加大了对显示残影的研发力度，同时，随着 LCD 的广泛应用，也增加了对于关机残影的研发。2007—2013 年，三星仍然保持持续较高的专利布局。2014—2016 年，LCD 面板的发展达到了第二次高峰期，而三星也同步加大了对残影的研发力度，这与用户需求有关，手机逐步代替电脑成为人们生活中的重要工具，用户对显示质量以及视频的播放等的要求也越来越高，从而触发了新一轮的残影研发。2017年之后，三星的残影布局仍保持一定的数量，这也说明了三星虽然在逐步退出LCD 市场，但对显示品质的追求仍然没有间断；并且由于对残影技术的某些方面改进是同时适用 LCD 和 OLED 的，因此可以预估三星未来仍然会在残影技术上进行布局。从整个发展技术路线来看，三星主要关注的是显示残影，对关机残影的研发较少（图 2-5-7）。

2.5.3.2　各分支代表性专利技术分析

1. 显示残影的解决方案

（1）1999 年，三星申请了名为"液晶显示驱动电路"的申请，公开号为 KR 1020010055653A。LCD 的驱动电路通过控制每帧中背光的开/关操作来防止感知帧之间产生的余像，并且当液晶的响应速度被延迟时，关闭背光以防止由对应于所施加的电场的液晶的移动引起的屏幕的改变。一种用于向荧光灯施加交流电功率的逆变器电路包括输出直流电压分量的控制信号的逆变器控制器和施加与控制信号的直流电平相对应的交流电功率量的逆变器。定时控制器将具有与垂直同步信号同步的关断时间的荧光灯控制信号施加到逆变器电路的逆变器控制器。然后，逆变器控制器通过荧光灯控制信号向用于在关断时间期间驱动荧光灯关断的逆变器电力供电。因此，在液晶面板的框架改变的时刻，施加到荧光灯的电力立即被拦截。

（2）2005 年，三星申请了名为"液晶显示装置"的申请，公开号为 JP 2006293297A。在液晶显示装置中，第一开关元件 Tr1 接收第一数据信号的输入，第二开关元件 Tr2 接收极性与第一数据信号的极性相反的第二数据信号的输入。第一像素电极 PE1 连接到第一开关元件以接收第一数据信号的输入，第二像素电极 PE2 连接到第二开关元件以接收第二数据信号的输入。第一像素电极面对与第二像素电极电隔离的状态。因此，液晶层 LC 由施加到第一像素电极和第二像素电极的第一和第二数据信号控制，由此可以消除闪烁现象和余像。

（3）2009 年，三星申请了名为"显示面板"的申请，公开号为 CN 101587253A。在显示基板和具有该显示基板的垂直配向模式的显示面板中形成第一狭长切口图案。第一狭长切口图案包括狭长切口、凸起对和凹槽对。在产生液晶的异常点方面，狭长切口彼此相接的叉开点和狭长切口的末端与凸起对具有相同的功能。暴露开关元件的输出电极的一部分的接触孔形成在阵列基板的保护层上。台阶凹陷对应于存储电极形成在保护层处，狭长切口的叉开点设置为对应于

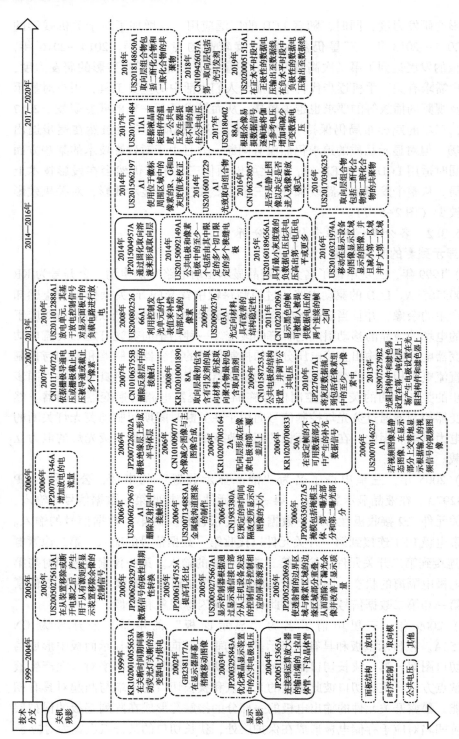

图 2-5-7　三星残影技术发展路线

存储电极。引起在规则的位置处产生液晶的异常点，并且因此可以防止残像和斑点。

（4）2016 年，三星申请了名为"具有残像释放功能的显示驱动电路及显示驱动系统"的申请，公开号为 CN106328057A。所述显示驱动电路包括：栅极驱动器，被配置为输出扫描信号；源极驱动器，被配置为输出图像数据；时序控制器，被配置为控制栅极驱动器和源极驱动器，以显示图像数据；残像管理电路，被配置为确定将被施加到源极驱动器的输入图像数据是否为静止图像以决定是否进入残像释放模式，并且根据决定结果生成用于残像释放的残像释放控制信号。

（5）2019 年，三星申请了名为"余像补偿器及显示装置的驱动方法"的申请，公开号为 US20200082796A1。余像补偿器包括：全局移位器，被配置为确定显示单元的放大区域和缩小区域，所述缩放区域和缩小区域一起对应于预设的全局移位路径，以移位显示单元的主图像；该发明的余像补偿器，具有该余像补偿器的显示装置以及用于驱动该余像补偿器的方法中，可以在不切断屏幕边缘处的图像和/或不输出图像的情况下移动整个屏幕。使用互补的图像缩放技术对图像进行缩放。此外，除了全局移位之外，还对徽标外围区域进行了放大/缩小，从而可以扩大徽标图像的移位范围。因此，由徽标图像引起的像素的应力分散在较大的区域上，并且可以将由徽标图像引起的像素的劣化和残像的出现显著地最小化或减少。

2. 关机残影的解决方案

（1）2006 年，三星申请了名为"显示装置和用于显示装置的驱动装置"的申请，公开号为 JP2007011346A。提供一种用于显示设备的驱动设备，其能够在关闭提供给显示设备的驱动电源时防止由于残像导致的图像质量劣化。涉及一种用于显示装置的驱动装置，其中该驱动装置是其中产生栅极截止电压的栅极截止电压发生器和由栅极截止电压发生器产生的栅极截止电压的开关。当驱动电源被切断时，栅极截止电压发生器将施加到开关元件的栅极截止电压升高到施加预定幅度的偏置电压的电压，这样做减少了像素电极电压的放电时间，解决了当驱动电源被切断时，由于像素电极电压放电速度慢而导致的图像质量下降的问题。

（2）2010 年，三星公司申请了名为"断电放电电路以及具有该断电放电电路的源极驱动电路"的申请，公开号为 US2011012888A1。断电放电电路包括：电源电压检测单元，其检测用于驱动源极驱动器电路的第一电源电压是否被阻断并产生放电控制信号；以及放电单元，其基于放电控制信号对显示面板中的负载电路进行放电。

2.5.4 乐金残影技术专利分析

2.5.4.1 残影关键技术发展路线分析

从乐金的技术发展路线中可以看出（图 2-5-8），乐金对残影的研发也是从 1999 年开始。1999—2005 年，是残影技术发展的探索阶段，关注对显示残影的研发；乐金对残影技术的研发顶峰位于 2006 年，也是 LCD 发展最热的时期；乐金对关机残影的研发较少，主要关注显示残影的解决方案；2008—2014 年，持续保持一定的专利布局；2015—2017 年，鉴于 LCD 的第二次发展热潮，乐金又加大了对于残影技术的研发，并且部分专利是为适应产品应用而提出的，如 3D 显示等；2018 年之后专利布局又有所缓和，这是因为 OLED 面板的逐步崛起使得乐金的产业向 OLED 转移。

2.5.4.2 各分支代表性专利技术分析

1. 显示残影的解决方案

（1）1999 年，乐金提交了名为"有源矩阵液晶显示器"的申请，公开号为 JP2000137247A。包括：多个像素，包括开关晶体管，每个开关晶体管具有连接到像素电极和栅电极的电极；多个数据信号线，连接到与任何一个晶体管相关联的电极；多个栅极信号线，其连接到与所述晶体管中的任一个相关联的所述栅极电极；以及连接到所述多条 ATE 信号线的 ATE 驱动器，所述栅极驱动器接收第一和第二电压，并以顺序驱动所述栅极信号线的方式输出所述第一和第二电压中的至少一个，所述第一电压在驱动连续的栅极信号线之前改变。其中所述栅极驱动器包括：移位寄存器，用于产生分别施加到所述栅极线的扫描信号，其中所述移位寄存器响应于栅极扫描时钟；电平移位器，所述电平移位器利用所述第一电压和所述第二电压来生成所述扫描信号的每个电压电平；电压控制器，所述电压控制器用于在禁用所述扫描信号之前改变施加到所述电平移位器的所述第一电压。

（2）2004 年，乐金提交了名为"防止视频显示设备的图像残留的装置及其方法"的申请，公开号为 US20050140827A1。当执行图像残留功能时，该装置能有效地消除出现在视频显示设备的显示屏边界部分的黑色显示区域。该装置包括：控制单元，其用于输出以预定的缩放比例缩放输入的视频信号的控制信号，并且如果设置了图像残留模式则执行图像残留防止功能；以及视频处理单元，其根据来自控制单元的信号以预定的缩放比例缩放视频信号，并处理缩放的视频信号以将其显示在显示屏上。通过以预定的缩放比例缩放视频信号，然后以左/右/上/下的顺序将在显示屏上显示的被缩放的视频信号重复进行轻微移动，可消除显示屏上的黑色显示区域。

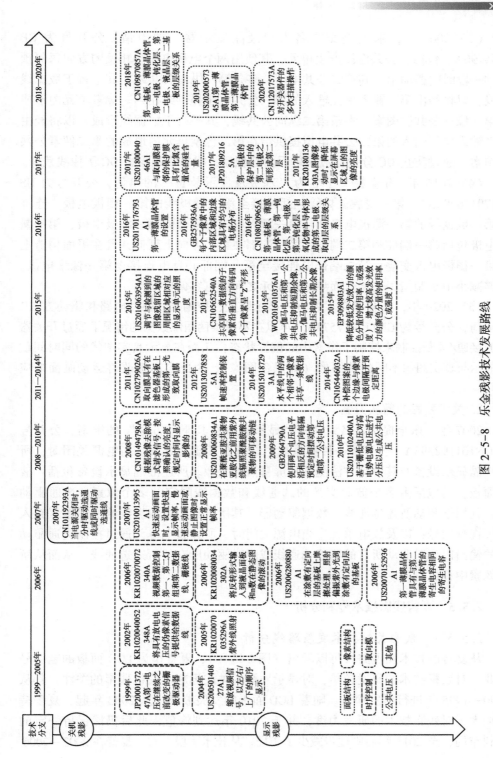

图 2-5-8 乐金残影技术发展路线

（3）2009 年，乐金提交了名为"液晶显示器"的申请，公开号为 GB 2464790A。包括：公共电压产生单元，其使用两个电压电平沿相反的方向每隔预定的一段时间摆动第一和第二公共电压；多条第一纵向公共线，其平行于数据线形成，以将经由第一输入单元输入的第一公共电压提供给在第一像素单元内形成的第一像素公共线图案；多条第二纵向公共线，其平行于数据线形成，以将经由第二输入单元输入的第二公共电压提供给在第二像素单元内形成的第二像素公共线图案。通过防止 DC 分量在液晶单元内部积累，很容易地除去 DC 图像线残像。

（4）2016 年，乐金提交了名为"基板及显示装置"的申请，公开号为 US 20170176793A1。第一薄膜晶体管包括连接至第二栅极线的第一栅极电极、连接至第一数据线的第一源极电极和与第一源极电极分隔开的第一漏极电极，第一漏极电极包括第一端部和第二端部，第一端部在第二方向上延伸并且在平面构造上与第一栅极电极交叠，第二端部电连接至第一端部并且电连接至第一像素电极。能够减小由于制造工艺误差而导致的单元之间的电容偏差。

（5）2020 年，乐金提交了名为"显示装置、控制器、驱动电路和驱动方法"的申请，公开号为 CN112017573A。可以在不提供伪图像数据的情况下通过开关器件的接通/关断控制来控制子像素中的偏置状态，从而在显示真实图像的同时间歇地显示与真实图像不同的伪图像（如黑色图像），由此容易地改善运动画面响应时间。

2. 关机残影的解决方案

2007 年，乐金提交了名为"液晶显示设备及其驱动方法"的申请，公开号为 CN101192393A。公开了一种液晶显示设备及其驱动方法。当电源关闭时，所述液晶显示设备及其驱动方法能够从屏幕清除余像。所述液晶显示设备包括：液晶面板，其包括由多个彼此交叉的选通线和数据线限定的多个像素；选通驱动器，其用于驱动所述选通线；数据驱动器，其用于经所述数据线给所述像素充入模拟视频信号；以及放电单元，当电源关闭时，所述放电单元通过控制选通驱动器的输出以分时驱动所有的所述选通线或同时驱动所有的所述选通线，从而从所述像素中释放电压。

2.5.5 夏普残影技术专利分析

2.5.5.1 残影关键技术发展路线分析

从夏普的技术发展路线可以看出（图 2-5-9），夏普作为 LCD 面板的老字号企业，对残影技术的研发较早，对显示残影的关注远超对关机残影的关注，其从 1990—1995 年进行研发探索。随着 LCD 面板的发展浪潮，从 2003 年起，夏普持续加大了对残影技术的研发力度，并于 2010 年达到峰值，此后仍然保持一定的专利布局，至 2013 年后则逐步减少了布局。从技术手段上看，夏普在 2003—2006

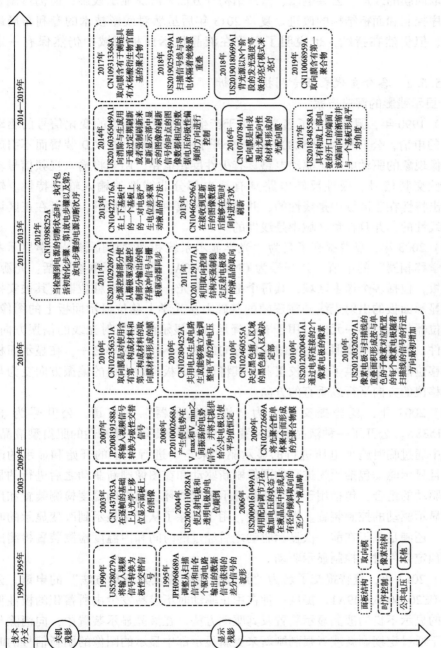

图 2-5-9　夏普残影技术发展路线

年主要通过面板结构的改进来解决显示残影，其次是时序控制；在 2010 年之后，则通过取向膜的改进、公共电压、像素结构等方面来解决显示残影；但仍然侧重于对时序控制和面板结构的改进。夏普 2013 年后虽然对残影技术的专利布局逐渐减少，但仍然在持续，也说明了夏普在液晶显示面板领域中仍然保有一定位置。

2.5.5.2　各分支代表性专利技术分析

1. 显示残影的解决方案

（1）1990 年，夏普提交了名为"用于产生液晶显示装置的变化信号的驱动电路"的申请，公开号为 US5280279A。公开了一种能够驱动 LCD 装置而不引起残留图像现象的驱动电路。驱动电路具有极性反转电路，用于将输入视频信号转换为极性交替信号。极性反转电路具有至少部分非线性的输入输出特性。输入—输出特性在正区域中是线性的，并且在负区域中是非线性的，或者在正区域中是非线性的，并且在负区域中是线性的。

（2）2003 年，夏普提交了名为"光学显示系统和光学移位器、光学显示系统及光学移相器"的申请，公开号为 CN1437053A。光学显示系统包括：光源；显示面板，包括多个像素区域，其每个都能调制光；以及光学移位器，其被安排以接收显示面板的出射光线并在逐帧的基础上从光学上移位显示面板上的图像。光学移位器包括：第一元件，用于有选择地改变显示面板出射光线的偏振方向；第二元件，其显示出依照入射光线偏振方向的多个不同折射率之一。在显示面板和光学移位器之间提供了偏振校正器，其将显示面板出射光线的偏振方向变为与图像被移位的方向平行或垂直的方向。

（3）2007 年，夏普提交了名为"液晶显示器"的申请，公开号为 JP 2008191588A。公开了一种液晶显示装置，其中使用具有存储特性的胆甾型液晶，并且其中通过临时施加电压进行的显示驱动来至少进行显示的开始和显示的改变，并且显示驱动包括预先进行的图像刷新驱动和在图像刷新驱动之后进行的显示绘制驱动的组合，包括用于检测液晶显示装置的环境温度的温度检测装置和用于控制显示驱动的控制装置。控制装置，用于当除了从开始显示到改变显示的时间之外，还满足基于在前一次显示驱动之后经过的时间和由温度检测装置检测的温度的预定条件时，控制显示驱动。

（4）2014 年，夏普提交了名为"液晶显示装置及其驱动方法"的申请，公开号为 US20160365049A1。提供一种在中止驱动时不容易发生由所蓄积的极性偏倾引起的显示不良的液晶显示装置及其驱动方法。在液晶显示装置中，向消除与生成用于通过定期刷新或者强制刷新来更新显示部中显示的图像的刷新信号的时点的图像数据相应的数据电压的极性偏倾的方向进行控制，在其后的每个帧期间求出极性偏倾。由此，不仅求出生成刷新信号的时点以后的极性偏倾以消除生成刷新信号的时点的极性偏倚，而且每次生成刷新信号都反复进行相同的动作，因此能抑制极性偏倚增大。

（5）2019 年，夏普提交了名为"液晶显示装置"的申请，公开号为 CN 109313368A。提供可抑制由于长时间使用而产生闪烁及残影的液晶显示装置。该发明的液晶显示装置顺次具有第一基板、液晶层及第二基板，在上述第一基板及上述第二基板的至少一个基板的上述液晶层侧具有取向膜，该取向膜含有于侧链具有水杨酸衍生物官能基的聚合物，上述水杨酸衍生物官能基具有下述化学式所表示的结构。

2. 关机残影的解决方案

2012 年，夏普提交了名为"液晶显示装置及其驱动方法"的申请，公开号为 CN103988252A。提供能够在电源被切断时迅速除去面板内的残留电荷的、特别适合于采用 IGZO-GDM 的情况的液晶显示装置及其驱动方法。在液晶显示装置中，当检测到电源的切断状态时，执行包括初始化步骤、第 1 放电步骤以及第 2 放电步骤的电源切断次序。在初始化步骤中，将 GDM 信号中的仅清除信号（H_CLR）设为高电平，将构成移位寄存器的双稳电路的状态初始化。在第 1 放电步骤中，将 GDM 信号中的仅清除信号（H_CLR）设为低电平，使所有栅极总线成为选择状态而使像素形成内部的电荷放电。在第 2 放电步骤中，将清除信号（H_CLR）设为高电平，使双稳电路内的悬浮节点的电荷放电。

2.5.6　京东方残影技术专利分析

2.5.6.1　残影关键技术发展路线分析

如图 2-5-10 所示，京东方对于残影的研究包括显示残影和关机残影。与三星和乐金相同的是，京东方对显示残影的关注多于关机残影。调整公共电压和改善面板结构是京东方采取的主要技术手段，其次为时序控制。2009—2012 年、2015—2017 年，主要研究调节公共电压和改善面板结构；2013—2014 年，主要研究时序控制改善显示残影；2016—2017 年，在研究公共电压和面板结构的同时，也研究了时序控制。京东方对关机残影的研究多于夏普、三星和乐金，且对其进行持续的研究。通过关机放电的手段消除关机残影，是京东方的主要解决手段。区别于三星和乐金，京东方还提出了在关机后保持数据电压与公共电压相同的新的技术手段。京东方虽然起步晚，但从 2012—2019 年都保持较高的专利申请量。与三星全面布局不同的是，京东方着力考虑在公共电压、面板结构和时序控制解决显示残影，并由于连续 7 年较高的专利申请量使得京东方一跃成为残影

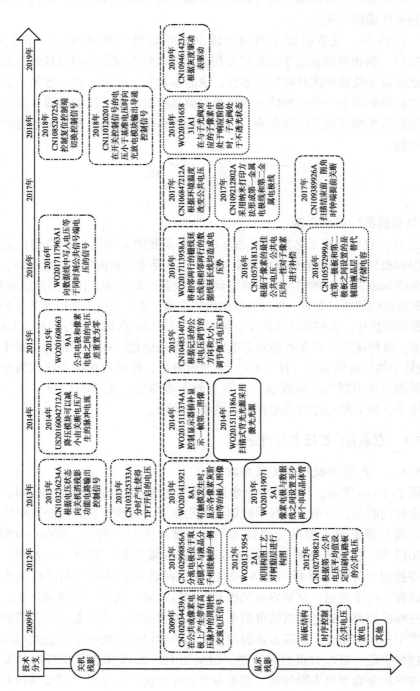

图 2-5-10 京东方残影技术发展路线

技术中排名第一的申请人，这也体现了京东方在不断积累技术，逐渐成为液晶显示领域的重要申请人之一。

2.5.6.2　各分支代表性专利技术分析

1. 显示残影的解决方案

（1）2009 年，京东方提交了名为"液晶显示驱动装置"的申请，公开号为 CN102034439A。该发明的目的是提供一种可以防止液晶老化，从而能够改善残像的液晶显示驱动装置。通过在公共电极或像素电极上产生带有高压脉冲的周期性交流电压信号，一方面可以防止由于在像素电极施加单向电压引起的液晶容易老化的问题，另一方面由于高压脉冲可以保证杂质离子一直处于移动饱和状态，从而能够改善残像的现象。

（2）2012 年，京东方提交了名为"薄膜晶体管阵列基板及其制造方法和显示装置"的申请，公开号为 WO2013159542A1。提供了一种薄膜晶体管阵列基板及其制造方法和显示装置，所述薄膜晶体管阵列基板的制造方法包括：在其上形成有薄膜晶体管阵列的基板上形成树脂层；利用图案化工艺对所述树脂层进行图案化，并且形成间隔物和接触孔填充层，所述接触孔填充层用于填充所述薄膜晶体管阵列基板上的接触孔；以及在其上形成有间隔物和接触孔填充层的衬底上形成取向膜。因为阵列基板上的接触孔被接触孔填充层填充水平，所以在随后的配向液施加期间，配向液将不会流入接触孔中，因此在配向液固化之后，配向膜的厚度不会减小，从而避免出现缺陷图像和图像对比度的降低。

（3）2014 年，京东方提交了名为"图像显示控制方法及其控制装置、图像显示装置"的申请，公开号为 WO2015113374A1。接收由显示器显示的第一图像的至少一帧；当由所述显示器连续显示的所接收的第一图像的帧数大于或等于预设帧数时，控制所述显示器显示第二图像的一个插入帧，所述第一图像不同于所述第二图像。

（4）2019 年，京东方提交了名为"灰度驱动表生成装置及方法、显示面板及驱动方法"的申请，公开号为 CN109461423A。提出一种灰度驱动表生成装置，该装置包括：采样电路、处理电路、调节电路以及记录电路。采样电路用于在各灰度模式下，采集显示面板中正帧子像素的驱动电极与公共电极间的第一电压以及负帧子像素的驱动电极与所述公共电极间的第二电压；处理电路与所述采样电路连接用于在所述第一电压和所述第二电压的压差大于一电压阈值时生成一触发信号；调节电路与所述处理电路连接用于响应所述触发信号调节所述正帧子像素和/或负帧子像素的驱动灰度，使所述压差小于所述电压阈值；记录电路用于根据所述正帧子像素以及负帧子像素在各灰度模式下的驱动灰度生成灰度驱动表。该灰度驱动表可改善显示面板残影和显示不均匀的问题。

2. 关机残影的解决方案

（1）2013 年，京东方提交了名为"用于消除显示器关机残影的电路"的申请，公开号为 CN103325333A。公开了一种用于消除显示器关机残影的电路。该发明通过设计一种能够分时产生使得 TFT 开启的电压的电路，实现了在显示屏关机时既保证人眼识别不出明显画面不连续的差异，从而消除关机残影，又能够避免在关机瞬间所有 TFT 同时开启使得瞬间电流过大而导致的 VGH 线路烧毁问题。

（2）2018 年，京东方提交了名为"消除关机残影的电路、其控制方法及液晶显示装置"的申请，公开号为 CN110120201A。通过分压模块对直流电源端的电压进行分压后产生开关控制信号。控制模块仅在开关控制信号的电压小于基准电压时向充放电模块输出导通控制信号以及向电平转换模块输出拉高控制信号。充放电模块在接收到导通控制信号时进行放电，向电平转换模块提供高电平电压信号。电平转换模块在接收到拉高控制信号时工作，将充放电模块输出的高电平电压信号提供给液晶显示装置中的 TFT，控制 TFT 打开。这样通过充放电模块放电，保证提供给电平转换模块的电压并不会随着外部直流电源掉电而较快下降，以使 TFT 充分打开，充分释放电荷，避免电荷存在残留现象，提高关机残影消除效果。

2.5.7 残影主要申请人比对分析

2.5.7.1 主要申请人申请趋势对比

从残影主要申请人的申请趋势对比中可以看出（图 2-5-11），残影技术的研发起源是国外企业，包括三星、夏普和乐金；三星和乐金对残影技术的研发投入整体趋势相近，均在 2006 年前后达到第一峰值，并于 2015 年左右达到第二峰值，这也体现了三星和乐金在液晶显示面板的残影技术上的研发实力，三星相对乐金而言申请量偏多；夏普虽然起步较早，但其主要研发时间段是 2007—2011年，之后则逐步减少了对残影技术的布局；国内企业京东方对残影技术的研发则从 2006 年开始，虽然起步晚，但京东方对残影技术的布局是逐步增多，从 2012年起开始阶段性增长，在 2018 年达到峰值，由此可见京东方对残影技术的重视程度，也体现了京东方作为国内液晶面板的重要厂商之一，对显示品质的追求也是很高的。

2.5.7.2 主要申请人技术功效对比

从技术功效对比可以看出（表 2-5-1），显示残影的研发比关机残影的研发多，关注关机残影的有京东方、三星和乐金，解决手段上主要通过放电解决，京东方还通过将数据电压设置为等于公共电压来解决关机残影；各申请人均选择通过时序控制或面板结构来解决显示残影；三星在解决显示残影时几乎每个技术手段都有涉及，京东方则主要集中在公共电压、面板结构和时序控制上；对于取向膜的改进，则仍然掌握在国外企业夏普、三星和乐金手中，这也是制约国内液晶面板发展的重要因素之一。

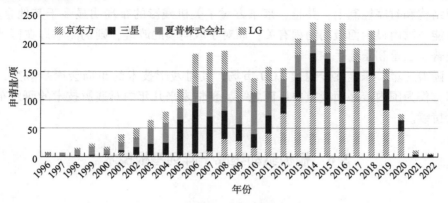

图 2-5-11　残影主要申请人的申请趋势对比

表 2-5-1　残影主要申请人技术功效对比

效果	手段									
	放电	时序控制	取向膜	公共电压	面板结构	调度调节	像素结构	源极驱动器	液晶	数据电压等于公共电压
显示残影		三星 LG 夏普 京东方	夏普 三星 LG	京东方 三星 夏普	三星 京东方 夏普 LG	三星 夏普	LG 夏普	三星	三星 夏普	三星 夏普
关机残影	京东方 三星 LG									京东方

2.5.8　小结

残影技术是影响液晶显示面板显示质量的关键因素之一，分为显示残影和关机残影。各主要申请人对于显示残影的关注度多于关机残影。三星和乐金对残影技术的研发布局紧跟液晶显示面板的发展趋势，分别是 2005—2006 年以及 2014—2017 年；夏普对残影技术的研发布局有所不同，其主要研发时间段是 2007—2011 年，之后则逐步减少了对残影技术的布局，这与夏普公司的战略定位有关，较早地退出了 LCD 市场；京东方虽然起步晚，但对残影技术的布局从

2012 年起开始阶段性增长，在 2018 年达到峰值。从涉及的技术手段来看，三星在解决显示残影时几乎每个技术手段都有涉及，京东方则主要集中在公共电压、面板结构和时序控制上；并且，京东方对于关机残影的布局明显多于其他企业，这可能与国内显示面板的制程有关；而对于取向膜的改进，则仍然掌握在国外企业夏普、三星和乐金手中。

随着三星、乐金逐步退出 LCD 市场，其对残影技术的布局会逐步减少，而京东方作为国内液晶面板重要厂商之一，预估未来几年内对残影技术的研发布局仍会持续。

2.6　栅极驱动集成于阵列基板技术

2.6.1　栅极驱动集成于阵列基板技术概述

主动式液晶显示器中，每个像素具有一个薄膜晶体管（TFT），其栅极（gate）连接至水平扫描线，漏极（drain）连接至垂直方向的数据线，源极（source）则连接至像素电极。在水平扫描线上施加足够的电压，会使该条线上的所有 TFT 打开，此时该水平扫描线上的像素电极会与垂直方向的数据线连接，从而将数据线上的显示信号电压写入像素，控制不同液晶的透光度进而达到控制色彩的效果。

传统的主动式平板显示面板水平扫描线的驱动主要由面板外接的 IC 来完成，外接 IC 可以控制面板各级像素（pixel）相连的水平扫描线的逐级充电和放电。而栅极驱动集成于阵列基板（Gate on Array，GOA），可以运用平板显示面板的原有制程将水平扫描线的驱动电路制作在显示区周围的基板上，使之代替外接 IC 来完成水平扫描线的驱动。GOA 技术能简化显示面板的制作工序，省去水平扫描线方向的 IC 绑定（bonding）工艺，将栅极驱动电路直接制作在阵列基板上，这种利用 GOA 技术集成在阵列基板上的栅极开关电路也称为 GOA 电路。相比现有的栅极驱动集成电路技术，GOA 电路占用空间小，制作工艺简单，有机会提升产能并降低成本，并且可以提升平板显示面板的集成度使之更适合制作窄边框或无边框的显示产品，具有良好的应用前景。

薄膜晶体管液晶显示器（thin film transistor liquid crystal display，TFT-LCD）是目前常见的液晶显示器产品。在 TFT-LCD 中，每一个像素都具有一个薄膜晶体管，而每一像素的薄膜晶体管都需要与相应的栅极驱动电路相连接，以控制像素内液晶透光度的变化进而达到控制像素色彩变化的目的。GOA 电路为 TFT-LCD 中与每一行像素相对应，并用于给对应行像素的薄膜晶体管提供栅极驱动电压的电路，整个 TFT-LCD 中具有多行像素，也就具有多个对应的 GOA 电路，图

2-6-1 为一种包含 GOA 电路的液晶显示面板示意图，其中 GOA 电路都位于面板的边缘处。在 TFT-LCD 工作的过程中，需要依次给每一行像素提供栅极驱动电压，因此对应每一行像素的 GOA 电路就需要依次开始工作。

图 2-6-1　GOA 电路的液晶显示面板示意

为了实现每一行像素的 GOA 线路依序工作，GOA 电路通常包括级联的多个 GOA 单元，每一级 GOA 单元对应驱动一级水平扫描线，且包含有多个薄膜晶体管和电容，GOA 单元其工作过程大致为：接收端接收输入信号 INPUT，在各薄膜晶体管、电容和时钟信号的作用下，最终由输出端输出信号 OUTPUT。

GOA 单元的主要结构包括上拉电路（pull-uppart），上拉控制电路（pull-up control part），下传电路（transfer part），下拉电路（key pull-down part）和下拉维持电路（pull-down holding part），以及负责电位抬升的自举（boast）电容。上拉电路主要负责将时钟信号（clock）输出为栅极（gate）信号；上拉控制电路负责控制上拉电路的打开时间，一般连接前面级 GOA 电路传递过来的下传信号或者 gate 信号；下拉电路负责在第一时间将 gate 拉低为低电位，即关闭 gate 信号；下拉维持电路则负责将 gate 输出信号和上拉电路的 gate 信号（通常称为 Q 点）维持（Holding）在关闭状态（即负电位），通常有两个下拉维持模块交替作用；自举电容（C boast）则负责 Q 点的二次抬升，这样有利于上拉电路的 G（N）输出。GOA 电路的目的就是将集成电路输出的扫描波形通过电路操作的方式输出，使像素开关打开从而可以向氧化铟锡（ITO）电极输入数据信号。数据信号输入完后将数据信号内容保持住直到下一帧的开启。

随着薄膜晶体管产业的进步及工艺的改善，GOA 技术已应用到越来越多的产品当中，其降低成本和简化工艺的优点已被各大厂家所推崇，市场竞争力很强。但 GOA 技术也存在一些缺陷：

（1）随着工作时间的增加，组成 GOA 电路的薄膜晶体管会出现阈值电压偏移的现象，这种现象会使薄膜晶体管的稳定性变差，进而影响整个 GOA 电路的工作性能，尤其是当 GOA 电路中控制信号输出端薄膜晶体管发生阈值电压偏移时，将严重影响到 GOA 电路的正常输出，并最终影响到液晶显示器的正常工作。

（2）GOA 的栅极驱动（gate driver）电路难以有效修复，局部 gate driver 电路的失效可以导致整个显示面板的失效和产品良率的降低。

（3）由于其电路连接及工艺的复杂性，容易造成静电积累，因此，GOA 电路制作的良品率受到影响。

2.6.2 GOA 总体态势分析

2.6.2.1 GOA 全球申请趋势分析

从图 2-6-2 分析可知，GOA 技术起步较早，1990—1993 年是 GOA 的探索期，从 1994 年开始逐步递增，经历两次技术峰值，第一次达到技术顶峰是 2006 年，是 LCD 面板发展的高峰，第二次峰值是 2017 年，正值 OLED 面板大规模量产的高峰期。由此可见，GOA 技术不管是在 LCD 面板中还是 OLED 面板中都发挥着重要作用。2006—2016 年，GOA 的专利申请量虽有小幅度回落，但一直持续较高的申请量并稳中有升；鉴于 2021 年以后的专利申请部分暂未公开，2021 年以后的专利申请量较少，但由于 GOA 技术在 LCD 面板和 OLED 面板的通用性，预期 GOA 技术的研发热度仍然会持续。

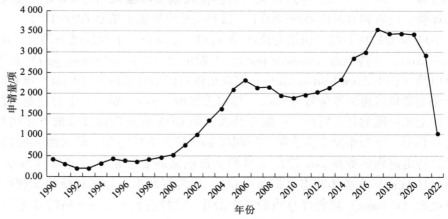

图 2-6-2　GOA 全球专利申请趋势分布

2.6.2.2 GOA 全球主要申请人分析

如图 2-6-3 所示，通过对 GOA 技术的主要申请人进行梳理可以发现，三星的 GOA 专利技术的拥有量排名第一，这体现了三星的技术实力，是 LCD 面板的龙头企业；京东方虽然起步晚，但非常注视专利布局，后来居上，排位第二；乐金作为 LCD 面板的资深申请人，排名第三；华星光电在 GOA 技术上也进行了大量布局，是国内 LCD 面板的领跑者，排名第四。

2.6.2.3 GOA 主要申请人国家/地区分布分析

从图 2-6-4 可以看出，乐金的 GOA 技术主要布局在韩国，其次是美国和中国；而三星则是韩国和美国基本同等布局，这与三星的企业战略一致；京东方和华星光电则是优先在本土布局，其次进军美国，均选择避开竞争对手所在的韩国。此外，不难看出，乐金、三星和京东方的布局都很全面，除了美国，在日本和欧洲同样进行了专利布局。

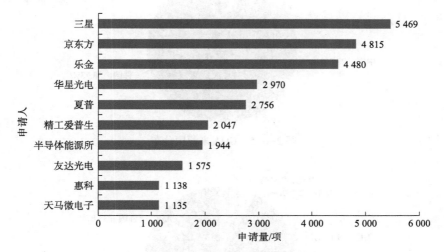

图 2-6-3　GOA 全球主要申请人排名

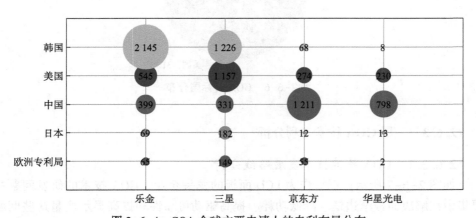

图 2-6-4　GOA 全球主要申请人的专利布局分布

从 GOA 技术的来源国分布可以看出（图 2-6-5），GOA 技术主要来源于韩国和中国，韩国企业包括三星和乐金，占据了将近六成的份额，是 GOA 技术的输出大国；中国企业包括京东方、华星光电等，也是 GOA 技术的输出大国；日本虽然液晶显示技术起步早，却在发展浪潮中逐步被中国取代。

从液晶显示技术的目标国分布可以看出（图 2-6-6），GOA 技术的目标国主要分布在韩国、美国和中国，几乎形成三足鼎立局面，这与三国的经济发展密不可分，说明中美韩的市场需求强大，也是 GOA 各大申请人积极布局的三个国家。

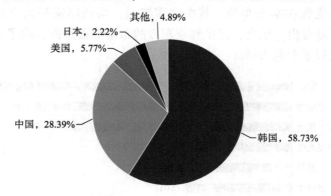

图 2-6-5　GOA 来源国分布

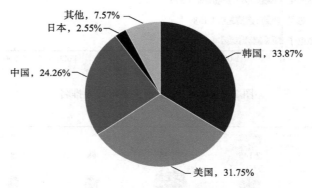

图 2-6-6　GOA 目标国分布

2.6.3　三星 GOA 技术专利分析

2.6.3.1　GOA 关键技术发展路线分析

如图 2-6-7 所示，三星作为 LCD 面板的龙头企业，GOA 技术的研发问题主要集中在解决面板窄边框、降低功耗、提高驱动可靠性和提高显示质量这些问题上，并没有在 GOA 技术中投入对触摸屏的研发。在 2006 年以前，三星除了关注提高驱动可靠性和提高显示质量外，对窄边框也投入了研发力度，这说明了三星的前瞻性，预料到窄边框是未来的发展趋势；在解决功耗问题上，三星的 GOA 技术并没有投入大量研发力度；2007—2016 年，三星虽然减少了对 GOA 的专利申请，但仍然均匀布局；自 2016 年后，随着 OLED 面板的兴起，三星又加大了对 GOA 技术的投入，主要用于提高驱动可靠性和提高显示质量上，这也说明了 GOA 技术在显示面板上起到了至关重要的作用。

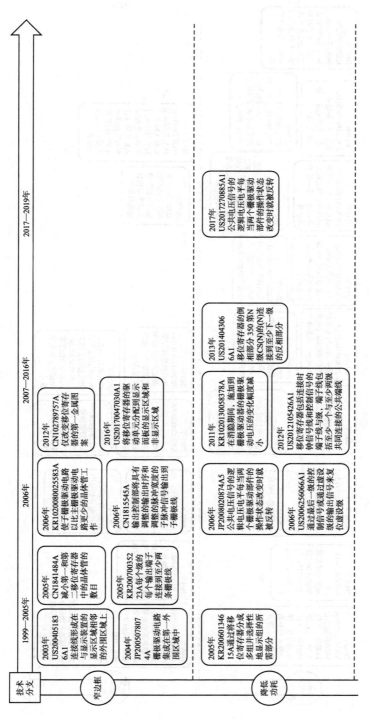

图 2-6-7　三星 GOA 技术发展路线

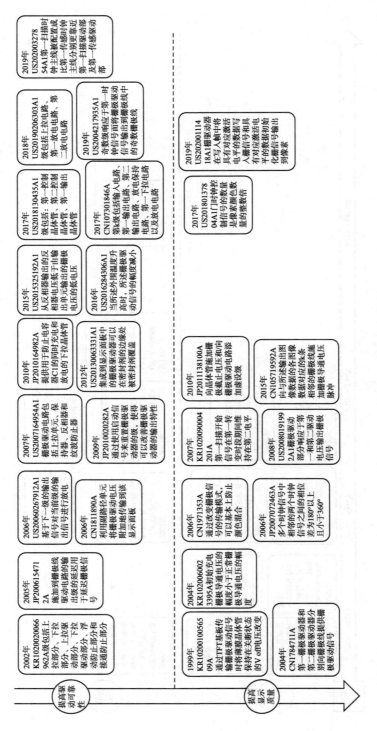

图 2-6-7　三星 GOA 技术发展路线（续）

2.6.3.2　各分支代表性专利技术分析

1. GOA 实现显示面板窄边框的解决方案

（1）2003 年，三星提交了名为"一种显示器基板、液晶显示器和制造该液晶显示器的方法"的申请，公开号为 US2004051836A1。这种用于尺寸小和重量轻的显示装置的基板，在邻近显示装置的显示区的周边区域形成连接线，通过连接线向扫描线施加扫描驱动信号。所述连接线包括第一连接线和第二连接线，第一连接线由与扫描线相同的层形成，第二连接线由与数据线相同的层形成。按此配置可减小周边区域布线的总面积，并可以减小液晶显示装置的尺寸和重量。

（2）2006 年，三星提交了名为"一种显示装置"的申请，公开号为 KR1020080025583A。该显示装置具有像素，该像素包括连接于主栅极线和数据线的主像素以及连接于子栅极线和数据线的子像素。在时间段 1H 期间，主栅极驱动器向主栅极线输出主栅极脉冲。在时间段 1H 的第一部分期间，子栅极驱动器接收主栅极脉冲并向子栅极线输出子栅极脉冲。在时间段 1H 的第一部分期间，数据驱动器向数据线施加子像素电压，并在时间段 1H 的第二部分期间，向数据线施加主像素电压；因此 LCD 装置尺寸能够最小化。

（3）2012 年，三星提交了名为"一种栅极驱动电路及具有该栅极驱动电路的显示设备"的申请，公开号为 CN102789757A。一种显示设备包括：显示面板，包括显示区域和围绕显示区域的外围区域，显示面板包括沿正向顺序地布置于显示区域中的第一至第 N 栅极线，其中，N 是自然数；数据驱动电路，沿正向顺序地向显示面板提供数据信号；移位寄存器，设置于外围区域中，移位寄存器包括分别产生第一至第 N 栅极导通信号的第一至第 N 电路级、邻近于第一电路级的至少一个反向虚拟级和邻近于第 N 电路级的至少一个正向虚拟级；以及垂直起始线，电连接至第一电路级并且相对于第 N 电路级电浮接，其中，垂直起始线向第一电路级传输垂直起始信号。无须用于确定扫描模式的附加驱动信号，从而可以减少信号线的数量。因此，可以减小形成栅极驱动电路的面积，使得可以减少显示设备的边框（bezel）。

（4）2016 年，三星提交了名为"一种显示装置"的申请，公开号为 US20170047030A1。包括显示面板和移位寄存器，显示面板包括栅极线和数据线，移位寄存器包括用于驱动栅极线的级。该级可包括位于显示面板的显示区域中的第一驱动单元，以及位于显示面板的非显示区域中的第二驱动单元。该显示装置将移位寄存器的驱动单元分布到显示面板的显示区域和非显示区域中，从而减小边框部分所需的面积。

2. GOA 驱动带来的高功耗问题的解决方案

（1）2005 年，三星提交了名为"一种用于显示器件的移位寄存器和包括移位寄存器的显示器件"的申请，公开号为 KR20060134615A。其中，移位寄存器具有至少两个显示区域，每个显示区域包括像素和连接到它的信号线。移位寄存器包括至少两个级组，每个级组包括彼此互相连接以连续产生输出信号的多个级，其中，每个级组将输出信号传送给包括在两个显示区域之一中的信号线。因此，移位寄存器被分成多个级组，并且能够只显示屏幕的必要部分。因此，降低了功耗。

（2）2012年，三星提交了名为"一种显示装置"的申请，公开号为US2012105426A1。该显示装置包括多个像素，每一个像素包括开关元件；移位寄存器，其包括与开关元件连接并随后产生输出信号的多个级；时钟信号线，用于传输时钟信号；至少一条控制信号线，用于传输控制信号；以及终端线，其将时钟信号线和控制信号线与各级连接，其中，终端线包括至少一条共终端线，其与至少两个级共连接。根据该发明的显示装置采用两个级共享一个栅极电压端子，从而减小了栅极驱动器所占的面积，从而可提供大画面、高分辨率及低功耗的显示装置。

（3）2017年，三星提交了名为"一种显示面板"的申请，公开号为US2017270885A1。该显示面板包括：包含栅极线的显示区域；连接至栅极线的一端的栅极驱动器，栅极驱动器包含多个级（SR）并且被集成在基板上，其中，多个级接收时钟信号、第一低电压和低于第一低电压的第二低电压、来自前级的至少一个传输信号以及来自后级的至少两个传输信号，以输出具有作为栅极关断电压的第一低电压的栅极电压。当传输信号为低时，栅极电压可为第二低电压。降低了集成在显示面板中的栅极驱动器的功耗。

3. 提高GOA驱动可靠性的解决方案

（1）2006年，三星提交了名为"一种移位寄存器和具有该移位寄存器的显示装置及其方法"的申请，公开号为US20060267912A1。包括依次输出多个输出信号的多个级。每个级包括驱动部分和放电部分。驱动部分包括驱动晶体管。驱动晶体管具有控制电极、第一电极、第二电极和沟道层。控制电极接收启动信号或前一级的输出信号中的一个。第一电极接收时钟信号。第二电极输出当前级的输出信号。沟道层具有与前一级的驱动晶体管的沟道层不同的长度。放电部分基于下一级的输出信号对当前级的输出信号进行放电，从而改善移位寄存器的电特性。

（2）2012年，三星提交了名为"一种栅极驱动电路及具有该栅极驱动电路的显示装置"的申请，公开号为US20130063331A1。上拉单元在一帧的第一周期期间通过使用第一时钟信号上拉电流栅极信号。耦合到上拉单元的上拉驱动器从先前级中的一个接收进位信号以接通上拉单元。上拉单元从下一级中的一个接收门信号，将当前门信号放电到关断电压电平，并关断上拉单元。保持器将电流门信号保持在电压电平。反相器响应于第一时钟信号而接通/关断保持器。纹波防止器具有共同耦合到上拉单元的输出端子的源极和栅极以及耦合到反相器的输入端子的漏极，并且包括用于防止纹波施加到反相器的纹波防止二极管。

（3）2017 年，三星提交了名为"一种可靠性提高的栅极驱动电路"的申请，公开号为 CN107301846A。该栅极驱动电路包括多个级，该多个级之中的第 k 级包括输入电路、第一输出电路、第二输出电路、放电保持电路、第一下拉电路以及放电电路，其中，输入电路用于接收前一进位信号以及对第一节点进行预充电，第一输出电路用于输出第 k 栅极信号，第二输出电路用于输出第 k 进位信号，放电保持电路用于将时钟信号传输至第二节点以及将第二节点放电至第二低电压，第一下拉电路用于将第 k 栅极信号放电至第一低电压以及将第一节点和第 k 进位信号放电至第二低电压，放电电路用于响应于前一进位信号将第 k 进位信号放电至第二低电压。

4. GOA 提高显示质量的解决方案

（1）1999 年，三星提交了名为"一种用于确定驱动信号定时的模块和用于驱动液晶显示面板的方法"的申请，公开号为 KR1020010056509A。公开了一种栅极印刷电路板、一种无连接器的液晶显示（LCD）面板组件、一种包括在液晶显示（LCD）面板组件中的驱动信号定时模块以及一种驱动液晶显示（LCD）面板组件的方法。根据该发明，由于不需要传统 LCD 面板的单独的连接器和栅极印刷电路板来施加从外部信息处理装置产生的栅极驱动信号，因此减小了 LCD 装置的厚度和部件的数量。此外，当栅极驱动信号通过 TFT 基板传输时，用于将薄膜晶体管（TFT）保持在关断状态的电压 V_{off} 被修改，使得用户可能无法识别亮度的不平衡。防止出现亮度不均匀和屏幕分割现象。

（2）2010 年，三星提交了名为"栅极驱动电路和包括该栅极驱动电路的显示装置"的申请，公开号为 JP2011138100A。通过调整栅极驱动电路的晶体管的尺寸，向该晶体管施加栅极截止电压和/向栅极驱动电路添加虚设级，显著地减少了显示缺陷。该发明公开了一种栅极驱动电路，该栅极驱动电路包括 N 个级（其中，N 是大于或等于 2 的自然数）。N 个级是级联的，N 个级中的每一级具有连接到该级的栅极线。第一级组包括 N 个级中的 k 个级（其中，k 是小于 N 的自然数），并且第一级组响应于起始信号输出第一输出信号。第二级组（包括 N-k 个级）响应于第一输出信号产生第二输出信号，并向相应的栅极线输出第二输出信号。第一级组包括第一缓冲器和第二缓冲器，第一缓冲器和第二缓冲器中的每个缓冲器接收起始信号。第一缓冲器的尺寸小于第二缓冲器的尺寸。

（3）2019 年，三星提交了名为"一种显示装置以及使用该显示装置驱动显示面板的方法"的申请，公开号为 US20200111418A1。该显示装置包括：显示面板、栅驱动器、数据驱动器和发射驱动器。显示面板包括像素。栅驱动器在写入帧中将具有对应激活电平的数据写入栅信号和具有对应激活电平的数据初始化栅信号输出到像素，在保持帧中将不具有对应激活电平的数据写入栅信号和不具有对应激活电平的数据初始化栅信号输出到像素，以及在写入补偿帧中将具有对应激活电平的数据写入栅信号和不具有对应激活电平的数据初始化栅信号输出到像素。数据驱动器将数据电压输出到像素。发射驱动器将发射信号输出到像素。在低频驱动模式下防止或减少显示面板的闪烁，使得可以降低显示装置的功耗并且可以提高显示面板的显示质量。

2.6.3.3　各分支代表性专利对比分析

三星在解决窄边框问题时，主要通过移位寄存器或信号线布局来实现，还通过移位寄存器电路结构的设计来实现窄边框；在解决功耗问题时，主要通过移位寄存器电路结构实现；在提高驱动可靠性和提高显示质量上，三星是通过移位寄存器电路结构的改进优化来提高驱动可靠性，通过时序控制的改进优化来提高显示质量。整体来看，三星的布局较全面。

2.6.4　乐金GOA技术专利分析

2.6.4.1　GOA关键技术发展路线分析

如图2-6-8所示，乐金的GOA技术旨在解决面板窄边框、降低功耗、提高驱动可靠性、提高显示质量和提高触摸感应效果这些问题。乐金在GOA研发道路上，2006年以前，主要关注的是提高显示质量，其次是降低功耗和提高驱动可靠性，在窄边框设置上关注较少，这与LCD面板的发展阶段息息相关。2006年以前，LCD面板还处于快速发展阶段，旨在提高面板质量，对于窄边框的需求并不强烈；2007—2015年，乐金的GOA技术发生了研发转变，由重点关注提高驱动可靠性转变到关注提高显示质量上，并新增了提高触摸感应效果的研发，一方面是GOA技术经过多年的研发已发展到稳定期，另一方面是市场上触摸显示屏的浪潮涌起，使乐金在该领域提早布局，抢占市场。随着LCD面板向OLED面板的转型过渡及对窄边框需求的不断提升，乐金自2014年起，也增大了对窄边框的研发力度，并为了适应OLED面板，自2015年起，同步增大了对提高驱动可靠性和提高显示质量的研发力度。

2.6.4.2　各分支代表性专利技术分析

1. GOA实现显示面板窄边框的解决方案

（1）2004年，乐金提交了名为"一种液晶显示器的栅极驱动装置和方法"的申请，公开号为JP2005181969A。包括移位寄存器，提供给它的有相位彼此反转的第一和第二半周期时钟信号（CLKH、CLKHB），依次移相并各自具有一周期脉冲宽度的第一到第四周期时钟信号（CLK1~CLK4），一个起始脉冲（SP），一个高电平电源电压和一个低电平电源电压。移位寄存器响应起始脉冲和第一和第二半周期时钟信号产生半周期输出，并响应第一到第四周期时钟信号中的任何一个从半周期输出结束时起按半周期延迟产生一周期输出。移位寄存器包括级联的多级。

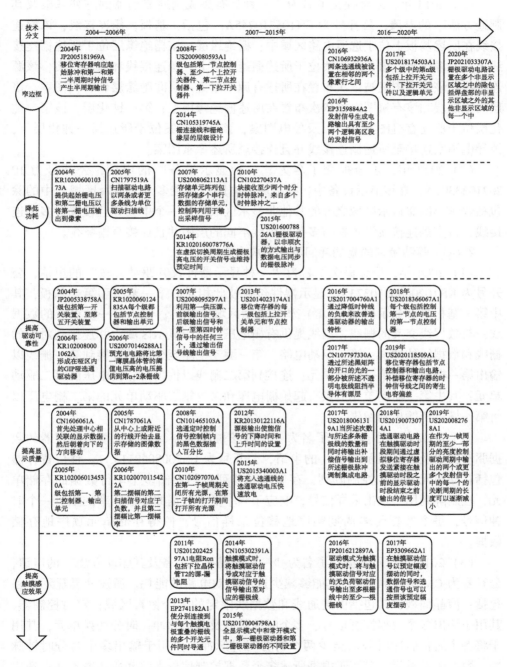

图 2-6-8　乐金 GOA 技术发展路线

（2）2014 年，乐金提交了名为"一种具有集成选通驱动器的阵列基板及其制造方法"的申请，公开号为 CN105319745A。包括：基板；栅连接线，该栅连接线在所述基板上位于选通电路区域中；栅绝缘层，该栅绝缘层位于所述栅连接线上；有源图案，该有源图案位于所述栅绝缘层上；源连接线和像素图案，该源连接线和该像素图案被依次布置在所述有源图案上；层间绝缘层和有机图案，该层间绝缘层和该有机图案被依次布置在所述栅绝缘层上；第一钝化层，该第一钝化层位于所述有机图案上；以及导电图案，该导电图案位于所述第一钝化层上，该导电图案连接至所述栅连接线并且连接至所述像素图案。

（3）2020 年，乐金提交了名为"一种显示设备"的申请，公开号为 JP 2021033307A。在该显示设备中，栅极驱动电路设置在多个非显示区域之中的除包括焊盘部的非显示区域之外的其他非显示区域的每一个中，并且设置有多条连接线，该多条连接线设置在与多条栅极线不同的层中并且连接至栅极线。

2. GOA 驱动带来的高功耗问题的解决方案

（1）2004 年，乐金提交了名为"一种显示器件及其驱动方法"的申请，公开号为 KR1020060010373A。显示器件包括彼此相对的第一基板和第二基板，其中第一基板具有显示区域（DR）和非显示区域（NR）；位于第一基板上的数据线；与数据线交叉的栅线，栅线提供有栅电压；位于显示区域中并连接到对应的栅线和数据线的像素；第一驱动电路。第一驱动电路至少包括连接到第一栅线以输出第一栅电压的第一驱动单元；连接到第二栅线以输出第二栅电压的第二驱动单元；其中第一驱动单元提供有起始栅电压和来自第二驱动单元的第二栅电压以将第一栅电压输出到像素。

（2）2007 年，乐金提交了名为"一种移位寄存器、具有该移位寄存器的数据驱动器以及液晶显示装置"的申请，公开号为 US2008062113A1。移位寄存器包括存储单元阵列和控制阵列，存储单元阵列包括存储多个串行数据的存储单元，控制阵列用于输出采样信号，响应于频率低于数据的传输频率的至少一个时钟信号，每个数据传输周期顺序地移位采样信号，使得存储单元顺序地存储数据。

（3）2010 年，乐金提交了名为"一种液晶显示设备及其驱动方法"的申请，公开号为 CN102270437A。其能够减少选通驱动电路的能耗。所述液晶显示设备包括：液晶面板，其包括由选通线和数据线限定的多个像素区域；定时控制器，其用于输出多个数据控制信号、多个时钟脉冲及起始脉冲；时分切换单元，其用于将各个时钟脉冲时分成至少两个时分时钟脉冲，并用于输出多个时分时钟脉冲；数据驱动单元，其用于根据所述多个数据控制信号来驱动所述数据线；选通驱动单元，其包括用于根据所述起始脉冲和所述多个时分时钟脉冲顺序地输出扫描脉冲的多个级，其中，所述多个级被分组为多个块，各个块接收至少两个时分时钟脉冲，其中各个时分时钟脉冲来自所述多个时钟脉冲之一。

3. 提高 GOA 驱动可靠性的解决方案

（1）2004 年，乐金提交了名为"一种用于液晶显示器件的栅驱动器的移位寄存器"的申请，公开号为 JP2005338758A。即使提供给第一级的起始脉冲与时钟脉冲不同步，移位寄存器也能输出栅驱动脉冲。该移位寄存器具有相继输出栅驱动脉冲的多级。至少一级包括通过第一时钟信号导通且将起始脉冲施加给第一节点的第一开关装置。第二开关装置通过第一时钟信号导通，且将第一电源电压施加给第二节点。第三开关装置通过施加给第一节点的起始脉冲导通，并输出第二时钟信号。第四开关装置通过第一电源电压导通，并输出第二电源电压。第五开关装置通过起始脉冲导通，并将起始脉冲施加给第一节点，其中第五开关装置仅设置在所述多级的第一级中。

（2）2016 年，乐金提交了名为"一种内置选通驱动器及使用该内置选通驱动器的显示装置"的申请，公开号为 US2017004760A1。能够通过降低时钟线的负载来改善选通驱动器的输出特性的内置选通驱动器及使用该内置选通驱动器的显示装置。该内置选通驱动器可以包括位于显示面板的非显示区域中的移位寄存器、第一时钟组以及第二时钟组。移位寄存器包括用于分别驱动显示区域的选通线的多个级。第一时钟组包括被布置在移位寄存器的第一侧的时钟线。第二时钟组包括被布置在所述移位寄存器的第二侧的时钟线。每个时钟线均包括主线和从主线分支并被连接到对应的级的支线。属于第一时钟组和第二时钟组中的任何一个的对应的时钟组的支线与属于另一个时钟组的主线不交叠。

（3）2019 年，乐金提交了名为"一种移位寄存器和使用该移位寄存器的显示装置"的申请，公开号为 US2020118509A1。该移位寄存器包括：节点控制器，该节点控制器被配置为控制节点 Q 和节点 QB 的充电和放电；和输出电路，该输出电路包括被配置为输出第一扫描信号的第一缓冲晶体管、被配置为输出第二扫描信号的第二缓冲晶体管及被配置为响应于节点 Q 和节点 QB 的电位输出进位信号的第三缓冲晶体管。第一缓冲晶体管和第二缓冲晶体管具有不同的沟道区域宽度。输出电路还可以包括第一虚拟缓冲晶体管，该第一虚拟缓冲晶体管具有与第一缓冲晶体管共栅极和共漏极的连接结构。该发明可以补偿移位寄存器的时钟信号线之间的寄生电容偏差，由此可以解决可能由输出缓冲区中的寄生电容偏差引起的节点充电问题。

4. GOA 提高显示质量的解决方案

（1）2006 年，乐金提交了名为"液晶显示器及其驱动方法"的申请，公开号为 KR1020070115422A。所述数据具有对于水平相邻的液晶单元的相同极性以及对于垂直相邻的液晶单元的相反极性。栅驱动器用于将扫描信号提供到栅线。扫描信号根据数据的极性而具有彼此不同的摆幅。开关器件包括多个第一开关件和多个第二开关器件。第一开关器件与第（n-1）条（n 是不小于 2 的正整数）栅线连接，而第二开关器件与第 n 条栅线连接。本发明的液晶显示器件适于通过减小在以正极驱动时的馈通电压与在以负极驱动时的馈通电压之间的差值来改善显示质量。扫描信号包括与正数相对应的第一摆幅的第一扫描信号。第二摆幅的第二扫描信号对应于负数，并且第二摆幅比第一摆幅窄。

（2）2015 年，乐金提交了名为"一种液晶显示设备"的申请，公开号为 US 2015340003A1。用于控制放电电路的进位信号（CS）的前面部分的每个都具有非常理想的从低选通电压（VGL）到高选通电压（VGH）的过渡。放电电路与第一、第二选通驱动器相邻设置，与相应选通线连接的放电晶体管能够被从相应的级施加的进位信号快速导通/截止。将放电电路布置在选通线上且将充入选通线的选通驱动电压快速放电。使选通驱动电压和选通线上的放电电路的进位信号能从选通驱动器内的每一级独立输出。设备具有两个选通驱动器的双 GIP 模式 LCD 面板，两个选通驱动器对于选通驱动电压执行交替输出。可快速放电提高图像质量。

（3）2019 年，乐金提交了名为"一种栅极驱动电路、显示面板及显示装置"的申请，公开号为 US2020082768A1。显示面板包括：多个栅极线；多条数据线；设置在所述栅极线与所述数据线重叠的区域中的发光元件；多个子像素，所述多个子像素分别包括驱动晶体管和发光晶体管，所述驱动晶体管用于驱动所述发光元件中的相应发光元件，所述发光晶体管电连接在所述相应发光元件和所述驱动晶体管之间；以及栅极驱动器电路，其将发射信号输出到栅极线，通过所述栅极线驱动所述发光晶体管。如果显示驱动频率是第一驱动频率，则栅极驱动器电路可以在一帧周期中输出单个发射信号。如果显示驱动频率是低于第一驱动频率的第二驱动频率，则栅极驱动器电路可以在一帧周期中输出多个发射信号。在作为一帧周期的至少一部分的亮度控制驱动周期中输出的两个或更多个发射信号中的每一个关断周期的长度可以逐渐减小。这降低了出现在帧周期中的亮度降低的程度，或者改变了亮度的频率分量的特性，从而防止观察到闪烁。

5. GOA 提高触摸感应效果的解决方案

（1）2011 年，乐金提交了名为"一种具有集成触摸感应器的显示器及其驱动方法"的申请，公开号为 US20120242597A1。显示器包括：显示数据驱动电路、显示扫描驱动电路、触摸感应器驱动电路以及触摸感应器读出电路。所述显示数据驱动电路在显示周期，将模拟视频数据电压提供给显示面板的数据线，并在触摸感应器驱动周期，将数据线的电压保持在相同特定的 DC 电压；所述显示扫描驱动电路在显示周期，将与模拟视频数据电压同步的扫描脉冲顺序提供给显示面板的栅极线；所述触摸感应器驱动电路在触摸感应器驱动周期，将驱动脉冲顺序提供给显示面板的 Tx 线；以及所述触摸感应器读出电路在触摸感应器驱动周期，经由显示面板的 Rx 线从互电容接收触摸信号。

（2）2016 年，乐金提交了名为"一种内嵌式触摸显示设备"的申请，公开号为 JP2016212897A。能防止原本会增加触摸操作负荷、降低触摸感测精度或导致不可能进行触摸感测的寄生电容；不改变现有部件，如栅驱动器和电源管理集成电路。内嵌式触摸显示设备含：面板，其上设有多根数据线（DL）、多根栅线（GL）和多个触摸电极，其中，当驱动模式为触摸模式时，触摸驱动信号（TDS）被施加至多个触摸电极；数据驱动器；栅驱动器，驱动多根栅线，其中，当驱动模式为显示模式时，栅驱动器将用于驱动多根栅线的扫描信号按顺序输出至多根栅线，而当驱动模式为触摸模式时，将与触摸驱动信号对应的无负荷驱动信号输出至多根栅线中的至少一根栅线；电平移位器，产生无负荷驱动信号；多路复用器，根据驱动模式，将扫描电压或无负荷驱动信号输入至栅驱动器。

2.6.4.3　各分支代表性专利对比分析

GOA 技术的核心在于移位寄存器和与之对应的时序关系，乐金在解决窄边框问题时，主要是通过对移位寄存器或信号线的布局进行改进优化，也涉及少量时序控制；在解决功耗问题时，主要通过时序控制来实现，也有部分是通过移位寄存器的电路结构进行改进；在解决提高驱动可靠性问题时，主要通过对移位寄存器的电路结构进行研发，这与移位寄存器自身的作用相关，移位寄存器是用于输出扫描信号的，如果使输出的驱动信号稳定可靠，是移位寄存器的首要任务；乐金还通过对移位寄存器或信号线的布局以及时序控制来提高驱动可靠性；在提高显示质量和提高触摸感应效果时，则主要通过时序控制实现，也涉及对移位寄存器或信号线的布局以及移位寄存器的电路结构改进。移位寄存器电路结构、移位寄存器或信号线布局、时序控制这三种技术手段均能够用于提高驱动可靠性、提高显示质量和提高触摸感应效果，是实现 GOA 技术的重点研发方向。

2.6.5　京东方 GOA 技术专利分析

2.6.5.1　GOA 关键技术发展路线分析

如图 2-6-9 所示，京东方作为国内 LCD 面板的领跑者，起步相对乐金和三星较晚，其研发方向也紧随三星脚步。2003—2014 年，京东方在窄边框、提高驱动可靠性、提高显示质量上均进行了大量布局，而在降低功耗上投入研发力度较小。与三星布局略有不同的是，京东方采用 GOA 技术主要用于提高驱动可靠性和实现窄边框，其次是提高显示质量，最后是降低功耗；京东方与三星、乐金都不同的是，京东方并没有经历明显的 LCD 到 OLED 的过渡期，对 GOA 的研发也未间断过，仍然保持研发力度，除了在提高驱动可靠性和提高显示质量上持续布局外，对窄边框的布局也在持续，此外为适应市场需求，加大了对降低功耗的研发力度。

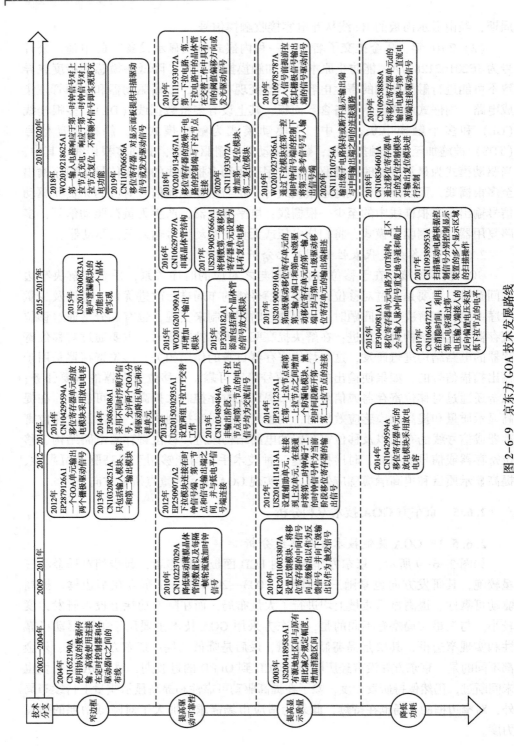

图 2-6-9　京东方 GOA 技术发展路线

2.6.5.2　各分支代表性专利技术分析

通过梳理京东方自 2003 年至今的发明专利申请，发现该公司整体研发重点包括四个方面：第一，寻找途径来解决 GOA 实现显示面板窄边框的问题；第二，寻找途径来提高 GOA 驱动可靠性问题；第三，寻找途径来解决如何提高显示面板的显示质量的问题；第四，寻找途径来解决 GOA 驱动带来的高功耗问题。对京东方公司自 2013 年至今重点液晶极性反转驱动技术专利申请进行如下分析。

1. GOA 实现显示面板窄边框的解决方案

（1）2004 年，京东方提交了名为 "液晶显示装置的驱动电路" 的申请，公开号为 CN1652190A。适合通过使用了协议的数据传输而高效地使用连接在定时控制器和各驱动器 IC 之间的布线，使这些布线数最小化。该装置包含以下部件：多个栅极驱动器 IC，向所述液晶板施加栅极电压；多个源极驱动器 IC，向所述液晶板施加数据电压；定时控制器，向所述各栅极和源极驱动器 IC 施加各种控制信号和数据信号；数据及控制信号总线，连接在所述各栅极和源极驱动器 IC 和所述定时控制器之间，在数据输入区间将从所述定时控制器输出的数据分组传送到各驱动器 IC，在空白区间将控制分组传送到各驱动器 IC；时钟布线，连接在所述各栅极和源极驱动器 IC 和所述定时控制器之间，将从所述定时控制器输出的时钟信号传送到所述各驱动器 IC。

（2）2012 年，京东方提交了名为 "栅极驱动电路、栅极驱动方法及液晶显示器" 的申请，公开号为 EP2879126A1。液晶显示器的栅极驱动电路包括多级 GOA 单元，每级 GOA 单元可以驱动相邻的两行像素，具体地，每级 GOA 单元通过两条栅极驱动线驱动相邻的两行像素，在 GOA 单元输出高电平信号时，通过相应的栅极驱动线驱动相应的相邻两行像素打开，使得所述相邻两行像素能够接收数据信号；在 GOA 单元输出低电平信号时，相应的相邻两行像素关闭，停止接收数据信号。通过一个 GOA 单元能够驱动两行像素，节省了 TFT 部署空间，从而减小了液晶显示器的封装区域，实现了液晶显示器的窄边框。

（3）2018 年，京东方提交了名为 "移位寄存器单元、电路结构、驱动电路及显示装置" 的申请，公开号为 WO2019218625A1。移位寄存器单元包括第一输入电路、输出电路和第一输出下拉电路。所述第一输入电路配置为响应于第一时钟信号对上拉节点进行充电，以及响应于所述第一时钟信号对所述上拉节点进行复位；所述输出电路配置为在所述上拉节点的电平的控制下，将第二时钟信号输出至输出端；所述第一输出下拉电路配置为响应于第三时钟信号对所述输出端进行降噪。该移位寄存器单元中的晶体管数量少，不需要额外的信号即可实现预充电的功能，电路结构简化，有利于实现窄边框和高分辨率。

2. 提高 GOA 驱动可靠性的解决方案

（1）2015 年，京东方提交了名为 "移位寄存器单元、移位寄存器、栅极驱动器电路和显示装置"的申请，公开号为 EP3200182A1。在移位寄存器单元的输出节点处添加包括各自具有小沟道宽度的两个晶体管的信号放大模块。以这种方式，在高负载的情况下，可以利用相同的设计参数显著改善输出能力。

（2）2020 年，京东方提交了名为"移位寄存器单元及其驱动方法、栅极驱动电路、显示装置"的申请，公开号为 CN111933072A。移位寄存器单元包括：上拉节点控制模块，被配置为根据输入信号、第一电平信号及复位信号控制上拉节点的电位；第一下拉节点控制模块，被配置为根据第一电平信号、上拉节点的电位及第一控制信号控制第一下拉节点的电位；信号输出模块，被配置为根据上拉节点的电位及第二控制信号输出输出信号；第一复位模块，被配置为根据复位信号、第一控制信号控制第一下拉节点的电位，以根据第一下拉节点的电位控制上拉节点控制模块对上拉节点进行复位。通过增加的第一复位模块、第二复位模块，在上拉节点拉低和下拉节点拉高的复位相互竞争的过程中，增加下拉节点的复位能力，降低下拉节点的 tr 时间，避免因下拉节点复位不及时以及上拉节点 PU 因复位不彻底导致的显示不良，提升栅极驱动电路的工作信赖性。

3. GOA 提高显示质量的解决方案

（1）2010 年，京东方提交了名为"移位寄存器和栅极线驱动装置"的申请，公开号为 KR20110033807A。该发明提供的栅线驱动装置对于其中的移位寄存器而言，能够通过所述反馈模块，将所述移位寄存器的中间信号向上级移位寄存器输出以作为反馈信号，并向下级移位寄存器输出以作为触发信号。这样一方面该中间信号不需要驱动负载，因而延迟较小，而且该中间信号不受像素阵列的干扰，稳定性较强；另一方面由于没有采用所述移位寄存器的输出信号作为上述反馈信号和触发信号，因此不需要使输出信号和时钟信号保持同步，从而可以减小时钟信号的占空比，并为两行栅线驱动之间预留空余时间。上述两方面都可以更好地避免出现连续两行栅线同时打开的现象，因而能够减少栅线打开错误，改善画面品质。

（2）2017 年，京东方提交了名为"栅极驱动电路及其驱动方法、显示基板和显示装置"的申请，公开号为 US2019005910A1。栅极驱动电路，包括多个移位寄存单元，多个所述移位寄存单元中包括多个级联的驱动移位寄存单元，多级驱动移位寄存单元被分为多组，每组包括连续的 N 级驱动移位寄存单元；移位寄存单元包括输入端和输出端，所述驱动移位寄存单元的输入端包括第一输入端口和第二输入端口；任意相邻两级驱动移位寄存单元中，下一级驱动移位寄存单元的第一输入端口与上一级的输出端相连；第 m 级驱动移位寄存单元的第二输入端口与第 m−N−1 级的输出端相连；其中，m 为大于 N+1 且小于等于驱动移位寄存单元总数的整数，解决了点反转驱动模式中由于预充电而造成的显示不良。

（3）2020 年，京东方提交了名为"移位寄存器及其驱动方法、栅极驱动电路"

的申请，公开号为 CN111210754A。移位寄存器包括传递级子电路和输出级子电路，传递级子电路用于在信号输入端、第一时钟端、第二时钟端和第二电源端的控制下，向中间输出端提供第一电源端或第二时钟端的信号；输出级子电路用于在第一控制端和第二控制端的控制下，保持或断开显示输出端与中间输出端之间的连接通路，并向显示输出端提供第一电源端或第二电源端的信号。通过输出级子电路保持或断开显示输出端与中间输出端之间的连接通路，使得折叠终端的不同显示区之间的栅极驱动电路可以相互级联，进而减小了不同显示区之间的栅极驱动电路的传递延迟差异，解决了折叠终端全屏显示时不同显示区之间会出现分屏的技术问题。

4. GOA 驱动带来的高功耗问题的解决方案

（1）2014 年，京东方提交了名为"移位寄存器单元、栅极驱动电路及显示装置"的申请，公开号为 CN104299594A。移位寄存器单元包括：输入模块、上拉模块、下拉控制模块、下拉模块、复位模块以及放电模块；输入模块，连接信号输入端、复位模块以及上拉控制节点；上拉模块，连接所述上拉控制节点、第一时钟信号端口以及信号输出端；下拉控制模块，连接所述下拉控制节点、上拉控制节点以及第二时钟信号端口；下拉模块，连接下拉控制节点和低电平信号；放电模块包括放电电容，放电电容的第一端连接上拉模块和上拉控制节点，第二端连接输出信号复位输入端；复位模块，连接复位信号输入端和上拉控制节点。寄存器单元的放电模块采用放电电容，其晶体管的个数较现有技术中要少，故其结构简单，功耗较小。

（2）2017 年，京东方提交了名为"移位寄存器单元、栅极驱动电路以及驱动方法"的申请，公开号为 CN106847221A。移位寄存器单元包括输入模块、输出模块、输出复位模块以及第一电容，其中第一电容连接在上拉节点和第二时钟信号端之间，被配置为通过第二时钟信号端接入的第二时钟信号来维持上拉节点的高电平。该移位寄存器单元还包括连接在下拉节点和第一电压输入端之间的第二电容，被配置为在一帧扫描结束后的消隐时间，通过第一电压输入端接入的反向偏置电压来拉低下拉节点的电平。该移位寄存器单元结构简单，具有全摆幅输出，功耗低、噪声小。

（3）2019 年，京东方提交了名为"移位寄存器单元、驱动方法、栅极驱动电路及显示装置"的申请，公开号为 CN109658888A。移位寄存器单元包括输入电路、输出电路和第一下拉电路，该输出电路分别与第一时钟信号端、第一节点、第一直流电源端和第一输出端连接，可以响应于第一节点的电位以及第一时钟信号端提供的第一时钟信号，向第一输出端输出来自第一直流电源端的第一电源信号。由于第一直流电源端提供的第一电源信号的信号频率为 0，且由于移位寄存器单元产生的功耗与输出电路输出至输出端信号的信号频率成正比，因此通过将输出电路与第一直流电源端连接，可以有效降低移位寄存器单元产生的功耗。

2.6.5.3 各分支代表性专利对比分析

京东方在解决窄边框问题时，布局全面，通过移位寄存器电路结构、移位寄存器或信号线布局，以及时序控制三种技术手段来实现；而在降低功耗、提高驱动可靠性和提高显示质量上，则主要通过对移位寄存电路结构的改进来实现，也是与三星、乐金的最大区别；整体来看，京东方的研发力度集中在对移位寄存器的电路结构改进上，其次是与之对应的时序控制上，对移位寄存器或信号线的布局改进较少。

2.6.6 华星光电 GOA 技术专利分析

2.6.6.1 GOA 关键技术发展路线分析

如图 2-6-10 所示，华星光电对 GOA 的研发和京东方类似。2014 年以前，重点关注通过 GOA 技术来提高驱动可靠性和提高显示质量，对窄边框和降低功耗的研发也投入了一定力度；2015 年以后，持续投入利用 GOA 技术提高驱动可靠性的研发，相对减少了对提高显示质量的研发，增大了对窄边框的研发力度，这与华星光电的企业定位有关，随着市场需求不断调整专利布局。整体来看，华星光电对 GOA 技术的研发是随着市场需求不断变化的，但不变的是对 GOA 技术的持续投入，以及关注根据 GOA 技术解决最直接基本的提高驱动可靠性问题上。

2.6.6.2 各分支代表性专利技术分析

通过梳理华星光电自 2012 年至今的发明专利申请，发现该公司整体研发重点包括四个方面：第一，寻找途径来提高 GOA 驱动可靠性问题；第二，寻找途径来解决如何提高显示面板的显示质量的问题；第三，寻找途径来解决 GOA 实现显示面板窄边框的问题；第四，寻找途径来解决 GOA 驱动带来的高功耗问题。对华星光电公司自 2012 年至今重点 GOA 技术专利申请进行如下分析：

1. 提高 GOA 驱动可靠性的解决方案

（1）2013 年，华星光电提交了名为"用于液晶显示的 GOA 电路及显示装置"的申请，公开号为 CN103680451A。该发明涉及用于液晶显示的 GOA 电路及显示装置。该 GOA 电路包括级联的多个 GOA 单元，第 N 级 GOA 单元包括上拉电路、下拉电路、下拉维持电路、上拉控制电路及自举电容 Cb，工作时，分别输入第 N 级时钟信号 CK（n）、第一和第二时钟信号 LC1 和 LC2，该第一时钟信号 LC1 和该第二时钟信号 LC2 的频率低于该第 N 级时钟信号 CK（n），并且该第一时钟信号 LC1 对第一电路点 P 的充电和第二时钟信号 LC2 对第二电路点 K 的充电交替进行。本发明还提供了相应的显示装置。该发明的 GOA 电路通过低频时钟信号和高频时钟信号来准确控制影响水平扫描线充电的栅极 Q（n）的电压，保证 GOA 充电信号的稳定输出。

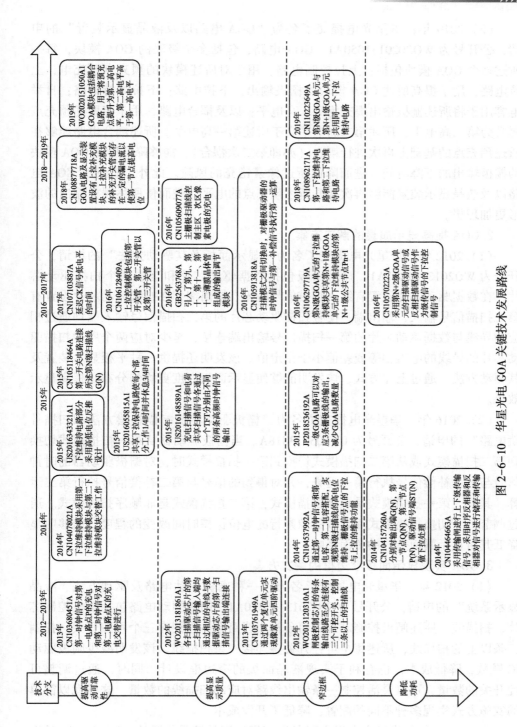

图 2-6-10　华星光电 GOA 关键技术发展路线

（2）2019 年，华星光电提交了名为"GOA 电路以及液晶显示装置"的申请，公开号为 WO2020151050A1。GOA 电路，包括多个级联的 GOA 模块，每一所述多个 GOA 模块包括：上拉控制电路，用于对所述模块的预充点预充电；上拉电路，用于提高所述 GOA 模块的栅极输出；下拉电路；下拉维持电路；自举电容用于将所述栅极输出提升为第一高电平；以及耦合电路，用于将所述预充点提升为第二高电平，所述第二高电平高于所述第一高电平。所述耦合电路能够在所述预充点的基础上再次进行耦合（亦即第二次耦合），能够降低所述 GOA 模块的栅极输出的下降时间，进而降低所述像素错充的风险。此外，该发明 GOA 电路以及液晶显示装置能够再次提升所述预充点的电平，进而使所述栅极输出的波形更加理想。

2. GOA 提高显示质量的解决方案

（1）2012 年，华星光电提交了名为"显示面板及其驱动方法"的申请，公开号为 WO2013181861A1。显示面板包括数据驱动芯片和至少两个扫描驱动芯片；在数据驱动芯片设置有第一扫描信号输入、输出端，在扫描驱动芯片设置有第二扫描信号输入、输出端；使各扫描驱动芯片的第二扫描信号输入端均通过相应的导线与数据驱动芯片的第一扫描信号输出端连接，至少对应两个所述扫描驱动芯片的导线的电阻相等或差值小于预定值。该发明还提供一种平板显示装置及其驱动方法。通过上述方式，该发明能够使显示面板亮度更均匀分布，提高显示效果。

（2）2016 年，华星光电提交了名为"栅极驱动器的扫描补偿方法和扫描补偿电路"的申请，公开号为 CN105913818A。当栅极驱动器从第一扫描模式切换到第二扫描模式或从第二扫描模式切换到第一扫描模式时，对栅极驱动器的时钟信号与第一补偿信号执行第一运算，并对得到的信号与第二补偿信号执行第二运算，其中，第一扫描模式是顺序扫描模式，第二扫描模式是非顺序扫描模式。通过调节由于切换扫描模式而导致的像素行的电位保持时间改变的程度，能够明显降低其对显示画面造成的负面影响。

3. GOA 实现显示面板窄边框的解决方案

（1）2012 年，华星光电提交了名为"一种闸极驱动电路及驱动方法、液晶显示系统"的申请，公开号为 WO2013120310A1。闸极驱动电路包括闸极控制芯片、扫描线，所述闸极控制芯片的每条输出线路至少连接有三个可控开关，控制三条以上的扫描线，所述每个可控开关各连接一条扫描线。该发明减少闸极驱动 IC 颗数，降低成本，也有利于实现液晶面板的窄边框设计。同时，通过调整可控开关的数量，可以灵活控制一条输出线路对应的扫描线的数量，这样就以简单的实施方式实现多种不同的配置，降低了开发成本。

（2）2014 年，华星光电提交了名为"用于液晶显示装置的 GOA 电路"的申请，公开号为 CN104537992A。液晶显示装置包括多条扫描线，GOA 电路包括级联的多个 GOA 单元。第 N 级 GOA 单元控制对显示区域第 N 级扫描线充电，该第 N 级 GOA 单元包括正反向扫描控制电路、上拉电路、自举电容电路、上拉控制电路及下拉维持电路。所述上拉电路、所述自举电容电路、所述上拉控制电路及所述下拉维持电路与栅极信号点连接。所述上拉电路、所述自举电容电路及所述下拉维持电路与所述第 N 级扫描线连接。所述正反向扫描控制电路与第 N-1 级扫描线以及第 N+1 级扫描线连接。用以提高所述栅极信号点的稳定性、减少了电路中信号线的使用和晶体管的数量。

（3）2019 年，华星光电提交了名为"GOA 电路及液晶显示器"的申请，公开号为 CN110223649A。GOA 电路包括 2N 个 GOA 单元，所述 2N 个 GOA 单元中第 N 级 GOA 单元与第 N+1 级 GOA 单元共用同一个下拉维持电路，N 为正整数。通过共用一个下拉维持电路，减少了 GOA 电路中电路的数量，从而节省了 GOA 电路在液晶显示器上所占据的空间，且同时提高了 TFT 器件中电路的使用效率，有利于液晶显示器的窄边框设计。

4. GOA 驱动带来的高功耗问题的解决方案

（1）2014 年，华星光电提交了名为"基于 IGZO 制程的栅极驱动电路"的申请，公开号为 CN104157260A。基于 IGZO 制程的栅极驱动电路，包括：级联的多个 GOA 单元，第 N 级 GOA 单元包括：一上拉控制电路（100）、一上拉电路（200）、一下传电路（300）、一下拉电路（400）、一下拉保持电路（500）、一上升电路（600），并引入第一负电位（VSS1）、第二负电位（VSS2）与第三负电位（VSS3），该三个负电位依次降低，分别对输出端 G（N）、第一节点 Q（N）、第二节点 P（N），驱动信号端 ST（N）做下拉处理，有效防止了电路特殊 TFT 漏电的问题。该基于 IGZO 制程的栅极驱动电路中的 TFT 开关的导通沟道为氧化物半导体导通沟道。利用 GOA 技术降低液晶显示器的成本，节省模组制程上的封装时间；利用 IGZO 的 GOA 电路中的下拉与补偿模块，遏制电路特殊 TFT 的漏电；有效地节省 TFT 的数量，合理地减少了 TFT 的寄生电容，节约电路的功耗。

（2）2016 年，华星光电提交了名为"减小时钟信号负载的 CMOS GOA 电路"的申请，公开号为 CN105702223A。设置有输入控制模块、锁存模块、复位模块、信号处理模块、输出缓冲模块；在输入控制模块中，时钟信号 [CK（M）]只需要控制驱动第二和第五 N 型薄膜晶体管，能够减少时钟信号驱动的薄膜晶体管数量，减小时钟信号的负载，降低时钟信号的阻容延迟和功耗；锁存模块采用上两级第 N-2 级 GOA 单元的反相扫描驱动信号 [XGate（N-2）]作为级传信号 [Q（N）]的输入控制信号，解决级传信号 [Q（N）]输入时出现的竞争问题，采用下两级第 N+2 级 GOA 单元的扫描驱动信号 [Gate（N+2）]或反相扫描驱动信号 [XGate（N+2）]作为级传信号 [Q（N）]的下拉控制信号，解决级传信号 [Q

（N）]在下拉过程中出现的竞争问题。

2.6.6.3 各分支代表性专利对比分析

华星光电采用 GOA 技术解决窄边框、降低功耗、提高驱动可靠性和提高显示质量这些问题时采用的手段相对单一；在解决窄边框问题和功耗问题时，只采用了一种手段，即通过移位寄存器电路结构的设计来实现；在提高驱动可靠性时，主要通过移位寄存器电路结构的改进来实现，也涉及时序控制和少量的移位寄存器或信号线布局；在提高显示质量时，与其他申请人一样，都是主要通过时序控制来解决。整体来看，华星光电通过 GOA 技术主要解决提高驱动可靠性和提高显示质量这两类技术问题，整体布局不全面。

2.6.7 GOA 主要申请人比对分析

2.6.7.1 主要申请人申请趋势对比

从主要申请人的申请趋势对比可以看出（图 2-6-11），GOA 技术的布局上国外企业乐金、三星占比较大，且起步早；在 LCD 面板发展的第一个高峰期 2006 年左右，基本上是三星、乐金的申请，京东方和华星光电的申请明显滞后；随着国内 LCD 面板的崛起，到 LCD 发展的第二个高峰值 2016 年左右时，京东方和华星光电的专利申请量已经和三星、乐金持平甚至更多，这也可以看出 LCD 产业已经逐渐从韩国转移到中国。

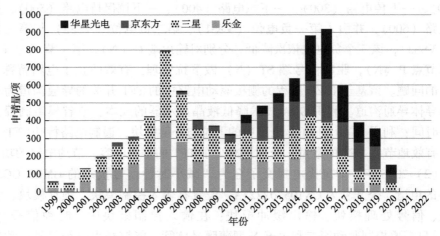

图 2-6-11　GOA 主要申请人的申请趋势对比

2.6.7.2 主要申请人代表性专利对比

通过前面对主要申请人代表性专利的分析可以看出，驱动可靠性、显示质量是所有公司普遍关注的重点问题；乐金采用 GOA 技术提高了触摸感应效果；三星和乐金在提高显示质量的专利申请量均比提高驱动可靠性的专利申请量多；京东方和华星光电则相反，提高驱动可靠性的专利申请量比提高显示质量的专利申请量多，这是因为国内企业起步晚，基础性专利较少，因此研发重点在于基础性专利的积累，三星和乐金则由于发展较早，已积累了部分基础性专利，更侧重于提高显示质量；华星光电在窄边框的专利申请量最少，其研发重点在于提高驱动可靠性；三星的 GOA 专利布局是四大申请人中布局最全面的，这也体现了三星的知识产权保护意识较强，技术研发实力较强。

提高驱动可靠性和提高显示质量是主要申请人在 GOA 技术发展过程中一直较为关注的两个分支；窄边框的发展逐渐顺应市场对产品的需求，尤其在全面屏时代兴起的背景下。降低功耗这个分支的占比较小，却是持续发展的，说明降低功耗一直都是面板发展过程中必不可少的考量因素。

2.6.8　小结

GOA 技术起步较早，重要申请人有乐金、三星、京东方和华星光电；其中，三星、乐金全面布局，京东方、华星光电集中布局；驱动可靠性、显示质量是所有公司普遍关注的重点问题，三星、乐金和华星光电在提高显示质量时主要通过时序控制来实现，京东方则主要通过对移位寄存电路结构的改进来实现；三星、乐金的 GOA 专利申请主要集中在提高显示质量上，京东方、华星光电的 GOA 专利申请主要集中在提高驱动可靠性上，并且在提高驱动可靠性上四大申请人均主要通过对移位寄存器电路结构的改进来实现。乐金与其他申请人不同的是，涉及通过 GOA 技术提高触摸感应效果，这是乐金为适应触摸显示屏的应用而做出的相应技术研发。三星、乐金通过移位寄存器或信号线布局提高驱动可靠性、提高显示质量、提高触摸感应效果，而京东方和华星光电在移位寄存器或信号线布局这一分支上的专利申请量则相对较少，这也体现了国内企业和国外企业的研究方向略有不同。随着三星和乐金逐步退出 LCD 面板市场，京东方和华星光电在 GOA 技术的专利申请总量明显远超三星和乐金的 GOA 专利申请总量，这也体现了国内企业的发展迅速。

2.7　本章小结

液晶显示面板的发展起源于日本和韩国，早在 1960 年就开始了对液晶显示技术的研究，经过了长达 20 年的初步探索，到 1980 年液晶显示技术开始逐步递增；自 2000 年起快速发展，到 2006 年形成了液晶显示技术的第一个高峰；2007—2015 年形成液晶显示技术的发展稳定期；2016 年后 OLED 面板逐步兴起，但由于 OLED 面板在使用中会用到与 LCD 相同的某些技术，因此液晶显示技术在 2017 年迈向了第二个高峰。但这些专利申请中大多涉及面板的驱动、提高显示质量等控制技术，这些技术能够通用在液晶显示面板和 OLED 显示面板上，这导致液晶面板自身的改进较少，液晶显示面板的发展已经达到衰退期，未来将逐步被 OLED 面板取代。

液晶显示面板的前十名申请人中，日本占据了大半，其次是韩国，三星作为液晶显示面板的龙头企业，其申请量远超第二名、第三名。第二梯队申请人有精工爱普生、夏普、乐金、佳能和京东方，第三梯队申请人有索尼、华星光电、松下和东芝。本章对液晶显示面板发展过程中的重要技术选取了极性反转技术、残影技术和 GOA 技术进行研究。

液晶极性反转关键技术是随着提高液晶寿命而较早提出并发展起来的技术，全球的专利申请量从 1990 年起呈现出逐步上升的趋势，并在 2001 年开始迅速增长并在 2006 后申请量趋于平稳，说明在 2001 年前后，产业对液晶极性反转的研究日益凸显，各显示面板厂商都积极布局涉及液晶极性反转关键技术；申请量在 2007—2017 年申请量趋于平稳并有小幅增加，说明在 2007—2017 年，各显示面板厂商保持对液晶极性反转技术的积极布局，这期间液晶显示面板占据市场主流；申请量从 2019—2020 年下滑并在 2020—2022 年急速下滑，主要原因在于液晶显示面板极性反转技术的成熟、新型显示面板的出现和发展对液晶显示面板的需求冲击以及部分专利申请暂未公开。

极性反转技术的国外重要申请人有三星、乐金、夏普，国内重要申请人有京东方和华星光电，国外申请人对该技术的研究早于国内，其中夏普最早开始研究液晶极性反转技术。从主要申请人的申请趋势对比图可以看出（图 2-4-15），极性反转技术的布局上外国企业夏普起步最早，国内企业京东方起步较早；在 LCD 面板发展的第一个高峰期 2006 年左右，基本上是夏普、乐金和三星的申请，京东方和华星光电的申请明显滞后；随着国内 LCD 面板的崛起，到 LCD 发展的第二个高峰值 2015—2016 年，京东方和华星光电的专利申请量已经远超夏普、三星和乐金，这也可以看出 LCD 产业已经逐渐从韩国转移到中国。

提高显示质量和降低功耗是所有公司在极性反转分支普遍关注的重点问题，三星和乐金在提高显示质量时主要通过时序控制来实现，京东方主要通过源极驱动控制来实现，华星光电主要通过像素结构、排布来实现，夏普则主要通过时序控制和像素结构、排布来实现。随着早期专利布局和极性反转关键技术的成熟，三星申请量下降，乐金和夏普申请量也相对减少；但国内企业京东方、华星光电的申请量大大增加。

液晶显示中发生残影现象时会直观地体现在面板上，因此对残影技术的研发也起源较早，1990—2000 年是残影研发的萌芽期，2000—2007 年是残影研发的快速增长期，至 2007 年达到峰值，这是因为 2007 年是 LCD 面板发展的高峰期，此后专利申请量虽有起有落，但仍然保有一定数量，并于 2015—2017 年再次创造新高。这一阶段虽受到 OLED 面板发展的影响，但 LCD 在市场应用上已经很成熟，需求量广且大，这激发了对残影技术继续研发的热情。而 2019 年以后，残影的专利申请量开始有所下降，这是因为受到 OLED 面板的不断扩张，挤占了部分 LCD 市场份额，研发投入减少；另外，对 LCD 面板的残影研发也接近了成熟期。

从全球残影专利申请量的排名来看，京东方作为 LCD 面板厂商，虽然起步较晚，但由于其主营业务是 LCD 面板，因此对 LCD 面板的品质要求较高，对残影技术的研发也是最多的；三星作为 LCD 面板的领跑者，对 LCD 面板的专利布局较全面，因此在残影技术上也投入了相当的研发力度，其专利申请量仅次于京东方；而夏普和乐金作为全球 LCD 面板的主要供货商，其对残影技术的研发力度也是可观的，分别排名第三、第四。从整体申请人排名来看，国外企业的比例明显多于国内企业，这也体现了国外企业在 LCD 面板残影技术上的关注度和投入量，国内企业能与之匹敌的只有京东方。从主要申请人的申请趋势对比图可以看出（图 2-5-11），残影技术的研发起源是国外企业，包括三星、夏普和乐金；三星和乐金对残影技术的研发投入整体趋势相近，均在 2006 年前后达到第一峰值，并于 2015 年左右达到第二峰值，这也体现了三星和乐金在液晶显示面板的残影技术上的研发实力，三星相对乐金而言申请量偏多；夏普虽然起步较早，但其主要研发时间段是 2007—2011 年，之后则逐步减少了对残影技术的布局；国内企业京东方对残影技术的研发则从 2006 年开始，虽然起步晚，但京东方对残影技术的布局是逐步增多，从 2012 年起开始阶段性增长，在 2018 年达到峰值，由此可见京东方对残影技术的重视程度，也体现了京东方作为国内液晶面板的重要厂商之一，对显示品质的追求也是很高的。

各主要申请人对于显示残影的关注度多于关机残影。三星和乐金对残影技术的研发布局紧跟液晶显示面板的发展趋势，分别是 2005—2006 年及 2014—2017 年；夏普主要研发时间段是 2007—2011 年，之后则逐步减少了对残影技术的布局，这与夏普公司的战略定位有关，较早地退出了 LCD 市场；京东方虽然起步晚，但对残影技术的布局从 2012 年起开始阶段性增长，在 2018 年达到峰值。从涉及的技术手段来看，三星在解决显示残影时几乎每个技术手段都有涉及，京东方则主要集中在公共电压、面板结构和时序控制上；并且，京东方对于关机残影的布局明显多于其他企业，这可能与国内显示面板的制程有关；而对于取向膜的改进，则仍然掌握在国外企业夏普、三星和乐金手中。随着三星、乐金逐步退出 LCD 市场，其对残影技术的布局会逐步减少，而京东方作为国内液晶面板重要厂商之一，预估未来几年内对残影技术的研发布局仍会持续。

GOA 技术起步较早，从 1990 年至 1993 年，是 GOA 的探索期，从 1994 年开始逐步递增，经历两次技术峰值，第一次达到技术顶峰是 2006 年，是液晶显示器 LCD 发展的高峰，第二次峰值是 2017 年，正值 OLED 面板大规模量产的高峰期。由此可见，GOA 技术不管是在 LCD 面板中还是 OLED 面板中都发挥着重要作用。2006—2016 年，GOA 的专利申请量虽有小幅度回落，但一直持续较高的申请量并稳中有升；鉴于 2021 年以后的专利申请部分暂未公开，2021 年以后的专利申请量较少，但由于 GOA 技术在 LCD 面板和 OLED 面板的通用性，预期 GOA 技术的研发热度仍然会持续。GOA 技术重要申请人有乐金、三星、京东方和华星光电。从主要申请人的申请趋势对比图可以看出（图 2-6-11），GOA 技术的布局上国外企业乐金、三星占比较大，且起步早；在 LCD 面板发展的第一个高峰期 2006 年左右，基本上是三星、乐金的申请，京东方和华星光电的申请明显滞后；随着国内 LCD 面板的崛起，到 LCD 发展的第二个高峰值 2016 年左右时，京东方和华星光电的专利申请量已经和三星、乐金持平甚至更多，这也可以看出 LCD 产业已经逐渐从韩国转移到中国。

从专利布局情况来看，三星、乐金全面布局，京东方、华星光电集中布局；驱动可靠性、显示质量是所有公司普遍关注的重点问题，三星、乐金和华星光电在提高显示质量时主要通过时序控制来实现，京东方则主要通过对移位寄存电路结构的改进来实现；三星、乐金的 GOA 专利申请主要集中在提高显示质量上，京东方、华星光电的 GOA 专利申请主要集中在提高驱动可靠性上，并且在提高驱动可靠性上四大申请人均主要通过对移位寄存器电路结构的改进来实现。乐金与其他申请人不同的是，还涉及通过 GOA 技术提高触摸感应效果，这是乐金为适应触摸显示屏的应用而做出的相应技术研发。三星、乐金通过移位寄存器或信号线布局提高驱动可靠性、提高显示质量、提高触摸感应效果，而京东方和华星光电在移位寄存器或信号线布局这一分支上的专利申请量则相对较少，这也体现了国内企业和国外企业的研究方向略有不同。提高驱动可靠性和提高显示质量是主要申请人在 GOA 技术发展过程中一直较为关注的两个分支；窄边框的发展则是逐渐顺应市场对产品的需求，尤其是全面屏时代的兴起。降低功耗这个分支的占比较小，却是持续发展的，说明降低功耗一直都是面板发展过程中必不可少的考量因素。

极性反转技术是保证液晶显示面板能够正常运行的基础技术；随着液晶显示面板的发展，为实现窄边框，GOA 技术应运而生，同样成为保证液晶显示面板正常运行的基础技术；而残影则是影响显示面板显示质量的原因之一。为解决残影造成的不良影响，对极性反转进行改进以及对 GOA 的时序进行控制是众多解决方案中的两种。极性反转和 GOA 属于基础型技术，而残影属于应用型技术。

随着 OLED 的逐步发展，OLED 有取代 LCD 的趋势，作为液晶显示面板基础技术之一的极性反转则逐步淡出历史舞台；但 GOA 则不同，GOA 技术能够同时适用 LCD 和 OLED，因此相信未来几年对 GOA 技术的研发布局仍然会持续；残影作为应用型技术，在 LCD 和 OLED 面板中均会出现，但由于 LCD 和 OLED 的运行机理不同，造成残影的原因也不同，预估未来对残影技术的研发也会持续，但会由对 LCD 的残影研发转移到对 OLED 的残影研发上。

第3章　OLED显示技术专利分析

3.1　OLED显示技术概述

有机发光二极管（Organic Light Emitting Diode，OLED），又称"有机电致发光显示器""有机发光半导体"。有机电致发光的研究工作始于 20 纪 60 年代，直到 1987 年，美国柯达公司的邓青云博士等人采用多层膜结构首次得到了高量子效率、高发光效率、高亮度和低驱动电压的有机发光二极管，这一突破性进展使 OLED 成为发光器件研究的热点，因其具有自发光、高对比度、宽视角、低功耗、响应速度快、可实现柔性显示等特性，自从发现之后就被视为新一代显示技术。相比传统的液晶显示（Liquid Crystal Display，LCD），OLED 最大的优点在于不需要背光源，其每个像素是独立发光的。如图 3-1-1 所示，OLED 显示器包括上基板和下基板，下基板上形成多个开关元件，上基板上形成多个独立的像素组，每一像素组均包括红、绿、蓝三个有机发光二极管，下基板上的开关元件通过电连接器与上基板上的发光单元连接，从而对每个像素单独控制。OLED 显示器不需要背光单元，因此其可以实现薄型化。另外，相比 LCD，OLED 还具有广色域、高对比度、高响应速度等优点。OLED 的基本结构主要包括：基板（透明塑料、玻璃、金属箔），基层用来支撑整个 OLED；阳极，阳极在电流流过设备时消除电子；空穴传输层，该层由有机材料分子构成，这些分子传输由阳极而来的"空穴"，其用于增强电子和空穴的注入和传输能力，通常在 ITO 与发光层之间增加一层空穴传输层，从而提高发光性能；有机发光层，该层由有机材料分子构成，发光过程在这一层进行；电子传输层，该层由有机材料分子构成，这些分子传输由阴极而来的"电子"；阴极，当设备内有电流流通时，阴极会将电子注入电路；OLED 是双注入型发光器件，在外界电压的驱动下，由电极注入的电子和空穴在发光层中复合形成处于束缚能级的电子空穴对即激子，激子辐射退激发

发出光子，产生可见光。❶

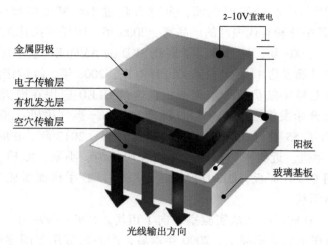

图 3-1-1　OLED 发光器件结构

3.1.1　OLED 显示技术发展历程

　　1963 年，美国纽约大学的波普等人的研究小组在外加 400 伏特高电压于 20mm 厚的蒽单晶体时，观察到蓝色电激发光，这个新发现开启了 OLED 的研究。而真正引发对 OLED 的研究热潮的，是在 1987 年美国柯达公司的邓青云与范斯莱克等人发表的关于双层结构之小分子 OLED 论文后。他们的研究采用高真空热蒸镀方式，并在阴极部分使用低功函数的镁银合金以提高电子注入效率，制作出高效率的绿光 OLED 发光组件。而对有机 EL（高分子有机发光，Organic Electro-Luminescence）的研究工作比对小分子有机发光的研究，起步要晚得多。直到 1990 年，才由巴勒斯及其合作者研究成功第一个高分子有机 EL 器件。此后，为了发展聚合物 EL 技术，美国和欧洲进行了大量的研究工作。人们一般都认为，聚合物材料比有机小分子材料要稳定，这也就成了发展聚合物 EL 的原动力。❷ 随着有机 EL 性能的大幅提升后，掀起了 OLED 领域的研究热潮。最早进行 OLED 技术产业化尝试的是日本先锋公司，该公司经过多年的开发在 1997 年率先把无源矩阵有机发光二极管（Passive Matrix OLED，PMOLED）推向了产品化，首款 PMOLED 商业产品成功地应用于对屏体性能有较高要求的汽车音响面

---

　　❶　电子产品世界.一文读懂 OLED 发光原理、结构及制造原理［EB/OL］.（2018-08-31）［2023-12-13］.https://www.sohu.com/a/251127826_505888.

　　❷　杨栋芳.基于铱配合物有机光电子器件的研究［D/OL］.长春：中国科学院研究生院（长春光学精密机械与物理研究所），2010.

板上，这极大地鼓舞了业界对 OLED 技术产业化的信心。自此之后，业界掀起了 OLED 产线投资与产品开发的热潮，全球有超过 100 家公司曾经投资开发过 OLED 产品，其中比较有代表性的产品有：2000 年，摩托罗拉首先把 OLED 显示器用在手机上；2003 年，柯达推出了搭载 SKD 的 AMOLED 显示屏的数码相机；2007 年，索尼开始发售 11 英寸全彩 OLED 电视；2008 年，维信诺的 OLED 显示屏应用到神舟七号宇航员舱外航天服上，这是 OLED 应用在航天领域的首次；2010 年，三星开始发售搭载 AMOLED 屏幕的 Galaxy 系列手机；2013 年，LG 和三星先后推出了 55 英寸的 OLED 电视进行发售；2017 年，iPhone 发售使用 OLED 面板的手机。近年来，国产手机品牌如华为、小米、欧珀、维沃等也越来越多地采用 OLED 面板，OLED 已经逐步取代 LCD 手机面板成为新一代主流的手机屏幕显示技术。

目前，OLED 的产品已从实验室走向了市场。1997—l999 年，OLED 显示器的唯一市场是在车载显示器上。2000 年以后，产品的应用范围逐渐扩大到手机显示屏。而 OLED 在手机上的应用又极大地推动其技术的进一步发展和应用范围的迅速扩大，对传统的显示技术形成强有力的挑战。图 3-1-2 展示了 OLED 显示技术发展历程。2003 年柯达照相机采用 OLED 屏；2010 年，三星大举推进 OLED 技术并应用在了智能手机领域；2013 年，OLED 屏在电视领域实现规模化生产；到了 2017 年国内厂商京东方、维信诺等企业在 OLED 屏上相继发力，并逐渐占领了一部分中下游市场。

如今，显示技术正向大面积、超薄、低成本、柔性等方面发展。OLED 因自身多项优点，符合未来平板显示技术的发展方向。因此，有专家称 21 世纪最有"钱景"的产业，就是拥有"梦幻显示器"之称的"OLED"。

3.1.2 OLED 显示产业发展现状

3.1.2.1 OLED 产业链概述

OLED 产业链全景如图 3-1-3 所示，其上游包括材料制造、设备制造、驱动芯片，中游包括面板制造、模组组装等，下游包括各类终端应用。[1] 目前，我国在上游的设备制造、材料制造方面处于弱势，相关的技术储备较弱，大部分有机发光材料和制作设备都需要进口，中、下游涉及的相关技术国内相关企业已经有较强的竞争优势，但在高品质 OLED 显示技术上与三星、乐金等国外企业存在较大差距。

---

❶ OLED 产业链现状及前景概述［EB/OL］.（2018-04-12）［2023-12-13］.电子工程师. https://www.elecfans.com/led/660599_a.html.

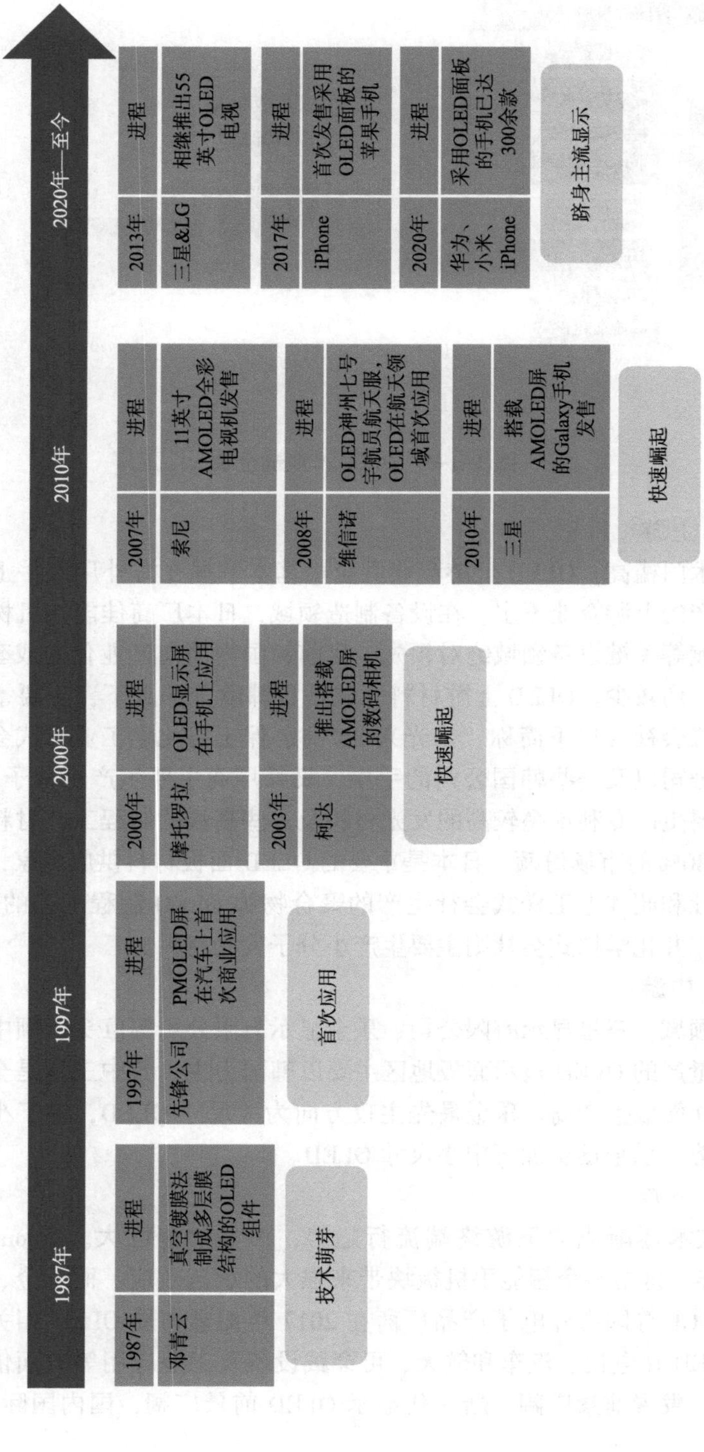

图 3-1-2　OLED 显示技术发展历程

1987年	1997年	2000年	2010年	2020年—至今

1987年 邓青云
进程：真空镀膜法制成多层膜结构的OLED组件
技术萌芽

1997年 先锋公司
进程：PMOLED屏在汽车上首次商业应用
首次应用

2000年 摩托罗拉
进程：OLED显示屏在手机上应用

2003年 柯达
进程：推出搭载AMOLED屏的数码相机
快速崛起

2007年 索尼
进程：11英寸AMOLED全彩电视机发售

2008年 维信诺
进程：OLED神舟七号宇航员航天眼，OLED在航天领域首次应用

2010年 三星
进程：搭载AMOLED屏的Galaxy手机发售
快速崛起

2013年 三星&LG
进程：相继推出55英寸OLED电视

2017年 iPhone
进程：首次发售采用OLED面板的苹果手机

2020年 华为、小米、iPhone
进程：采用OLED面板的手机已达300余款
跻身主流显示

115

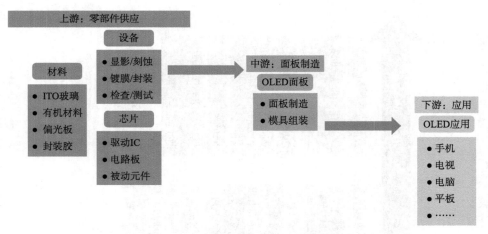

图 3-1-3　OLED 产业链全景

1. OLED 上游

由于技术门槛高，OLED 上游产业供应权基本掌握在海外厂商手上，国内能实现规模量产的上游企业不多。在设备制造领域，日本厂商佳能特机株式会社和爱发科在蒸镀等关键设备领域绝对领先，目前，国内面向产业化的成套 OLED 生产设备制造厂商较少。OLED 上游材料领域是日韩欧美的天下，主要掌握在日本出光兴产株式会社（以下简称"出光兴产"）、保土谷化学工业株式会社、美国环球显示器公司以及一些韩国公司的手中。日韩厂商主要生产小分子发光材料，欧美厂商主要生产专利壁垒较高的发光材料及一些高端的制程工艺材料，其中日韩厂商约占 80% 的市场份额。日本是重要的 OLED 面板材料供应国家，其中住友化学株式会社和昭和电工株式会社生产的聚合物为 OLED 制程工艺的基础材料，出光兴产和三井化学株式会社则主要生产小分子发光材料。

2. OLED 中游

在中游领域，三星显示有限公司、乐金显示有限公司等巨头引领中高端面板方向。全球量产的 OLED 显示面板地区主要以韩国为主，其中三星是全球最大的中小型 OLED 面板生产商。乐金最先主攻方向为大尺寸 OLED，鉴于小屏电子产品的发展态势，乐金逐步加码中小尺寸 OLED。

3. OLED 下游

OLED 技术逐渐成为下游终端流行趋势，市场增速巨大。iPhoneX 采用了 OLED 显示屏，这给整个智能手机板块带来强大的示范效应。而乐金、三星、华为、欧珀、TCL 等国内外电子产品厂商在 2017 年加紧布局 OLED 相关产业。除此之外，OLED 在电视、汽车和航天、可穿戴设备及工业应用等方面依然有较大的增长潜力，发展前景广阔。新一代显示 OLED 前景广阔，国内国际机会众多。

绝大部分的上游材料配件如驱动 IC、导电玻璃、封装玻璃、有机材料、精密掩模板等都需要从日本、韩国等国购买。

　　总的来说，我国国内厂商多集中于中下游面板、模组、终端等领域，在上游材料、设备、芯片方面处于弱势，相关的技术储备较弱，大部分制作材料和制作设备及芯片都需要进口。中、下游涉及的相关技术国内相关企业已经有较强的竞争优势，但在高画质 OLED 显示技术上与国外企业存在一定差距。OLED 技术从积淀到爆发需要包括 OLED 知识普及、技术应用推广的过程，目前有国家政策带动、品牌企业带头，将进一步促进 OLED 市场的快速发展，在迎来显示行业发展的黄金期，我国企业应加大研发投入，新技术革新力度，迎接机遇与挑战。

3.1.2.2　全球各厂商 OLED 投产及在建产线布局

　　随着"中国制造 2025"的提出与推进，新一轮科技革命和产业革命正在不断发展，世界主要国家和地区为抢占发展先机争相寻找新的突破口。OLED 显示技术作为当前最为热门的新型显示技术，受到各国政府和企业的高度重视，纷纷加大了在 OLED 显示技术的政策支持和产业布局，相关企业也在不断加大对 OLED 生产线建设的投资力度，以期在新一代显示技术占领面板市场前抢得先机。全球主要国家和地区的 OLED 产业发展情况如表 3-1-1 所示。[1]

表 3-1-1　全球主要国家和地区的 OLED 产业发展情况

国家	中国	美国	日本	韩国
代表企业	京东方、天马微电子、华星光电、维信诺、和辉光电、友达光电	环球显示，全球 OLED 显示、康宁、德州仪器	夏普、日本显示、日本有机显示	三星、乐金
竞争优势	市场优势明显、政府积极扶持	起步早，OLED 面板的基础专利优势领先	起步早，上游材料和工艺设备领先	起步早，产业规模和 AMOLED 技术领先
竞争劣势	起步晚、中小规模企业多且分散	产业优势下降	产业优势下降	OLED 面板制造优势受到中国挑战
核心产品	刚性 AMOLED、柔性 AMOLED	聚焦新型 OLED 材料、驱动 IC 和有机材料研发及照明产品	LTPS 面板、AMOLED 显示	柔性 AMOLED、刚性 AMOLED、折叠式 AMOLED

---

　　[1]　张俊杰. OLED 上市公司财务可持续增长能力研究[D]. 浙江工商大学, 2020.

续表

国家	中国	美国	日本	韩国
发展方向	通过引进和创新，建立 OLED 显示技术基础，实现 OLED 产能提升，完善产业链	高性能 OLED 材料和新型 OLED 沉淀设备研发；引领照明技术上的固态 OLED 应用	坚守工艺设备和上游材料优势；开展产业整合、联合开发，且向中国转移制造业务	稳固 AMOLED 产业优势，稳步推进 AMOLED 产能扩充，强化产业链整合

由表 3-1-1 可知，与美日韩相比，虽然我国 OLED 产业起步相对较晚，但是我国具有很强大的市场优势和完善的政策扶持，使我国 OLED 显示产业中游产生了很多有竞争力的企业，呈现"后来居上"的趋势。我国在上游产业上处于劣势，主要表现在有机发光显示核心材料基础性专利和高端工艺设备已被国外企业所控制，有机发光显示核心材料和面板制造核心工艺设备基本依靠国外进口，使国内中游相关企业的材料、设备成本过高，导致中国企业在国际竞争中位于劣势地位，中国 OLED 产业发展面临的挑战巨大。

为了完善国内 OLED 产业化建设，提升国际市场竞争力，近年来政府已推出多项有利于 OLED 产业发展的政策鼓励各大企业加速对 OLED 等新型显示产业的布局。截至 2021 年 3 月，中国 OLED 产线布局情况如表 3-1-2 所示：

表 3-1-2   中国 OLED 产线布局情况❶

面板厂	世代	地点	量产时间	产能/(万片/月)	技术	应用
京东方	Gen5.5	鄂尔多斯	2014 年	2	AMOLED	手机等
	Gen 6	成都	2017 年	4.8	AMOLED	手机等
	Gen 6	绵阳	2019 年	4.8	AMOLED	手机等
	Gen 6	重庆	2020 年	4.8	AMOLED	手机等
	Gen 6	福州	2021 年	4.8	AMOLED	手机等
华星光电	Gen8.5	深圳	2015 年	13	AMOLED	电视等
	Gen 6	武汉	2020 年	4.5	AMOLED	手机等
	Gen 6	武汉	2020 年	4.5	AMOLED	手机等
	Gen11	深圳	2019 年	14	AMOLED	手机、电视等

---

❶ 前瞻产业研究院.2021 年中国 OLED 产业市场现状、竞争格局及发展趋势分析［EB/OL］.（2021-03-03）［2023-12-13］.https：//bg. qianzhan. com/trends/detail/506/210303-74d4ac0a. html.

面板厂	世代	地点	量产时间	产能 /(万片/月)	技术	应用
天马微电子	Gen 4.5	上海	2015 年	7.5	AMOLED	手机等
	Gen 5.5	上海	2016 年	1.5	AMOLED	手机等
	Gen 6	武汉	2017 年	3.75	AMOLED	手机等
和辉光电	Gen 4.5	上海	2014 年	1.5	AMOLED	手机等
	Gen 6	上海	2019 年	3	AMOLED	手机等
维信诺	Gen 5.5	昆山	2014 年	1.5	AMOLED	手机等
	Gen 6	固安	2018 年	3	AMOLED	手机等
	Gen 6	合肥	2021 年	3	AMOLED	手机等
信利	Gen 4.5	惠州	2016 年	3	AMOLED	手机、笔记本等
	Gen 6	眉山	2020 年	3	AMOLED	车载显示、手机、平板
柔宇	Gen 5.5	深圳	2018 年	0.5	AMOLED	手表、手机、电脑显示

3.1.2.3　典型国家/地区 OLED 产业的发展现状

1. 美国

美国半导体产业以科技为先导，产业基础雄厚，综合实力全球领先。20 世纪 80 年代中期前，美国一直保持世界半导体排名第一的位置，其企业一直牢牢占据世界半导体市场 60% 以上的份额。此后由于受到日本半导体产业崛起的挑战，美国半导体业市场份额逐渐下滑，最终在 1986 年被日本赶超。美国企业的主要优势集中在上游的设备制造和材料领域，如在设备制造领域日本爱发科公司的高精密度工业喷墨打印机，科特·莱思科的薄膜沉积设备和整体视觉公司的平板显示器用检查设备等，且美国的陶氏化学公司的高分子材料和康宁公司的小分子材料在 OLED 的材料领域占有重要地位。

2019 年 9 月 4 日，韩国 LG 化学与美国的环球显示就共同研发有机发光二极管（OLED）关键材料发光层达成战略合作关系，以期通过提高其图像质量来增强其 OLED 面板的竞争力。❶ 另外，环球显示主宰全球 OLED 发光材料市场，负责向三星和乐金提供磷光红色和绿色发光材料。环球显示是有机发光二极管、OLED 技术和 OLED 材料研究领域的领头羊，拥有经验丰富的管理和科学顾问团队以及政府支持。两家公司计划找到两种物质间的最佳组合，为采购商开发出具

---

❶　UDE 显博会. LG 化学与美国 UDC 合作，提升 OLED 面板竞争力［EB/OL］.（2019-09-05）［2023-12-13］. https://xueqiu.com/6307595498/132401564.

有广色域的高性能产品。如果将各自公司拥有的物质融合在一起，这将最大限度地提升色域显示范围。

2. 日本

日本显示行业近年来已经日渐衰落，在核心面板产能和市场份额方面已经被韩国全面超越，但在显示领域的专利积累，以及上游产业链的材料、设备等方面仍然具有优势。在世界范围内，其显示领域综合实力依然领先。

日本索尼是最早的 OLED 电视厂商，在中小尺寸 OLED 面板领域拥有大量专利和成熟技术。松下拥有半导体显示全产业链运作经验和技术，在 OLED 面板技术布局较早，具备深厚积累。日本佳能和爱发科公司是全球领先的 OLED 沉积设备生产商。2014 年，索尼、松下、日本显示共同建立日本有机显示，主营中小尺寸 OLED 面板生产，为笔记本电脑、平板电脑、电子广告牌等提供 10～30 英寸 OLED 面板。日本有机显示公司整合了索尼、松下等企业的成膜技术、柔性面板技术、氧化物半导体技术。生产方面，日本有机显示采用松下的"印刷式"量产技术，已在 2016 年下半年开始试产。

显示行业方面，日本现在仅剩下 2 家显示器生产大牌厂商，夏普被富士康收购，日本显示也深陷财务危机。但是在显示行业上游材料供应上，日本占据了不可撼动的地位。薄膜晶体管液晶显示器 TFT-LCD 基板，日本占 50%。偏光片上游的主要原材料 TAC 膜和 PVA 膜更是被日本企业牢牢掌控。TAC 薄膜，日本富士 59%，柯尼卡美能达约 21%；PVA 膜，日本可乐丽占 70% 以上，3 家日本企业的偏光片产能超 50%。

3. 韩国

一直以来，韩国显示行业都处于世界领导地位。韩国政府将 OLED 列为下一代重点项目之一，计划减免税收、削减关税，并为企业提供各种政策支持，进一步稳固提高韩国 OLED 产业在全球市场的领先地位。以三星、乐金为首的面板企业在 OLED 技术和产业方面的优势非常明显。

三星重点布局移动设备端的 AMOLED 技术，在全球范围已经占据大部分的市场份额。三星中小尺寸 OLED 在专利、技术、生产设备方面已经具有大量积累，其中小尺寸 OLED 技术已经领先业界 2～3 年时间。三星于 2001 年开始研发 OLED 技术，2003 年开始研发 AMOLED 技术，并于 2007 年开始投入生产。2011年后，三星加大了对 OLED 的研发力度，2014 年后推出多款柔性可弯曲的 OLED 显示屏，2015 年，三星投入 36 亿美元增设一条 OLED 产线，产品主要为手机、平板电脑等中小尺寸消费电子产品提供 OLED 面板。而三星大尺寸 OLED 面板方面，仅有一条 8.5 代产线，提供每年 12 万片 OLED 面板。产品主要供三星 AMOLED 电视和 OLED 面板的量产以及技术实验。由于三星一直使用"低温多晶硅技术（LTPS）背板+RGB OLED"技术路线，造成大尺寸 OLED 面板一直难以突破技术瓶颈，产品良率低、成本高，已经暂停 OLED 电视面板的扩产计划。三星将研发重点放在中小尺寸 OLED 显示屏领域，随着产品技术不断成熟和创新，三星已在该领域逐渐走上全球领先地位。

乐金主要致力于大尺寸 OLED 电视面板市场。乐金有 2 条 8.5 代 OLED 产线：E3、E4，各自采用不同的工艺流程，主要生产 55 英寸和 65 英寸 OLED 面板。2015 年 11 月开始建设 9 代以上 OLED 面板产线。目前乐金的 OLED 面板良率已超过 80%，与 LCD 相当。在大尺寸 OLED 市场，乐金显示占据了垄断地位，是唯一实现量产的生产商。大尺寸 OLED 面板主要用于电视领域，目前智能电视、互联网电视火爆异常。乐金显示公布的 2019 年第一季度财报：乐金显示在 2019 年第一季度的收入达到了 5 879 亿韩元，与 2018 年同期相比下降了 15%，去 2018 同期收入是 6 948 亿韩元，原因是季节性因素减少以及 IT 部件供应紧张的影响。

4. 中国

中国是全球显示面板需求量最大的国家，是最大的电视制造地和智能手机制造地。近年来，我国面板产业高速发展，不仅国家加大了对面板行业的支持力度，显示领域的各大厂商也都加大 OLED 技术投资力度，如京东方、华星光电、天马微电子、和辉光电、友达光电、群创光电、华映、维信诺等企业正在兴建中小尺寸面板厂，大致以 LTPS+OLED 技术为主，以满足终端企业的需求。近几年，各大企业开始转向研发 LTPO、全面屏、无偏光片、印刷 OLED 等新型热门显示技术。2011 年 6 月，我国 19 家 OLED 企事业单位共同发起成立了中国 OLED 产业联盟。现在我国有许多从事 OLED 技术研发的大学和研究机构，有多家企业涉足 OLED 的产业化。在中小尺寸 OLED 市场，三星也强化了与我国手机企业的业务合作。同时也可以看到，我国 OLED 正处于产业化的导入期和技术成长期，主要集中在产业链的面板制造环节，上游设备和原材料环节薄弱，OLED 企业所需的制造设备和原材料较多依赖从日本和韩国进口，生产成本难以降低，这是现阶段国内 OLED 产业发展过程中难以避免的一大问题。

3.1.3　OLED 市场发展现状

3.1.3.1　全球 OLED 市场份额对比

在全球 OLED 市场份额方面，自 2018 年起中国 OLED 市场份额逐步增加，在全球 OLED 市场份额占比不断攀升，如图 3-1-4 所示，预计 2025 年中国 OLED 面板产能将占全球 43% 份额。

3.1.3.2　OLED 市场规模情况

利好政策的持续出台，推动着中国 OLED 产业的快速发展。目前，中国 OLED 行业正处于高速发展时期，2016 年以来我国已有部分领先厂商在 OLED 产业领域进行布局。随着OLED技术的不断成熟，应用场景不断拓展，OLED的市场需求不断攀升。2022年中国OLED行业市场规模达3 225亿元，预计2023年有望达到4 437亿元。图3-1-5显示了2017—2023年中国OLED行业市场规模预测图。❶

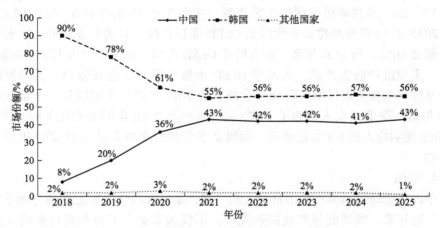

图3-1-4　全球OLED市场份额占比变化趋势❷

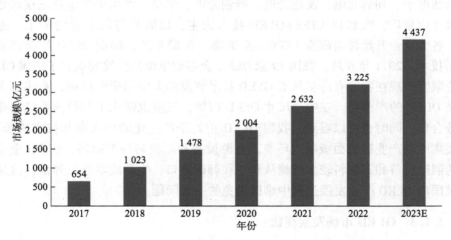

图3-1-5　2017—2023年中国OLED行业市场规模预测图

❶　中商产业研究院.导体行业加速复苏显示面板迎来新机遇[EB/OL].（2023-07-24）[2023-12-13].https://www.seccw.com/document/detail/id/22534.html.

❷　前瞻产业研究院.2020年全球面板产业竞争格局及发展趋势分析未来韩国OLED市场垄断地位或将动摇[EB/OL].（2021-05-04）[2023-12-13].https://bg.qianzhan.com/report/detail/300/200429-6535486f.html.

3.2　OLED 显示技术专利总体态势分析

下面对 OLED 显示技术领域的专利申请量趋势、专利申请国家和主要专利申请人分布进行统计分析。根据数据库收集的文献量及分布特点分别在中文和外文数据库进行检索，考虑到本文所分析主题的特点，采用分类号结合关键词进行检索，检索时间截至 2022 年 6 月 30 日。

3.2.1　专利申请量趋势分析

通过对 OLED 显示技术领域相关专利申请随年代变化趋势的分析，可以初步掌握自 2003 年以来，全球及中国 OLED 显示技术的发展过程和趋势，从而对其未来发展方向形成初步判断。

图 3-2-1 显示了近 20 年来 OLED 显示技术的全球及中国专利申请分布趋势。图中显示，全球的专利申请量从 2003 年起呈现出逐步上升的趋势，并于 2020 年达到巅峰，说明显示产业持续在 OLED 显示领域进行积极布局相关技术；中国的相关申请趋势与全球基本保持一致，说明国内显示产业积极跟踪全球 OLED 显示技术发展步伐，积极进行了 OLED 相关专利布局。

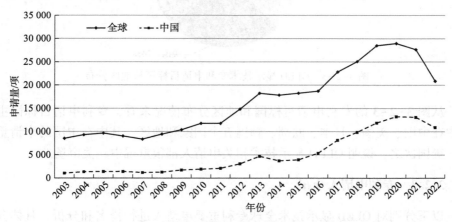

图 3-2-1　OLED 显示技术全球及中国专利申请分布趋势图

3.2.2　专利申请国家分布

图 3-2-2 和图 3-2-3 分别给出了 OLED 显示技术专利申请原创国和地区及目标国和地区分布状况。从图 3-2-2 中的原创国和地区分布情况来看，中国的主导优势明显。专利申请来源国和地区主要集中在中国、日本、韩国、美国和欧

洲五个国家和地区，其中，中国以 30% 的份额在专利数量上以一定优势领先。

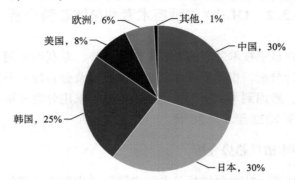

图 3-2-2　OLED 显示技术专利申请原创国和地区分布

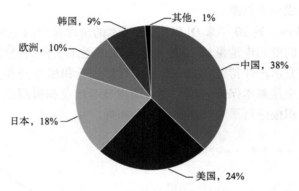

图 3-2-3　OLED 显示技术专利申请目标国和地区分布

从图 3-2-3 的专利申请目标国和地区分布情况来看，专利申请目标国主要集中在中国、美国、日本、欧洲、韩国五个国家和地区，其中在中国的申请量最大，美国次之，说明 OLED 显示技术相关申请人都很重视中、美市场。

3.2.3　专利申请人分布

以下分别对 OLED 显示技术全球专利重要申请人进行排名和分析，具体分布如图 3-2-4 所示。

从图 3-2-4 中可以看出，排名前列的申请人主要集中在韩国、中国、日本，其中，韩国申请人主要是两大显示巨头三星和乐金，其分别针对中小尺寸和大尺寸 OLED 显示技术，二者申请量都位居前列，占据绝对的优势；中国的主要申请人为京东方、华星光电、天马微电子、维信诺，其申请量也占据一定的优势；日本的主要申请人为精工爱普生、半导体能源研究所、索尼、佳能、夏普、松下、日本显示和出光兴产，申请量相对较少。

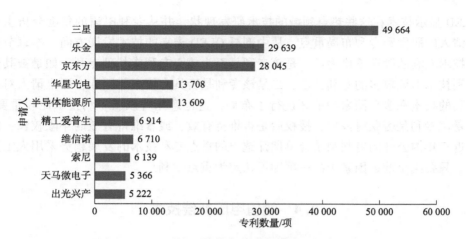

图 3-2-4　OLED 显示技术全球专利重要申请人排名

3.3　OLED 显示重点技术和专利筛选原则

　　OLED 几乎兼顾了已有显示器的所有优点，具有高亮度、高对比度、高清晰度、宽视角和宽色域等，可实现高品质图像，其超薄、超轻、低功耗和宽温度特性等可满足便携式设备的需求，在平板显示技术中发挥着越来越重要的作用。作为新一代显示器件，OLED 在头戴显示器、平板电脑、电视、手机等数码产品及军事领域都有广阔的发展空间和应用前景。而随着用户日益变化的消费需求，全面屏和柔性显示技术在终端产品中的应用越来越广泛，也对 OLED 显示屏提出了相关的技术要求。

　　OLED 作为极具潜力的竞争力的显示技术，在科研和产业化高速发展的同时也暴露出一些长期存在、亟待解决的问题。例如，薄膜晶体管器件稳定性差、阈值电压漂移、发光元件老化等导致面板显示亮度不均匀；又如，AMOLED 的 RGB 子像素由红、绿、蓝自发光有机材料制作而成，在通过蒸镀技术制作三基色像素时需要高精细且机械性能较好的金属掩膜板（FMM），但由于目前精细金属掩模板（FMM）的工艺限制，尤其在当前智能显示设备大尺寸、高分辨率的发展趋势下，制造极小且高密集度的 AMOLED 较为困难，成本较高，同时也增加了驱动电路的设计难度。此外，柔性显示也是未来 OLED 显示的发展方向，其柔性显示技术也面临较多问题。目前各个面板厂家和科研机构也提出了大量技术方案来解决这些技术问题。

　　本书将在后面章节中围绕解决上述技术问题所涉及的阈值电压补偿技术、像素排布技术、显示亮度调节、全面屏和柔性屏技术等热点技术进行分析，以获取

OLED 显示技术在这些热点领域的技术研发现状，并从专利申请的角度分析主要申请人的研发和专利布局重点，从中剖析 OLED 未来的技术发展方向。本章节重点技术专利的筛选策略为：一是该专利是否为核心专利或基础专利，如是被其他专利技术引证较多的专利技术；二是该专利是否具有较多的同族，即申请人对该专利的技术在多个国家和地区进行了布局，这也意味着该项专利技术比较重要；三是该专利是否获得授权，授权后是否维持有效，或者维持有效的年限较长；四是近三年内公开的专利则结合早期筛选出的重点专利技术的发展趋势采用人工筛选。只要满足前述因素中的一项即可认定为重点专利。

3.4 阈值电压补偿技术

3.4.1 阈值电压补偿技术概述

参见图 3-4-1，典型 OLED 像素电路一般由 2 个薄膜晶体管、1 个电容 Cs 及发光元件 OLED 构成；当第二薄膜晶体管 M2 通过加载在该第二薄膜晶体管 T2 的栅极上的扫描信号被导通时，数据电压 V_{data} 通过数据线被加载在第一薄膜晶体管 M1 的栅极上。此外，对应于加载在栅极上的数据电压 V_{data}，电流从第一薄膜晶体管 M1 流向所述有机 EL 装置 OLED 以发射光。

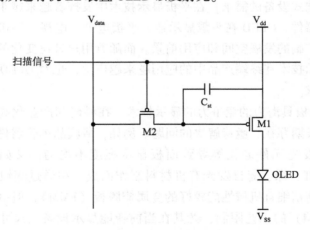

图 3-4-1 典型 OLED 像素电路

流经 OLED 的电流由驱动晶体管 M1 控制，公式如下：

$$I_{OLED} = (\beta/2)(V_{gs} - V_{th})^2 = (\beta/2)(V_{dd} - V_{data} - V_{th})^2 \qquad (3-1)$$

其中，I_{OLED} 是流过有机 EL 装置的电流，V_{gs} 是晶体管 M1 的源极和栅极之间的电压差，V_{dd} 是电源电压，V_{th} 是第一薄膜晶体管 M1 的阈值电压，V_{data} 是数据电压，并且 β 是与晶体管工艺制程相关系数值。从上述公式可以看出，影响发光元件 OLED 电流，即影响发光元件亮度的主要因素是电源电压 V_{dd}、数据电压 V_{data} 和晶体管的阈值电压 V_{th}。受到晶体管工艺制程的影响，造成各像素电路的驱动管的阈值电压 V_{th} 可能不同，并且不同晶体管随着发光时长的影响阈值电压 V_{th} 的漂移情况也不相同。因此，尽管各个像素电路施加了相同的电源电压 V_{dd} 和数据电压 V_{data}，流过各像素 OLED 的电流也会不一样，从而造成图像显示不均匀。

为解决 OLED 显示技术中普遍存在的这一技术问题，各个面板厂家和科研机构给出了多种解决方案，经过分析这些方案，可以大致分为内部补偿、外部补偿、混合补偿、控制方法优化和工艺优化等几个改进方向。

3.4.1.1　内部补偿

内部补偿方式是在像素电路结构内部增加补偿单元，在发光阶段前对阈值电压进行补偿，图 3-4-2 给出了典型的内部补偿驱动电路图。

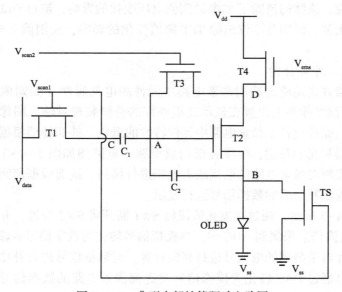

图 3-4-2　典型内部补偿驱动电路图

该内部补偿电路对像素电路的驱动分为预充电、阈值检测、数据写入和发光四个周期：

在预充电周期，控制信号 V_{scan1}、V_{scan2} 和 V_{ems} 都为高电平，开关 TFT 全打开，节点 A 的电压通过 T3 和 T4 预充电到一个特殊值。

在阈值检测周期，V_{scan1} 和 V_{scan2} 保持高电平，V_{ems} 变低电平关闭 T4 管，A 点的电压（驱动管 T2 的栅电压）通过 T2、T3 和 T5 放电，直至 T2 关闭，到这个周期结束时，A 点的电压 $V_a = V_{th}$（T2 的阈值电压），B 点的电压 $V_b = V_{ss}$。晶体管 T2 的阈值电压 V_{th} 被保存在电容 C_2 上。

在数据写入周期，V_{scan1} 保持高电平，T1 和 T5 开启，V_{ems} 为低电平，T3 关闭，在此周期器件，数据电压通过 T1 管传输到 C_1 的左端 C 点，V_b 仍然为 0。因此 $V_a = V_{th} + [C_1/(C_2+C_1)] V_{data}$，$C_2$ 两端的电压一直保持在 $V_{th} + [C_1/(C_2+C_1)] V_{data}$ 直到下一帧数据更新。

在发光周期，V_{scan1} 变低电平关闭 T1，V_{ems} 为高电平开启 T4，V_{scan2} 保持低电平以使 T3 保持关闭。在发光期间，驱动管 T2 工作在饱和区，节点 B 的电压 $V_b = V_{oled}$，V_{oled} 为发光周期 OLED 阳极的电压。电容 C_2 两端的电压一直保持在 $V_{th} + [C_1/(C_2+C_1)] V_{data}$ 直到下一帧数据更新。而 A 点的电压相应地变为 $V_a = V_{th} + [C_1/(C_2+C_1)] V_{data} + V_{oled}$，所以通过 OLED 的电流仅与数据电压有关：

$$I_{OLED} = \beta (V_{gs} - V_{th})^2 = \beta (V_{C_2} - V_{th})^2 = \beta \left(\frac{C_1}{C_1 + C_2} V_{data} \right)^2 \qquad (3-2)$$

也就是说，该结构消除了 TFT 的阈值电压变化的影响，流过 OLED 的电流也与电源电压无关，说明其不仅消除 TFT 阈值变化的影响，还消除了电源 IR 压降的影响。

3.4.1.2　外部补偿

外部补偿方式是通过感测像素电路中元件的电气属性（如阈值电压或迁移率），基于感测结果通过设置在显示面板外部的补偿装置对输入图像的像素数据进行调制，从而补偿各个像素电路中元件特性的退化。外部补偿根据检测方式又分为电学补偿和光学补偿，电学补偿的典型驱动电路图如图 3-4-3 所示，通过采样晶体管控制对像素电路的电流或者电压进行侦测，进而根据侦测的电学信号进行反馈，输出补偿后的数据信号进行显示。

如图 3-4-3 所示，通过在发光阶段将 SW1 断开将 SW2 导通，并导通 ST2 将 OLED 电压电流信息采集到 ADC 中，将模拟信号转化为数字信号后输出给控制芯片，控制芯片对采集到的电信号进行判断计算，对数据信号进行补偿，并将补偿后的数据信号通过 DAC 转化为模拟信号发送到像素电路的数据信号线上，完成对 OLED 发光的补偿过程。

光学补偿作为一种成本较高的补偿方式，一般在高端机型中使用，行业内对此技术的使用不如电学补偿广泛，但其在补偿速度精度和速度上均相对于电学补偿具有优势，其与电学补偿的主要差异在于对发光元件的检测方式不同，光学补偿通常是通过亮度计比如相机采集显示面板亮度，经过处理和计算后对面板驱动电路进行补偿。

内部补偿方式由于在像素电路结构内部增加补偿单元，使得像素电路配置变得复杂，此外，内部补偿方式难以补偿驱动 TFT 迁移率的变化。相比内部补偿方式，外部补偿方式的结构简单且可调控性强，有利于显示面板高分辨率设计，但是外部补偿对调压调整算法和信号采集精度要求较高，且屏幕长期老化导致的补偿效果差。基于两种补偿方式的优缺点，目前内部补偿技术占据了中小尺寸（平板、手机、手表等）面板 OLED 技术的主流，而外部补偿则广泛应用于 OLED TV 等大屏幕面板中。

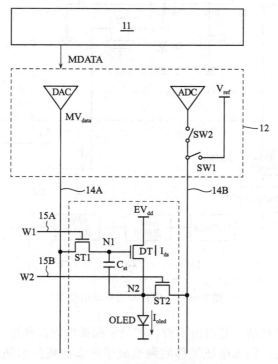

图 3-4-3　外部补偿典型驱动电路图

3.4.1.3　混合补偿

在内部补偿和外部补偿的基础上，根据两种补偿的特点，进一步产生了混合补偿的方式。图 3-4-4 给出了一种混合补偿的驱动电路图，在像素电路中同时进行内部电路的改变和使用感测的方式进行调整，其补偿手段与上述内部补偿和外部补偿方式相似。通过合理使用两种补偿方式的优势，达到更好的补偿效果。

3.4.1.4　控制方法优化和工艺优化

以上三种补偿方法更加集中在电路的改进上，在显示过程中电路和驱动电路的方法相互为不可分割的组成部分，国内外厂家在改进电路的同时在显示驱动方法上也进行针对性的改进和调整，进一步提高显示效果。

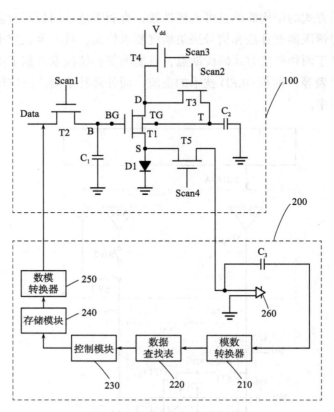

图 3-4-4 混合补偿驱动电路图

近年来，新材料新工艺层出不穷，在显示面板的设计和生产过程中对新材料新工艺的应用以解决阈值电压漂移问题也成了很多面板厂家所重点关注的对象。对工艺的改进主要有两个方向。第一个方向为对晶体管本身的生产工艺进行改进，增加晶体管本身的稳定性，使得晶体管阈值电压在生产时具有更好的一致性，并减少晶体管的漏电流。例如，对所述多晶硅层进行离子掺杂，其内掺杂的离子包括 Ar^+、B^+、PHx^+ 中的至少一种，且离子掺杂的浓度在所述基板至所述栅极层的堆叠方向上呈高斯分布，以此保持 V_{th} 稳定，改善画面均一性，提高显示面板温度场中的工作稳定性。或利用氧化物半导体层形成的 TFT 具有极小的漏电流，将氧化物半导体层作为开关薄膜晶体管可以有效降低开关薄膜晶体管的漏电流，进而提升 OLED 面板的显示画质，氧化物半导体层具有优越的柔韧性，更可以应用于柔性显示的领域，在减少漏电流以维持显示画质的条件下，同时维持 OLED 面板的可弯折特性。

第二个方向为在面板生产过程中在层级结构和电路布局中进行改进，如通过设置屏蔽层屏蔽栅极引线与透明导线之间的寄生电容，避免寄生电容差异影响驱动晶体管的栅极的电位出现差异，提高驱动晶体管驱动发光器件的稳定性，避免显示装置的发光器件显示时出现明暗不均的问题。或将金属层大范围设于绝缘层上，辅助阴极区的阴极连接的金属层电阻降低，进一步降低了显示面板的辅助电极区的电压降，减少了电压损失，节约了显示面板的使用成本，提升了显示面板的响应速度，提高了显示面板的显示质量。

3.4.2　阈值电压补偿技术全球专利态势分析

通过对阈值电压补偿技术的全球专利申请进行检索，并对阈值电压补偿技术的全球专利申请发展趋势、区域分布和申请人作了总体分析。

3.4.2.1　专利态势分析

图 3-4-5 展示出了全球和中国阈值电压补偿技术专利申请趋势，从图中可以看出，在 2003—2011 年，阈值电压补偿技术相关专利的申请数量比较平稳，从 2011 年开始，该技术的专利申请量呈现爆发式增长，到 2021 年达到顶峰，说明从 2011 年起，显示产业对 OLED 的需求日益凸显，阈值电压补偿技术也已成为 OLED 显示技术的一个重要研发方向。

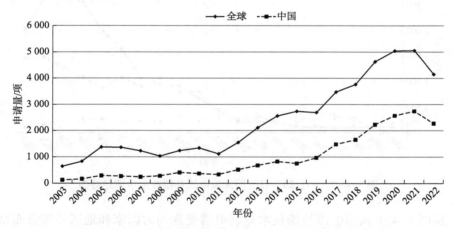

图 3-4-5　全球和中国阈值电压补偿技术专利申请趋势

3.4.2.2　国家/地区分布

图 3-4-6 展示出了阈值电压补偿技术全球专利申请的技术来源分布。如图所示，在阈值电压补偿技术中，中国和韩国的申请量占据了绝对的领先位置，远超其他国家和地区。可以看出，中国和韩国作为 OLED 显示屏的主要来源国，其在 OLED 阈值电压补偿技术方面的关注程度较高，投入和研发力度比较大；日本的申请量紧随其后。图 3-4-7 示出了中国、韩国和日本的专利申请趋势图，由图可知，日本作为传统电子显示产业的强国，其早期申请量虽然同中国和韩国差

别不大，但是日本对 OLED 显示的重视程度不如中国和韩国。从 2012 年开始，随着中国、韩国申请量的爆发式增长，日本与中国、韩国的申请量差距日益明显。

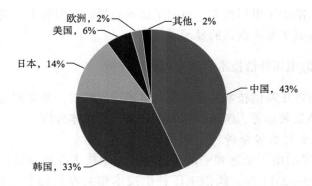

图 3-4-6　阈值电压补偿技术全球专利申请的技术来源分布

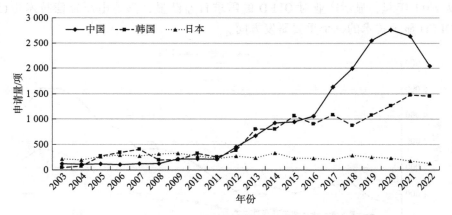

图 3-4-7　中、韩、日三国阈值电压补偿技术申请趋势图

从图 3-4-8 阈值电压补偿技术专利申请受理局的国家和地区分布分布情况来看，阈值电压补偿技术的专利申请目标国主要集中在中国、美国，其次是欧洲、韩国。说明阈值电压补偿技术相关申请人都很重视中、美市场。

3.4.2.3　主要申请人分布

图 3-4-9 展示出了阈值电压补偿技术全球重要申请人排名情况。从图中可以看出，三星和京东方在阈值电压补偿技术上的布局较多，专利申请数量远超其他申请人，并且三星在 OLED 内部补偿拥有较多的重点专利。排在第三位的是韩国的乐金，其申请总量虽然不如三星和京东方，但乐金在 OLED 大屏所采用的外部补偿具有更多专利布局，应给予重点关注。在全球前 10 的申请人中，中国企业占据 5 席，韩国企业占据 2 席，日本企业占据 3 席。

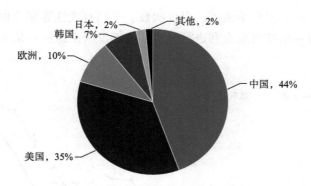

图 3-4-8　阈值电压补偿技术专利申请受理局的国家或地区分布

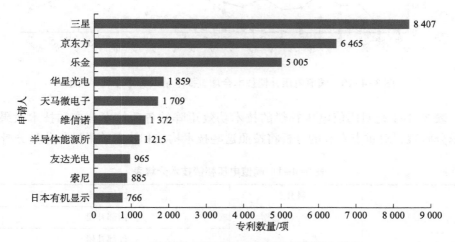

图 3-4-9　阈值电压补偿技术全球重要申请人排名

图 3-4-10 展示出了排名前四的重要申请人历年专利申请趋势，可以看出，三星在阈值电压补偿技术上的布局最早，其申请量逐渐稳步增长；国内申请人中，京东方自 2011 年才开始重视 OLED 阈值电压补偿技术，并在 2011—2017 年提交了大量申请，迅速完成相关专利布局，在 2017 年开始申请量逐渐赶超三星；乐金的申请量比较平稳，自 2011 年开始逐渐稳步增长，在 2020 年达到了一个巅峰后，开始进入稳定发展时期；国内另一个重要申请人华星光电的起步较晚，自 2014 年开始才加快专利申请，到 2017 年申请量才逐渐赶超乐金。

3.4.2.4　重要申请人技术专利分析

从图 3-4-9 可以看出，阈值电压补偿技术的重要申请人主要集中在韩国和中国，且专利申请数量都较多。本书后续将对申请量排名前四的重要申请人三星、京东方、乐金、华星光电的专利申请进行详细分析。此外对于这些重要申请人的专利申请，结合专利价值度、引证次数、专利有效性等多个因素筛选出部分重点专利。通过对这些重点专利进行分析，能够反映出这些申请人的专利布局重点和研究方向。

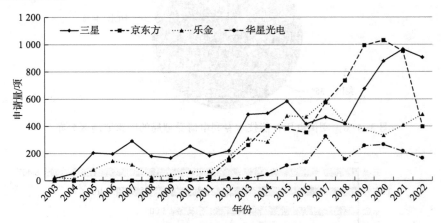

图 3-4-10　阈值电压补偿技术全球重要申请人历年专利申请量

表 3-4-1 是对阈值电压补偿的技术功效矩阵的各项技术分支和技术效果的技术分解表，对重点专利的分析将按照这些技术构成和技术效果进行分类分析。

表 3-4-1　阈值电压补偿技术分解表

一级分支		二级分支
技术构成与效果	技术构成	内部补偿
		外部补偿
		混合补偿
		工艺优化
	技术效果	减小压降
		减少漏电流
		提升寿命
		简化电路
		提升补偿精度
		提升响应速度
		提升显示效果
		降低功耗
		降低成本

图 3-4-11 是阈值电压补偿技术重要申请人重点专利技术主题气泡图。从图中可以看出，三星和京东方在阈值电压补偿技术的重点布局方向为内部补偿，乐金的重点专利布局方向为外部补偿，这是由于内部补偿技术多用于手机终端等小尺寸屏幕，外部补偿更多应用于大尺寸显示屏。目前，三星和京东方在手机 OLED 显示屏的市场占有率最高，而乐金则侧重于大尺寸 OLED 显示屏的研究。华星光电由于阈值电压补偿技术起步较晚，只能从多个不同的角度进行专利布局，以突破三星、乐金和京东方的专利技术壁垒。

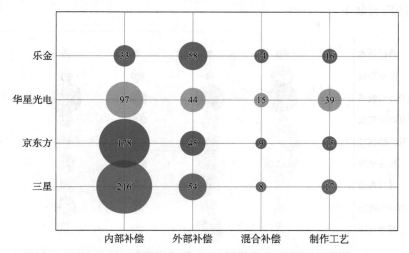

图 3-4-11　阈值电压补偿技术重要申请人重点专利技术主题气泡图

图 3-4-12 是阈值电压补偿技术重要申请人重点专利技术功效气泡图。从图中可以看出，三星阈值电压补偿技术主要解决的问题为提升补偿精度、简化电路和改善显示效果，其专利布局较为全面，且侧重点明显，主要基于自己重点涉及的中小尺寸 OLED 面板相关的阈值电压内部补偿技术。京东方主要解决的问题为简化电路、改善显示效果和减小压降，这是因为京东方在触控显示屏阈值电压补偿技术上有较多专利布局，这方面专利多为解决触控电路和阈值电压补偿电路的集成问题。乐金的重点专利布局方向为外部补偿，其主要解决的问题为提升显示效果和提升补偿精度。华星光电主要通过内部补偿技术改善均匀度，提升显示效果，并在此基础上在减少漏电流、简化电路、提升寿命和电源线压降等方向上有所侧重。

3.4.3　三星 OLED 阈值电压补偿技术专利分析

3.4.3.1　三星 OLED 显示领域发展历程

韩国三星是目前全球 OLED 面板出货量最大的企业，市场份额在 90% 以上。

在 OLED 领域，三星的专利申请数量最多，且全部为发明专利，显示它在该领域的强大研发实力。三星在该领域的研究力量主要为三星显示有限公司、三星 SDI 株式会社和三星电子株式会社。其中，从 2009 年起，三星 SDI 株式会社退出 OLED 技术研发。此后，三星电子与三星 SDI 株式会社的 OLED 合资公司——三星显示有限公司成为三星在中小尺寸 OLED 显示领域的研发主力。随着 OLED 显示面板的兴起，越来越多的企业涉足该领域，其中对三星构成最大威胁的是乐金，乐金研发的白光 OLED 显示技术在大尺寸 OLED 显示领域占据较大优势。其主要发展历程如下：

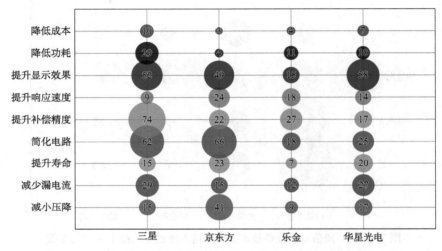

图 3-4-12　阈值电压补偿技术重要申请人重点专利技术功效气泡图

（1）2001—2012 年，三星处于 OLED 显示技术研发初期阶段，当时三星显示器部门（SDI）和 NEC 公司以 51：49 的比例合资成立了三星-NEC 移动显示公司（SNMD）；NEC 于 2004 年退出显示器领域之后，三星收购了 SNMD 的所有的股份和专利所有权，掌握了 SNMD 关于 PMOLED 和 AMOLED 显示技术，但是 PMOLED 的市场一直处于容量狭小的状态，因此，三星在今后几年主要研发重点集中在 AMOLED 显示技术，并从 2007 年开始生产 AMOLED，并在 2010 年相继推出了多款智能手机产品 GalaxyS、Wave 系列，并且随着 Galaxy 系列手机的出货量增长，三星的 OLED 屏幕才正式开始盈利了。

（2）2012—2018 年，三星加强了对大尺寸、高分辨率 OLED、柔性 OLED 的显示驱动技术的研发力度，并于 2012 年推出了多款大尺寸 OLED 电视，并加大了对 OLED 产业的资金投入。2013 年三星相继推出了多款不同尺寸、超高清 OLED 显示屏，并于同年 9 月份与乐金达成 OLED 专利和解，放弃了关于 OLED 显示技术方面的分歧，共用合作进一步加强双方公司的全球竞争力，这使得

OLED 显示技术领域两大巨头强强联合，进一步公布了其在 OLED 显示技术领域的领先地位。2014 年，三星相继推出了多款不同尺寸的柔性曲面 OLED 显示屏，并开始逐步应用于其旗下的手机和电视等产品中。随着三星 OLED 显示技术的不断成熟，其果断将其 OLED 面板应用于三星手机上，凭借出色的显示性能，迅速占领了手机高端手机市场份额，2017 年，搭载在 Galaxy S8 上的双曲面 OLED 将引领超窄边框、沉浸感视效的全视曲面屏智能手机的流行趋势，正式拉开柔性显示器的全盛时代。2017 年苹果 X 也采用了三星的 OLED。据 IHS 透露，柔性 OLED 在 2017 年第二季度的销售额同比增长了 132%。在 OLED 市场内的比重也有所增加，2017 年第二季度首次超越了刚性 Rigid OLED 的销售额。随着三星 OLED 显示技术的不断成熟，其 OLED 面板也逐步占据全球主要 OLED 市场，2018 年全球出货量达到 4.1 亿件，占全球份额的 92.6%，稳稳地成为第一，远远地甩开了其他竞争者。

（3）2019 年至今，随着三星对柔性屏、全面屏等新技术的研发成功，于 2019 年推出 Galaxy Fold 系列折叠屏手机，它用小机身创造了大视野，成为人们心中的梦想机。三星 Galaxy Fold 配备的可折叠 OLED 比传统 OLED 薄 50%，7.3 英寸主显示屏，是当时最大的智能手机屏幕之一；同时推出了应用全面屏技术产品 Samsung Galaxy S10，其配备一块 6.1 英寸 Dynamic AMOLED 曲面屏，采用挖孔屏设计和大圆角设计，大大提升了显示屏屏占比，此后便在手机界掀起了全面屏技术的研发和应用热潮，多家手机厂商都相继发布全面屏手机产品。

3.4.3.2　申请态势分析

1. 申请趋势分析

图 3-4-13 为三星 OLED 阈值电压补偿技术专利申请量趋势图。从图中可以看出 2012 年以前，三星 OLED 阈值电压补偿技术主要处在一个探索发展的萌芽阶段，其在 OLED 显示驱动技术相关的专利申请量逐年缓慢递增，OLED 相关技术尚不成熟，还未形成初步的 OLED 显示技术产业链。2012—2015 年，OLED 相关技术发展迅猛，在 2015 年达到了一个巅峰，OLED 技术在某些领域已经日渐成熟，在工业上形成了一定规模的产业链，OLED 相关产品已经逐渐进入人们的生活，在显示、照明等相关领域发挥着巨大的作用。随后，三星在 OLED 显示驱动相关技术已经相对完善，进入了一个稳定发展时期，其间 OLED 显示驱动相关专利申请量总体相对平稳。2019 年以后，随着 OLED 全面屏、柔性显示、低功耗等新技术的应用，三星在 OLED 显示驱动技术领域的专利申请量又呈现爆发式增长趋势，进入了第二个高速发展时期。在这一阶段，已经发展成熟的 OLED 显示驱动技术随着新技术的应用，进一步促进了 OLED 阈值电压补偿技术的发展。

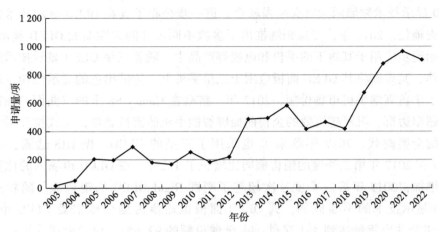

图 3-4-13　三星 OLED 阈值电压补偿技术专利申请量趋势图

2. 国家/地区分布分析

通过图 3-4-14 可以看出各个国家和地区的申请量情况。在美国的申请量居第一位，这主要有两方面因素：一方面是三星在美国有技术研发中心；另一方面是在美国有三星的主要竞争对手——苹果，研发实力和超越竞争对手的动力使得三星在美国的专利申请量最多。另外，在专利五局的其他地区，韩国、中国的专利申请量明显偏多，这也表明三星非常重视中国的市场；而韩国是三星的总部所在，在技术研发实力和整体实力上都是最强的，为保证在本土的实力以防止其他跨国公司对自己的影响，需要较多的专利申请对自己进行技术保护。此外，三星还在欧洲和日本等地区布局，而这些地区的申请量相对较少。可见，三星的申请策略并非每个申请都在五局地区进行申请，而是有重点有策略地进行专利布局，这在降低成本的同时提高了专利申请的针对性。

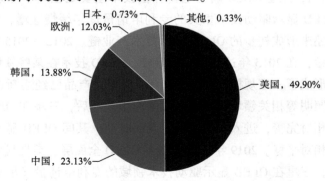

图 3-4-14　三星 OLED 阈值电压补偿技术全球专利
申请量目标国家和地区分布

3. 技术主题分析

在三星申请的 OLED 阈值电压补偿技术专利中，涉及内部补偿、外部补偿、制作工艺、混合补偿等四个方面，如图 3-4-15 所示，其中内部补偿的申请量为总申请量的 73%，外部补偿的申请量占总申请量的 18%，制作工艺相关申请占比 6%，混合补偿相关申请占比 3%。可见，三星主要在内部补偿技术上进行投入研发和进行专利申请，这也与其重点在于小尺寸 OLED 面板驱动技术研发相符。三星的专利布局不跟风，有自己的研发重点，着重致力于小尺寸 OLED 面板驱动技术研发。

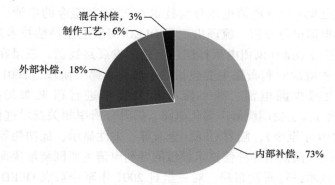

图 3-4-15　三星 OLED 阈值电压补偿技术专利申请技术分布

图 3-4-16 为三星 OLED 阈值电压补偿技术专利申请的技术功效图。对于 OLED 阈值电压补偿技术而言，主要是针对驱动晶体管阈值电压偏移导致的显示不均问题而提出。可见，内部补偿技术、外部补偿技术是三星的研发重点，其中，

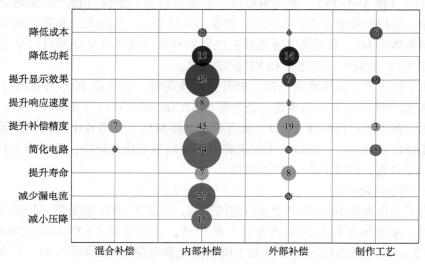

图 3-4-16　三星 OLED 阈值电压补偿技术专利申请的技术功效图

内部补偿主要侧重于简化电路、提升补偿精度、提升显示效果、减少漏电流、减小压降、降低功耗等方面；外部补偿主要侧重于提升补偿精度、降低功耗、提升寿命等方面。此外，为了提升补偿效果，也提出了将外部补偿和内部补偿结合在一起的混合补偿技术，但占比较小；在制作工艺上主要侧重于简化工艺、提升分辨率、简化电路等方面。整体而言，三星在阈值电压补偿技术的专利布局较为全面，且侧重点明显，主要基于自己重点涉及的中小尺寸 OLED 面板相关的阈值电压内部补偿技术。

3.4.3.3 三星的 OLED 阈值电压补偿技术路线梳理

通过整理三星 OLED 阈值电压补偿技术自 2001 年至今的申请，并对其该领域的重点专利申请进行分析，梳理出三星 OLED 阈值电压补偿技术发展路线图。图 3-4-17 是三星 OLED 阈值电压补偿技术整体发展路线图。三星在 OLED 阈值电压补偿技术领域的专利布局主要包括三个阶段：第一阶段（2001—2011 年），主要围绕解决减少漏电流、减小压降相关技术进行研发布局；第二阶段（2012—2018 年），主要围绕解决简化电路、提升分辨率相关技术进行研发布局；第三阶段（2019 年至今），随着 OLED 全面屏、柔性显示、低功耗等新技术的应用，三星在 OLED 阈值电压补偿技术领域的专利申请主要围绕解决简化电路、提升分辨率相关技术进行研发布局。对三星自 2001 年至今重点 OLED 显示驱动技术专利申请进行如下分析。

1. 减少漏电流技术

针对初始化过程存在漏电流导致功耗大问题，三星在 2003 年提交了名为"图像显示面板、显示设备及其驱动方法和像素电路"的申请，公开号为 CN 1542718A（图 3-4-18）。该发明提供一种能够防止初始化过程产生漏电流的像素电路。采用的技术方案主要包括：在驱动晶体管 M1 与发光二极管之间设置发光控制晶体管 M5，驱动晶体管在预充电期间和数据电压充电期间可以从有机元件（OLED）电隔离，以防止 OLED 异常发光。

为了减少开关晶体管漏电流，提升显示均匀性，三星在 2003 年提交了名为"OLED 像素驱动电路"的申请，公开号为 KR20050052033A（图 3-4-19）。采用的技术方案主要包括在现有 6T1C 像素驱动电路基础上，将 6 个开关晶体管替换成双栅极薄膜晶体管，该结构不仅消除了 TFT 阈值变化的影响，还减少了开关晶体管的漏电流，提升了显示的均匀性。

2. 减小压降技术

为了克服电源 IR 压降对驱动电流的影响，三星在 2003 年提交了名为"发光显示器、发光显示板及其驱动方法"的申请，公开号为 US20030457730A（图 3-4-20）。该发明的目的是消除 TFT 阈值变化和电源 IR 压降的影响，并在驱动电路中增加一个补偿电容器是减少对电容器进行充电所需的时间。采用的技术方案主要包括在现有 2T1C 像素驱动，增加了两个 TFT 开关晶体管和一个补偿电容，构成 4T2C 的像素驱动电路。该结构不仅消除了 TFT 阈值变化的影响，还消除了电源 IR 压降的影响，进一步提高了 OLED 面板的显示质量。该电路存在的问题是，对阈值电压补偿精度不够高，难以实现高质量的发光显示。

图 3-4-17　三星 OLED 阈值电压补偿技术整体发展路线图

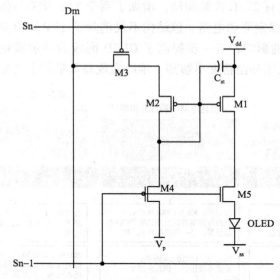

图 3-4-18 CN1542718A 的驱动电路图

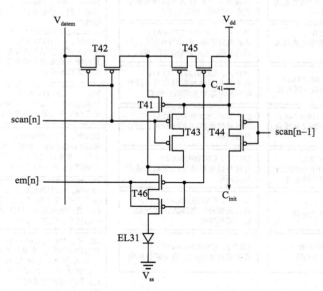

图 3-4-19 KR20050052033A 的驱动电路图

3. 简化电路技术

2001 年，三星提交了名为"有机电发光显示器及其驱动方法和像素电路"的申请，公开号为 CN1361510A（图 3-4-21），该发明的目的是提供一种用于补偿 TFT 阈值电压偏差和显示高灰度级的 OLED 驱动方法和像素电路。采用的技术方案主要包括在现有 2T1C 像素驱动电路的基础上，加入了两个开关分别与扫描线和复位线相连接，构成 4T1C 的像素驱动电路，响应相关驱动信号，自动完成对驱动晶体管的阈值电压补偿和初始化。由于晶体管 M2 补偿了电流驱动晶体管 M1 的阈值电压偏差，晶体管 M1 可以精确地控制流过 OLED 的电流，因此，提供了具有高灰度级的 OLED。此外，当将预充电电压电平 V_{pre} 提供到切换晶体管 M4 的漏极时，节点 A 的初始电压可以增加到预充电电压电平 V_{pre}，因此，晶体管的切换时间和功能消耗可以降低。

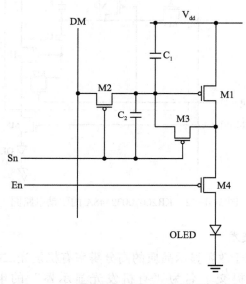

图 3-4-20　US20030457730A 的驱动电路图

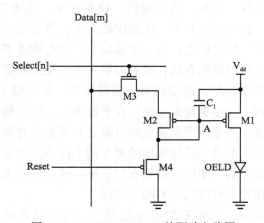

图 3-4-21　CN1361510A 的驱动电路图

为了简化电路，增加显示面板开口率，三星在 2007 年提交了名为"像素和发光显示器"的申请，公开号为 KR20070032448A（图 3-4-22），采用的技术方案为通过将发光控制晶体管 M5 的栅源极均连接至驱动晶体管的漏极，以省去发光控制线，进而增加显示面板开口率。

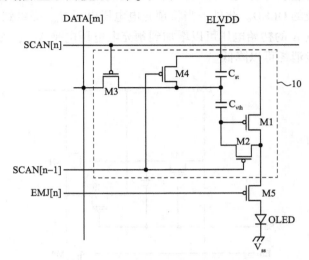

图 3-4-22　KR20070032448A 的驱动电路图

4. 提升分辨率技术

为了提供一种用于改善显示品质的高分辨率有机发光二极管（OLED）显示器，三星在 2013 年提交了名为"有机发光显示器"的申请，公开号为 CN103247660A。所述有机发光二极管显示器包括：第一绝缘层，形成在基底的上方；多条第一栅极布线，沿第一方向延伸，设置在第一绝缘层上；第二绝缘层，形成在所述多条第一栅极布线和第一绝缘层的上方；多条第二栅极布线，沿第一方向延伸，设置在第二绝缘层上；第三绝缘层，形成在所述多条第二栅极布线和第二绝缘层的上方；多条数据布线，沿着与第一方向交叉的第二方向延伸，设置在第三绝缘层上；像素电路，连接到第一栅极布线、第二栅极布线和数据布线；以及有机发光二极管，连接到像素电路。在平面图上，第二栅极布线被设置成不与第一栅极布线叠置，所述像素电路包括有源层和设置在有源层上的栅电极的多个薄膜晶体管，所述多个薄膜晶体管中的至少两个薄膜晶体管的栅电极连接到所述多条第二栅极布线中的一条第二栅极布线，第一绝缘层和第二绝缘层设置在所述至少两个薄膜晶体管的栅电极和有源层之间。

为了增加补偿时间，三星在 2020 年提交了名为"显示驱动电路及其操作方法"的申请，公开号为 CN111916021A。采用的技术方案为像素电路，像素电路包括：第一电源线、第二电源线、第三电源线和第四电源线；数据线，配置为传输数据信号；第一扫描线和第二扫描线，配置为依次传输第一栅极信号；基准扫描线，配置为传输第二栅极信号；发光控制线，配置为传输第三栅极信号；第一晶体管，包括第一电极、耦接到第二节点的第二电极、耦接到第一节点的栅电极和耦接到第二节点的背栅电极；第二晶体管，包括耦接到数据线的第一电极、耦接到第一节点的第二电极和耦接到第一扫描线的栅电极；第三晶体管，包括耦接到第三电源线的第一电极、耦接到第一节点的第二电极和耦接到基准扫描线的栅电极；第四晶体管，包括耦接到第二节点的第一电极、耦接到第四电源线的第二电极和耦接到第二扫描线的栅电极；第五晶体管，包括耦接到第一电源线的第一电极、耦接到第一晶体管的第一电极的第二电极和耦接到发光控制线的栅电极；电容器，耦接在第二节点与第一节点之间；以及发光元件，耦接到第二节点和第二电源线；可以自由地调整阈值电压的补偿时间，并且可以更充分地确保阈值电压的补偿时间。

5. 提升补偿效果技术

　　为了进一步提升数据电压写入速度，提升充电充分性，三星在 2003 年提交了名为 "发光显示器、显示面板及其驱动方法" 的申请，公开为 CN1534579A（图 3-4-23），该发明的目的是消除 TFT 阈值变化的影响及数据电流充电不充分的问题，并在驱动电路中增加一个补偿电容器来减少对电容器进行充电所需要的时间。采用的技术方案主要包括在现有 3T2C 像素驱动，增加了 3 个晶体管 M2、M3、M5，构成 7T2C 的像素驱动电路。该电路结构不仅消除了 TFT 阈值变化的影响，还增加了数据电流写入的速度，使电容可以充分充电。

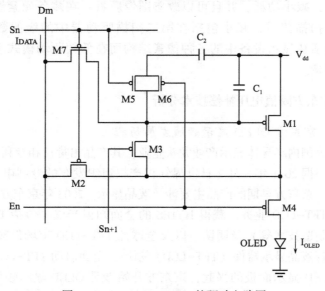

图 3-4-23　CN1534579A 的驱动电路图

为了防止存储电容残余电荷不同导致发光不均问题，三星在 2004 年提交了名为"像素电路及其驱动方法"的申请，公开号为 KR20050097336A。该发明的目的是消除存储电容残余电荷不同导致的发光不均。采用的技术方案为在驱动晶体管的栅极连接的电容处设置一初始化晶体管 M4，以在数据写入电容之前对存储电容进行初始化，从而防止了由驱动电压 V_{dd} 的电压降产生的亮度的不均匀。但其额外增加了一初始化信号输入端，导致像素电路开口率减小。

6. 降低功耗技术

现有的像素电路使用脉冲驱动方法时，脉冲驱动方法的利用受到限制，因为 OLED 显示装置的平均亮度降低。因此，在高亮度模式下，OLED 显示装置的电力消耗可能增加。为了解决上述问题，三星在 2015 年提交了名为"有机发光显示装置和驱动有机发光显示装置的方法"的申请，公开号为 US2015279274A1。显示面板包括多个像素：扫描驱动单元，所述扫描驱动单元被配置为经由多条扫描线向所述像素提供扫描信号；数据驱动单元，被配置为经由多条数据线向像素提供数据信号；发射驱动单元，所述发射驱动单元被配置为经由多个发射控制线向所述像素提供发射控制信号；定时控制单元，被配置为控制所述扫描驱动单元、所述数据驱动单元和所述发射驱动单元，并且控制所述发射驱动单元在每次显示多个图像帧时逐渐改变所述发射控制信号的关闭时段。

为了增强显示设备的驱动效率，需要减小显示设备的功耗，三星在 2020 年提交了名为"显示设备"的申请，公开号为 CN112086052A。采用的技术方案为：减少低频驱动模式下扫描信号的切换，并且导通偏置可以被周期性地施加至第一晶体管，减小功耗，并且可以改善图像质量；在多条像素线中的第三晶体管可以共享扫描信号，减小包括在第二扫描驱动器中的级的数量来减小功耗，即利用包括在显示设备中的各种像素结构而在低频驱动模式下减小功耗并且改善图像质量。

3.4.4　京东方阈值电压补偿技术分析

3.4.4.1　京东方 OLED 显示领域发展历程

京东方作为国内半导体显示产业龙头企业，其产品出货量和专利申请量在国内都位居前列。根据 2021 年 3 月 2 日世界知识产权组织发布的专利申请榜单，京东方列全球第七。京东方早期的产品主要涉及液晶显示。2003 年京东方成功收购现代旗下的 HYDISTFT-LCD 业务，获得 HYDIS 的全面知识产权（包括 TFT-LCD 应用技术、设计和制造技术等）及团队，以及全球性 TFT-LCD 市场份额和营销网络，进入薄膜晶体管液晶显示器件（TFT-LCD）领域，全面启动 TFT-LCD 事业的战略布局。随着 OLED 显示面板的兴起，京东方开始涉足 OLED 显示领域，并于 2011 年投建了其第一条 AMOLED 生产线，即鄂尔多斯第 5.5 代 AMOLED 生产线，该生产线在 2013 年 11 月正式点亮投产。后续又相继投建了成都第 6 代 AMOLED 生产线、绵阳第 6 代柔性 AMOLED 生产线以及昆明 Micro OLED 生产线。虽然京东方在 OLED 显示领域布局起步较晚，随着 AMOLED 产品在高端智能手机市场的应用，以及其生产线的不断投产，京东方也不断加大其对 OLED 显示技术的研发。

3.4.4.2　申请态势分析

1. 申请趋势分析

图 3-4-24 为京东方 OLED 阈值电压补偿技术专利申请量分布图。从图中可以看出，2011 年以前，京东方公司 OLED 显示技术主要处在一个探索发展的萌芽阶段，其主要研发和生产的重点都在液晶显示领域。随着 2011 年第一条 AMOLED 生产线的投建，2011—2013 年京东方开始逐渐布局 OLED 显示领域专利，在这一阶段，其专利主要涉及阈值电压补偿、压降补偿等常规基础电路。2014—2016 年，随着 OLED 显示装置在高端手机等触摸屏上开始应用，京东方在 OLED 触摸屏的阈值电压补偿技术上进行了专利布局，主要改进方向为简化电路结构、实现触控电路和阈值电压补偿电路的集成。从 2017 年开始，随着 OLED 显示技术的发展，阈值电压补偿电路技术趋于成熟，而如何实现 OLED 显示的高分辨率、高刷新率和低成本是京东方的重要发展方向。高分辨率需要像素驱动电路具有简单的电路结构和较少的控制线，高刷新率对驱动电路初始化时间、充放电速度、阈值检测的时间都有更高的要求，这一时期专利的重点也在于解决这些问题。

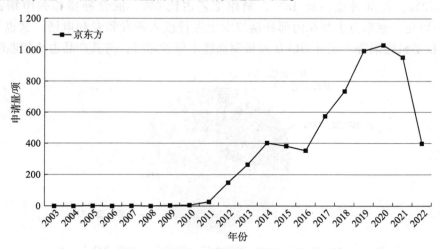

图 3-4-24　京东方 OLED 阈值补偿技术专利申请量分布

2. 国家/地区分布分析

图 3-4-25 展示出了京东方在 OLED 阈值电压补偿技术全球专利申请目标国分布，从中可以看出，中国的申请量居第一位，美国的申请量位于第二。京东方

作为国内最大的 OLED 面板厂商,其首先是在国内完成专利布局,再向国际市场进行布局,并且中国、美国的专利申请量明显多于其他国家和地区,说明京东方的申请策略为侧重于在本土进行专利布局,其并非所有专利都在专利五局进行申请,只是将必要的重点专利布局进行国际专利布局,且重点专利占比较小。

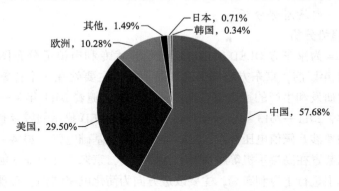

图 3-4-25　京东方 OLED 阈值电压补偿技术全球专利申请目标国分布

3. 技术主题分析

京东方在 OLED 阈值电压补偿技术专利中,涉及内部补偿、外部补偿、混合补偿和制作工艺四个方面,如图 3-4-26 所示,其中内部补偿的申请量占总申请量的 72%,外部补偿占比 18%,制作工艺占比 6%,混合补偿相关申请占比 3%。可见,京东方主要在内部补偿技术上进行投入研发和专利申请,这也与其重点在手机终端等小尺寸 OLED 面板驱动技术研发相符,与其产品占比相匹配。

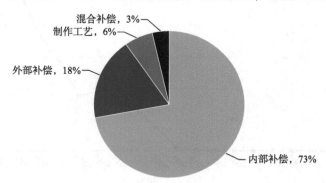

图 3-4-26　京东方 OLED 阈值电压补偿技术专利申请技术分布

图 3-4-27 是京东方 OLED 阈值电压补偿技术专利申请的技术功效图。对于 OLED 阈值电压补偿技术而言,主要是针对驱动晶体管阈值电压偏移导致的显示不均问题而提出。从图 3-4-27 可以看出,内部补偿和外部补偿技术是京东方的研发重点,其内部补偿主要侧重于简化电路、减小压降以及提升显示效果;外部

补偿主要侧重于提升补偿精度、提升显示效果等方面。其在混合补偿技术和工艺优化上专利布局相对较少。整体而言，京东方与三星在阈值电压补偿技术的专利布局相似，这是因为两者都是以中小尺寸 OLED 面板为主要生产方向，专利布局和研发重点都是围绕中小尺寸面板的内部补偿进行。

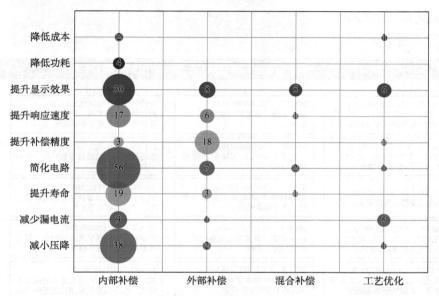

图 3-4-27　京东方 OLED 阈值电压补偿技术专利申请技术功效图

3.4.4.3　京东方公司阈值电压补偿技术路线梳理

通过整理京东方 OLED 显示驱动技术自 2011 年至今的申请，并对其该领域的重点专利申请进行分析，进而根据京东方的 OLED 显示驱动技术的重点专利申请梳理技术发展路线图。图 3-4-28 是用于提升显示质量的京东方 OLED 阈值电压补偿技术发展路线图。

通过梳理京东方自 2011 年至今的发明专利申请，发现该公司专利布局最多的为阈值电压的内部补偿技术，其 2011—2013 年的专利布局主要在如何对驱动晶体管进行阈值电压补偿以改善显示效果，以及在阈值电压补偿的同时解决线路压降、发光元件老化等其他影响显示效果的技术问题。随着触控显示屏的应用，从 2014 年开始，其专利布局开始由常规显示屏的阈值电压补偿转向触控显示屏的阈值电压补偿，主要目的是简化电路、实现触控电路和阈值电压补偿像素电路的集成。在外部补偿方面，京东方申请量相对较少，主要改进方向为提高外部补偿的检测精度。近些年来，尤其是 2017 年以来，随着用户对显示效果的追求越来越高，高刷新率的显示屏应用越来越广泛；高频驱动必然带来功耗的增加，因此为了降低显示功耗在某些场景下需采用低帧频驱动。如何解决高频和低频驱动显示屏中的阈值电压补偿问题是京东方最近几年申请专利的研究重点，这部分研究也主要是以像素电路内部补偿技术为基础进行的。

图 3-4-28 京东方 OLED 阈值电压补偿技术发展路线图

下面从各个重要技术分支对京东方公司自 2011 年至今 OLED 阈值电压补偿技术重点专利进行分析。

1. 内部补偿技术

内部补偿技术早期专利申请主要是在如何实现阈值电压补偿，通过不同的像素电路和显示控制方法进行内部补偿。随着内部补偿技术的发展，其后续专利申请不仅仅涉及驱动晶体管的阈值电压补偿，还同时对信号线压降、漏电等引起的显示不均进行补偿；为了提高分辨率，对像素电路结构、显示控制进行改进，减少像素电路晶体管和控制信号线数量，实现高 PPI。在近些年来，为了提高显示效果，手机等终端显示屏的刷新频率也不断提高，为了提高刷新率，对内部补偿的数据写入时间也有了更高的要求。

（1）内部补偿典型专利。

2011 年，京东方提交了名为"像素电路及其驱动方法、显示面板"的申请，公开号为 CN102654973A。该发明的目的是提供一种补偿驱动晶体管的阈值电压漂移的像素电路。采用一种 5T2C 结构的像素电路，其像素电路中的晶体管均采用 P 型晶体管，可以有效补偿 P 型 TFT 驱动管的阈值电压漂移，改善了流过 OLED 器件电流的均匀性，提高了显示效果。并且在发光阶段，流过 OLED 器件的电流只与数据线电压和电容有关，不受电源线 IR-Drop（电阻压降）的影响。

（2）内部补偿减小压降。

为了解决 IR Drop 引起的显示不均，京东方在 2011 年提交了名为"用于补偿发光不均匀的 OLED 像素结构及驱动方法"的申请，公开号为 CN102651195A（图 3-4-29）。在每一帧图像刷新过程中针对所述像素结构执行如下步骤：在预充电周期，扫描线和第一控制信号（EM）为低电平，第二控制信号（EMD）为高电平，使得第四薄膜晶体管断开，第一、第二、第三以及第五薄膜晶体管导通；在补偿周期，扫描线为低电平，第一控制信号（EM）和第二控制信号（EMD）为高电平，使得第三和第四薄膜晶体管断开，第一、第二和第五薄膜晶体管导通；在发光周期，扫描线为高电平，第一控制信号（EM）和第二控制信号（EMD）为低电平，使得第二和第五薄膜晶体管断开，第一、第三和第四薄膜晶体管导通。通过上述改进的 AMOLED 像素结构以及驱动方法，使发光阶段流过晶体管的电流与阈值电压和 ARVDD 无关，基本消除了阈值电压非均匀以及 IR Drop 的影响，从而改善显示效果和功耗。

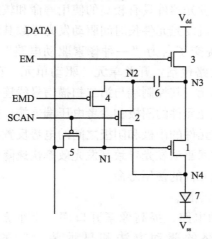

图 3-4-29　CN102651195 A 的驱动电路图

2019 年 9 月 29 日，京东方提交了名为"一种像素电路及驱动方法"的申请，公开号为 CN110556076A。像素电路的驱动方法包括数据输入阶段、补偿阶段、发光阶段；其中，数据输入阶段、对第一扫描信号端加载第一电平的信号，对第二扫描信号端加载第一电平的信号，对第一控制信号端加载第二电平的信号，对发光控制信号端加载第二电平的信号，对第二控制信号端加载第一电位信号；补偿阶段、对第一扫描信号端加载第二电平的信号，对第二扫描信号端加载第二电平的信号，对第一控制信号端加载第二电平的信号，对发光控制信号端加载第二电平的信号，对第二控制信号端加载第二电位信号；发光阶段、对第一扫描信号端加载第二电平的信号，对第二扫描信号端加载第二电平的信号，对第一控制信号端加载第一电平的信号，对发光控制信号端加载第一电平的信号，对第二控制信号端加载第二电位信号。通过简单的时序，即可实现对驱动晶体管的阈值电压和第一电源端的IR-Drop的补偿，并且，可以通过设置第一电位信号和第二电位信号，扩大数据电压的范围。

（3）内部补偿提升寿命。

为了解决前一显示阶段电容上储存的剩余电荷对发光器件显示效果造成的影响，京东方在2012年提交了名为"像素驱动电路、显示装置及像素驱动方法"的申请，公开号为CN102930820A。提供了一种像素电路，第三晶体管在初始化阶段的开启能使得存储在电容上的剩余电荷被释放，在后续的显示阶段就会避免出现存在的剩余电荷影响本帧图像显示效果的问题；由于第一晶体管与电容的配合或者第一晶体管、第四晶体管与电容的配合，使得在数据写入阶段流过发光器件的电流只与数据电压有关，因此防止了晶体管阈值漂移导致的发光器件显示异常的问题；另外，由于第三晶体管在初始化阶段能使发光器件反向偏置，消除了积累电荷，从而使得该发光器件具有较高的使用寿命和较好的发光效率。

为了解决随着对有机发光元件长时间驱动发光导致其发光效率快速降低的问题，京东方在2017年提交了名为"一种像素驱动电路"的申请，公开号为CN107833559A。该驱动电路包括：开关单元、驱动单元、存储电容和电荷消除单元。其中，电荷消除单元，其控制端与第二扫描信号线连接，并分别与所述驱动单元的第一端、有机发光元件的阴极和参考电压端连接，用于在另一行扫描信号线的控制下使有机发光元件的阳极和阴极之间的电势反置。该驱动电路可解决随着对有机发光元件长时间驱动发光导致其发光效率快速降低的问题，提高发光效率，同时提高有机发光元件的使用寿命。

（4）内部补偿简化电路。

为了简化像素驱动电路、提高像素开口率，京东方在2013年提交了名为"像素电路、像素电路的驱动方法和显示装置"的申请，公开号为CN103714778A。提供了一种像素电路，将一行中的每个子像素驱动单元中具有共性的一部分补偿电路进行整合并移至有效显示区以外，使得像素的开口率大大增加。该方案中主要是将初始化晶体管和提供电源电压V_{dd}的电路模块共用。

为了在确保显示面板开口率的情况下将触摸元件集成在有机发光二极管显示面板，京东方在 2014 年提交了名为"像素电路及其驱动方法、显示面板和显示装置"的申请，公开号为 CN104392699A。在触控阶段，像素驱动电路中的存储电容用作触控模块的存储电容，所以在触控模块中至少可以不再设置存储电容，触控模块可以具有相对简单的结构。

（5）内部补偿提升响应速度。

为了提高刷新频率。京东方在 2020 年提交了名为"像素单元驱动电路、驱动方法、显示面板及显示装置"的申请，公开号为 CN112071269A。通过驱动子电路、第一发光控制子电路、第二发光控制子电路、节点控制子电路和数据写入子电路的相互配合，数据写入子电路在当前显示周期的 t2 时间段内将上一个显示周期获取并存储的显示数据信号的电压值信息写入第一节点 N1，在当前显示周期的 t3 时间段内获取本显示周期的显示数据信号的电压值并进行存储，驱动子电路在当前显示周期的时间段 t1 内获取驱动晶体管 T1 的阈值电压信息，在当前显示周期的时间段 t2 内从第一节点 N1 获取上一个显示周期的显示数据信号的电压值信息，在当前显示周期的时间段 t3 内向有机发光二极管 D1 提供驱动电流。通过将获取驱动晶体管阈值电压的过程和获取显示数据信号的电压值的过程分开执行，能够使得驱动晶体管阈值电压的获取不受扫描频率的影响，避免扫描频率提高引起的显示面板亮度不均，提高显示面板的亮度均一性。

为了实现高分辨率和高驱动频率，京东方在 2020 年提交了名为"一种像素驱动电路及其驱动方法、阵列基板、显示装置"的申请，公开号为 CN111063304A。与各像素单元的像素驱动电路连接的第一电压输入端输入的第一电压相同，与各像素单元的像素驱动电路连接的第二电压输入端输入的第二电压相同，与各像素单元的像素驱动电路连接的第四电压输入端输入的第四电压相同，因此，各像素单元的像素驱动电路通过复位模块和补偿模块可以同时进行复位和补偿，可以控制所有像素单元在每帧初始阶段统一复位和补偿，再逐行扫描进行数据写入和发光，这样可以确保充裕的充电时间，消除因刷新率、分辨率提升而引起的充电不足，彻底消除由驱动晶体管阈值电压 V_{th} 的漂移而产生的画面不均问题。

2. 外部补偿技术

外部补偿是通过对发光阶段流过发光元件的电压、电流或者发光元件的亮度进行检测，根据检测结果对数据电压进行补偿，以改善显示效果。常见的外部补偿方法包括电学补偿和光学补偿。京东方在外部补偿的专利申请相对较少，其改进主要涉及提高检测速度、改善检测精度、简化电路等。

（1）外部补偿典型专利。

2013 年，京东方提交的公开号为 CN103489405A 的申请，提供了一种显示补偿方法。该像素电路包括：当处于未补偿状态的显示装置输出全色测试画面时，对所述显示装置输出的全色测试画面中的每一个像素进行亮度测量；根据测量到的所述每一个像素的亮度值得到基准亮度值；根据所述基准亮度值与所述每一个像素的亮度值得到所述每一个像素的补偿系数；根据所述补偿系数分别对输入所述每一个像素的信号进行补偿修正。采用该方法可以有效改善显示装置的显示效果不均一的问题。

2018 年，京东方提交的公开号为 CN108597449A 的申请，提供了一种像素电路的检测方法。像素电路包括驱动晶体管，驱动晶体管包括栅极和第一极，驱动晶体管的第一极与感测线连接。检测方法包括：在参考充电周期，向驱动晶体管的栅极施加参考数据电压，在施加参考数据电压后的第一时长，从感测线获得基准电压；在数据充电周期，向驱动晶体管的栅极施加不同于参考数据电压的检测数据电压，在施加检测数据电压后的第一时长，从感测线获得初始感测电压。至少基于基准电压和初始感测电压获得像素电路的感测电压，并基于感测电压获得驱动晶体管的阈值电压。该像素电路的检测方法可以消除环境噪声对于驱动晶体管的阈值电压检测的不利影响。

（2）外部补偿提高检测速度。

现有技术中外部补偿电路在对阈值电压进行检测时，对驱动晶体管充电的时间较长，影响检测效率。京东方在 2017 年提交了名为"像素电路及其驱动方法、显示装置"的申请，公开号为 CN106782326A。外部补偿电路中检测模块可以通过数据信号对驱动节点进行预充电，该驱动节点与驱动晶体管的第一极相连。因此，当为了检测该驱动晶体管的阈值电压，驱动模块再次对该驱动节点进行充电时，可以使得该驱动晶体管快速达到截止状态时，从而有效减少了驱动晶体管的充电时间，提高了阈值电压的检测效率。

对于高分辨率的显示装置来说，在高频驱动下，消影期的时间较短，在一帧显示画面的消影期内，通常只能对一个像素行中每个像素中的一个子像素进行补偿感测，因此，完成对全屏的补偿感测需要较长的时间。为了适应高分辨率的显示需求，降低补偿感测时间，京东方在 2020 年提交的公开号为 CN110956929A 的申请，提供了一种像素电路及其驱动方法，与同一感测线电连接的两个子像素在不同时间进行补偿感测，相对于现有技术中的一个像素中的 3 个或 4 个子像素共用同一条感测线，实现一次全屏补偿感测的时间大幅缩短，有利于提升高频显示下的显示画面的品质；同时，实现一次全屏补偿感测的时间大幅缩短，能够及时对各子像素进行补偿，从而提高像素驱动电路中元器件的使用寿命；同一像素组中的第一子像素和第二子像素受控于不同的栅极线，能够在对一个子像素进行补偿感测操作时避免另一子像素的影响，提高补偿感测的准确性。

（3）外部补偿提升补偿精度。

为了解决外部补偿电路中感应电路输出电压的准确度，京东方在 2013 年提交了公开号为 CN103247261A 的申请"外部补偿感应电路及其感应方法、显示装置"，提供了一种外部补偿感应电路及其感应方法，外部补偿感应电路包括差分放大器、第一电容、第二电容和第一电容输出电压控制电路；差分放大器被偏置在单位增益状态，第一电容放电；显示屏的电流对第一电容充电或放电，第一电容输出电压控制电路使第一电容的输出电压以基准电源变化；第二电容内存储电压。通过第一电容输出电压控制电路，利用第一电容在初始阶段储存放大器的失调电压，从而在后续电流积分阶段使输出电压与差分放大器失调电压无关，消除不同通道之间由于放大器失调电压引起的输出差异，提高输出电压的精确度。

现有技术中 Sense 走线上采集到信号需要通过很长的走线才能被侦测 IC 最终采集，微弱的信号在过长的走线上传输容易被干扰，使得侦测 IC 上接收到的信号不准确，导致补偿效果不理想。为了解决该技术问题，京东方在 2018 年提交了专利申请 CN108649059A，提供了一种阵列基板及其感应方法，通过在阵列基板上集成与亚像素对应设置的光感检测组件，在需要对亚像素的亮度进行补偿时，光感检测组件中的感光元件检测与其对应设置的亚像素的发光亮度，生成与亚像素的发光亮度对应的电信号，将该电信号发送至信号读取元件。信号读取元件对该电信号进行读取，并将读取后的电压信号传输至读取信号线，由于第一电压端输入的电压信号较大，而光敏二极管释放掉的电流比较小，光感检测组件将较小的电流信号转变为较大的电压信号来传输，在不改变信号读取线长度的基础上，使得信号抗干扰能力增强，提高补偿效果。

（4）外部补偿简化电路。

现有技术中 OLED 外部补偿时，需要额外设置一根感测信号线，用来检测 OLED 的工作电流，从而检测 OLED 的工作状态，进而根据检测结果通过源驱动芯片对 OLED 进行补偿。然而在像素结构中增加与源驱动芯片连接的感测信号线，会导致像素的开口率下降，同时若每个子像素或每个像素都设置一根感测信号线，会占用源驱动芯片的通道，增加了源驱动芯片的制造成本。为了解决该技术问题，京东方在 2016 年提交了专利申请 CN105427798A，提供了一种像素电路。该像素电路中复用模块将感测信号线与数据信号线输入的信号分时输入到对应的驱动模块的第一输入端，在探测阶段完成发光器件的检测，在发光阶段驱动发光器件发光，本发明实施例提供的像素电路一个复用模块对应多个驱动模块，一根感测信号线可以分时向多个驱动模块分别输入信号，简化了像素电路的结构，提高了像素的开口率。同时，驱动模块接收数据信号和感测信号的端口为同一个端口，即可以将数据信号输入通道与感测信号输入通道合并，分时接收复用模块输出的数据信号和感测信号，这样可以进一步简化像素电路的结构，提高像素的开口率。

为了实现高分辨率和高像素密度，京东方在 2020 年提交了名为"显示面板及像素补偿电路"的申请，公开号为 CN111261114A。像素补偿电路包括：像素电路和外部电路，用于通过补偿保持显示画面亮度均匀；外部电路包括第一外部电路和第二外部电路；第一外部电路与像素电路的数据信号端连接，第二外部电路与像素电路的输出端连接。通过像素电路与外部电路的电位变化，补偿驱动晶体管的阈值电压，以及补偿因发光二极管老化导致的亮度变化，并且数据线和传感线共线，减少了集成电路一半的电路数，可实现高分辨率显示，并应用于高像素密度的显示器，有效提高用户体验。

3. 混合补偿技术

2017 年，京东方提交的公开号为 CN107863067A 的申请，提供了一种显示补偿方法，对像素电路进行外部补偿以获取驱动晶体管的阈值电压，包括：通过数据线向驱动晶体管的栅极写入检测数据电压以使驱动晶体管导通，以通过驱动晶体管的源极电源对侦测信号线进行充电；通过获取侦测信号线上的充电电压以获取驱动晶体管的阈值电压。根据驱动晶体管的阈值电压对像素电路进行内部补偿，包括：将画面显示的发光时间划分多个阶段，其中，多个阶段包括内部补偿阶段和数据写入阶段。在内部补偿阶段，通过数据线向驱动晶体管的栅极写入预设参考电压和驱动晶体管的阈值电压以使驱动晶体管导通，以对驱动晶体管的源极电源进行充电；在数据写入阶段，通过数据线向驱动晶体管的栅极写入显示数据电压和驱动晶体管的阈值电压以使驱动晶体管导通，以通过驱动晶体管驱动发光器件发光。

2017 年，京东方提交的公开号为 CN108053793A 的申请，提供了一种显示补偿方法，可以覆盖驱动晶体管较大的特性变化。补偿方法包括以下步骤：在画面显示之前，对每个像素电路进行初始补偿，以获得多个像素电路的平均参考电压；控制显示基板进行画面显示，并在画面显示的一帧时间内，对每个像素电路进行外部补偿，并获取外部补偿时每个像素电路的感应线上的充电电压，以及根据感应线上的充电电压和平均参考电压获取每个像素电路的第一参考电压，并根据第一参考电压对每个像素电路进行内部补偿。由此，不仅可以实现对驱动晶体管的阈值电压补偿，而且可以覆盖驱动晶体管较大的特性变化，对驱动晶体管的特性变化进行实时补偿，并且能够消除外部补偿产生的痕迹等，使得显示效果达到更好。

4. 工艺优化

京东方涉及阈值电压补偿技术工艺优化方面的申请相对较少，其研究方向主要为通过制造工艺的改进提高改善晶体管的阈值电压漂移特性，进而提高显示效果。

2014 年，京东方提交的公开号为 CN104465787A 的申请，提供了一种薄膜晶体管及电路结构，以改善薄膜晶体管的阈值电压的漂移特性。该发明实施例提供了一种薄膜晶体管，包括栅极、半导体层、刻蚀阻挡层以及和所述半导体层连接的源电极和漏电极，所述薄膜晶体管还包括：设置于所述刻蚀阻挡层上的阻挡结构；通过保留源漏金属层中一部分原本需要去除的膜层，形成位于刻蚀阻挡层上的阻挡结构，改善了薄膜晶体管的阈值电压的漂移特性，提高了器件性能，改善了薄膜晶体管的阈值电压的漂移特性。

2017 年，京东方提交了名为"显示基板及其制备方法和显示面板"的申请，公开号为 CN107768412A。为了避免外部环境光在金属膜表面发生发射照向有缘层，进而引起晶体管的阈值电压偏移，提供了一种显示基板。该显示基板包括：衬底基板，衬底基板上形成有薄膜晶体管和发光器件；薄膜晶体管包括：有源层、源极和漏极，有源层与源极、漏极之间形成有层间绝缘层，层间绝缘层上设置有第一过孔和第二过孔，发光器件位于第一过孔内，漏极通过第二过孔与发光器件的阳极连接。与现有技术相比，通过改变薄膜晶体管与发光元件之间的相对位置，将发光元件设置于位于层间绝缘层中的第一过孔内，以使发光元件和薄膜晶体管基本处于衬底基板上的同一高度位置，从而避免了发光元件发出的光照射至薄膜晶体管中的有源层上，进而保证了薄膜晶体管工作稳定性。

3.4.5　华星光电阈值电压补偿技术

3.4.5.1　华星光电 OLED 显示领域发展历程

华星光电是目前国内显示领域龙头企业。在 OLED 领域，华星光电的专利申请数量在本领域位于前列，且绝大多数为发明专利，显示它在该领域的强大研发实力。华星光电在该领域的研究力量主要为深圳市华星光电、武汉市华星光电和 TCL 华星光电。随着 OLED 显示面板的兴起，越来越多的企业涉足该领域，其中华星光电面临的主要竞争对手在国外是三星和乐金，作为老牌显示器厂家，三星和乐金的专利数量和市场占有率均为本领域前列，在国内的主要竞争对手为京东方和天马微电子，京东方的专利数量远超华星光电，因此，华星光电必然要加强研发，增强自身专利实力，同时还要加强在全球范围内的专利布局，拓展国际市场。其主要发展历程如下。

（1）2009—2013 年，华星光电处于 OLED 显示技术研发初期阶段。2009 年，面对中国彩电产业"缺芯少屏"的不利局面，TCL 集团投资 245 亿元，自主建设 TCL 华星项目。2012 年 3 月，TCL 华星自主研制的全球最大 110 寸四倍全高清 3D 液晶显示屏"中华之星"，于 3 月 9 日在北京正式发布，展示了 TCL 华星在"集成创新"的道路上所取得的又一重大创新成果，奠定了依靠自主创新的 TCL 华星在国内平板显示行业的领先地位。

（2）2014—2018 年，2014 年 110″曲面高清液晶显示屏同时荣获吉尼斯世界纪录最大曲面液晶电视显示屏称号，2015 年 32″超薄一体机荣获 CITE2015 创新产品与应用金奖，2016 年荣获 2016 年度广东省科技奖一等奖，2017 年美国专利授权榜华星光电排第 45 名，连续 3 年位居中国（不包含台湾省数据）企业前三。

（3）2019—2020 年，经过数年的积累，作为全球半导体显示龙头之一，TCL 华星以中国的深圳、武汉、惠州、苏州、广州及印度为基地，拥有 8 条面板生产线、4 座模组厂，投资金额超 2 400 亿元。2020 年，TCL 华星 TV 面板出货面积全球第二，55 吋电视面板市占率全球第一，65 吋电视面板市占率居全球第二位；小尺寸 LTPS 手机面板出货量全球前三，交互白板出货量第四季度全球第一；电竞显示面板出货量全球第四、AMOLED 柔性面板出货量全球第四。截至 2020 年年底，TCL 华星累计专利申请数 47 720 件，累计全球专利授权数 15 362 件，其中发明专利超 99.3%，自主专利已广泛覆盖美国、欧洲、日本、韩国等国家和地区。2020 年，美国专利授权数 5 379 件，首次跻身全球前五十，连续六年位居中国（不包含台湾省数据）企业前三；PCT 专利公开总量 2 192 件，中国企业排名前三。

3.4.5.2 申请态势分析

1. 申请趋势分析

图 3-4-30 为华星光电 OLED 阈值电压补偿技术专利申请量趋势。从图 3-4-30 可以看出，2012 年以前，华星光电公司在 OLED 显示技术上没有申请，相较于三星 LG 等公司来说起步较晚，从 2012 年开始在 OLED 显示驱动技术相关的专利申请量逐年缓慢递增，OLED 相关技术逐渐起步，并慢慢积累。2014—2017 年，OLED 相关技术发展迅猛，在 2017 年达到了一个巅峰，而此时 OLED 技术在全球显示市场已经开始爆发，华星光电公司虽然起步较晚，但还是赶上了 OLED 技术发展的列车。2017—2020 年，华星光电公司在 OLED 显示驱动相关技术第一波技术创新完成，进入了一个稳定发展时期，其间 OLED 显示驱动相关专利申请量总体相对平稳。2021 年开始，随着 OLED 全面屏、柔性显示、低功耗等新技术的应用，以及新的材料出现和新的工艺革新，华星光电公司后来居上，在工艺优化上投入大量研发，2021 年华星光电公司在 OLED 显示驱动技术领域的专利申请量又呈现爆发式增长趋势，进入了第二个高速发展时期，在这一阶段，从材料和工艺上对阈值电压进行优化所占比重越来越大。

2. 国家/地区分布分析

图 3-4-31 为华星光电 OLED 阈值电压补偿技术全球专利申请量目标国分布。中国的申请量居第一位，主要是因为华星光电为一家中国公司，其主要的研发机构和市场在中国。美国的申请量处于第二的位置，作为传统科技大国，美国在显示面板领域具有重要地位，并且具有广阔的市场。另外，华星光电在世界知识产权组织也进行了大量 PCT 申请，可见华星光电对国际布局也逐渐重视。

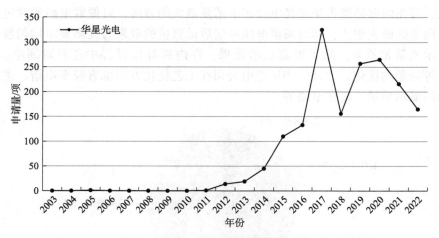

图 3-4-30　华星光电 OLED 阈值电压补偿技术专利申请量趋势

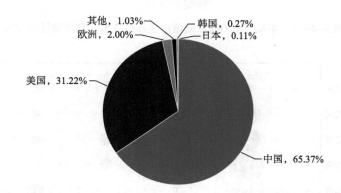

图 3-4-31　华星光电 OLED 阈值电压补偿技术全球专利申请量目标国分布

3. 技术主题分析

在华星光电申请的 OLED 阈值电压补偿技术专利中，涉及内部补偿、外部补偿、制作工艺、混合补偿等四个方面。如图 3-4-32 所示，内部补偿的申请量为总申请量的 50%，外部补偿的申请量占总申请量的 22%，制作工艺相关申请占比 20%，混合补偿相关申请占比 8%。可见，华星光电主要在内部补偿技术上进行投入研发和进行专利申请。值得重点关注的是，相对于同行业，华星光电在制作工艺上的专利申请量占比较高。可见，华星光电虽然起步晚，但是其有自己的技术发展路线，在初期的学习和追赶之后，走出自己的特色，在后期将工艺优化作为自己的研发重点，着重致力于新工艺在阈值电压补偿技术中的应用研发。

图 3-4-33 展示出了华星光电 OLED 阈值电压补偿技术专利申请的技术功效。从图中可以看出，华星光电在阈值电压补偿技术中，提高显示效果的专利文献量

最大，首先内部补偿为华星光电公司申请量最大的方向，对像素电路的改进为其一直以来的研发重点，而对阈值电压补偿后最直接的效果为提高显示均匀性，提高显示质量和效果。除了提高显示效果，在内部补偿过程中还有对漏电、IR-drop 等问题的优化。此外，华星光电公司在工艺优化方面也有较多申请，主要用于提高显示质量、简化电路等。

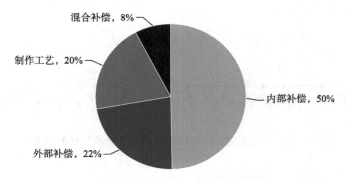

图 3-4-32　华星光电 OLED 阈值电压补偿技术专利申请技术分布

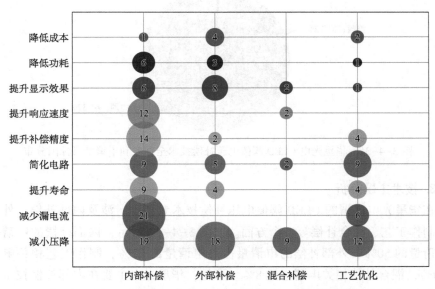

图 3-4-33　华星光电 OLED 阈值电压补偿技术专利申请的技术功效

3.4.5.3　华星光电的 OLED 阈值电压补偿技术路线梳理

通过整理华星光电阈值电压补偿技术自 2012 年至今的申请，并对其该领域的重点专利申请进行分析，进而根据华星光电的阈值电压补偿技术的重点专利申请梳理技术发展路线图。图 3-4-34 是华星光电 OLED 阈值电压补偿技术发展路线。

图 3-4-34　华星光电 OLED 阈值电压补偿技术发展路线

通过梳理华星光电 2012 年至今的发明专利申请，发现该公司在阈值电压补偿方向的主要技术分支为内部补偿、外部补偿和混合补偿，其中内部补偿主要手段为电学补偿。2013 年以前，华星光电 OLED 阈值电压补偿技术主要处在一个探索发展的萌芽阶段，还未形成初步的阈值电压补偿技术规模。2013—2017 年，阈值电压补偿相关技术发展迅猛，这些年的内部补偿像素电路主要为 4T-6T 结构。2018 年，华星光电公司在阈值电压相关技术上已经相对完善，进入了一个稳定发展时期，这一阶段其像素电路结构也逐渐稳定，以 7T1C 和 7T2C 电路结构为主，将像素电路与驱动方法结合，在像素电路中通过改变、增加控制信号和器件的方法综合对阈值电压进行补偿；2019 年之后，在内部补偿和外部补偿的基础上，华星光电在外部补偿技术分支上保持研发力度，在多晶体管像素电路补偿阈值电压技术上持续发力，在 4T-8T 电路上有较多申请量，而在混合补偿和软件补偿方面相对之前申请量有显著上升，特别需要注意的是，在通过内部和外部补偿的电路改进和方法改进之外，华星光电在工艺结构方面加大研发力度，从新材料的应用、电路结构的改进上进一步解决阈值电压漂移相关问题。

以下是对华星光电2012年至今重点阈值电压补偿技术专利申请方面的分析。

1. 内部补偿技术

内部补偿为利用改变电路连接方式并配合各控制信号驱动时序实现驱动晶体管阈值电压补偿的一种补偿方式，其具有不依赖外部算法或电路、运行稳定等特点。华星光电所申请重点专利中有超过50%为内部补偿方案，从其解决的技术问题上来区分，主要是补偿阈值电压提高显示效果、解决驱动晶体管栅极漏电问题、解决电源线压降问题和发光体老化问题，同时随着解决问题的不同，可能导致像素电路器件比较复杂，在此基础上简化电路成为内部补偿中重要的目标。

（1）提高显示效果。

针对现有技术中补偿阈值电压需要数据信号产生多个不同电位信号的问题，华星光电在2014年提交了名为"有机发光二极管的驱动电路"的申请，公开号为CN103700347A（图3-4-35）。其在现有的3T1C驱动电路基础上新增加一个第四薄膜晶体管，不仅消除了阈值电压的影响，改善了有机发光二极管电流的一致性和稳定性，提高了有机发光二极管的显示品质，而且使数据信号只在两段电位不同的信号之间切换，有效解决了现有的驱动电路中数据信号在一个周期内需在三段电位不同的信号之间切换而三段电位不同的信号难以实现的问题。

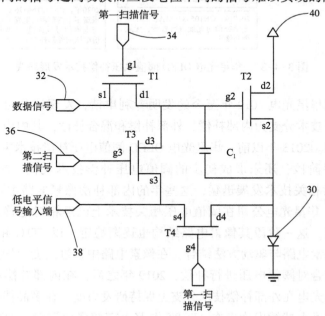

图3-4-35　CN103700347A的驱动电路图

　　针对发光不稳定不均匀的问题，华星光电在 2015 年提交了名为 "AMOLED 像素驱动电路及像素驱动方法" 的申请，公开号为 CN104575386A（图 3-4-36），采用 6T2C 结构的驱动电路对每一像素中驱动晶体管的阈值电压及有机发光二极管的阈值电压进行补偿，且补偿阶段的时间可以调整，不影响有机发光二极管的发光时间，能够有效补偿驱动薄膜晶体管及有机发光二极管的阈值电压变化，使 AMOLED 的显示亮度较均匀，提升显示品质。

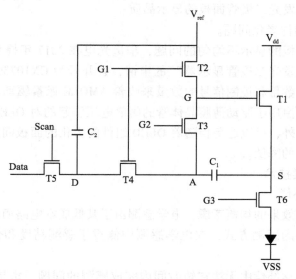

图 3-4-36　CN104575386A 的显示驱动电路图

　　（2）解决漏电问题。

　　为了实现更加精确的补偿驱动晶体管阈值电压，进一步提高显示质量，华星光电在 2019 年提交了名为 "像素驱动电路及显示装置" 的申请，公开号为 CN111312170A。使用 7T1C 电路，包括驱动模块、电压写入模块、电性恢复模块、复位模块与发光模块。电压写入模块用于给驱动模块写入补偿电压；复位模块用于在像素驱动电路的复位阶段，向驱动模块提供预设电压，并向发光模块提供复位电压；驱动模块用于根据预设电压控制发光模块发光。该发明实施例中该电压写入模块可以给驱动模块写入补偿电压，防止驱动模块的阈值电压漂移，同时该像素驱动电路在复位阶段，驱动模块电位复位至预设电压，源极复位到复位电压值，且预设电压值与复位电压不相等，并均为非正值，能够减少在复位阶段由于漏电引起的驱动模块中的薄膜晶体管栅极电位漂移，提高显示画面画质。

　　（3）简化电路。

　　2013 年，华星光电提交的公开号为 CN103745685A 的申请 "有源矩阵式有机发光二极管面板驱动电路及驱动方法"，通过在 2T1C 驱动电路基础上设置时序控制电路和可编程伽马校正缓冲电路控制栅极驱动器和源极驱动器，实现源极驱动器直接放电功能，节省了开发新的能实现放电功能的源极驱动器的成本。同时，以脉冲宽度调制方式作为有源矩阵式有机发光二极管面板驱动电路的驱动方式并将一个完整的数据帧分为八个时间相同的子数据帧，可达到 255 灰阶，且不影响有源矩阵式有机发光二极管面板的阈值电压 V_{th}，进而不改变有源矩阵式有机发光二极管面板的电流，提高有源矩阵式有机发光二极管面板的一致性，提升有源矩阵式有机发光二极管面板的显示品质。

（4）发光器件老化问题。

为了防止面板的显示不均匀的问题，华星光电在 2017 年提交了名为"像素驱动电路及有机发光二极管显示器"的申请，公开号为 CN107393479A。通过增加薄膜晶体管的数量和控制信号的数量来改善 AMOLE 像素驱动电路，以补偿阈值电压，消除了由用于驱动薄膜晶体管的阈值电压引起的对 OLED 的影响，改善了显示不均。另外，可以避免伴随着 OLED 组件的劣化的面板问题，如照明度的降低或照明效率的降低。

2. 外部补偿技术

（1）电学补偿。

基于成本和效果的均衡考虑，电学感测由于其低成本电路简单等优点，成为外部补偿中主要的感测方式，在电学感测中侧重于感测精度和侦测时间优化两方面。

为了克服电学补偿中无法在短时间内完成感测的问题，华星光电在 2015 年提交了名为"采用外部补偿的 AMOLED 驱动电路架构"的申请，公开号为 CN105243996A。设置了独立的侦测扫描驱动模块与栅极扫描驱动模块，并对应每一行像素单元电路设置数据选择器。在一帧画面的正常显示期间，所述栅极扫描驱动模块通过所有数据选择器向每一行像素单元电路内开关薄膜晶体管的栅极输出正常的扫描驱动信号；在该帧画面的插黑时间，通过侦测扫描驱动模块，其中一个数据选择器分别向对应行像素单元电路内开关薄膜晶体管、侦测薄膜晶体管的栅极输出相应的侦测扫描驱动信号，能够在 AMOLED 面板的显示时间内，同时逐行进行 TFT 或有机发光二极管的侦测与补偿，而不影响画面的品质。

为了能够准确获取 OLED 显示器件中每个像素的驱动薄膜晶体管的阈值电压，华星光电在 2016 年提交了名为"OLED 驱动薄膜晶体管的阈值电压侦测方法"的申请，公开号为 CN106782320A。通过设置数据信号提供两不同的数据电压，使得驱动薄膜晶体管形成两不同的栅源极电压，再通过外部的侦测处理电路分别侦测在该两不同的栅源极电压下流过驱动薄膜晶体管的电流，中央处理器通过两栅源极电压、两电流数据以及以驱动薄膜晶体管电流公式为基础的计算公式计算得出 OLED 驱动薄膜晶体管的阈值电压，能够准确获取 OLED 显示器件中每

个像素的驱动薄膜晶体管的阈值电压，改善 OLED 驱动薄膜晶体管的阈值电压补偿效果，提升 OLED 显示品质

（2）光学补偿。

为了在阈值电压补偿的同时增大开口率，华星光电在 2017 年提交了名为"一种显示模块驱动装置及方法"的申请，公开号为 CN106531081A。通过驱动每一子像素的有机发光二极管工作能使其达到目标亮度；通过对每一有机发光二极管的亮度进行实时监测，能在有机发光二极管达到目标亮度时使其维持在当前的目标亮度，如此可使各个有机发光二极管都达到目标亮度，保证了显示画面亮度的均匀性。同时，通过直接对有机发光二极管的亮度进行监测并控制，避免了复杂的补偿电路，无须做伽马修正，简化了电路结构。

3. 混合补偿技术

混合补偿结合了内部补偿运行速度快与外部补偿补偿范围大的特点，具有更好的补偿效果。

为了克服内部补偿无法保证衰退前后电流一致的问题，华星光电在 2016 年提交了名为"OLED 像素混合补偿电路及混合补偿方法"的申请，公开号为 CN 106504707A。采用的技术方案为使用 5T2C 结构且驱动薄膜晶体管为双栅极薄膜晶体管的像素内部驱动电路来补偿阈值电压漂移，使用外部补偿电路来补偿有机发光二极管由于老化衰退而引发的亮度不均匀，结合了内部补偿运行速度快与外部补偿补偿范围大的特点，具有更好的补偿效果，能够简化数据信号，保证通过 OLED 电流的稳定性，实现面板的发光亮度均匀。

为了解决阈值电压补偿过程中补偿过程复杂、运行速度慢的问题，华星光电在 2019 年提交了名为"OLED 显示面板及其驱动方法"的申请，公开号为 CN 110033733A。外部补偿单元对每个像素单元电路进行外部补偿，获取每个像素单元电路的驱动薄膜晶体管的初始阈值电压，并将初始阈值电压与一预设的初始电位进行叠加后输入至每个像素单元电路中。所述像素单元电路根据叠加后的初始阈值电压和预设的初始电位进行内部补偿；即该发明将外部补偿与内部补偿相结合，外部补偿能补偿 OLED 显示面板中由于制程导致的每个驱动薄膜晶体管初始阈值电压不均匀性以及由于外界应力造成的驱动薄膜晶体管永久的实际阈值电压漂移，而内部补偿能够即时补偿 OLED 显示面板在点亮过程中发生的相对较小的实际阈值电压漂移。该申请将外部补偿与内部补偿相结合，外部补偿能补偿 OLED 显示面板中由于制程导致的每个驱动薄膜晶体管初始阈值电压不均匀性以及由于外界应力造成的驱动薄膜晶体管永久的实际阈值电压漂移，而内部补偿能够即时补偿 OLED 显示面板在点亮过程中发生的相对较小的实际阈值电压漂移。

4. 工艺优化

在近些年，华星光电在面板制作工艺上进行了较多的改进，通过使用新材

料、设计新结构等方式，主要用于实现减少漏电、减少线路压降、提高面板强度和提高显示效果等。

（1）提高显示效果。

为了消除光照对 TFT 性能的影响，华星光电在 2019 年提交了名为"OLED 显示面板和电子设备"的申请，公开号为 CN110047904A。在 OLED 显示面板的发光层中设置了光阻层。所述光阻层位于所述发光材料和阳极之间，能够有效地吸收所述发光材料发出并射入所述发光结构下方的薄膜晶体管层中的光线，从而有效地避免了发出的光线对薄膜晶体管中的非晶硅的负面影响，避免了阈值电压漂移。

为了增加显示均匀性，华星光电在 2019 年提交了名为"一种 TFT 阵列基板及其制备方法、显示面板"的申请，公开号为 CN110993618A。通过对所述多晶硅层进行离子掺杂，其内掺杂的离子包括 Ar^+、B^+、PH^{x+} 中的至少一种，且离子掺杂的浓度在基板至所述栅极层的堆叠方向上呈高斯分布。高斯分布的峰值可以设置于多晶硅层内，也可以设置于缓冲层和多晶硅层的接触面及缓冲层内，以此保持 V_{th} 稳定，改善画面均一性，提高显示面板温度场中的工作稳定性。

（2）解决漏电问题。

当采用双栅极设计以提高 TFT 器件通过电流时，普通双栅极设计需要考虑底部栅极及其绝缘层对 TFT 器件的影响，因此工艺窗口较小；另外，双栅设计也会影响 TFT 沟道电阻分布特性，影响输出特性曲线形貌。华星光电在 2020 年提交了名为"一种阵列基板及其制备方法"的申请，公开号为 CN112289854A。通过设计底部栅极相对顶部栅极进行水平方向的偏差，及底部栅极宽度相对顶部栅极的变化，使得阵列基板中通过沟道区的电流增强，从而减小阈值电压漂移以及饱和电流波动。

（3）解决电源线压降问题。

为了降低电源电压信号线上存在压降，华星光电在 2019 年提交了名为"阵列基板和显示面板"的申请，公开号为 CN111129093A。第一电源电压线与所述第二电源电压线通过第一过孔连接，所述第一电源电压线与所述第二电源电压线至少存在两处连接；通过在阵列基板的第二金属层上形成第一电源电压线，并在层间绝缘层上形成第一过孔，使得第二金属层上的第一电源电压线和源漏极层的第二电源电压线通过第一过孔连接，且第一电源电压线与第二电源电压线至少存在两处连接，保证了第一电源电压线与第二电源电压线并联，从而减小电源电压线的阻抗，缓解了电源电压线上出现压降的问题，且无须增加膜层，不影响显示面板的厚度，缓解了现有显示面板存在电源电压信号线上存在压降，导致显示面板亮度不均的技术问题。

为了减小 IR 压降，华星光电在 2019 年提交了名为"一种显示面板及其制作方法、显示装置"的申请，公开号为 CN110854157A。通过将像素驱动电路中的电源线设计为双层结构，能够减小电源线的阻抗，进而减小电源线的欧姆压降，提高显示面板的显示均一性。

（4）提高面板强度。

为了解决阈值电压补偿电路导致降低显示器的柔韧性的问题，华星光电在 2019 年提交了名为"TFT 阵列基板及 OLED 面板"的申请，公开号为 CN 110610947A。利用氧化物半导体层形成的 TFT 具有极小的漏电流，将氧化物半导体层作为开关薄膜晶体管可以有效降低开关薄膜晶体管的漏电流，进而提升 OLED 面板的显示画质。此外，氧化物半导体层（如 IGZO）具有优越的柔韧性，可以应用于柔性显示的领域。该发明可以减少漏电流，在维持显示画质的条件下维持 OLED 面板的可弯折特性。

现有技术的折叠显示面板的 7T1C 电路结构中，一般都应用无机层作为各器件的绝缘层，这在弯折的时候很容易断裂，不易进行弯折操作。华星光电在 2020 年提交了名为"像素结构及折叠显示面板"的申请，公开号为 CN111403456A。通过新的像素布局，将第一薄膜晶体管与第二薄膜晶体管的四周的无机绝缘层全部挖除，填充有机材料并覆盖在第三金属层上，进而可以减小面板在折叠时候的应力。

根据对华星光电公司近年来在阈值电压补偿方面的重点专利情况分析，其早期重点在于内部补偿技术，而近些年内部补偿技术已经逐渐成熟，外部补偿中主要使用电学补偿的方式。在外部补偿技术上，华星光电公司起步较晚，不如乐金等国外公司积累深厚。华星光电公司在显示控制方法和工艺优化上加大了研发投入，特别是在工艺优化方面，近几年申请量较多，涉及面广，结合新材料新结构，在减少漏电、减少线压降、简化电路、降低成本提升显示效果方面均有较大成果。

华星光电公司可在控制方法和工艺优化方面继续深耕，依靠自身优势在新工艺新赛道与同类公司进行竞争，后期还可加大对新材料的使用，如使用 LTPO 技术等。

3.4.6　乐金阈值电压补偿技术

3.4.6.1　乐金 OLED 显示领域发展历程

韩国乐金是目前全球 OLED 面板出货量第二大的企业，市场份额在 10% 左右。在 OLED 领域，乐金的专利申请数量较多，且全部为发明专利，显示它在该领域的强大研发实力。乐金在该领域的研究力量主要为乐金显示有限公司、乐金显示科技股份有限公司和乐金电子株式会社。其主要发展历程如下。

（1）2001—2010 年。乐金于 20 世纪 90 年代初期进入中国市场，于 2002 年年底在北京成立了韩国本土以外最大的研发中心，研发成果应用于全球市场。

2010 年 4 月 15 日，乐金公布了代表最新技术与应用潮流的全线 LED 液晶显示器：W86、E50、E40 系列产品。在此期间，在显示技术上乐金还处于研发阶段，在阈值电压补偿技术上专利申请量较少。

（2）2011—2017 年。自 2011 年开始，乐金在阈值电压补偿技术上开始持续发力，专利申请量逐年递增，到 2017 年达到年申请量 138 件，涵盖多个技术路线。

（3）2018 年至今。经过前几年研发准备，乐金在阈值电压补偿技术上逐渐成熟，技术研发进入瓶颈期，转入技术的应用，在今年来新兴的柔性屏、异形屏中大量应用阈值电压补偿技术，结合屏幕特点进行阈值电压补偿，并在晶体管材料上逐步改进。

3.4.6.2　申请态势分析

1. 申请趋势分析

图 3-4-37 为乐金的 OLED 阈值电压补偿技术专利申请量趋势图。由图 3-4-37 可以看出，2011 年以前，乐金 OLED 显示技术主要处在一个探索发展的萌芽阶段，其在 OLED 显示驱动技术相关的专利申请量逐年缓慢递增，OLED 相关技术尚不成熟，还未形成初步的 OLED 显示技术产业链。2012—2017 年，OLED 相关技术发展迅猛，在 2017 年达到了一个巅峰，OLED 技术在某些领域已经日渐成熟，在工业上形成了一定规模的产业链。2018—2020 年，乐金在 OLED 显示驱动相关技术已经相对完善，进入了一个稳定发展时期，其间 OLED 显示驱动相关专利申请量在 2017 年到达顶点之后，申请量逐渐降低。2021 年以后，随着 OLED 全面屏、柔性显示、低功耗等新技术的应用，乐金在 OLED 显示驱动技术领域的专利申请量又呈现一定的增长趋势，进入了第二个高速发展时期，在这一阶段，已经发展成熟的 OLED 显示驱动技术随着新技术的应用，进一步促进了 OLED 阈值电压补偿技术的发展。

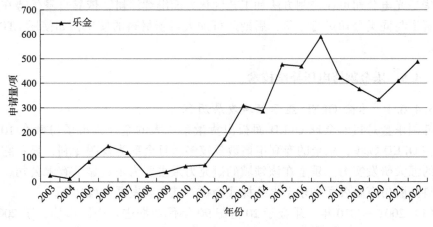

图 3-4-37　乐金 OLED 阈值电压补偿技术专利申请量趋势

2. 国家/地区分布分析

通过图 3-4-38 可以看出各个地区的申请量情况。美国的申请量居第一位，韩国申请量位于第二位，中国的申请量低于美国位于第三位，中国、韩国和美国作为世界上最大的显示器消费市场，同时也拥有着乐金等众多的竞争对手。乐金在中美两国进行了大量的布局，一方面可以对自己的产品进行更全面的保护，另一方面也可以通过专利布局给竞争对手制造障碍，获得优势。在中国、韩国和美国之外，申请量较多的为欧洲专利局，欧洲具有数量众多的发达国家，其技术和市场均比较成熟，乐金在欧洲专利局也进行了适量申请。从乐金在全球的申请分布可以看出，乐金的布局策略以市场为主导，着重保护自己在目标国家和地区的产品。

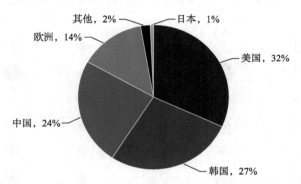

图 3-4-38　乐金 OLED 阈值电压补偿技术全球专利申请量目标国分布

3. 技术主题分析

在乐金申请的 OLED 阈值电压补偿技术专利中，涉及内部补偿、外部补偿、制作工艺、混合补偿四个方面。如图 3-4-39 所示，外部补偿的申请量为总申请量的 46%，内部补偿的申请量占总申请量的 27%，制作工艺相关申请占比 15%，混合补偿相关申请占比 12%，乐金主要在外部补偿技术上进行投入研发和进行专利申请。可见，乐金的专利布局与其大尺寸 OLED 面板驱动技术研发方向密切相关，并在大尺寸 OLED 面板上持续投入研发，走出一条有自己特色的研发路径。

图 3-4-40 展示出了乐金 OLED 阈值电压补偿技术专利申请的技术功效。从气泡图上可以看出，乐金重点专利中内部补偿布局较少，而在外部补偿上进行了较多的投入，其原因为乐金着重于大尺寸 OLED 技术，在大尺寸屏幕上使用外部补偿技术对阈值电压进行补偿更有优势。在外部补偿中重点解决两个问题，其一为提高检测精度，其二为提高检测时效性，减少检测所需时间。此外，在外部补偿的基础上，乐金在混合补偿上也有较多布局，将内部补偿和外部补偿同时应用于阈值电压补偿，集合内部补偿和外部补偿的优势，达到更好的补偿效果并同时

解决内外补偿常见的问题；乐金在工艺优化上的专利布局相对较少。

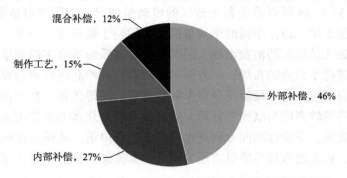

图 3-4-39　乐金 OLED 阈值电压补偿技术专利申请技术分布

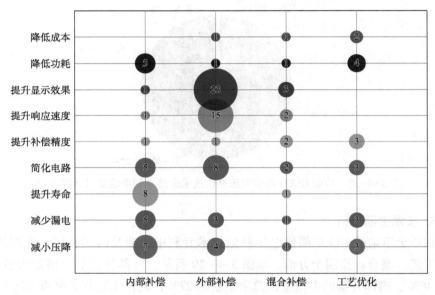

图 3-4-40　乐金 OLED 阈值电压补偿技术专利申请的技术功效

3.4.6.3　乐金 OLED 阈值电压补偿技术路线梳理

通过整理乐金 OLED 阈值电压补偿技术的专利申请，并对其该领域的重点专利申请进行分析，梳理出乐金 OLED 阈值电压补偿技术的技术发展路线图。图 3-4-41 是乐金 OLED 阈值电压补偿技术的发展路线。

通过梳理乐金 2001 年至今的发明专利申请，发现该公司在阈值电压补偿问题整体研发重点包括两方面：第一，针对大屏的外部补偿技术，寻找更精确更快成本更低的外部补偿方案；第二，研究将内部补偿和外部补偿等阈值电压补偿技术应用到柔性屏、异形屏上来。该公司的 OLED 阈值电压补偿技术涉及多方面改进，可划分为外部电学补偿、外部光学补偿、内部补偿、混合补偿以及使用氧化物材料制作晶体管和结构调整降低阈值电压漂移。

图 3-4-41　乐金 OLED 阈值电压补偿技术整体发展路线

　　以下是对乐金自 2001 年至今重点 OLED 阈值电压补偿技术专利申请进行的分析。

　　1. 内部补偿

　　乐金的特点是其产品中大屏产品占据多数,因此其专利申请较多为解决大屏上常见的问题。例如,由于屏幕面积增大导致电源线较长,线阻抗增大导致 IR 压降问题。

　　(1) 解决电路老化问题。

　　针对驱动晶体管在劣化后位于线性区发光的问题,乐金在 2010 年提交的公开号为 CN102254510A 的申请 "有源矩阵有机发光二极管显示器的电压补偿型像素电路"(图 3-4-42),采用 6T1C 的像素电路结构,第一和第二程序晶体管以及驱动晶体管可导通,并且发光元件用作电容器,以便在第三节点中检测驱动晶体管的阈值电压,并且储能电容器存储对应于其中阈值电压被补偿的数据电压的电压。在发光周期期间，合并晶体管可导通，以便驱动晶体管响应在储能电容器中存储的电压，控制流入发光元件的电流，以补偿正阈值电压和负阈值电压，并能使驱动晶体管总是在饱和区中操作。

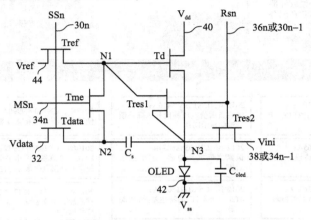

图 3-4-42　CN102254510A 的驱动电路图

（2）解决电源线压降问题。

为了解决负阈值电压的偏移和由于 IR 压降导致的低电平电源电压的偏移问题，乐金在 2012 年提交的公开号为 CN103578410A 的申请"有机发光二极管显示装置及其驱动方法"（图 3-4-43），采用 6T2C 的像素电路结构，在补偿阶段由所述第一电容器存储所述驱动晶体管的阈值电压。

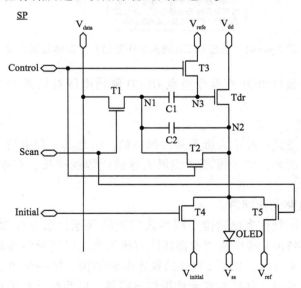

图 3-4-43　CN103578410A 的驱动电路图

为进一步减小电源线压降，提升显示质量，乐金在 2012 年提交了名为"有机发光二极管显示装置及其驱动方法"的申请，公开号为 CN103915061A（图3-4-44），采用 4T2C 像素驱动电路，通过补偿驱动薄膜晶体管（TFT）的特性差异和补偿高电平电压（VDD）的压降来减小像素之间的亮度偏差，从而实现增强图像质量。

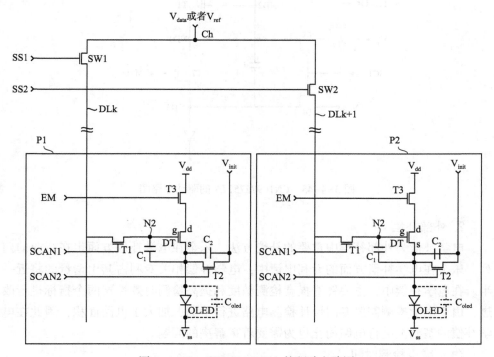

图 3-4-44　CN103915061A 的驱动电路图

（3）简化电路。

全面屏在近年来逐渐成为主流，各个厂家为了实现更窄的边框，均采用了不同的方式简化电路，减小电路占用面积，提高开口率。导致电路占用面积大的因素主要有信号线较多，像素电路复杂、重复电路多等。

为了进一步降低内部补偿时的像素尺寸，乐金在 2012 年提交了名为"发光二极管显示装置"的申请，公开号为 CN103886834A。通过像素之间共用存储电容器，减小了像素尺寸。

为了降低像素电路复杂度，减小显示装置边框，乐金在 2017 年提交了名为"有机发光显示装置及其驱动方法"的申请，公开号为 CN109727577A（图 3-4-45），采用 7T1C 的电路结构，减少了驱动控制信号的数目，能够减轻选通驱动单元的复杂度，能够防止其中选通驱动单元内置于显示面板中的结构中的显示面板的边框宽度由于选通驱动单元而增大。

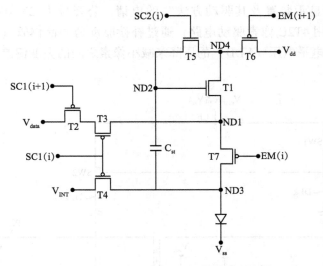

图 3-4-45　CN109727577A 的驱动电路图

2. 外部补偿

电学补偿为外部补偿中重要的补偿方法，乐金在电学补偿方面走在行业的前列。乐金在电学补偿方面的专利申请中，电学补偿相关专利占其申请量的将近一半。在电学补偿中，主要针对提高检测精度和提高检测时效性这两个指标进行改进，由于电学检测需要专门设计检测电路进行检测，加大了电路面积，因此在电学补偿的基础上进行电路简化也为需要着重解决的问题。

（1）减少检测时间。

为了缩短外部感测方案中的感测时间，乐金在 2017 年提交了名为"有机发光显示器和感测其劣化的方法"的申请，公开号为 CN109308879A。按照行顺序方式将至少一些显示行的感测驱动序列交叠地移位，逐行交叠驱动，使得能够缩短感测所需的时间。

（2）提高检测精度。

为了克服混合补偿过程中因为 RC 延迟导致的迁移率补偿不准的问题，乐金在 2013 年提交了名为"有机发光显示器"的申请，公开号为 CN104732918A。对驱动 TFT 的迁移率的变化进行补偿的感测时段中，第一选通信号被保持在接通电平并且第二选通信号被保持在关断电平，并且第一选通信号和第二选通信号在感测时段之后的发光时段中被保持在关断电平，并且其中，指示从接通电平变化到关断电平所要求的时间段的第一选通信号的第一下降时间和第二选通信号的第二下降时间被分别设置为长于预定参考值，当以混合补偿方式补偿驱动 TFT 的迁移率的差时，依赖于显示位置或显示灰阶的感测时段的差减小，从而改进了补偿驱动 TFT 的迁移率和显示面板的亮度均匀性的性能。

为了解决在外部电学补偿中使用的电流积分器因为噪声导致感测精度降低的问题，乐金在 2018 年提交了名为"电流感测装置以及包括电流感测装置的有机发光显示装置"的申请，公开号为 CN110969990A。通过将电流传送单元连接在感测线与电流积分器之间，以减小起着电流积分器放大比例作用的寄生电容分量，即使感测低电流，也能够通过电流传送单元中的镜像处理使得放大后的吸收电流从电流积分器输出，从而能够在电流积分器中设计具有大电容的反馈电容器，解决在感测低电流时最有问题的噪声问题。

（3）简化电路。

为了克服多个电流感测电路增加电路规模和难以感测和补偿由于驱动的劣化而引起的特性偏差的问题，乐金在 2012 年提交了名为"用于感测像素电流的有机发光二极管显示装置及其像素电流感测方法"的申请，公开号为 CN 103578411A。显示面板包括共享参考线的 2N（N 是自然数）像素，通过该参考线提供参考信号并且分别连接到通过其施加数据信号的 2N 条数据线，以及数据驱动器用于通过数据线以时分方式驱动共享参考线的 2N 像素，在感测模式下感测时分驱动的 2N 像素的电流作为通过共享参考线的电压并输出感测的电流，通过在驱动 OLED 显示装置的显示模式和感测电流之间插入感测模式，该发明不仅可以感测和补偿驱动 TFT 之间的初始特性偏差，还可以感测和补偿由于驱动 TFT 的劣化引起的特性偏差，有效地减小了电路规模。

（4）提高检测时效。

为了防止亮度均匀性因对高灰度级的不利影响而劣化，乐金在 2017 年提交了名为"亮度补偿系统及其亮度补偿方法"的申请，公开号为 CN109427300A。亮度补偿方法包括：计量亮度，在将建模电压模式应用至显示面板的多个位置的状态下，测量多个位置处的亮度并获得多个位置中的每个位置的多个测量值；第一建模，针对多个位置中的每个位置对多个测量值进行建模并且基于整个灰度级的补偿参数导出第一亮度特性近似式；以及第二建模，在属于低灰度级区间的低灰度级采样电压处根据第一亮度特性近似式获得测量值和亮度值之间的亮度误差，在通过将亮度误差乘以低灰度级校正增益计算出偏移校正参数之后，将偏移校正参数应用至第一亮度特性近似式并导出其中低灰度级偏移被校正的第二亮度特性近似式。可以在没有另外拍摄的情况下，使用建模结果和实际的低灰度级的亮度偏差来极大提高低灰度级区间中的亮度均匀性。

（5）提高显示效果。

2004 年，乐金提交了名为"有机发光二极管显示器件"的申请，公开号为 CN 1758310A。通过输出对应于像素阵列单元亮度的偏压来控制在 D/A 转换器和采样/保持单元之间的第二电流，通过接收第一偏压向 D/A 转换器输出第二偏压来控制 D/A 转换器和采样/保持单元之间的第二电流的电压控制器，其中所述第二偏压的损失电压已根据设置在 D/A 转换器的晶体管的特性进行了补偿，提高了图像质量。

3. 混合补偿

为解决由于感测线上 RC 延迟根据显示位置的不同而不同，导致感测结果也根据显示位置而不同，进而导致显示面板均匀性降低。乐金在 2014 年提交了名为"有机发光显示器"的申请，公开号为 CN104732918A。对驱动 TFT 的迁移率的变化进行补偿的感测时段中，第一选通信号被保持在接通电平并且第二选通信号被保持在关断电平，并且第一选通信号和第二选通信号在感测时段之后的发光时段中被保持在关断电平，指示从接通电平变化到关断电平所要求的时间段的第一选通信号的第一下降时间和第二选通信号的第二下降时间被分别设置为长于预定参考值，根据显示位置而变化的存储电容器的容量改变了感测时段期间驱动 TFT 的源级电压的升高的速率，因此改进补偿迁移率的性能。

由于用作应用内部补偿电路的电致发光显示器中的驱动元件的晶体管的滞后特性，晶体管的电流增大时的晶体管的阈值电压 V_{th1} 可能与晶体管的电流减小时的晶体管的阈值电压 V_{th2} 不同，阈值电压的改变可产生驱动元件的阈值电压的采样变化并且导致图像残留。为解决这一问题，乐金在 2018 年提交了名为"电致发光显示器"的申请，公开号为 CN109727579A。设置彼此交替驱动的第一和第二驱动器设置在每个像素电路中，并且仅对第一和第二驱动器中提供有高电位电源电压 V_{dd} 的驱动元件的阈值电压进行采样。可以防止由晶体管的滞后特性导致的阈值电压的采样误差，可以防止由晶体管的滞后特性导致的图像残留。

4. 工艺优化

针对新工艺新材料的优化是各个厂家近年来研发的重点，也是在专利布局上争夺的焦点。面对国内厂家在这一新赛道的重点投入，乐金也在逐渐加大在工艺优化上的研发投入。

为了防止邻近的像素之间可能发生漏电流，乐金在 2017 年提交了名为"有机发光二极管显示装置及其制造方法"的申请，公开号为 CN109427856A（图3-4-46），形成具有预定高度和宽度的多个尖状物图案 SP 的阶差补偿层 SR，使可增加设置在阶差补偿层 SR 上且成为漏电流的路径的电荷生成层的表面面积。因此，由于该公开内容的实施方式可确保足够长的电流的泄漏路径，所以具有可将由于漏电流而导致的色混合缺陷最小化的优点。

为了防止阈值电压通过光变化，乐金在 2017 年提交了名为"有机发光二极管显示设备"的申请，公开号为 CN109585496A（图3-4-47），将遮光层设置在基板 101 和半导体层 103 之间，以阻挡通过基板 101 入射在半导体层 103 上的光，并使由环境光（外部光）引起的驱动薄膜晶体管 DTr 的阈值电压的变化最小化或防止由环境光（外部光）引起的驱动薄膜晶体管 DTr 的阈值电压的变化。

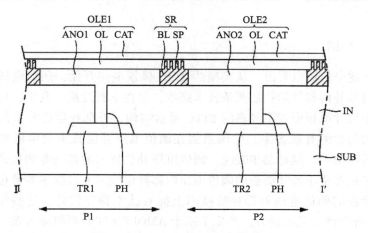

图 3-4-46　CN109427856A 的附图

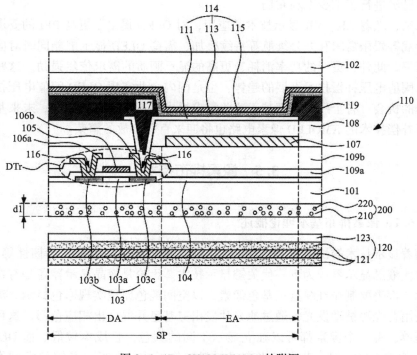

图 3-4-47　CN109585496A 的附图

通过对乐金近年来重点专利分析，可知乐金在外部补偿方面具有绝对的技术优势，其在其他方面虽然申请量不如国内厂家，但技术较为全面，底蕴深厚，申请的质量较高。在面对新工艺新材料方面转型较慢，虽然接触并使用新工艺新材料方面较早，但在近几年有被超越的趋势，为此，乐金可加大在此方面的投入，保持竞争力。

3.4.7　小结

经过上述分析可以看出，从典型的 2T1C 像素电路开始，阈值电压补偿技术主要分为内部补偿和外部补偿两条技术路线，并在不断发展。其中，内部补偿技术对于中小尺寸面板形成了经典的 6T1C 像素结构，外部补偿也对大尺寸面板形成了改善均匀性的有效方案。中国虽然在阈值电压补偿技术的申请量上超越韩国，位于世界第一，但是起步较晚，阈值电压补偿技术的基础专利还是掌握在韩国手中。三星在中小尺寸面板的阈值电压内部补偿技术上占据主导地位，乐金则在大尺寸面板的阈值电压外部补偿技术上拥有技术领先优势。近些年来，随着 LTPO 晶体管生产工艺的提升，产生了基于 AMOLED 的低频驱动方案，这也是目前各个面板厂家积极布局和研发的重点技术。中国 OLED 面板龙头企业京东方在这方面已经进行了不少专利布局。

未来，随着 AR、VR 显示技术的应用，对 OLED 提出了更高 PPI 的要求。而随着游戏等娱乐需求和办公续航等持续叠加，需要 OLED 显示屏能同时对应多种刷新频率。此外，更低的功率消耗、更高的显示画质的需求依然强劲。这些都将是未来阈值电压补偿技术发展的趋势，也是国内企业实现 OLED 阈值电压技术突破领先的机会，各个厂家也都基于这些需求提出了不同的解决方案。未来基于阈值电压补偿技术的 AMOLED 像素电路也将迎来百花齐放的繁荣。

3.5　像素排布技术

3.5.1　像素排布基本理论概述

随着显示技术的快速发展，OLED 凭借其色域宽、亮度高、柔韧性等特点，逐渐取代液晶显示器成为下一代关键显示技术。无论是液晶显示器还是有机发光二极管，都需要制作红绿蓝三基色像素，以空间混色原理实现彩色显示。液晶显示器利用背光源被动发光，通过滤光片发出三基色并混合出相应色彩。这种制作工艺简单，每一个像素都可以独立显示不同的颜色，且成本较低。而 OLED 的 RGB 子像素由红、绿、蓝自发光有机材料制作而成，在通过蒸镀技术制作三基色像素时需要高精细且机械性能较高的金属掩膜板（FMM），但由于目前 FMM 的工艺限制，尤其在当前智能显示设备大尺寸、高分辨率的发展趋势下，制造极小且高密集度的 OLED 较为困难，成本较高，同时增加了驱动电路的设计难度。

因此，各大显示面板厂商开始通过改变子像素排列结构和减少子像素数量的方式解决这一问题。

改变像素的排列方式和子像素数量后，提高了 OLED 的良率，降低了成本，但由于实际分辨率的下降，会导致面板像素颗粒较大等问题。众所周知，全彩图像的像素由 RGB 三色混成，若将图像某一像素的 R、G、B 灰阶值直接通过驱动电路在改变子像素数量和排列结构的面板上进行显示，则会出现显示锯齿、人眼观察时有明显的颗粒感和彩边效应等情况。因此，需要通过子像素渲染算法，得到处理后的图像再通过驱动电路在面板上显示❶。

目前，多数显示器的子像素排列方式为：Stripe、Pentile、Diamand 和 Delta。下面针对这四种排列方式进行详细分析比较，并阐述不同面板排列方式的优劣势。

图 3-5-1 为 Stripe 排列，是目前市场上大多数显示设备所采用的像素排列方式。像素采用并行排列的方式，在一个像素范围内有红绿蓝三个互相平行的子像素，每个子像素均呈四边形、大小一致且每个颜色的子像素能够独立发光。在传统 Stripe 排列方式中，显示器如要实现 M×N 分辨率，总共需要 3M×N 个子像素。这种排列方式的优点是在相同分辨率情况下，主机应用处理器发送的图像数据能够一一驱动面板子像素，不需要子像素渲染处理，经过驱动芯片驱动到面板上的图像信息不会丢失，显示精度也不会下降。

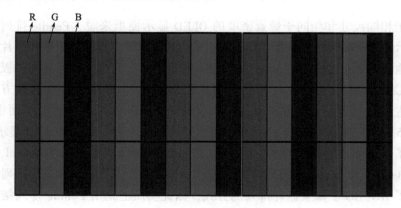

图 3-5-1　Strip 排列面板

图 3-5-2 为 Pentile 排列方式的显示面板像素示意图。Pentile 排列方式中大大减少了子像素的数量。与标准的 RGB-Stripe 排列方式相比，Pentile 排列结构的像素由两个子像素单元的发光二极管构成。奇数行的第奇数个像素由 R 子像素

---

❶ 刘敏. AMOLED 像素架构研究及其应用[D]. 江苏：苏州大学,2018.

和 G 子像素构成，第偶数个像素由 B 子像素和 G 子像素构成，以此类推。与奇数行相反，偶数行的第奇数个像素由 B 子像素和 G 子像素构成，第偶数个像素由 R 子像素和 G 子像素构成，并以此类推。与传统 Stripe 排列方式相比，每行的 R 子像素和 B 子像素数量均减少了 1/3，绿色子像素数量不变。同样在显示面板 3×3 像素矩阵中，Stripe 排列中一行包括了 9 个子像素发光二极管，但是 Pentile 排列中只有 6 个子像素发光二极管。由于一个像素只包含两个子像素 RG 或 BG，而标准的白色需要 RGB 三基色混色而成，于是每个像素在显示时需要借用相邻子像素的一个颜色子像素来构成三基色，以达到共同显示的效果❶。

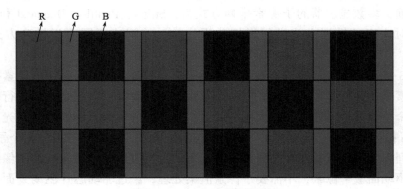

图 3-5-2　Pentile 排列面板

对于相同尺寸和相同子像素密度的 OLED 显示面板来说，Pentile 排列像素面板在显示经过相对应的子像素渲染算法处理后的图像时，其视频效果或图片细节显示能够达到甚至超过传统的 Stripe 排列显示面板。由于蓝色子像素发光二极管和绿色发光二极管的使用寿命比红色子像素发光二极管短，采用 Pentile 排列方式的像素在制造过程中增大了蓝色和绿色子像素的面积，从而可以增加显示面板寿命。2012 年 5 月，三星在 Galaxy S3 手机上首次使用 Pentile 结构的 AMOLED 显示屏。

为了进一步改善显示效果，三星将 Pentile 排列结构改进为 Diamond 排列结构。图 3-5-3 为 Diamond 排列方式的显示面板像素示意图。Diamond 排列结构同样采用了 RG-BG 子像素循环排列的方式，因此实质上是由 Pentile 排列结构演化而来。但相较于 Pentile 排列结构，Diamond 排列结构设计做出了一些调整：

（1）像素形状及位置改变。Diamond 排列结构中红色和蓝色子像素变为菱形。在排列方式上，绿色子像素在红色和蓝色子像素左上位置。

（2）像素尺寸变小。随着制造工艺的提高，像素颗粒被制作得更小，这样可以减少像素显示时产生的彩边效应和锯齿感。

---

❶　王子铭. 基于 RGBW 多基色显示的关键技术的研究［D］. 上海：上海大学，2019.

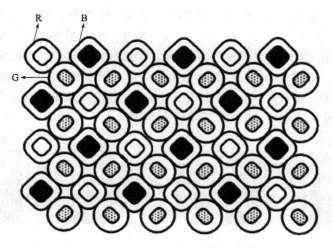

图 3-5-3　Diamond 排列面板

（3）像素间距变大。由于显示基板不变，像素尺寸减小，那么子像素之间的间距随之变大。相比较于 Pentile 结构 OLED 面板，Diamond 排列结构的 OLED 面板在继承了前者使用寿命的同时，显示效果更好。

图 3-5-4 所示为 Delta 排列方式的显示面板像素示意图。其三基色子像素采用三角形排列方式，且单基色子像素数量比 stripe 排列各减少了 1/3。面板上每个像素单元仅由两个子像素构成且奇偶行排列顺序不同，这种均匀分布的排列方式既保证了视觉上分辨率不下降，同时能够减少显示面板驱动线的数量。子像素的可允许尺寸更大，从而减小了制造工艺的难度，能够有效提高面板生产良率。

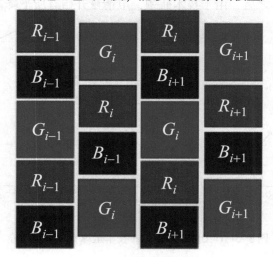

图 3-5-4　Delta 排列面板

图 3-5-5 是 Delta 排列 3×3 像素两行子像素排列图，规定其子像素下标为 $i-1$、i、$i+1$，其中 $i=2$，5，8，…，$N-4$，$N-1$，N 为图像中一行像素个数。图中可见 Delta 结构 OLED 中像素重复的最小单元为 3 个像素，因此定义三个像素为一渲染单元。图 3-5-5（a）为奇数行渲染单元示意图，第一像素为 RB、第二像素为 GR、第三像素为 BG。图 3-5-5（b）为偶数行渲染单元示意图，其第一像素为 GB、第二像素为 RG、第三像素为 BR[1]。

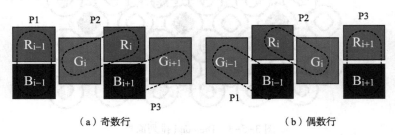

（a）奇数行 　　　　　　　　（b）偶数行

图 3-5-5　渲染单元

3.5.2　像素排布技术全球专利分析

3.5.2.1　申请趋势分析

图 3-5-6 为 OLED 像素排布技术全球专利申请趋势。从图中可知，OLED 像素排布技术专利申请在 2011 年以前处于技术研发初期，专利申请量较少。2011—2018 年，专利申请量持续增长，OLED 像素排布技术逐渐成熟，并建立了完善的生产线。随着 OLED 屏幕的发展，逐渐成为手机行业的主流，智能手机也飞速发展。2019 年之后，由于技术瓶颈，申请量开始有所下降。

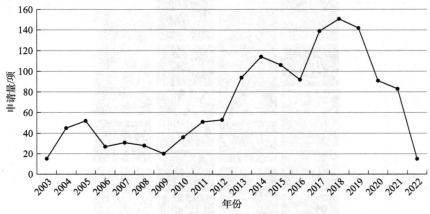

图 3-5-6　OLED 像素排布技术全球专利申请趋势

---

❶ 马奔. AMOLED 驱动中子像素渲染算法的研究与设计［D］. 安徽：合肥工业大学，2020.

3.5.2.2　主要申请人分析

图 3-5-7 为 OLED 像素排布技术全球专利主要申请人申请情况。从图中可以看出，OLED 像素排布技术专利申请的主要申请人大部分分布在韩国和中国，其中韩国的三星和乐金在 OLED 像素排布技术专利申请的研发上走在了前列，京东方紧随乐金之后，居世界第三；而在申请量前 8 位申请人中，中国申请人占据 5 席，说明我国相关企业不断重视在该技术领域的研究。

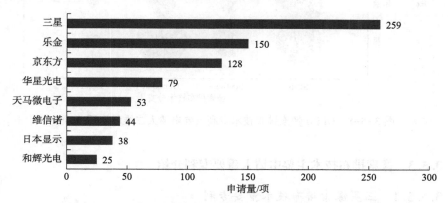

图 3-5-7　OLED 像素排布技术全球专利主要申请人申请情况

3.5.2.3　重要技术主题分析

从图 3-5-8 可以看出，在排名前四的申请人三星、乐金、京东方和华星光电中，各重要申请人对像素排布技术的研究主要集中在 Stripe、Pentile、Diamand 和 Delta 排列上。由于早期的智能手机屏幕主要使用的是标准 Strip 条纹排列方式，因此，各申请人在 Strip 条纹排列技术上都有较高的申请量。在三星研究出了 Pentile 的像素排列方式后，各申请人都对这种排列方式进行了研究，但是申请量较少，主要原因还是由于 Pentile 像素排列存在颗粒感重、锯齿现象的问题。Diamand 排列属于后期 Pentile 排列的变形，三星对这种排列方式在全球范围内布局了专利，是目前显示效果最好的排列方式，目前出货量最多的也是三星的 Diamand 排布方式的显示面板，其他申请人也都对这种排列方式进行了重点研究。目前，Diamand 排布方式是除了传统 RGB-Strip 排列方式外，像素排列技术领域申请量最大的技术分支。由于 PenTile 排列的专利权主要集中在三星手里，Delta 排列的出现主要是为了绕开三星的专利封锁，但是申请量仍然较少，主要原因是 Delta 排列的显示效果并不理想。

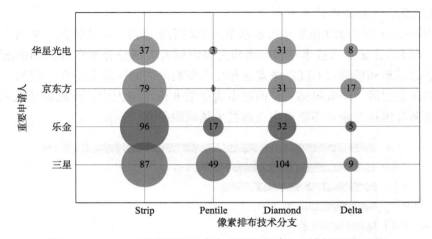

图 3-5-8　OLED 像素排布技术专利重要申请人二维气泡图（项）

3.5.3　像素排布技术主要申请人重要专利介绍

3.5.3.1　三星像素排布技术重要专利

1. PenTile 像素排列

传统的 RGB 像素排列要求所有的子像素在面积、形状、排列上完全一致，除颜色不同之外，所有的子像素看上去就像是彼此复制的。所以我们平时见到的显示屏幕子像素除方向不同之外，都显得非常整齐、规则。然而，蓝色 OLED 的发光效率是要低于红色和绿色的 OLED，因此要使蓝色 OLED 达到另外两色 OLED 相同的亮度就要加大电流，但这会使得蓝色的衰减速度更快，进而影响整块屏幕的寿命。因此，为了提升屏幕寿命，加上工艺、成本等因素，三星提出了 PenTile 屏幕的排列方式，其核心就是减少像素。

PenTile 排列技术最关键的地方就是利用不规则的子像素排列，以更少的子像素点代替更多的子像素点。2011 年，三星提交了名为"有机发光显示装置的像素排列"的申请，公开号为 CN102262854A（图 3-5-9）。提出一种具有多个重复布置的子像素组的有机发光显示装置的像素布置，子像素组中的每一个包括第 i 列和第（i+2）列中的两个第一子像素（i 是自然数）、第 i 列和第（i+2）列中的两个第二子像素（第二子像素相对于第一子像素布置在不同行中）以及第（i+1）列和第（i+3）列中的两个第三子像素，每个第三子像素被布置成与第一子像素和第二子像素的至少两个相邻行重叠。

采用 Pentile 排列的显示屏的经典代表型有三星 S2、第一代 Moto X、三星 Note Ⅱ 和 OPPO Finder。相对于标准 Strip 排列方式而言，PenTile 排列的屏幕减少了蓝色像素和红色像素的数量，绿色像素则保留完整，单个像素从 RGB 变成了 RGGB，相邻的两个像素共享一个绿色像素，因此，相同分辨率的情况下子像素总数减少了大概 1/3，便可达到理论上相同的显示效果。但是 PenTile 排列方式的缺点同样明显：由于同样分辨率下三种子像素面积并不完全一致，而是差 1/3，排列也具有不规则性，因此，最关键的问题就是会出现颗粒感重、锯齿明显。

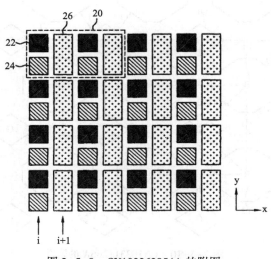

图 3-5-9　CN102262854A 的附图

2. Diamond 像素排列

基于 PenTile 像素排列方式存在的问题，三星又提出了四个子像素呈菱形排列，因此，也被称作"钻石排列"（Diamond 排列）。钻石排列属于后期 Pentile 排列的衍生变形，因此，也属于 PenTile 排列，是现阶段三星 OLED 屏幕最常见的排列方式。2013 年，三星提交了名为"用于有机发光显示装置的像素排列结构，有机发光二极体显示器之像素排列结构"的申请，公开号为 CN103311266A（图 3-5-10）。该申请提出了一种 OLED 显示器的像素排列结构。该像素排列结构包括：第一像素，其具有与虚拟方块的中心重合的中心；第二像素，其与第一像素间隔开并在该虚拟方块的第一顶点处具有中心；第三像素，其与第一像素和第二像素间隔开，并在与该虚拟方块的第一顶点相邻的第二顶点处具有中心。这种像素排列结构，具有较高的像素孔径比，并有效地建立像素之间的缝隙。

Pentile 排列为 OLED 屏幕带来细腻度缺乏、锯齿感、彩边等问题。为了解决这些问题，三星 S4 的手机屏幕采用了 Diamond 排列方式，之后的旗舰机基本上围绕着更高分辨率和更高 PPI，解决 Pentile 排列方式带来的颗粒感。三星 S6、三星 S6 Edge，三星 Note 5、三星 S6 edge+和三星 S7、三星 S7 edge 的手机屏幕，都采用了钻石排列，上述几款旗舰机中部分机型在机身尺度缩小的前提下仍然维持着 2K 分辨率，PPI 进一步提高到全新的高度，这也是 OLED 像素排布技术带来的改变，可以在更小的空间容纳更多的像素单元。

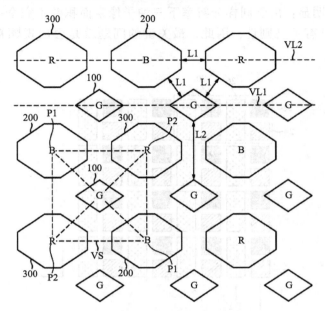

图 3-5-10 CN103311266A 的附图

Diamond Pixel™ 像素排列是将 RGB 子像素分组为类似钻石的形状。人眼对绿色的感知最好，Diamond Pixel™ 排列方式使绿色元素的尺寸最小，同时分布最紧密，很好地衬托出 RGB 颜色的特性。

2021 年 6 月 1 日，三星又向至少三个地区的知识产权登记机构提交了"Round Diamond Pixel"的商标注册申请，注册类别涵盖了 OLED 显示面板、智能机/平板电脑/笔记本屏幕以及通信设备显示器。关于"Round Diamond Pixel"，是一种图像质量优化技术，是将显示屏幕的基本单元像素制成圆形子像素，然后放置在菱形结构中。通过圆形的红色、蓝色和绿色像素点完美地照亮光线。尽管像素排列和分辨率与标志性的 Diamond Pixel™ 排列相同，但用于 Eco² OLED™ 显示器的 Round Diamond Pixel™ 现在可以让智能手机用户以更低的功耗享受更亮的屏幕。

3.5.3.2 京东方像素排布技术重要专利

1. Delta 像素排列

由于三星公司拥有 PenTile 和 Diamond 像素排列的专利，目前这两项技术除了三星别的屏幕厂商都无法使用，其他屏幕厂商需要另想办法来避开三星的专利，因此 Delta 像素排列就诞生了。2014 年，京东方提交的公开号为 CN103943032A 的申请"一种阵列基板及显示装置"（图 3-5-11）中，阵列基板包括呈阵列排布的多个像素单元，每个像素单元的亚像素呈 ACBC 式或三角式排列。

京东方提出的 Delta 像素排列方式与 PenTile 排列类似，通过扩大蓝色和红色子像素面积来延长屏幕的寿命，RGB 三色的子像素数量是相同的，但是 Delta 像素排列方式中三种颜色的像素点各减少了 1/3，六个子像素共用周围的一个像素，因此实际分辨率更低了，显示效果并不理想。

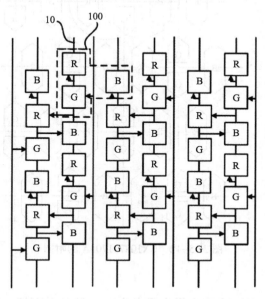

图 3-5-11 CN103943032A 的附图

2. "2in1" 像素排列

2016 年 5 月 5 日，京东方提出了名为 "像素排列结构、显示面板及显示装置" 的申请，公开号为 CN108701708A（图 3-5-12）。该像素排列结构包括：多个重复单元，每个重复单元包括一个第一子像素、一个第二子像素和两个第三子像素；每个重复单元的四个子像素构成两个像素，其中第一子像素和第二子像素由两个像素共享；在像素阵列的第一方向上，子像素密度等于像素密度的 1.5 倍，在像素阵列的第二方向上，子像素密度等于像素密度的 1.5 倍；其中，第一方向和第二方向是不同的方向。

这种排列方式显著的特点是绿色子像素被分割成两个小部分，RGB 三色的子像素数量是相同的，但是三种颜色的像素点各减少了 1/3，六个子像素共用周围的一个像素。京东方提出的这种 2in1 排列方式的原理与 PenTile 排列类似，通过扩大蓝色和红色子像素面积来延长屏幕的寿命，且避开了三星的专利。目前，京东方 "2in1" 像素排布的显示屏已经应用于华为旗舰机上，如华为的 P30、P40、mate20、mate40 系列手机都出现了 "2in1" 像素排布的身影。

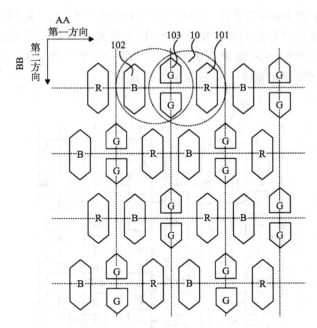

图 3-5-12 CN108701708A 的附图

3. 蜂窝排列

2020 年 8 月 31 日，京东方提出了名为"一种显示面板、掩膜组件和显示装置"的申请，公开号为 CN111987130A（图 3-5-13）。该显示面板包括呈阵列设置的多个像素单元，每个像素单元包括位于虚拟六边形内的一个第一子像素、一个第二子像素和两个第三子像素；第一子像素和第二子像素相邻，两个第三子像素均与第一子像素和第二子像素相邻；在列延伸方向上相邻的像素单元共用第一子像素和第二子像素，且在行延伸方向上相邻的像素单元共用一个第三子像素。显示面板中任意一个第一子像素均可以和与该第一子像素相邻的一个第二子像素以及与该第一子像素和第二子像素相邻的两个第三子像素组成一个独立的像素单元，从而子像素之间可以通过借色原理由低分辨率的物理分辨率达到高分辨率的显示效果。

这种子像素呈六边形的排列方式，被称为"蜂窝排列"，蜂窝排列的每个像素单元，由一个蓝色子像素、一个红色子像素、加上两个绿色子像素左右对称分布，共四个子像素组成。任意两个相邻子像素间的距离都是相等的，这就保证了所有子像素的均匀分布。蜂窝排列类似于三星的钻石排列的像素共享，也就是借色原理，来实现分辨率翻倍。目前，京东方已经解决了"蜂窝排列"的生产工艺问题。

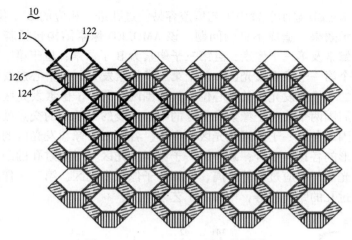

图 3-5-13　CN111987130A 的附图

3.5.3.3　华星光电像素排布技术重要专利

Pearl 像素排列（珍珠排列）

Pearl 排列方式是华星光电提出的 OLED 像素排列方式，2021 年，华星光电提交了名为"一种显示面板及显示装置"的申请，公开号为 CN113745431A（图 3-5-14）。其目的在于提高发光器件的发光效率、降低功耗和延长寿命。该显示面板包括阵列基板、多个发光像素单元、微透镜层和钝化层，微透镜层包括多个微透镜和多个开口，开口形成于相邻两个微透镜之间，开口与发光像素单元对应设置，多个开口包括多个第一开口，在沿显示面板的平面方向上，第一开口包括主体部和至少一个外扩部，主体部包括多条侧边，相邻两条侧边的相交位置处形成拐角，外扩部设于拐角处，外扩部为弧形凸面。红色发光像素单元和蓝色发光像素单元的平面形状为 pearl 形，绿色发光像素单元的平面形状可以为椭圆形，还可以为其他曲面形状。

与钻石排列类似，华星光电提出的 Pearl 像素排列方式，每个像素由 R-G 和 B-G 组合而成，G 子像素为真实像素，R 与 B 子像素相比 Real RGB 减少 1/2。为了更进一步提高 OLED 面板的寿命，Pearl 排列将子像素的形状改为弧形，打破了 Diamond 多边形的限制，在相同的设计条件下，Diamond 像素排列开口率为 17%，Pearl 像素排列的开口率可达 20%，开口率更大，发光寿命更长。珍珠排列是国产屏幕中专利布局较多、显示效果较好的屏幕，小米 10 部分型号，以及小米 10 至尊纪念版采用了这种排列方式的屏幕。

3.5.3.4　其他申请人

1. 维信诺像素排布技术重要专利

2016 年，维信诺提交的公开号为 CN107887404A 的发明专利申请"AMOLED 像素结构及显示装置"（图 3-5-15），公开了一种鼎型像素排列结构。其目的是改善传统 AMOLED 显示装置中工艺偏差容易使过孔进入相应的 B 子像素发光区，从而影响显示效果，造成不良的问题。该 AMOLED 像素结构包括若干第一子像素、第二子像素及第三子像素，且第三子像素为 B 子像素；位于第二子像素发光区周围的两个第一子像素发光区和两个第三子像素发光区的中心连线构成虚拟等腰梯形；第二子像素发光区的中心位于其周围两个第一子像素发光区的中心连线的中垂线和周围两个第三子像素发光区的中心连线的中垂线的交点处；第二子像素发光区周围的各第一子像素发光区的中心、各第三子像素发光区的中心分别与虚拟等腰梯形的各顶点重合；减小第一子像素发光区与对应过孔的距离，增大第三子像素发光区与对应过孔的距离，使第一子像素发光区、第三子像素发光区分别与其对应过孔的距离相等，增加了工艺余裕度。

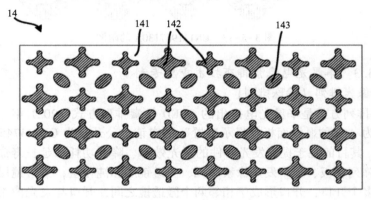

图 3-5-14　CN113745431A 的附图

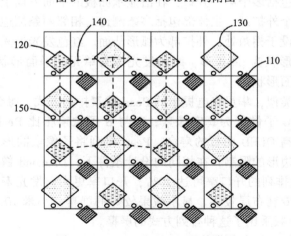

图 3-5-15　CN107887404A 的附图

增加工艺余裕度，意味着从像素排列设计之初，就以量产为目标。在获得专利后，维信诺开始了将其导入量产的进程。维信诺研发出的鼎型像素排布设计，拥有最高的像素密度（PPI）81.6%，与三星钻石排列的像素密度等效，显示效果优异，并拥有相关专利，一举打破了三星在顶级像素排列领域的垄断。目前，维信诺的鼎型像素排列的显示屏已应用于多款智能手机，折叠产品主要为荣耀 Magic V，华为 P50 Pocket，高端智能手机方面包括荣耀 60 系列、中兴 Axon30 Ultra、努比亚红魔 6 系列等多款品牌产品。

2. 天马微电子像素排布技术重要专利

2021 年，天马微电子提出了自家新一代 OLED 像素排布方式——Windmill 排布，其排布造型形似风车（Windmill），代表专利为公开号为 CN113327972A 的发明专利申请"显示面板、制备方法和显示装置"（图 3-5-16）。该显示面板包括多个第一子像素、第二子像素和第三子像素；多个第三子像素构成第一虚拟梯形，第一子像素在第一虚拟梯形内；多个第一子像素和第二子像素构成第二虚拟梯形，第三子像素在第二虚拟梯形内；第一虚拟梯形包括第一长边、第一斜边、第一短边和第二斜边；第二虚拟梯形包括第二长边、第三斜边、第二短边和第四斜边；第一长边和第一斜边构成第一夹角，第一长边和第二斜边构成第二夹角；第二长边和第三斜边构成第三夹角，第二长边和第四斜边构成第四夹角；第一夹角和第二夹角的角度之和为第一角度，第三夹角和第四夹角的角度之和为第二角度，第一角度和第二角度的差值在第一预设范围内。

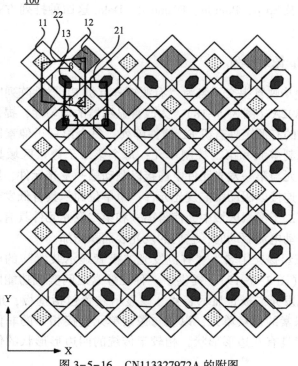

图 3-5-16　CN113327972A 的附图

Windmill 排布是由一个个红、绿、蓝像素构成的双梯形结构组合构成。相较于天马微电子第一代像素排布，Windmill 排布显示文字或精细画面时效果更优，字体边缘更清晰，可识别度更高。除此以外，Windmill 在提升屏下摄像头成像质量、显示彩边等方面均优于传统排布方式。目前，Windmill 像素排布已在中国和美国都申请了专利，并已进入量产阶段。

3.5.4　像素排布技术路线梳理

通过整理 OLED 显示面板像素排列技术 2003 年至今的专利申请，并对该领域的重点专利申请进行分析，根据 OLED 显示面板像素排列技术的重点专利申请梳理技术发展路线图，如图 3-5-17 所示。

通过整理 OLED 显示面板像素排列技术 2003 年至今的发明专利申请，从像素颜色来看，显示器包括常规色三基色显示系统和多基色显示系统，三基色显示系统以红、绿、蓝这三种基色，多基色显示系统主要是在三基色的基础上增加了一个或多个其他颜色子像素，以 RGBW 多基色显示系统为例，增加了一个白色子像素。目前主要的 OLED 像素排列方式主要包括 Strip、Pentile、Diamond、Delta 这四种。通过梳理 OLED 显示面板像素排列技术的专利申请，发现像素排列方式整体研发的重点包括提高图像的显示质量和提高分辨率、提高开口率等方面。下面将主要对涉及 Strip、Pentile、Diamond、Delta 这四种排列方式的重点专利申请进行详细分析。

3.5.5　Strip 像素排列

2005 年，中华映管提交了名为"有源矩阵有机 EL 器件阵列"的申请，公开号为 JP2006244892A（图 3-5-18）。为改善显示器的均匀性，提供了一种具有高分辨率和高亮度的有源矩阵有机 EL 器件阵列。每个第一子像素区域具有第一发光元件、第一控制单元和第二控制单元；每个第二子像素区域具有第二发光元件；第一控制单元与第一发光元件电连接以驱动第一发光元件，第二控制单元与第二发光元件电连接以驱动第二发光元件；每单位面积具有低发光效率的第二发光元件设置在第二子像素区域中，使得第一和第二发光元件具有均匀的亮度，并且当由相同的驱动电流驱动时，它们的发光表面积增加。

2013 年，三星提交了名为"有机发光二极管显示装置"的申请，公开号为 CN103681755A（图 3-5-19），提供了一种在像素之间实现功能区域同时具有优异分辨率的有机发光二极管显示装置。该显示装置包括基板，形成于基板上并且包括多个子像素的像素单元；以及与像素单元直接相邻的非像素单元。该像素单元的子像素具有八边形形状，相较于传统的四边形形状的像素单元可获得更高的分辨率。

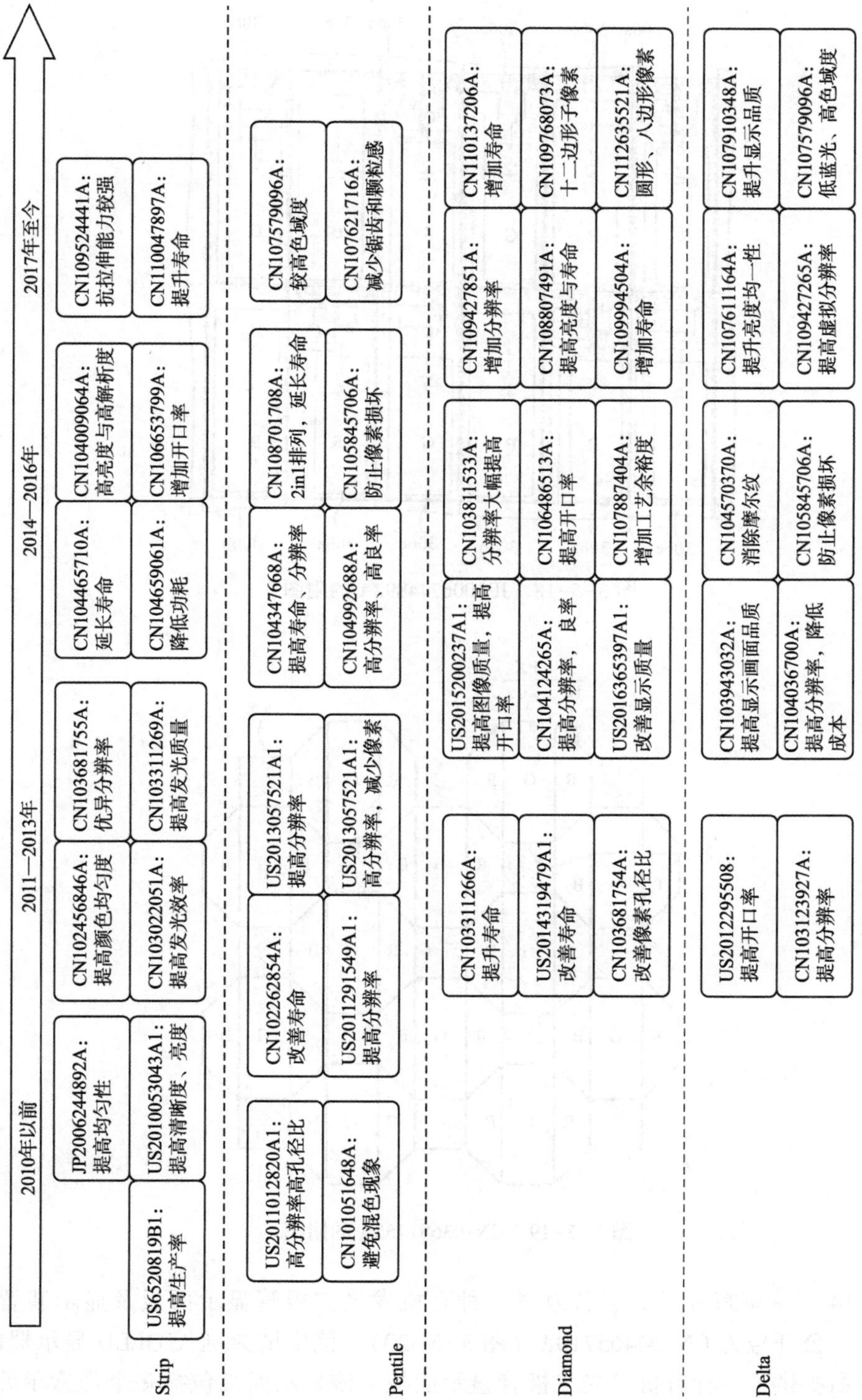

图 3-5-17　OLED 显示面板像素排布技术发展路线

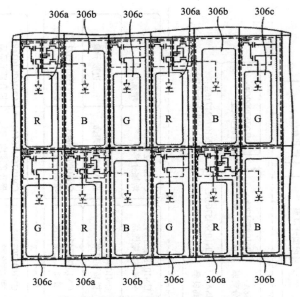

图 3-5-18　JP2006244892A 的附图

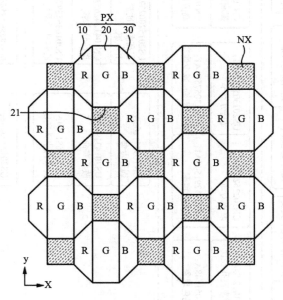

图 3-5-19　CN103681755A 的附图

2014 年，京东方提交了名为"一种有机发光二极管显示面板及显示装置"的申请，公开号为 CN104465710A（图 3-5-20）。该申请为延长 OLED 显示器的使用寿命提供了一种有机发光二极管显示面板。该显示面板包括多个像素单元，每个像素单元至少包括由不同有机电致发光材料形成的红、绿、蓝三种基色的子像素，像素单元至少包括三个区域，区域的个数与像素单元的子像素个数相同，且每个区域的面积相同；蓝色子像素位于至少两个区域内，其他不同基色的子像素分别位于不同区域内，且蓝色子像素的面积大于其他颜色的子像素的面积。

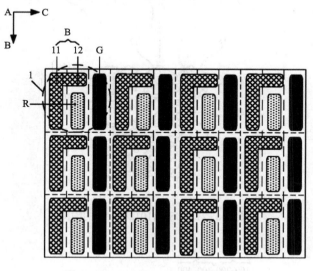

图 3-5-20　CN104465710A 的附图

3.5.6　Pentile 像素排列

2010 年，三星提交了名为"一种用于有机发光显示器的像素排列结构"的申请，公开号为 US2011012820A1（图 3-5-21）。为实现在显示高分辨率的同时确保期望的孔径比，提出一种用于有机发光显示器的像素排列结构，包括重复排列的多个子像素组，其中每个子像素组包括：四个第一子像素，用于发射第一颜色的光并且每个子像素组具有六边形结构；两个第二子像素，用于发射第二颜色的光并且每个子像素组包括共享一侧的两个六边形结构；两个第三子像素，用于发射第三颜色的光并且每个子像素组包括共享一侧的两个六边形结构；四个第一子像素中的两个布置在同一列中并共享对称轴，并且两个第二子像素和两个第三子像素交替地布置在对称轴的任一侧上。

2012 年，三星提交了名为"有机发光二极管显示器"的申请，公开号为 US2013057521A1（图 3-5-22）。该申请提供了一种有机发光二极管 OLED 显示器，在实现高孔径比和高分辨率的同时改善寿命，应用渲染驱动，可以实现大于每英寸 350 个像素（PPI）的高分辨率而不出现图像质量劣化，同时像素的总数小于pentile 矩阵布置中的像素的总数。该 OLED 显示器包括第一列，第一列包括与多个第二像素交替布置的多个第一像素；第二列，第二列与第一列相邻并且包括多个第三像素。第一列中的第一像素中的一个和第二像素中的一个对应于第二列中的第三像素中的多于两个。

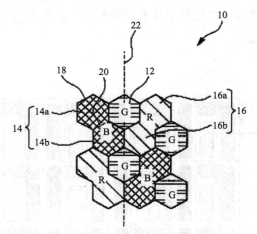

图 3-5-21　US2011012820A1 的附图

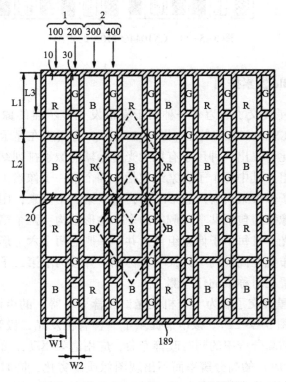

图 3-5-22　US2013057521A1 的附图

2017 年，天马微电子提交了名为"一种像素结构、其驱动方法、显示面板及显示装置"的申请，公开号为 CN107621716A（图 3-5-23），其目的是解决现有像素排列结构中不能够利用低物理分辨率实现高显示分辨率的问题，或者在利用低物理分辨率实现高显示分辨率时导致显示画面质量下降的问题。采用的技术方案为：通过将各像素组划分为三列像素区域，使第一列像素区域中的子像素的长度大于第二列像素区域和第三列像素区域中各子像素在列方向的长度，并且使像素组中的各子像素在列方向和行方向上任一相邻的两个子像素的颜色均不相同，从而利用上述像素结构中的低物理分辨率实现高显示分辨率，并且上述像素结构，由于其排列方式可以减少显示时的锯齿和颗粒感，还充分利用了各颜色子像素的发光性能，使显示画面更加均匀。

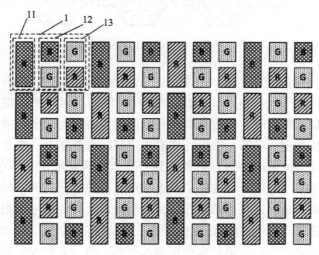

图 3-5-23　CN107621716A 的附图

3.5.7　Diamond 像素排列

2014 年，京东方提交了名为"有机电致发光显示面板及显示装置"的申请，公开号为 CN103811533A（图 3-5-24），提供了一种有机电致发光显示面板及显示装置，用以解决有机电致发光显示器件的分辨率较低且制备工艺中 Mask 对位精度低的问题。该有机电致发光显示面板包括基板以及形成在基板上的多个形状相同的子像素单元，每一个子像素单元包括 6 个以该子像素单元的中心为顶点的相同颜色的子像素元件；子像素单元分为 3 种不同颜色，任意两相邻的子像素单元的颜色均不相同；3 个相邻的子像素单元的中心连线构成等边三角形，由该等边三角形所限定的 3 个子像素元件为一个像素单元。由于每个子像素元件的面积为每个子像素单元面积的 1/6，使得有机电致发光显示面板的分辨率可以大幅提高至原来的 6 倍。

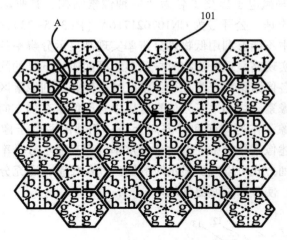

图 3-5-24　CN103811533A 的附图

2014 年，三星提交了名为"有机发光二极管显示装置"的申请，公开号为 CN104124265A（图 3-5-25）。该方案即使在有限的显示区中以高分辨率实现有机发光二极管显示装置时，也可以防止一个像素发射的光的颜色被混合。有机发光二极管显示装置包括：第一电极；像素限定层，设置在第一电极上并且包括具有使第一电极开口的第一多边形形状的第一开口；像素限定层还包括第二开口，第二开口具有使第二电极开口的第二多边形形状，并且第二开口的中心点位于第二顶点处；像素限定层还包括第三开口，第三开口具有使第三电极开口的第三多边形形状，并且第三开口的中心点位于第三顶点处；其中，第一多边形是四边形，第二多边形是六边形，第三多边形是八边形；第一有机发射层，通过对应于第一开口的第一电极设置在像素限定层上并且包括与第一开口的角相邻的第一斜面。

2018 年，维信诺提交了名为"一种像素排列结构"的申请，公开号为 CN 108807491A（图 3-5-26）。其为提高 OLED 显示面板的分辨率、降低 OLED 显示面板的制作难度并增加像素面积、提高 OLED 显示面板的亮度与寿命，提供了一种像素排列结构，包括交替排列的多个第一像素行及多个第二像素行；每一第一像素行包括交替且间隔排列的多个第一子像素和多个第二子像素，每一第二像素行包括间隔排列的多个第三子像素。与第三子像素相邻的第一子像素和第二子像素形成虚拟三角形，第三子像素设置在与其相邻的第一子像素和第二子像素形成的虚拟三角形内。使像素之间的子像素可以进行共享，相较于传统的呈条形且依次排列的红绿蓝子像素结构，能够有效减少子像素的个数，从而在具有相同子像素排列密度的情况下可以使显示器达到更高的感官分辨率，在保持相同的感官分辨率的情况下降低了对显示器子像素的排列密度的要求，降低 OLED 显示面板的制作难度。

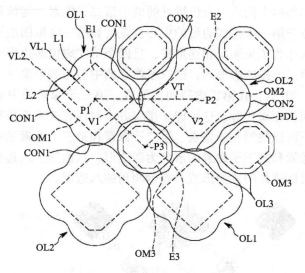

图 3-5-25　CN104124265A 的附图

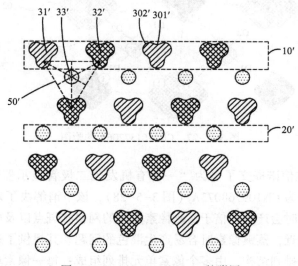

图 3-5-26　CN108807491A 的附图

2018 年，京东方提交了名为"一种像素排布结构及相关装置"的申请，公开号为 CN110137206A（图 3-5-27）。该申请能够减小相邻像素之间的距离，从而在同等分辨率的条件下增大像素开口面积，降低显示器件的驱动电流，进而增加显示器件的寿命。该像素排布结构中：第一子像素位于第一虚拟四边形的中心位置处和第一虚拟四边形的四个顶角位置处；第二子像素位于第一虚拟四边形的侧边中点位置处；第三子像素位于第二虚拟四边形内，第二虚拟四边形由位于第一虚拟四边形相邻两个侧边中点位置处的两个第二子像素、与该两个第二子像素均相邻且分别位于第一虚拟四边形的中心位置处和第一虚拟四边形的一顶角位置处的第一子像素作为顶角顺次相连形成，且四个第二虚拟四边形构成一个第一虚拟四边形；在第二虚拟四边形内，第三子像素的中心与两个第一子像素的中心之间的距离相等；和/或，在第二虚拟四边形内，第三子像素的中心与两个第二子像素的中心之间的距离相等，这种像素排布方式与现有的像素排布结构相比，在同等工艺条件下可以使第一子像素、第二子像素和第三子像素紧密排列；第一子像素、第二子像素和第三子像素的形状为四边形、六边形、八边形、具有倒圆角的四边形、具有倒圆角的六边形或具有倒圆角的八边形。

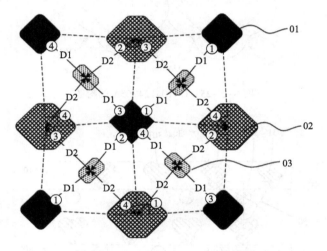

图 3-5-27　CN110137206A 的附图

2018 年，维信诺提交了名为"一种有机发光二极管显示器像素排列结构"的申请，公开号为 CN109768073A（图 3-5-28），该申请解决了现有技术中存在的高分辨率显示时会产生两倍于实际像素点距的网格状斑点以及由于不同颜色的像素之间距离较近，蒸镀像素时容易产生混色的问题。其提供了一种有机发光二极管显示器像素排列结构，由多个像素单元排列组成；每一像素单元包括：一个红色子像素、一个蓝色子像素以及一个绿色子像素；红色子像素的面积等于蓝色子像素的面积，等于绿色子像素的面积；且红色子像素、蓝色子像素以及绿色子像素均为十二边形。该有机发光二极管显示器像素排列结构，采用相邻像素共用子像素的方式，减少了子像素的个数，达到以低分辨率模拟高分辨率的效果，然后，其各子像素均为十二边形，其中八条边呈内凹的三角形形状，两相交的子像素之间只有两个公共交点，减少了由于蒸镀时，蒸镀阴影大于设计尺寸所引起的混色不良等问题。

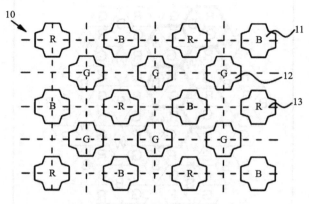

图 3-5-28　CN109768073A 的附图

3.5.8　Delta 像素排列

2014 年，京东方提交了名为"一种像素单元及应用其的显示面板"的申请，公开号为 CN104036700A（图 3-5-29）。该申请提供了一种现有工艺容易实现的，可以提高分辨率和降低成本的像素排列方式。该显示面板由若干个像素单元相互拼接构成；其中，该像素单元为正六边形，且由三个菱形亚像素拼接而成，每一菱形亚像素与其相邻的菱形亚像素关于两者的邻边对称，除显示面板边缘处的像素单元，其他各像素单元的边均与其相邻的像素单元的边邻接。该显示面板的每一个像素单元包含 3 个菱形亚像素，其尺寸较大，不仅在已有的生产线上即可实现，而且由于可以采用现有的成熟工艺生产，产品的良率较高，推广的难度小，应用前景广阔。

2017 年，维信诺提交了名为"一种像素驱动方法"的申请，公开号为 CN109427265A（图 3-5-30）。为了提高分辨率，实现全彩显示，设置像素结构包括以矩阵形式排布的多个重复单元，每一重复单元包括沿第一方向相邻设置的且分别包括三个颜色不同的子像素的两个子重复单元；每一重复单元中的一个子重复单元包括沿第二方向依次排列的第一子像素、第二子像素和第三子像素或第二子像素、第一子像素和第三子像素，另一个子重复单元包括沿第二方向依次排列的第三子像素、第一子像素和第二子像素或第三子像素、第二子像素和第一子像素。由于每个重复单元中的两个子重复单元的第三子像素相互错开排布，在工艺条件相同的情况下，采用这种相邻行的子像素错位排布的结构，扩大了各相同子像素的开口之间可以利用的距离，可降低掩膜版制作工艺和蒸镀工艺的难度，从而可以将像素单元的尺寸做得更小，有利于实现高分辨率显示屏的制造。

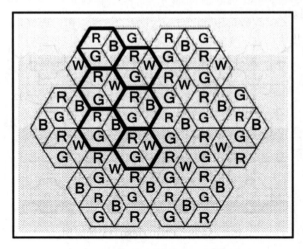

图 3-5-29　CN104036700A 的附图

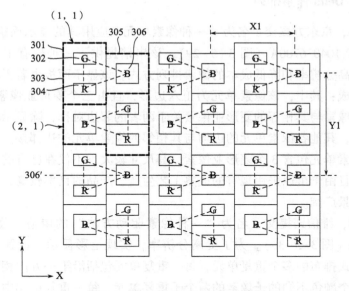

图 3-5-30　CN109427265A 的附图

3.5.9　本节小结

由于 OLED 无需背光层和液晶层，因此屏幕相较于 LCD 更加轻薄，逐渐成为了手机行业的主流。但是由于 OLED 单个子像素自发光的特性，以及寿命比较短的缺点，使得 OLED 厂商通过改变像素排列的方式来延长屏幕的寿命，并降低成本。本节对像素排布基本理论进行了概述分析，介绍了其演变优化的历程，对比了四种排列方式的优缺点。通过对 OLED 屏幕像素排布技术全球专利分析可以看出，OLED 像素排布技术逐渐成熟，韩国的三星公司在像素排布技术上走在了前列，中国在 OLED 像素排布技术上虽然起步较晚，但是在国家支持和各国产厂商的不懈努力下已经积累了一些实力。

目前，OLED 子像素排列方式主要包括 Stripe 排列、Pentile 排列、Diamand 排列和 Delta 排列等。通过对像素排布技术主要申请人的重要专利进行分析及其技术路线进行梳理可以看出，早期的智能手机主要使用的是 Stripe 排列方式，每个像素由 RGB 三色子像素构成，所有子像素在面积、形状、排列完全一致。随后，为了解决三种子像素不同寿命导致的屏幕偏色问题，各大屏幕厂商们在像素排列上入手，原本大小相同的红、绿、蓝子像素，被设计成了各种不同的面积、形状和排列位置。为了提升屏幕寿命，加上工艺、成本等因素，三星提出了 Pen-Tile 排列方式，其核心是减少像素，但由于 PenTile 排列存在颗粒感重、锯齿明显的问题，三星公司又提出了钻石排列，四个子像素呈菱形排列，它属于后期 Pentile 排列的衍生变形，是现阶段三星 OLED 屏幕最常见的排列方式。钻石排列是在目前技术水平下，手机 OLED 屏幕像素排列方式的最优解，也是目前全球出货量最多的像素排列方式，但是三星对这种排列方式在全球范围内布局了商标和专利，其他屏幕厂商需要另辟蹊径，因此 Delta 排列就诞生了，但这种排列方式实际分辨率较低，在显示竖线时会出现锯齿。

国产手机屏幕厂商入门较晚，但近几年蓬勃发展，为了避开三星的专利，京东方、维信诺、华星光电、天马微电子等国产 OLED 屏厂商在像素排布技术上努力突破三星的技术垄断和专利封锁。京东方提出了 2in1 排列方式，其原理与 PenTile 排列类似，通过扩大蓝色和红色子像素面积来延长屏幕的寿命，避开了三星的专利，但是显示效果并不理想，后续的专利申请量较少。京东方最新申请的蜂窝排列，子像素排列成六角形，可以达到更高分辨率的显示效果；华星光电申请的珍珠排列，将子像素的形状改为弧形，打破了 Diamond 排列多边形的限制，是国产屏幕中专利较多素质较好的屏幕；维信诺提出的鼎型像素排列，是一个个由等腰梯形构成的子像素组合，与三星钻石排列的像素密度等效，显示效果优异，并拥有相关专利，打破了三星在顶级像素排列领域的垄断；天马微电子提出的风车排布是由一个个红、绿、蓝像素构成的双梯形结构组合构成，在中国和美国都布局了专利，并已进入量产阶段。此外，三星公司也发布了 Round Dia-mond Pixel™ 排列方式，将显示屏幕的基本单元像素制成圆形子像素，放置在菱形结构中，让智能手机用户以更低的功耗享受更亮的屏幕。通过对各重要申请人的重要专利进行分析，发现各大屏幕厂商最新提出的排列方式都与钻石排布类似，都采用"像素共享"的方式，但对单个子像素的形状，或者像素单元的排列形状进行了改进，进一步提升开口率，提升寿命。

3.6　柔性屏技术

3.6.1　柔性屏技术概述

3.6.1.1　柔性屏技术简介

柔性显示屏指的是可弯曲、韧性好的显示屏。以柔性 OLED 为代表的柔性显示屏，相较于传统显示屏具有众多明显优势，不仅体积更加轻薄，且功耗明显降低，大大提高续航时间；且由于其可弯曲、柔性好的特点，也具有明显优于传统产品的耐用性、便携性。柔性显示技术的发展对手机、平板、可穿戴设备将带来深远影响。

与传统显示屏采用硬性玻璃作为基板不同，柔性屏采用塑料或金属箔等柔性基板取代刚性基板，同时结合薄膜封装技术，在面板背面粘贴保护膜，可以使面板变得可弯曲，不易折断。

同时相对于传统显示屏采用可靠性好的刚性封装材料不同，柔性屏多采用有机层、无机层组成的柔性封装材料对 OLED 器件进行封装，阻止外界水分子、氧气渗入对 OLED 器件造成损害。

3.6.1.2　柔性屏技术产业现状

近年，为满足广大用户日益变化的消费需求，柔性显示技术迅速发展，在此基础上，柔性 OLED 显示屏应运而生，柔性显示面板凭借其在显示效果、可折叠、可弯曲的特性，逐步成为显示面板行业核心发展方向。国内外厂商纷纷抢先进行技术布局，抢占国际市场。2012 年开始，柔性显示技术出现迅速发展，三星在该领域的研究和布局占据领先地位，国内企业京东方和华星光电也在该领域占据重要地位，中国企业已经从日韩品牌的"跟随者"逐步转变为"从 0 到 1"原始创新者。

2018 年，三星推出全球首款折叠屏手机 Galaxy F，可将一块 7.3 英寸的平板折叠为 4.6 英寸小尺寸手机。随后，包括华为、OPPO 等在内的多个手机厂商，都相继发布折叠屏手机，并引起市场关注。

华为于 2019 年推出折叠屏手机 MATEX，机身展开宽度 161.3 毫米，长度 146.2 毫米；折叠宽度 161.3 毫米，长度 78.5 毫米。

OPPO 推出的 Find N 在合上时，正面拥有一块 5.49 英寸的小尺寸外屏；打开之后为一块 7.1 英寸的超大尺寸屏幕。

京东方 2022 年柔性 OLED 年度出货量达 7950 万片，同比 2021 年增长22.6%，供货苹果 3100 万片，同比 2021 年增长 89%，国内主要用于荣耀的Migic Vs 和华为的 Mate50 Pro 机型；除京东方外，华星光电也于 2022 年发布自研 2K LTPO 柔性屏，该屏幕在技术层面实现新突破，支持 1~120Hz 的流畅自然切换，无闪屏、强省电、高续航。

3.6.1.3 柔性屏技术主要技术分支

柔性屏各功能层是柔性的，目前主要研究方向有以下三个方面：

1. 基板生产工艺

柔性衬底最常用的聚合物衬底热稳定差，高温制备过程易变形，因此导致其制备成本高，良品率低。但金属箔衬底、超薄玻璃衬底由于其柔性好、成本低，逐渐成为柔性基板的新选择。如何实现金属箔衬底、超薄玻璃衬底的柔性、韧性平衡则是目前改进的重点。

2. 防水氧能力

柔性 OLED 的有机电致发光层对水、氧、热敏感，对水氧的隔绝程度是影响其稳定性的主要因素。因此，对柔性 OLED 显示装置严格封装，是延长器件寿命、提高器件稳定性的重要条件。

目前，柔性 OLED 器件封装主要采用在柔性 OLED 器件金属电极表面直接镀制无机有机交替阻隔层，以及在 OLED 金属电极表面贴合高阻隔膜的方式提高柔性屏对水氧的隔绝能力，提高稳定性。

3. 弯折能力

柔性屏具有较小的弯折半径能够为用户提供更加便携的使用体验，是体现柔性屏弯折能力的重要参数。但其弯折半径越小，在弯折过程会产生越多应力集中，经多次弯折后，可能会导致基板、走线、封装层断裂。因此，目前主要通过对柔性屏材料、结构进行改进，消除弯折过程产生的应力残留，提高柔性屏弯折能力。

3.6.2 柔性屏技术全球专利态势分析

3.6.2.1 申请趋势分析

图 3-6-1 和 3-6-2 分别展示了柔性屏领域全球和中国专利申请趋势，由图可知，柔性屏技术在本世纪早期就被提出，并在 2012 年开始快速增长。中国柔性屏厂商也在 2012 年开始大力发展柔性屏技术，并在随后迎来快速发展，在全球申请量中占据重要地位。

3.6.2.2 国家/地区分布分析

图 3-6-3 展示了柔性屏领域主要国家或地区的技术流向分布，其中纵列表示技术来源国，横列表示技术布局国。地域分布上，中国和韩国是该领域的两大主要技术来源国，其中中国技术产出量位居全球第一，且拥有较多的主要申请人，形成百花齐放的竞争格局，这与国内显示终端市场不断扩大的市场背景有关。中国、美国和韩国是该领域重要技术布局国，也是当前世界上电子产业最大的应用市场。相对而言，由于韩国仅有三星和乐金两大行业巨头，整体技术产出数据落后于中国。

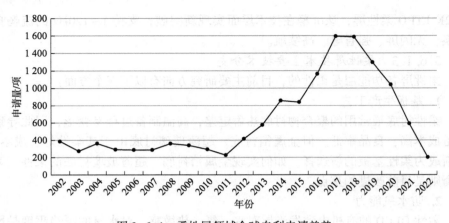

图 3-6-1　柔性屏领域全球专利申请趋势

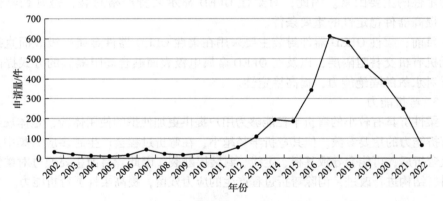

图 3-6-2　柔性屏领域中国专利申请趋势

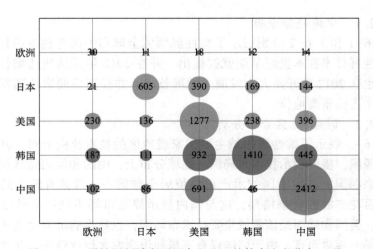

图 3-6-3　柔性屏领域主要国家和地区的技术流向分布（项）

206

企业寻求专利布局是对其销售市场的重视，因此，企业的专利布局地域分布情况与企业对该国市场重视程度有关。从图 3-6-3 可知，多数国家还是以本国布局为主，这与大多数领域的专利布局规律相同。同时也可看到，除去本国布局，美国市场是各大柔性显示领域申请人的主要竞争市场，几乎所有技术来源国都将美国作为仅次于本国的布局区域。此外，对于中国、韩国这两大主要技术来源国，韩国企业专利布局较为全面，在欧洲、日本等主要经济体均存在较多的布局，而中国则在日本、欧洲布局较少。

3.6.2.3　重要申请人分析

图 3-6-4 展示了柔性屏领域全球重要申请人分布情况，整体呈现中韩竞争的局面，其中三星在该领域占据领先地位，且大幅领先其他重要申请人。三星、乐金、华星光电和京东方占据前四，并形成第一集团。全球前十申请人中，中国企业占据五席，也说明中国已经成为柔性屏领域重要研发国。

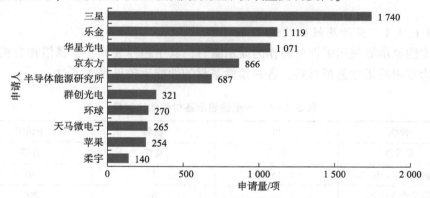

图 3-6-4　柔性屏领域全球重要申请人分布

3.6.2.4　重点技术主题分析

在研究内容方面，提高柔性 OLED 弯曲性能，尽量减小弯曲半径；提高封装效果，避免水氧渗入导致使用寿命降低；提高显示效果；降低柔性面板生产成本、提高良品率均是本领域主要申请人对于柔性 OLED 的主要研究方向。图 3-6-5 展示了柔性屏领域各研究方向的专利申请分布情况。由图可知，提高显示屏的弯折能力的专利申请占据该领域总量的大半，是该领域重要研究内容。接下来，本章内容将围绕柔性 OLED 弯折技术展开。

3.6.3　柔性屏弯折技术概述

目前柔性 OLED 显示器仍存在褶皱、断裂、胶材脱离等缺陷。尤其是弯曲屏幕中具有极大的应力，屏幕失效的风险陡增。为提高柔性显示面板弯折性能，避免弯曲时导致基板、封装层产生裂纹，进而影响膜层中走线，以及避免弯折导致显示面板内部膜层剥离是本领域技术人员实现柔性显示屏普及的重要改进方面之一。目前主要采用对柔性基板、膜层、封装层以及支撑结构的改进。下面针对这四种不同的改进部位进行分析，并阐释不同改进部位的主要改进手段。

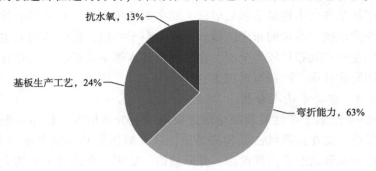

抗水氧，13%
基板生产工艺，24%
弯折能力，63%

图3-6-5　柔性屏领域各研究方向的专利申请分布

3.6.3.1　显示基板的改进

柔性显示器使用柔性材料作为显示基材，其中超薄玻璃、金属箔和有机基材是最为常用的柔性基板材料，各种柔性基材的性能比较见表3-6-1。

表3-6-1　各柔性显示基材性能比较❶

特性	PI	玻璃	不锈钢
渗透性	较差	良好	良好
热膨胀系数（$\times 10^{-6}$）/℃	16	5	10
弹性模量/GPa	5	70	200
热导性/（W/m℃）	0.1~0.2	1	16
最高加工温度/℃	350	600	1000

现有柔性基板材料仍存在对应的应用问题，如超薄玻璃韧性较差，弯折时在应力集中的情况下会产生裂纹，且裂纹会在不断形变过程中延展，导致屏体甚至膜层走线发生损坏；金属材料多次弯折后存在金属疲劳的风险，易发生变形，对于柔性显示面板的耐久性具有一定限制；有机基材则在表面平整度、防止膜层在弯曲时发生剥离方面存在一定劣势。

因此，相关研发主体主要采用在柔性基板上对弯曲部分材料、厚度进行改进，在基板上设置凹槽、通孔、图案化等手段实现弯曲应力释放，避免应力集中对柔性面板造成不良影响，提高面板的弯折能力。

---

❶　冯魏良,黄培.柔性显示衬底的研究及进展[J].液晶与显示,2012,27(5):599-607.

3.6.3.2　膜层改进

膜层主要指显示基板与封装层之间的膜层，主要是像素层、走线层以及其他的功能膜层。对于具有固定曲率盖板造型的显示产品，由于其显示屏仅需要进行固定曲率半径的弯折，因此在模组设置上与传统刚性 OLED 不需要做太大的改进；然而对于具有动态弯折效果的柔性显示屏，需要进一步考虑多膜层结合后的弯折效果，否则弯折应力会导致膜层剥离或走线断裂。

目前主要采用在膜层界面设置上下配合的凹凸图案、增加膜层以控制弯折中性面等手段实现减少或避免弯折时对走线或电子器件的影响。

3.6.3.3　封装层改进

OLED 显示装置中在显示面板的外围设置薄膜封装用于隔绝外界水、氧气的渗入对电子器件造成损坏。但在柔性显示装置中，薄膜封装的优势在于降低了对柔性基板的厚度和费用，也对于实现窄边框具有一定的积极意义。但在柔性显示屏弯折过程中，会导致无机膜层发生断裂或裂纹，其对内部被保护的 OLED 器件的保护效果会失效，会在整体上制约柔性显示屏的弯曲半径和弯曲性能。因此，对柔性面板封装层的改进，也是提高柔性显示面板弯折能力的重要方面。目前发现，增加膜层厚度可以有效提高接触界面的膜层密度，进而解决边缘收缩的问题；也可设置有机/无机多层膜结构加强边缘的结合效果；采用脉冲直流的沉积方式增加薄膜与基板的粘附力。

3.6.3.4　支撑结构的改进

为提高柔性显示面板的弯折能力，也可通过在显示面板外设置弯曲支撑件或保护外壳的方式对柔性面板进行保护，通常通过对支撑结构的材料、结构进行改进，以提高支撑装置相对于柔性屏的贴合性，并消减支撑结构弯曲时的应力积累。

3.6.4　柔性 OLED 面板弯折技术全球专利态势分析

通过对柔性 OLED 面板弯折技术的全球专利申请进行检索，并对柔性 OLED 面板弯折技术的全球专利申请发展趋势、区域分布和申请人作了总体分析。

3.6.4.1　申请趋势分析

图 3-6-6 和图 3-6-7 分别展示了柔性 OLED 面板弯折技术全球和中国专利申请趋势。从图可知，中国申请在 2012 开始迅速增加，并在 2016 年出现井喷增长，直至在全球申请中占据重要比例，这与国内柔性屏研发活跃，具有较大市场有关。重要申请人方面，依然呈现中韩占据统治地位的特点，三星在提高柔性屏弯曲性能方面依然处于领先地位。

3.6.4.2　主要申请人分析

图 3-6-8 展示了 OLED 柔性屏弯折技术全球专利重要申请人分布情况。柔性屏领域专利申请呈现较明显的申请人集中趋势，排名前四的申请人三星、华星光电、京东方、乐金相对于其他申请人优势明显。基于此，下文重点以三星、华星

光电、京东方和乐金作为具体申请人分析该领域技术分布、技术演进等趋势。

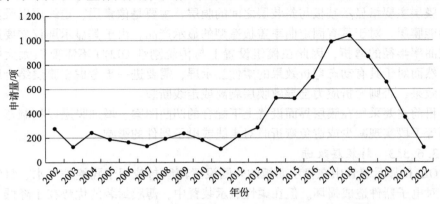

图 3-6-6　柔性 OLED 面板弯折技术全球专利申请趋势

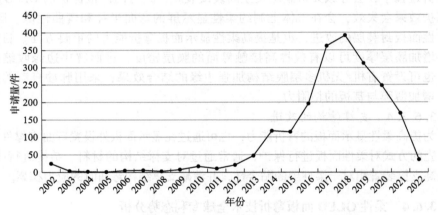

图 3-6-7　柔性 OLED 面板弯折技术中国专利申请趋势

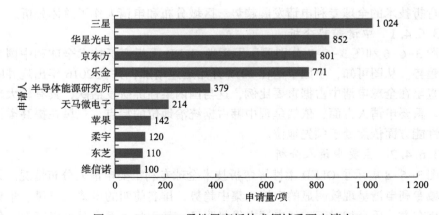

图 3-6-8　OLED 柔性屏弯折技术领域重要申请人

3.6.4.3　技术主题分析

图 3-6-9 展示了三星、华星光电、京东方和乐金在提高柔性屏弯曲性能方面采取的不同改进部位的专利分布情况。从图中可清晰地看出各申请人在提高弯曲性能方面的改进重点的差异，各大厂商大多通过对基板和膜层的改进提升面板的弯曲性能。其中华星光电和京东方的重点是通过对基板的改进实现显示面板弯曲性能的提升，在该方面申请量大于三星和乐金。三星的专利布局更多地体现在对支撑件的改进，乐金则更多地体现在对走线膜层的改进。四大厂商对封装层的改进用于提升弯曲性能的专利布局相对较少。

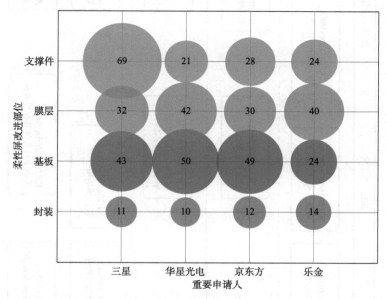

图 3-6-9　重要申请人在改进部位的分布（单位：项）

3.6.5　三星柔性 OLED 面板弯折技术专利分析

本章节整理了三星自 2009 年至今的申请，并对其在该领域的重点专利申请进行分析。图 3-6-10 是三星柔性 OLED 面板弯折技术发展路线图。

三星于 2012 年提出公开号为 KR20140060078A 的弯曲显示装置，该显示装置通过为显示面板提供折叠支撑构件，固定构件可包括弯曲的底部底架，可以以单个曲率或多个曲率来维持显示面板，实现显示装置折叠性能的提升。三星在 2014 年提出公开号为 KR20150140501A 的柔性显示装置（图 3-6-11），通过在柔性基板的弯折区设置柔性填充单元，实现对弯折应力的释放。

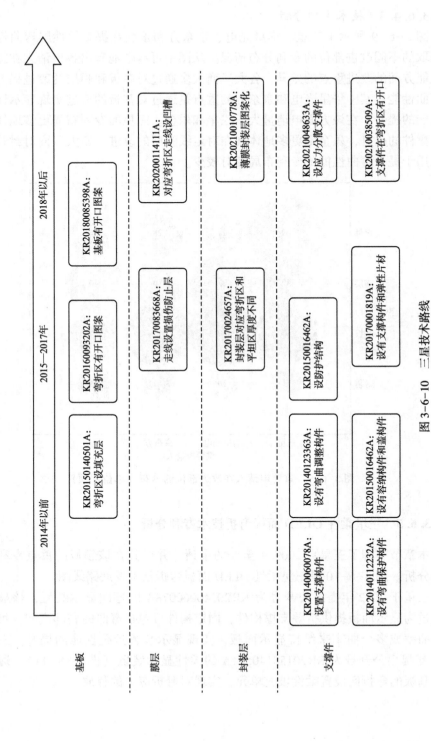

图 3-6-10　三星技术路线

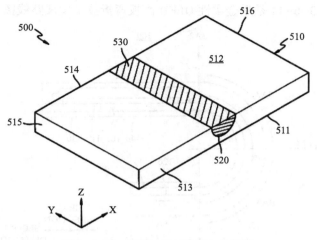

图 3-6-11　KR20150140501A 的附图

　　三星在 2015 年提出公开号为 KR20160093202A 的显示装置，为避免显示装置弯折时弯折区出现应力集中导致器件损坏，在基板上的弯曲区域设置多个开口图案，实现对弯折应力的释放。

　　三星于 2015 年提出公开号为 KR20170001819A 的可折叠显示装置，通过设置第一支撑构件和第二支撑构件，并在支撑构件上设置弹性片材，再将显示装置设置在弹性片材上，由此实现对显示装置的保护，避免弯曲时发生剥离。三星于 2015 年提出公开号为 KR20170024657A 的弯曲显示设备，通过设置封装层包括有机层和无机层，无机层对应平坦区和弯折区的粗糙程度不同，实现显示面板弯折性能的改进。

　　三星于 2017 年提出公开号为 KR20180085398A 的柔性显示装置（图 3-6-12）。基板的弯曲区域包括在弯曲时具有第一应力的第一区域，在弯曲时具有小于第一应力的第二应力的第二区域，以及在弯曲时具有小于第二应力的第三应力的第三区域；防裂图案包括多个防裂线，第一区域中的防裂线的数量大于第三区域中的防裂线的数量。

　　三星于 2021 年提出公开号为 KR20210038509A 的柔性显示装置（图 3-6-13），具有第一凹槽并具有由第一凹槽隔开的第一区域和第二区域的第一膜；第三膜设置在第一膜上；黏着层设置于第一膜与第三膜之间；发光显示单元，设置在第三薄膜上，可确保将发光元件设置在中性层，避免弯折对电子元件造成损坏。

3.6.6　乐金柔性 OLED 面板弯折技术专利分析

本章节整理了乐金自 2009 年至今的申请，并对其在该领域的重点专利申请进行分析。图 3-6-14 是乐金柔性 OLED 面板弯折技术发展路线图。

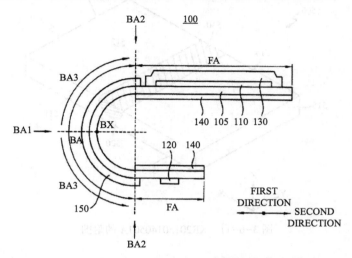

图 3-6-12 KR20180085398A 的附图

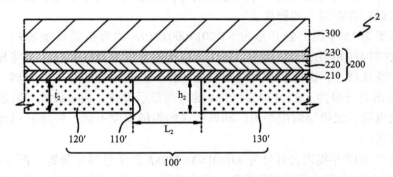

图 3-6-13 KR20210038509A 的附图

乐金于 2009 年提出公开号为 KR20110067405A 的柔性显示器，其制备过程中在玻璃基板上制备分类为显示单元和衬垫的柔性印刷电路板；在柔性衬底上形成具有薄膜晶体管、栅极焊盘和数据焊盘的薄膜晶体管阵列；转印膜附接到柔性印刷电路板的垫，保护膜形成在柔性印刷电路板的附接有透射膜的前侧中；玻璃基板与柔性印刷电路板分离。该柔性显示器通过在基板的前面形成保护膜以覆盖显示单元和焊盘来防止由于应力而导致显示单元和焊盘单元之间的破裂和断开。

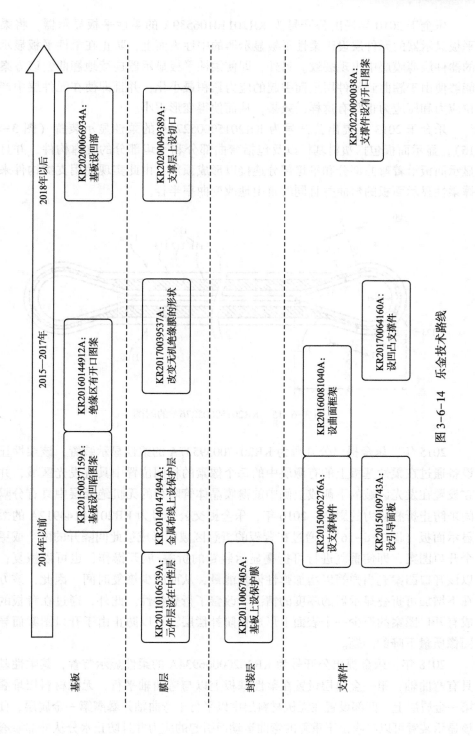

图 3-6-14 乐金技术路线

乐金于 2010 年提出公开号为 KR20110106539A 的柔性平板显示器，将柔性平板显示器的元件层设于柔性平板显示器的中性表面上，防止在柔性平板显示器的器件层薄膜层中出现裂纹。另外，即使柔性平板显示器连续地翘曲，该方案也能够使由于翘曲到元件层上而引起的应力累积最小化，并且即使在元件层中产生拉应力和压应力也具有这样的效果，从而使得变形很小。

乐金于 2013 年提出公开号为 KR20150005276A 的柔性显示装置（图 3-6-15），显示面板包括塑料基板以及包括弯曲部分和平坦部分的支撑构件，并且该显示面板沿着弯曲部分和平坦部分连接以形成顶部；由此实现使用支撑构件来支撑柔性显示面板的弯曲并且同时自由地改变曲率半径。

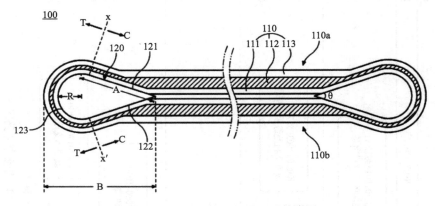

图 3-6-15　KR20150005276A 的附图

2015 年，乐金提出公开号为 KR20170039537A 的柔性显示装置，该柔性显示设备通过在柔性基板上的有源层中的每个像素的相同位置中具有发光区域，并且在设置在发光区域的下侧或上侧中的薄膜晶体管阵列的无机绝缘层中具有分隔空间来防止折叠应力的影响。2016 年，乐金提交公开号为 KR20160144912A 的柔性显示面板（图 3-6-16），通过在背板的折叠区域中形成彼此间隔开的两个或更多个开口图案，即使重复进行可折叠显示装置的折叠/展开操作，也可以恢复；并以该开口图案充当弹簧以增加弹性恢复能量，从而减少恢复时间。因此，该方案在不增加可折叠显示器的厚度的情况下改善了折叠特性。此外，通过在背板的形成有开口图案的至少一个表面上形成台阶补偿层，可以防止由于开口图案而导致图像质量下降的问题。

2018 年，乐金提出公开号为 KR20200066934A 的柔性显示装置，其柔性基板具有弯曲轴；第一金属层设置在柔性基板上以与弯曲轴平行，无机材料层堆叠在第一金属层上；凹部设置在无机材料层中以平行于弯曲轴并暴露第一金属层，使得该显示装置可以吸收由于重复的弯曲运动而引起的应力并且防止水分从外部渗透。

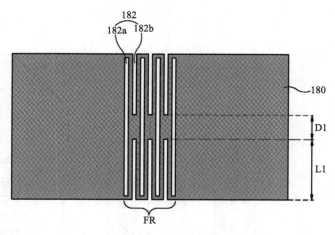

图 3-6-16　KR20160144912A 的附图

乐金于 2020 年提出公开号为 KR20220090038A 的可折叠显示装置，包括沿折叠顺序排列的第一非折叠区、第一折叠区、第二非折叠区、第二折叠区和第三非折叠区；支撑基板，包括对应于第一折叠区域和第二折叠区域的多个开口图案，第一折叠区域向内折叠，使显示面板的显示面朝内，第二折叠区域向外折叠，使显示面板的显示面朝外，并且在第一折叠区域内设置有多个开口图案的至少一部分沿第二非折叠区域所在的方向逐渐增大，且设置在第二折叠区域的多个开口图案的至少一部分的宽度位于第三非折叠区域的位置。因此，在折叠和展开可折叠显示装置的过程中，可以缓解折叠引起的应力，从而抑制对可折叠显示装置的损坏。

3.6.7　京东方柔性 OLED 面板弯折技术专利分析

本章节整理了京东方自 2009 年至今的申请，并对其在该领域的重点专利申请进行分析。图 3-6-17 是京东方柔性 OLED 面板弯折技术发展路线图。京东方在 2016 年开始对膜层和封装层进行研究，在 2017 年开始对柔性支撑件进行研究。

京东方于 2013 年提出公开号为 CN103489880A 的柔性显示装置（图 3-6-18），通过在基板和易损构件之间设置应力吸收层，在弯曲时产生的应力可通过应力吸收层之间的空隙进行分散，保护易损构件不受损坏，从而提高显示基板和柔性显示装置的可靠性。

京东方于 2017 年提出公开号为 CN106653820A 的柔性显示装置，其封装结构中与非显示区域相对应的一部分为无机封装结构，并在该无机封装结构上覆盖有机封装层，减少了当柔性显示面板弯曲时在无机封装结构上出现裂纹的可能性，从而延长使用寿命。

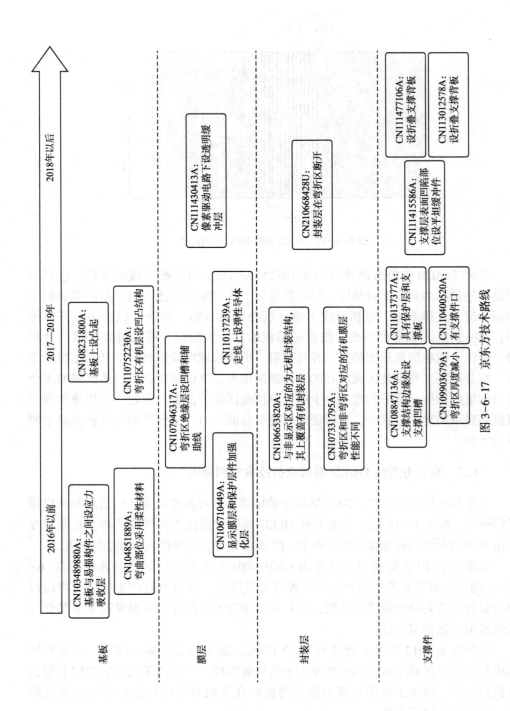

图 3-6-17 京东方技术路线

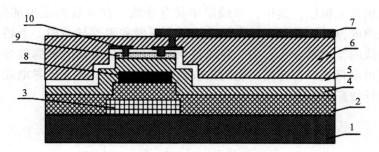

图 3-6-18　CN103489880A 的附图

京东方于 2017 年提出公开号为 CN107946317A 的显示装置，该显示装置的弯折区中包括设置于衬底基板上的信号线以及辅助线，辅助线位于信号线背离衬底基板的一侧；绝缘层在弯折区与不同信号线重叠的区域，设置有由沿不同信号线延伸方向排布的多个凹陷部形成的不同凹陷部组，辅助线覆盖该凹陷部组，能够降低弯折区中信号线因弯折而发生断裂的概率。

2018 年，京东方提出公开号为 CN108231800A 的显示装置（图 3-6-19），柔性衬底基板包括：第一表面；第一表面划分有弯折区域；第一表面在弯折区域内具有多个凸起；位于第一表面上方且穿过弯折区域的信号引出线。可降低柔性显示面板弯折时信号引出线位于弯折区域内的部分上受到的竖直方向上的应力，避免信号引出线在弯折时发生断裂，提高产品弯折后的良率。

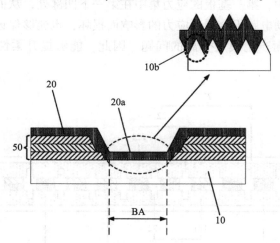

图 3-6-19　CN108231800A 的附图

2019 年，京东方提出公开号为 CN110137239A 的显示装置（图 3-6-20），其柔性衬底阵列分布有多个显示区，其中，显示区用于设置像素结构；每相邻两个显示区之间连接有桥；桥包括依次设置的缓冲层、第一有机层、布线层、第二有机层和无机层，其中，布线层中具有导线；在导线的至少部分长度内，沿导线延伸的方向，导线包括交替设置的金属段和弹性导体段。上述柔性基板中，在导线的至少部分长度内，导线包括交替设置的金属段和弹性导体段，弹性导体段可以释放因桥弯曲所受的拉应力或者压应力，在保证导电能力的情况下，防止导线断裂。

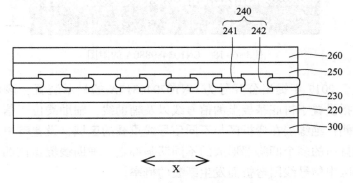

图 3-6-20　CN110137239A 的附图

京东方于 2020 年提出公开号为 CN111430413A 的柔性显示装置（图 3-6-21）。该柔性显示装置在像素驱动电路下方设置第一透明缓冲层，由于第一透明缓冲层包括多个第一凸起部和位于第一凸起部之间的第一下凹部，使得柔性显示面板在弯折过程中，第一基板的应力集中在第一下凹部处，从而保证位于第一凸起部上的像素驱动电路不会受到应力的影响而损坏，也能够保证有机发光单元不会因应力的影响而产生膜层分离的问题，因此，能够提升柔性显示面板的使用寿命。

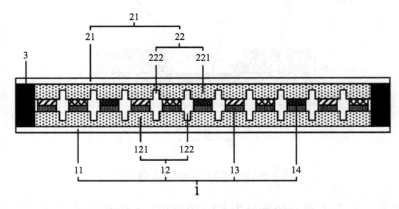

图 3-6-21　CN111430413A 的附图

　　京东方于 2021 年提出公开号为 CN113012578A 的一种折叠屏及显示装置（图 3-6-22）。该折叠屏包括：柔性显示面板和多个弹性部；在折叠屏由折叠状态转换为展平状态的过程中，弹性部中的连接杆可以在与其连接的平面部分的带动下，向远离柔性显示面板的第一方向移动；如此，弹性部中的与连接杆连接的弹性支撑件会向与第一方向相反的第二方向移动，该第二方向即为靠近柔性显示面板的方向。在这种情况下，在折叠屏处于展平状态后，弹性部中的弹性支撑件与可折叠屏部分紧密接触，且该弹性支撑件可以向可折叠部分提供一定的支撑力，进而降低了在折叠屏展平状态下，柔性显示面板中的可折叠部分出现折痕的概率，有效地提高了折叠屏的显示效果。

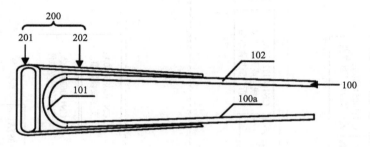

图 3-6-22　CN113012578A 的附图

3.6.8　华星光电柔性 OLED 面板弯折技术专利分析

　　本章节整理了华星光电的相关申请，并对其在该领域的重点专利申请进行分析。图 3-6-23 是华星光电柔性 OLED 面板弯折技术发展路线图。

　　华星光电于 2014 年提出公开号为 CN104485351A 的一种柔性有机发光显示器，在柔性衬底基板上依次形成第一缓冲层，柔性衬底基板弯曲时，产生第一弯曲变形力，第一缓冲层用于吸收第一弯曲变形力。该发明通过在现有的柔性有机发光显示器的柔性衬底基板上增加一层有机绝缘缓冲层，以避免在弯曲过程中损坏金属电极，从而提高了柔性有机发光显示器稳定性。

　　2017 年，华星光电提出公开号为 CN107464502A 的折叠显示装置（图 3-6-24），该折叠式显示装置通过设置转动支架将依次设置的两个壳体旋转连接，其中，每一壳体的两侧面均设有转轴及定位轴，转动支架的配合部上对应同侧的两个转轴设有两个轴孔，对应同侧的两个定位轴设有两个圆弧形的轨道，转轴、定位轴分别配合在对应的轴孔及轨道中，当旋转两个壳体使折叠式显示装置展开或折叠时，转轴在对应的轴孔中旋转，而定位轴在对应的轨道中滑动，能够保证在对显示装置进行弯折时其弯曲的曲率半径始终大于柔性显示模组的安全曲率半径，提升产品的使用寿命。

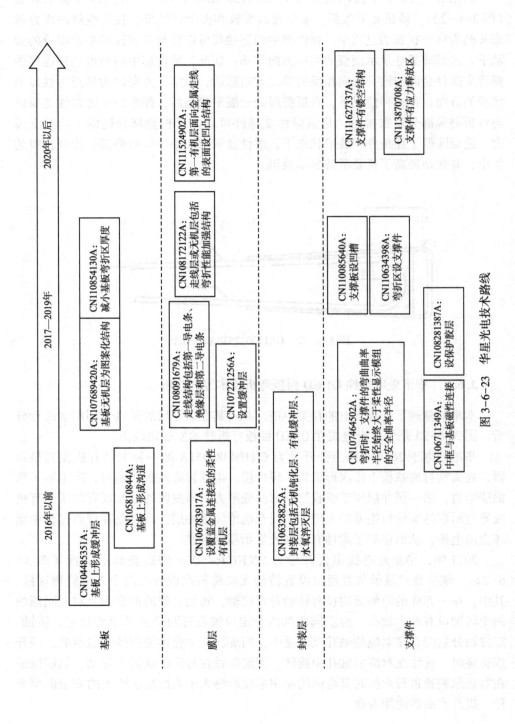

图 3-6-23　华星光电技术路线

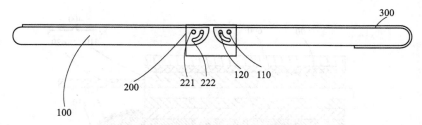

图 3-6-24　CN107464502A 的附图

华星光电于 2017 年提出公开号为 CN108172122A 的一种阵列基板（图 3-6-25），包括基板、形成于基板上的无机层、形成于无机层上的金属走线、形成于无机层上且覆盖金属走线的有机层；其中，金属走线和/或无机层包括折弯性能加强结构。该方案通过在金属走线和/或无机层设置折弯性能加强结构，使得柔性显示器在弯折时，弯折区应力得到释放，避免弯折区出现断裂或损伤，提高可弯折性能。

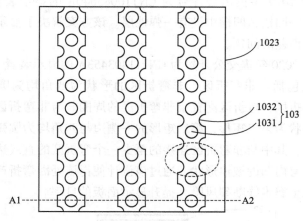

图 3-6-25　CN108172122A 的附图

华星光电于 2018 年提出公开号为 CN108281387A 的一种柔性显示装置的制作方法及柔性显示装置（图 3-6-26）。该柔性显示装置的制作方法中，先将柔性显示面板的弯折区与柔性电路板绑定，而后将柔性显示面板的弯折区向柔性显示面板的背面弯曲，之后在柔性显示面板上制作位于柔性显示面板的正面对应弯折区设置的第一保护胶层。利用第一保护胶层对弯折区内的走线进行保护，同时由于第一保护层形成在弯折区弯曲之后，相比于现有技术，降低了将柔性显示面板的弯折区弯曲的难度，减小柔性显示面板的弯折区在弯曲时所受的应力，提升产品品质。采用上述的制作方法制得的柔性显示面板，能够对柔性显示面板的弯折区进行保护，降低将柔性显示面板的弯折区弯曲的难度，防止柔性显示面板的弯折区在弯曲时受到较大的应力。

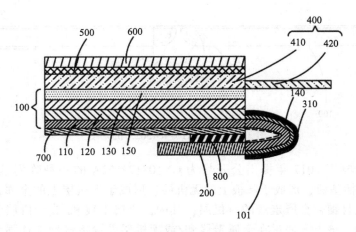

图 3-6-26　CN108281387A 的附图

华星光电于 2019 年提出公开号为 CN110085640A 的显示装置。在弯折区，支撑层至少具有一凹槽；凹槽中设有一弹性层。该方案解决了显示面板的弯折区的恢复性和支撑性差的问题。

华星光电于 2020 年提交公开号为 CN111403453A 的显示装置（图 3-6-27），其柔性显示面板包括：非弯折区，非弯折区的形状为四角均为圆弧角的第一矩形；至少一个弯折区，弯折区配置于非弯折区的周围并与非弯折区连接，且至少一个弯折区的形状为第二矩形，第二矩形的一侧边与四角均为圆弧角的第一矩形的一直线边相连，其中与非弯折区连接的至少一个弯折区的直线边相邻的两圆弧角中至少一者具有内凹的波浪形状。通过该设计使得该处因弯折产生的应力有效释放，从而降低金属走线断裂风险，提升显示面板的良率。

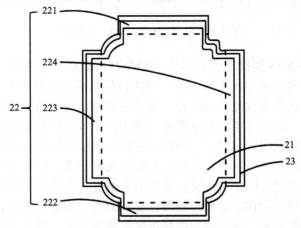

图 3-6-27　CN111403453A 的附图

华星光电在 2021 年提出公开号为 CN114078388A 的一种显示面板；该显示面板具有第一弯折区和第二弯折区，显示面板包括显示组件以及贴附于背离显示组件出光侧的支撑板，支撑板包括多层层叠设置的支撑构件，且每相邻的两层支撑构件之间通过粘结层粘结，第一支撑构件在对应第一弯折区的区域镂空，第二支撑构件在对应第二弯折区的区域镂空，如此可保证在显示面板的各个弯折方向上支撑板的力学性能最好，能够降低支撑板在弯折过程中受到的弯折应力，进而实现较小弯曲半径的弯折，同时各层支撑构件之间的胶材在弯折过程中发生的形变还能吸收一定的应力，可进一步降低支撑板在弯折过程中受到的弯折应力，以缓解现有柔性 OLED 显示器在弯折过程中金属支撑件存在断裂风险的问题。

3.6.9　本节小结

以柔性 OLED 为代表的柔性显示屏，相较于传统显示屏具有众多明显优势。不仅体积更加轻薄，且功耗明显降低，大大提高续航时间；且由于其可弯曲、柔性好的特点，也具有明显优于传统产品的耐用性、便携性。柔性显示技术的发展对手机、平板、可穿戴设备将带来深远影响，成为显示面板行业核心发展方向。国内外厂商纷纷抢先进行技术布局，抢占国际市场，并已有多款柔性终端产品问世。

从柔性 OLED 领域专利技术统计分析来看，在整个柔性 OLED 领域，中国和全球申请量在 2012 年开始快速增长，并在 2016 年出现井喷增长。中国在经过快速发展后，已经成为该领域全球范围内的最大技术来源国。地域分布上，中国和韩国是该领域的两大主要技术来源国，中国、韩国和美国是该领域重要的技术布局国；相对而言，韩国企业全球布局全面性优于中国。柔性屏主要申请人集中于中国、韩国、日本和美国，整体呈现中韩竞争的局面。三星在提高柔性屏弯曲性能方面依然处于领先地位，申请量排名前四的申请人三星、华星光电、京东方和乐金占据主要地位，并呈现明显的申请人集中趋势。

在研究内容方面，提高柔性 OLED 弯曲性能，尽量减少弯曲半径；提高封装效果，避免水氧渗入导致使用寿命降低；提高显示效果；降低柔性面板生产成本、提高良品率均是本领域主要申请人对于柔性 OLED 的主要研究方向。目前弯曲屏幕中具有极大的应力，屏幕失效的风险陡增，在柔性显示面板弯折技术中，避免弯曲时导致基板、封装层产生裂纹，进而影响膜层走线；同时避免弯折时导致显示面板内部膜层剥离，是改善弯折性能追求的功效。在弯折技术的分支方面目前主要体现在对基板、膜层、封装层和支撑件的改进。各主要申请人在弯折技术领域也体现出不同的侧重点。具体来说，华星光电和京东方的重点是通过对基板的改进实现显示面板弯曲性能的提升，三星则更多体现在对支撑件的改进；乐金更多体现在对走线膜层的改进。

在技术演进方面，各主要申请人早期都以基板的改进作为重点，但是在弯折技术的技术发展过程中则呈现不同发展路线。华星光电和京东方早期通过对基板的改进实现显示面板弯曲性能的提升，并逐渐呈现出将重心转移至膜层改进的趋势；三星则是分别在早期侧重于对支撑件和基板进行改进，并逐渐重视对膜层的改进；而乐金则是最早进行膜层研究，并逐渐开始对支撑件进行研究。

3.7　全面屏技术

3.7.1　全面屏技术产业发展概述

3.7.1.1　全面屏的定义

全面屏是手机业界对于超高屏占比手机设计的一个比较宽泛的定义。现在手机业界所说的全面屏手机是指真实屏占比可以达到 80% 以上，拥有超窄边框设计的手机。自从智能手机面市以来，其屏幕就一直朝着大尺寸的方向演进，但过大的屏幕却造成无法单手使用的困境，而全面屏的出现可以在不改变手机原有尺寸的情况下通过提高屏占比，在屏幕视野变大的同时不影响握持手感。

全面屏手机的出现有效提升了用户体验的舒适度，对于在 2017 年遭遇市场饱和的手机行业来说无疑是一个新的刺激点，智能手机的出货量开始回暖。根据群智咨询的预测，2018 年全面屏手机将全面爆发，出货量将达到 9.1 亿部，在智能手机中的渗透率将达到 61%；预计至 2020 年，全球全面屏智能手机出货量将达到 14.3 亿部，渗透率超过 85%。❶

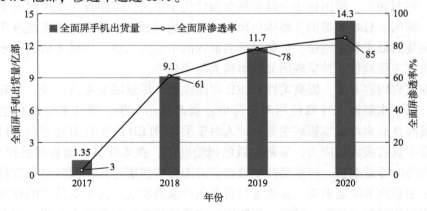

图 3-7-1　2017—2020 年全球全面屏智能手机出货量及渗透率趋势

---

❶ 群智咨询.预计 2018 年全球全面屏手机出货量将超 9 亿,渗透率达 61%［EB/OL］.（2017-12-28）［2023-12-13］. https://www.sohu.com/a/213374947_649693.

目前全面屏主要涉及六种方案：刘海屏、升降摄像头全面屏、水滴屏、通孔屏、盲孔屏、真全面屏。其中通孔屏的屏占比相比水滴屏有了进一步提高，正面视觉效果更佳，而真全面屏技术的引入才让手机实现真正意义上的全面屏，下面对上述六种方案的代表机型进行简单介绍。

刘海屏指的是全面屏手机屏幕上方的黑色不透明区域，形似刘海。刘海屏的称呼来源于 2017 年发布的 iPhone X。从外观上看，iPhone X 正面由一块异形屏构成，整个前部只保留了顶部的听筒、自拍相机和传感器。虽然其可以提升屏占比，但是依然无法实现真正的全面屏。

升降摄像头全面屏是将传感器设置在显示屏后侧，当传感器不使用时，其可以完全隐藏到显示屏后面，当需要使用传感器时，将其弹出或者旋转出，从而实现全面屏。2018 年 6 月 12 日 vivo 发布了首款升降摄像头全面屏手机 vivo NEX。其为实现全面屏提供了一种新的解决方案，后续各个手机厂商也相继发布了相关产品。

水滴屏在屏幕上方只有水滴大小的开孔区域，从而命名为水滴屏。水滴相较于刘海屏进一步提升了屏占比。

通孔屏是指在屏幕结构中打孔，将手机摄像头隐藏在屏幕的小孔里，以达到放置前置摄像头的目的。通孔屏可以进一步提升显示的屏占比，但是其依然不是真正意义上的全面屏。

盲孔屏只在显示面板偏光片和 TFT 阵列区域开孔，并不贯穿显示层，摄像头置于透明基板之下，前置摄像头上方仍有 OLED 层、封装层和玻璃盖板同时遮挡。相对而言，盲孔屏制作工艺较为简单、成本较低，但存在遮挡导致透光性较差，因为摄像头藏在屏幕下方，必须考虑光线透过屏幕的透光率和偏色影响。

真全面屏，指具备屏下摄像的产品，前置摄像头完全内置在屏幕之下，屏幕不再是刘海屏或滴水屏，是真正的全面屏。

目前，真全面屏技术成为各厂商竞争的焦点。有分析机构预测，到 2025 年，屏下摄像手机会占据智能手机 45% 以上出货量。❶ 截至目前，已发布的屏下摄像手机如表 3-7-1 所示。

表 3-7-1　全面屏手机产品列表

品牌	型号	发布时间	品牌	型号	发布时间
中兴	Axon20	2020 年 9 月 10 日	vivo	APEX2020（概念手机）	2020 年 2 月 28 日
	Axon30	2021 年 4 月 15 日	三星	Galaxy Z Fold3 5G	2021 年 9 月 1 日
小米	MIX 4	2021 年 8 月 10 日	联想	moto edge X30 屏幕下摄像版	2022 年 3 月 16 日

---

❶　邝伟钧.2021 年或成屏下摄像头手机元年,产业链迎爆发机遇［EB/OL］.（2021-08-06）［2023-12-13］.http://www.cb.com.cn/index/show/zj/cv/cv135131011261/p/1.html.

值得一提的是，首先发布屏下手机的三个厂家均来自中国，除此之外，欧珀、维沃、华为、荣耀等厂商都在推进屏下摄像技术的落地。可见在屏下摄像头技术方向上，国内厂家已经抢占了先机。

3.7.1.2 全面屏技术发展概述

全面屏早期以缩小孔尺寸为主要发展路线，从刘海屏到水滴屏再到通孔屏，容纳摄像头的孔尺寸越来越小，通孔屏可以分为通孔技术和盲孔技术，通孔是贯穿整个屏幕的孔，盲孔是仅在 OLED 部分靠近非显示侧的膜层中挖孔。

通孔技术的发展只能降低孔尺寸，不能实现真正意义上的全面屏，针对全面屏，主要有两种技术路线，一种为升降摄像头全面屏，另一种则是使用屏下传感技术。

升降摄像头全面屏从 2018 年在 vivo NEX 上被应用于商用机上，其他厂商也纷纷跟进将其应用到各自的产品中，其中包括，OPPO 的 K3、Find X 等，小米的 MI3、红米 K30pro，荣耀的 9X、X10，华为的畅享 10plus、三星 Galaxy_ A90 等，其中三星 Galaxy A90 由于融合了升降式摄像头和翻转摄像头而获得较好的口碑。

升降式摄像头是对屏幕完整形态影响最小的一种解决方案，其最大的问题是会增加手机重量、占用手机内部结构空间，而当前手机为了兼顾续航会进一步压缩内部空间，这种矛盾阻碍了升降摄像头全面屏的发展，同时从 2018 年开始，OLED 中屏下指纹的应用让大家看到了屏下摄像头落地的可能性。并且，基于 AMOLED 像素自发光的结构，AMOLED 面板无须像 LCD 那样配备背光板，这也意味着它能够通过技术改进，将面板的厚度做到足够轻薄。当面板的透光率达到一定标准时，通过面板的光线就足够让隐藏在面板下的前置摄像头实现成像。同时国内屏幕生产商，如京东方和天马微电子在 2017 年就开始投入 AMOLED 生产线，其他厂商如华星光电和国显光电等也相继加入，这使得手机产品上可以大规模应用 AMOLED，而依赖于 AMOLED 的屏下指纹摄像头技术也获得更大的发展机会。

真全面屏技术从 2018 年提出到 2020 年第一款产品商用，这期间主要解决的是屏幕的透光率问题，常规的方案是通过像素布置和使用透光材料等来实现。

真全面屏技术是当前全面屏技术领域的热点，但由于技术还未完全成熟，目前已发布的产品还较少，当前各大手机厂商正联合屏幕供应商共同开发产品，以加快技术进步速度，相信在未来可以看到更多全面屏产品的商用。目前市场主流的全面屏技术为通孔、盲孔和真全面屏三种方案，本节研究主要针对通孔、盲孔和真全面屏三种全面屏技术开展。

3.7.2 全面屏技术专利全球专利态势分析

3.7.2.1 申请趋势分析

通过对全面屏技术领域相关专利申请随年代变化趋势的分析，可以初步掌握自 2010 年以来，全球全面屏技术的发展过程和趋势，从而对其未来发展方向形成初步预判。

全面屏技术是从 2017 年快速发展起来的一门新兴技术，最早于 2010 年提出相关申请。图 3-7-2 展现了全面屏的全球专利申请趋势，图中显示全球的专利申请量从 2010 年起呈现出逐步上升的趋势，并从 2017 起迅速增加，到 2019 年达到顶峰，说明从 2017 年起，显示产业对全面屏的需求日益凸显，都积极布局全面屏技术，相应的多边专利布局申请也相应增加。

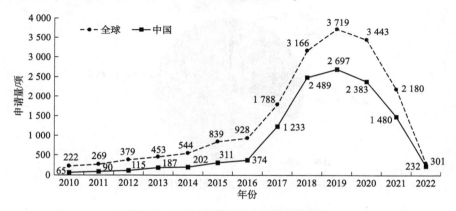

图 3-7-2　全面屏的全球专利申请趋势

3.7.2.2 国家/地区分布分析

从图 3-7-3 的全面屏技术专利申请原创国分布情况来看，中国的主导优势明显。专利申请来源国主要集中在中国、美国、日本、韩国这四个国家，其中，中国以 40% 份额在专利数量上遥遥领先，美国和日本由于申请人较多且分散，其申请总量分别位于第二和第三，韩国申请总量虽然位居第四，但韩国有三星、乐金等重要申请人，这促使了其在全面屏相关技术的发展中占据了重要的位置。

从图 3-7-4 可以看出，全面屏技术专利申请目标国主要集中在中国、日本、美国和韩国，其中中国是世界各大企业申请专利的目标区域，日本、美国次之，说明全面屏技术相关申请人都很重视中国、日本、美国市场。

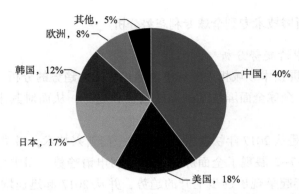

图 3-7-3　全面屏技术专利申请原创国分布

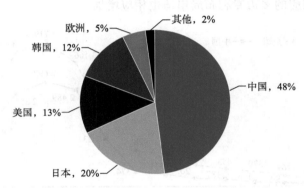

图 3-7-4　全面屏技术专利申请目标国分布

3.7.2.3　主要申请人分析

由于手机终端厂商在显示面板基础技术研究较少，主要布局在全面屏的应用改进，因此在分析重要申请人时，以显示屏生产商作为主要分析对象，图 3-7-5 展示了全面屏技术全球重要申请人排名情况。从图中可以看出，中国的天马微电子、华星光电、维信诺、京东方、友达光电、群创光电及韩国的三星和乐金在全面屏技术上的布局较多。

3.7.2.4　技术主题分析

全面屏技术从孔区结构形态上分类，主要包括通孔、盲孔和真全面屏，从图 3-7-6 中可以看出，全面屏技术最早于 2010 年开始就在"通孔"技术方向进行专利申请，并持续对通孔进行了专利布局，直到 2011 年又开始对"盲孔"方向开始专利布局，而"真全面屏"方向则从 2016 年起进行专利布局，并从各个技术点上进行较全面的专利布局，从 2018 年开始全面屏通孔技术的全球专利申请量迅速提升，全面屏技术领域的快速发展期，同时在通孔、盲孔和真全面屏 3 个技术分支均展开专利布局，申请量于 2019 年前后达到顶峰，体现了全球面板厂商对全面屏技术的重视和投入；同时也可以看出，真全屏技术 2019 年超过通孔技术成为申请量最多的技术分支，可以预计其未来也必然是全面屏技术研发的热点。

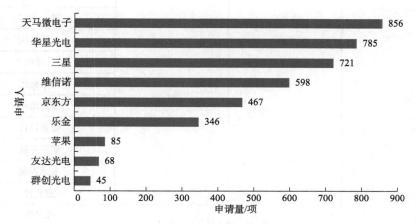

图 3-7-5 全面屏技术全球重要申请人排名

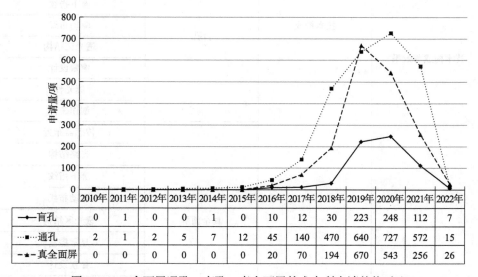

	2010年	2011年	2012年	2013年	2014年	2015年	2016年	2017年	2018年	2019年	2020年	2021年	2022年
盲孔	0	1	0	0	1	0	10	12	30	223	248	112	7
通孔	2	1	2	5	7	12	45	140	470	640	727	572	15
真全面屏	0	0	0	0	0	0	20	70	194	670	543	256	26

图 3-7-6 全面屏通孔、盲孔、真全面屏技术专利申请趋势对比

表 3-7-2 是对全面屏技术功效矩阵的各项技术分支和技术效果的技术分解表，对重点专利的分析将按照这些技术构成和技术效果进行分类分析。

表 3-7-2　全面屏技术分解

	一级分支	二级分支	三级分支
技术构成与效果	技术构成	通孔	制作工艺
			屏下指纹
			光路结构
			孔结构
			缺陷检测
			密封结构
			像素设计
			驱动布线
			显示控制
			遮光件
		盲孔	孔结构
			密封结构
			屏下指纹
			驱动布线
			透光区结构
			像素设计
			遮光件
			制作工艺
		真全面屏	传感器布置
			光路结构
			屏下指纹
			驱动布线
			透光区结构
			显示控制
			像素设计
			阴极图形化
			制作工艺
	技术效果	低成本	
		防漏光	
		简化工艺	
		抗干扰	

续表

	一级分支	二级分支	三级分支
技术构成与效果	技术效果	减小孔径	
		提升检测精度	
		提升结构强度	
		提升可靠性	
		提升透光率	
		提升显示效果	
		阻隔水氧	
		减少安装空间	
		提升良率	
		提升拍照效果	

3.7.3　全面屏通孔技术发展路线分析

图 3-7-7 展示出了全面屏通孔技术专利申请的技术功效。对于全屏通孔技术而言，就是在显示区形成贯穿显示面板的物理孔，以容纳各种元件，如传感器等，以实现全面屏显示。可见，对于全屏通孔技术，孔的形成势必影响器件对水氧的阻隔性能，以及孔周边的布线，因此对于通孔而言，孔结构、驱动布线、制作工艺是影响挖孔屏优劣重要指标，也是全面屏技术改进的重要方向。由技术功效图可以看出，通孔技术在阻隔水氧和提升显示效果、提升可靠性方面的申请量最多，表明在这三方面的关注程度最高。对显示区通孔而言，密封结构对显示屏的水氧阻隔能力起到决定性作用，改进孔周边的密封结构，不断优化密封形状、材料和构成，无疑是改进水氧阻隔性能最直接也是最有效的途径。由此，密封结构方面的专利申请量是最多的。此外，驱动布线对抗干扰性能也占据主导作用，这是因为通孔周边的布线通常都要设置为弯曲且不叠置形状，这就尤其要关注布线的抗干扰性，可见通过不断改进通孔周边的布线形状、材料和连接方式是提升抗干扰性的关键手段。从图 3-7-7 中可以看到，改进驱动布线，不仅仅可以改善抗干扰特性，还对简化工艺和提升显示效果有益处。而对显示区真全面屏技术而言，传感器的检测精度至关重要，这方面的专利申请也偏多，而通过驱动布线的合理布置和对通孔结构进行改进可以有效地提升传感器的检测精度，而孔结构的改进同时还会影响透光率，有助于提升孔区的透光率。可见，孔结构和驱动布线是提升检测精度的最主要改进方向。

图 3-7-8 展示的是通孔技术专利申请技术发展路线图，从整个技术发展路线图可以看出，通孔技术的研发是全面屏技术的主要着力点，通孔技术主要围绕

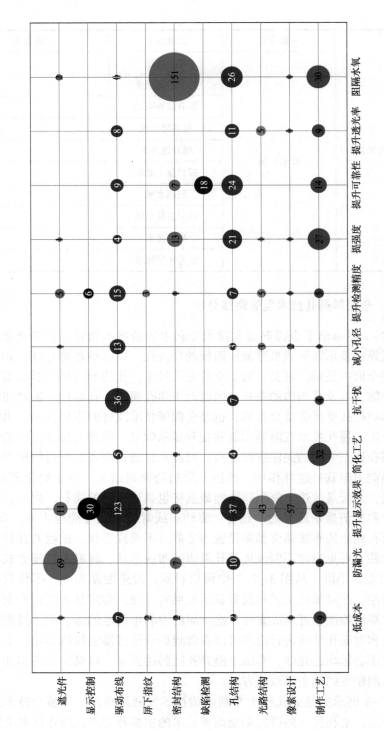

图 3-7-7 全面屏通孔技术专利申请的技术功效

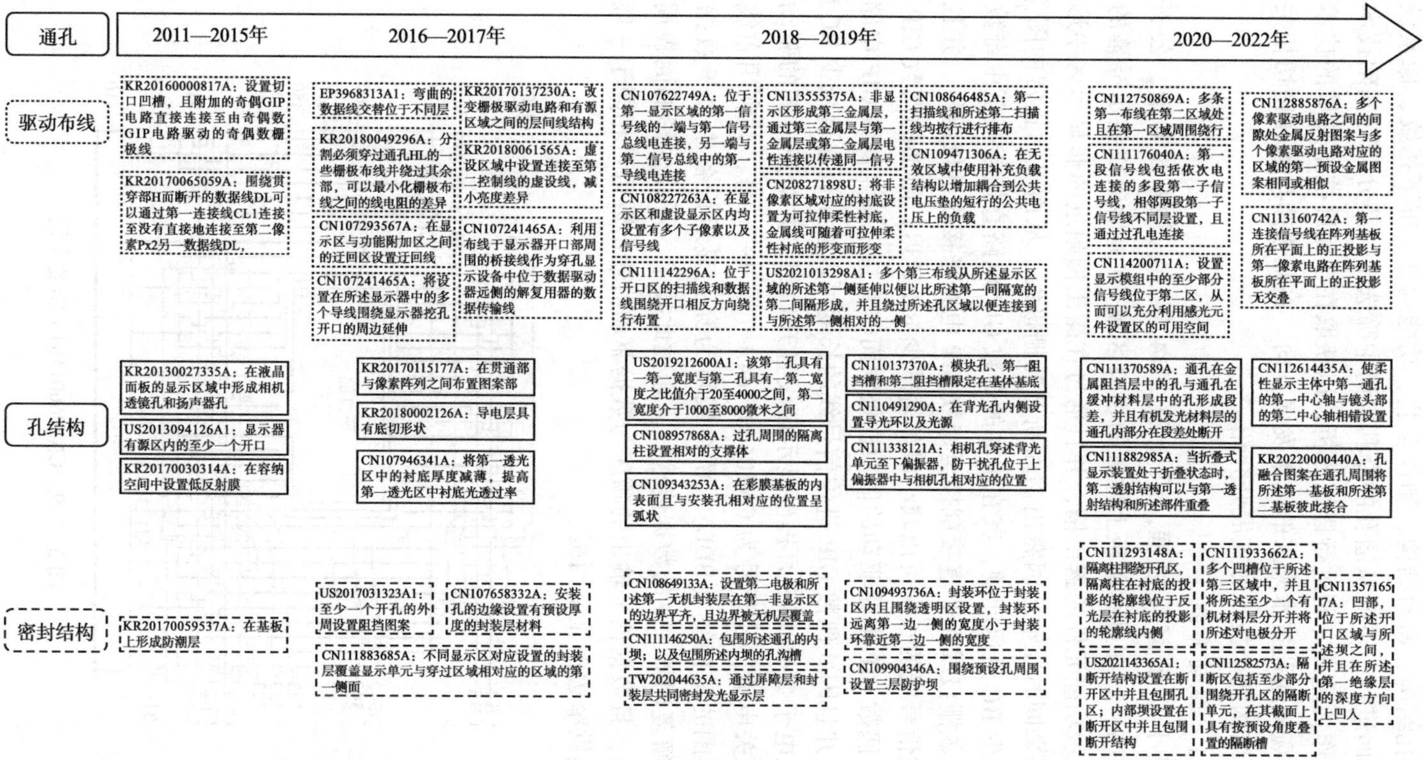

图 3-7-8 全面屏通孔技术路线

通孔

时间轴：2011—2015年　2016—2017年　2018—2019年　2020—2022年

驱动布线

2011—2015年
- KR201600008817A：设置第二口回槽，电路直接连接至出的奇偶数GIP电路驱动的奇偶数栅线，且周期加的奇偶数GIP电路
- KR201700650 59A：穿部H面新行吊DL，以通过第一连接线连接CL1连线至至效有直线接地连接第二像素的第Px2另一数据线DL

2016—2017年
- EP3968313A1：弯曲的：数据线交替行不同层区域之间的层同线地布线
- KR201700137230A：改则必须穿过孔H上部，当蝶板布线并穿过其余线之间连续的虚设线减小宽度差异
- KR201800049296A：分
- KR201800061565A：度
- CN107241465A：在显示区和显示区内的设置多个子像素以及信号线
- CN107241465A：利用图的桥接线作为发光显示器复用的解复用器件的数显较远端设置回线并调整器件行口的周边延伸
- CN10724296A：有线子桥接线之间的正向走线迂回布线且所述回线绕过开口区域以便连接到另一侧
- CN107293567A：将设置在回线的桥接架加设区子像素区之间的形变容性板

2018—2019年
- CN107622749A：位于第一走线区域的第一信号线的一端与第一信号总线电连接，另一端与的第二信号总线连接
- CN108227263A：在显示区和显示区内的公共电极线，控制线的虚设差异，小宽度差异
- CN113555375A：非显示形成第三金属层，通过形成延伸第一扫描线走行律，全属层连接第一、第二金属层电
- CN108646485A：第一扫描线到所述第一扫描线与第二金属层电
- CN108271898U：将非显示区域对应的和版或接材料使用增加额的公共地压占电的共地载压上的负载
- CN111142296A：位于第二有线总线且布有布线走向
- CN111142296A：多个第三有线从所述第二金属走线迂回比所述第一回载过所述孔区域以使迂线连接到孔
- US201201298A1：以便绕过所述的一侧并与走线与孔区域的另一侧

2020—2022年
- CN112750869A：多个第一区域走线且在第一区域周围行各区域的多行各区域
- CN111176040A：第一数据驱动电路和第二个名数个子行数据驱动电连接多个的多子行号线，相邻两段第一号线信号线连接与
- CN11420071lA：设置显示模组中的至少部分信号线位于第一区，从前向以充分利用感光元件设置区的可用空间
- CN112888876A：多个像素驱动电路之间的散在全反射版的多个一个像素驱动电路对应的区域数电路并行模拟
- CN113160742A：第一连接电号线在行列是行所行电路在正投影所相电平面上的正投影无差叠
- CN112614435A：柱显示主体中中，性的一个与电中心和所描头部的第一中心对齐连置中心和所相对设置
- CN1137165xA：回置，所述开口区所置的间像素与所的度设方向第一上凸
- CN112820000440A：孔融合图案在第孔周围与所描述的第二基板相对设置此合
- CN11193362A：多个凹槽位于所述第三区域中，将所述至少一个第三区域包括像素与所述第二中心相对应
- CN11293148A：隔离档墙行区，隔离档柱在材底的凹区，影的轮廓弧设应的二凸，光显在时底的挡墙一侧的挡墙线图桥
- CN1128257 3A：隔像区包括至少四部分，所述桥包括开孔并断，在其真面上，在有按预设角度叠
- US2021143396A1：断开结构设置在断开区中且包围所孔的内环跟设置在区，内环跟设置在断开区中且包断开的断开结构
- CN11370589A：通孔在全属档挡在材底的凹区，裂冲材料层中的孔形成比较，并且有优发材料层的差，通孔内被冲有优差绝缘断行
- CN10491290A：在背光孔内阀设置发光孔以及差额
- CN11882985A：孔显示装置于带弯式第二透描结构可以与第二透描和所述第一基板利所述第

孔结构

2011—2015年
- KR201300027335A：在液晶面板的背面基板中形成机透绕孔和添加绕孔
- US201309412 6A1：显示器一个开口有基区内的一个开口
- KR201700030314A：在结构空间中设置孔底成助膜

2016—2017年
- KR201700115177A：在贯通孔与像素驱动之间孔结构
- KR201800021266A：有底切形状
- CN107946341A：将第一透光区中的孔第一透光孔的村底厚度减薄、提高第一透光过穿过孔结构的光透过率

2018—2019年
- US201921260 0A1：该第二孔具有第一宽度与第二孔具有第一宽度，高度之比位介于20至4000之间，第一宽度介于5000微米之间
- CN108957868A：过孔周围的隔离柱设置相对的支撑体
- CN109343253A：在套膜基基板的内表面且与孔相对应的位置呈弧状
- CN101013370A：模块一，第一组挡墙和第二段挡墙设在基体基础
- CN109491290A：在背光孔内阀段置发光孔以及差额
- CN11338121A：相似孔穿过背光单元下下偏振层，防于孔的位于土偏振层中与孔相对应的位置

2020—2022年（孔结构）
- CN109493176A：封装环位于封装，封发环中区外封封的挡墙，封膜区的宽度小于封装，封层位于封表定环一边——侧的宽度
- CN109904346A：设置三层防护增，内环限设置环区一侧发光层

密封结构

2011—2015年
- KR201700059537A：在基板上形成助增层

2016—2017年
- US201700 31323A1：至少一个孔孔的外围的密封填充案，1度的密封层的外周的宽度大相密封图案
- CN101658332A：安装材料层材料
- CN11883685A：不同显示区对应设置的密封区域的层增厚度不穿过区显示相对应的密封层

2018—2019年
- CN108649013A：该第一电极所述第二电极基区延孔非显示区，且边界限孔显限基第一
- CN10765833A：该第一电极基区非显示区延，且边界限孔显限基
- CN11146250A：以及边界限形的内对相的层，以及以及相内折穿过
- TW202044635A：通过屏幕层和发光层

驱动布线、孔结构、密封结构、制作工艺、功能构件、屏下指纹、像素设计、缺陷检测等方面进行。下面从通孔的专利申请中筛选出一部分具有基础技术或前沿技术的专利作为重点专利进行详细分析，以获取在全面屏技术领域的技术研发现状，并从中窥得通孔技术未来的技术发展方向。在此选择与通孔密切相关的驱动布线和密封结构两个技术分支展开介绍。

3.7.3.1 驱动布线

为了减小显示面板边框，乐金于 2014 年 10 月提出申请，公开号 KR 20160000817A，其在显示面板上设置的切口区域 50 上形成在显示屏幕的上部处插入有非显示功能元件的露出槽，并且通过在露出槽附近的非显示区中形成附加的 GIP 电路来同时驱动已因露出槽而断开的栅极线，从而显示正常的图像显示；同时为了减少 RC 延迟问题，其在附加的奇数 GIP 电路直接连接至由奇数 GIP 电路驱动的奇数栅极线而非直接耦接至奇数 GIP 电路来接收进位信号，并且因此奇数 GIP 进位信号线的长度可以减小以显著减少 RC 延迟；附加的偶数 GIP 电路直接连接至由偶数 GIP 电路驱动的偶数栅极线而非直接耦接至偶数 GIP 电路来接收进位信号，并且因此偶数 GIP 进位信号线的长度可以减小以显著减少 RC 延迟。

群创光电于 2016 年 8 月提出显示区设置开口部，并对开口部的驱动布线进行改进的相关申请，公开号为 CN106601164A（图 3-7-9），其利用布线于显示器开口部周围的桥接线（BDL），桥接线可为穿孔显示设备中位于数据驱动器 310 远侧的解复用器 330 的数据传输线。通过此技术，可减少影响面板周边区域的布线空间，且数据信号输出的顺序与数据驱动器输出数目可相同于一般显示面板，故可提供窄边框显示面板。

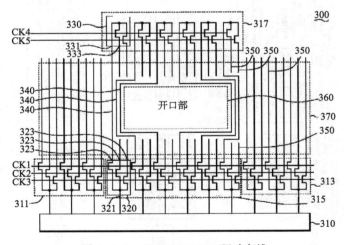

图 3-7-9　CN106601164A 驱动布线

　　为了提升透光率，三星于 2017 年 9 月提出申请，公开号为 CN107221281A，其在显示面板上设置切割区，对于数据线被切割区阻断的区域，单独设置独立数据线，并且在不同的时间复用部分常规数据线，独立数据线经被复用的常规数据线与信号驱动电路间接连接，在第一时间对独立像素区的像素进行充电，完成独立像素区的灰阶显示，在第二时间对常规像素区的像素进行充电，完成常规像素区的灰阶显示，实现了设置镂空的切割区的显示面板的驱动显示，并且独立数据线与常规数据线的走向一致，也即显示面板上所有的数据线走线一致，显示面板上整体的像素可一致排布，色阻可一致排布，不会造成独立像素区与常规像素区在视觉效果上的差异，显示面板整体的均一性好。

　　为了缩小孔尺寸，群创光电于 2018 年 2 月提出申请，公开号为 CN113555375A，具体技术方案为：显示设备包含：一基板，包含一显示区以及一非显示区，该显示区围绕该非显示区；一第一导体层，设置于该基板上；一第二导体层，设置于该基板上，其中，于一俯视方向上，该第二导体层与该第一导体层于对应该显示区处交错；一第一绝缘层，设置于该第一导体层与该第二导体层之间；一第三导体层，设置于该基板上，且对应该非显示区设置；一第二绝缘层，设置于该第二导体层与该第三导体层之间，其中，于该俯视方向上，该第三导体层与该第二导体层于对应该非显示区处交错。通过于非显示区形成第三金属层，通过第三金属层与第一金属层或第二金属层电性连接，以传递同一信号，使显示设备能实现窄边框的效果。

　　为了减小相邻数据线的绕行部分之间的耦合，三星于 2019 年 1 月提出申请，公开号为 CN111142296A，具体技术方案为：显示面板包括基底，包括围绕开口区域的显示区域以及位于开口区域与显示区域之间的非显示区域；多个显示元件，位于显示区域中；多条扫描线，在第一方向上延伸并在开口区域的边缘周围绕行；多条数据线，在与第一方向交叉的第二方向上延伸，多条数据线在开口区域的边缘周围绕行；以及多条发射控制线，在第一方向上延伸并在开口区域的边缘周围绕行。因此，可以减小相邻数据线的绕行部分之间的耦合。

　　为了进一步减小孔区周围的死区面积，三星于 2020 年 10 月提出申请，公开号为 CN112750869A，具体技术方案如下。显示面板包括：基底，包括组件区域以及围绕组件区域的显示区域，组件区域包括第一区域以及围绕第一区域的第二区域；多个第一显示元件，在显示区域处；多个像素组，在第一区域处以岛状彼此间隔开，多个像素组中的每个包括多个第二显示元件；多个透射区域，在第一区域处且与多个像素组相邻；多条第一布线，在第一方向上延伸并且电连接到多个第一显示元件，多条第一布线在第二区域处且在第一区域周围绕行。

　　为了改善显示装置在黑暗条件下显示亮度明暗不均的问题，华星光电于 2021 年 1 月提出申请，公开号为 CN112885876A，通过多个像素驱动电路之间的间隙处的金属反射图案与多个像素驱动电路对应的区域的第一预设金属图案相同或相似，使得过渡显示区的反射率趋于均一，改善显示装置在黑暗条件下显示亮度明暗不均的问题。

3.7.3.2 密封结构

为了防止在被开孔打开的区域中引入的湿气和氧气，三星于 2015 年 11 月针对孔区密封结构进行改进提出申请，公开号 KR20170059537A，具体技术方案为：在显示区设置贯穿基板的通孔，并在基板上形成防潮层。

为了防止在被开孔打开的区域中引入的湿气和氧气，乐金于 2016 年 7 月针对孔区密封结构进行改进提出申请，公开号 US2017031323A1，具体技术方案为如下。有机发光显示装置包括：基板，所述基板具有设置有多个像素的显示区域、位于所述显示区域的外部的非显示区域及限定在所述多个像素之间的至少一个开孔区域；和叠层结构，所述叠层结构设置在所述基板上并且限定所述显示区域中的多个像素，所述叠层结构包括至少一个有机层，其中所述至少一个开孔区域包括：穿透所述基板的至少一个开孔；阻挡图案，所述阻挡图案沿所述至少一个开孔的外周设置，以阻挡湿气和氧气的引入路径以及裂纹的蔓延路径经由延伸至所述至少一个开孔的至少一个有机层扩散至与所述至少一个开孔相邻的多个像素，其中所述阻挡图案将所述至少一个有机层与延伸至所述至少一个开孔的相应层分离。

为了防止在被开孔打开的区域中引入的湿气和氧气，京东方于 2017 年 10 月针对孔区密封结构进行改进提出申请，公开号 CN107658332A，具体技术方案为：在显示区域设置有用于安装硬件结构的安装孔；安装孔贯穿衬底基板和显示面板上的各膜层；安装孔的边缘设置有预设厚度的封装层材料；预设厚度的封装层材料至少覆盖与安装孔的边缘相邻的发光层和阴极层。将安装孔设置在显示区域，可以实现全面屏的制作；而且预设厚度的封装层材料可以对发光层和阴极层起到保护作用，防止其被外界的水氧所氧化，提高了安装孔位置处的信赖性。

为了提升水氧阻隔效果，乐金 2019 年 12 月针对孔区密封结构进行改进提出申请，公开号 CN111326553A，具体技术方案为：显示装置包括设置在封装单元上的有机覆盖层、设置在基板孔与多个发光元件之间的内坝及设置在基板孔与内坝之间的阻挡元件，阻挡元件设置在有机覆盖层下方，从而可以防止对发光堆叠层的损坏，并且可以减少非显示区域的尺寸，因为基板孔设置在有源区域中。

为了提升水氧阻隔效果，京东方 2020 年 2 月针对孔区密封结构进行改进提出申请，公开号 CN111293148A，具体技术方案为：隔离柱设于驱动层背离衬底的表面且位于过渡区，隔离柱围绕开孔区，隔离柱在衬底的投影的轮廓线位于反光层在衬底的投影的轮廓线内侧；隔离柱的侧壁设有凹槽。发光器件层覆盖驱动层和隔离柱，发光器件层包括发光层，发光层在凹槽处间断。通孔贯穿驱动层和发光器件层，且位于开孔区。

3.7.4　全面屏盲孔技术发展路线分析

图 3-7-10 展示出了显示区盲孔技术专利申请的技术功效图。对于全屏盲孔技术而言，就是在显示区形成未贯穿显示面板的物理孔，以容纳各种元件，如传感器等，以实现全面屏显示。由图 3-7-10 可以看出，在透光区结构、孔结构方面的申请量最多，表明企业在这两方面的关注程度最高。从图中可以看到，提高透光性能是盲孔技术的主要目标，对显示区盲孔技术而言，透光区结构的改进为改善透光率的主要手段，有助于提升孔区的透光率和屏幕的显示效果，因此，相关申请人在透光区结构方面布局的专利数量最多。在屏幕上开孔，必然会对开孔位置及其周边屏幕造成影响，如何通过对孔的位置和结构的改进来减少对结构强度、密封性和显示效果的影响为各大厂商研发人员长期以来的研究方向，并布局了较多专利数量。一般会将摄像头、指纹传感器等外设设置在挖孔中，在使用外设时不希望屏幕上的发光元件所发出的光进入摄像头区域，因此会在孔周围设置遮光件进行遮光，遮光件的材质、结构、位置都会对遮光效果造成影响，从而影响使用体验，屏幕生产厂商在遮光件这一分支也布局了一些专利。此外，针对挖孔的区域，在生产工艺和布线方面也会与常规屏幕有所不同。

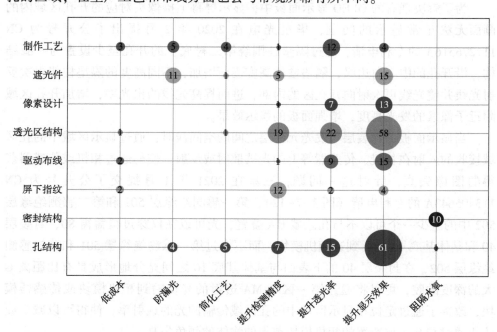

图 3-7-10　显示区盲孔技术专利申请的技术功效图

图 3-7-11 所示的是显示区盲孔技术专利申请技术发展路线图，从整个技术发展路线图可以看出，盲孔技术主要围绕透光区结构、孔结构、遮光件、布线设计等方面进行。下面从盲孔的专利申请中筛选出一部分具有基础技术或前沿技术的专利作为重点专利进行详细分析，以获取在全面屏技术领域的技术研发现状，并从中预测关于盲孔技术未来的技术发展方向。在此选择与盲孔密切相关的透光区结构和孔结构两个技术分支展开介绍。

3.7.4.1 孔结构

当照明传感器位于显示面板的背面时，光必须在到达照明传感器的光传感器之前穿过显示面板，并且透射率可能非常低，为了提高透射率，三星在 2018 年 1 月提交了公开号为 US20180204526A1 的专利申请，通过在显示面板的背面上的保护层中形成与光传感器相对应的开口，从而提高了通过显示面板的透射率，从而增强了显示装置的光感测能力。

为避免配向液在盲孔堆积，华星光电在 2019 年 4 月提交了公开号为 CN 110109279A 的专利文献，通过对阵列基板上的盲孔进行设计变更，调整盲孔处的数个膜层的开孔位置和开孔大小，使得盲孔处的锥角变得平缓，进而使得后续涂布的配向液均匀过渡，避免配向液在盲孔处堆积。

为了解决现有的 OLED 显示面板中，显示屏幕上摄像头对应的开孔区域内的画面无法正常显示的问题，华星光电在 2020 年 2 月提出了公开号为 CN 111276516A 的专利申请，通过隔垫柱围绕第二衬底上的开孔至少设置为一圈结构，沿开孔的中心向边缘，隔垫柱的高度逐渐增加，不同高度的隔垫柱能再次反射光线并使光线再次射向开孔区的内部，进而提高光线的出光率，增加开孔区域附近子像素的发光亮度，增强面板的显示效果。

当显示面板的封装层与发光元件层之间的空间浅时，通过显示区域中的孔区域接收的入射在相机、传感器等上的光被散射或反射，使得通过相机或传感器获得的图像失真，针对这一问题，三星在 2021 年 1 月提交了公开号为 CN 113495643A 的专利申请（图 3-7-12），第一感测绝缘层 501 和第二感测绝缘层 502 中的至少一个可以不与孔区域 HA 叠置，光可以在仅穿过覆盖窗 80、封装层 40 和基体基底 10 之后到达相机模块，而不穿过第一感测绝缘层 501 和第二感测绝缘层 502，在封装层 40 的下表面与基体基底 10 之间充分地形成具有比距离 G 大的深度的腔，可以将通过第一区域 MA 透射的光传输到相机模块或传感器模块，改善了通过定位在显示区域中的孔区域传输的光的透射率，使得可以减少或防止通过与孔区域叠置的相机模块获得的物体的颜色失真。

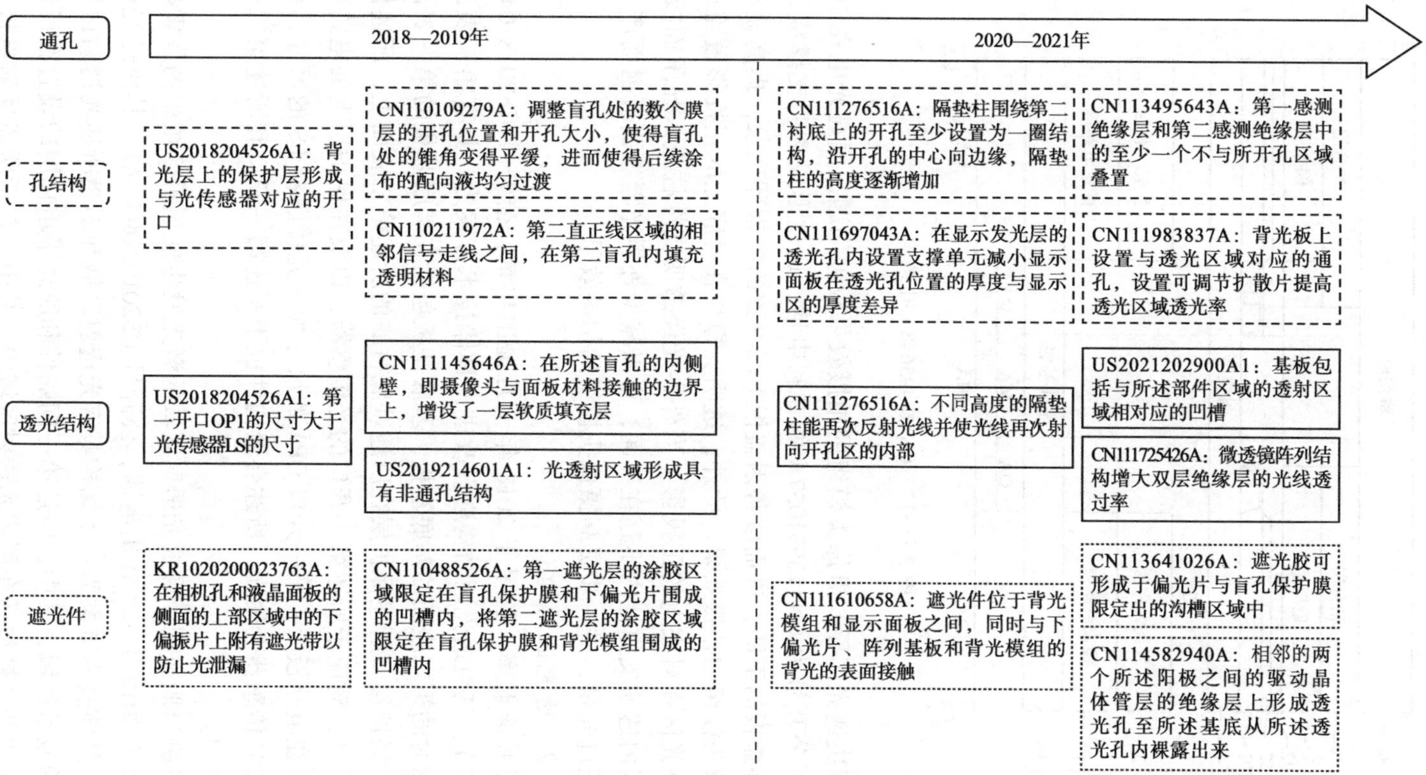
通孔
2018—2019年
2020—2021年
孔结构
US2018204526A1：背光层上的保护层形成与光传感器对应的开口
CN110109279A：调整盲孔处的数个膜层的开孔位置和开孔大小，使得盲孔处的锥角变得平缓，进而使得后续涂布的配向液均匀过渡
CN110211972A：第二直正线区域的相邻信号走线之间，在第二盲孔内填充透明材料
CN111276516A：隔垫柱围绕第二衬底上的开孔至少设置为一圈结构，沿开孔的中心向边缘，隔垫柱的高度逐渐增加
CN113495643A：第一感测绝缘层和第二感测绝缘层中的至少一个不与所开孔区域叠置
CN111697043A：在显示发光层的透光孔内设置支撑单元减小显示面板在透光孔位置的厚度与显示区的厚度差异
CN111983837A：背光板上设置与透光区域对应的通孔，设置可调节扩散片提高透光区域透光率
透光结构
US2018204526A1：第一开口OP1的尺寸大于光传感器LS的尺寸
CN111145646A：在所述盲孔的内侧壁，即摄像头与面板材料接触的边界上，增设了一层软质填充层
US2019214601A1：光透射区域形成具有非通孔结构
CN111276516A：不同高度的隔垫柱能再次反射光线并使光线再次射向开孔区的内部
US2021202900A1：基板包括与所述部件区域的透射区域相对应的凹槽
CN111725426A：微透镜阵列结构增大双层绝缘层的光线透过率
遮光件
KR1020200023763A：在相机孔和液晶面板的侧面的上部区域中的下偏振片上附有遮光带以防止光泄漏
CN110488526A：第一遮光层的涂胶区域限定在盲孔保护膜和下偏光片围成的凹槽内，将第二遮光层的涂胶区域限定在盲孔保护膜和背光模组围成的凹槽内
CN111610658A：遮光件位于背光模组和显示面板之间，同时与下偏光片、阵列基板和背光模组的背光的表面接触
CN113641026A：遮光胶可形成于偏光片与盲孔保护膜限定出的沟槽区域中
CN114582940A：相邻的两个所述阳极之间的驱动晶体管层的绝缘层上形成透光孔至所述基底从所述透光孔内裸露出来

图 3-7-11　全面屏盲孔技术路线

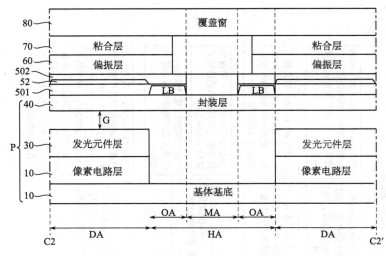

图 3-7-12　CN113495643A 孔结构

为了解决透光区导致摄像头模组的拍摄效果较差问题，国显光电在 2021 年 10 月提交了公开号为 CN113991037A 的专利申请，通过形成透明支撑板进行支撑，以改善盖板的下凹，进而改善因盖板下凹导致的牛顿环现象，提高显示面板下方的摄像头模组的拍摄效果。此外，透明支撑柱在衬底上的正投影覆盖透光区内的有效感光区在衬底上的正投影，当外界光经透明支撑柱进入显示面板下方，有效感光区内透明支撑柱内不存在界面，可以减少外界光因界面折射而产生光损失，以保证进光量，进一步提高摄像头模组的拍摄效果。

3.7.4.2　透光区结构

为了提升透射率，三星于 2018 年 1 月提出申请，公开号 US2018204526A1（图 3-7-13），其对透光区结构进行改进，具体技术方案为：具有第一表面和与第一表面相对的第二表面的基底基板，基底基板包括在基底基板的第一表面上的多个像素；保护层，所述保护层在所述基底衬底的所述第二表面上，所述保护层具有第一开口；对应于所述第一开口的光传感器；以及在保护层上的电路板。光传感器安装在电路板上；第一开口 OP1 的尺寸大于光传感器 LS 的尺寸，会聚构件朝向所述光传感器会聚光，所述会聚构件位于所述第一开口和所述第二开口中的至少一个中。

为了解决当照射用于形成光透射区域的激光发生使显示区域中的像素损坏的问题，三星于 2019 年 1 月提出申请，公开号 US2019214601A1，其对透光区结构进行改进，具体技术方案为：下结构具有光透射区域和围绕所述光透射区域的至少一部分的显示区域，其中，所述第一间隔件和所述平坦化层的设置在所述第一间隔件下面的部分被包括在所述光透射区域中，其中，包括所述反射电极、所述中间多层和所述半透明电极的电致发光单元被包括在所述显示区域中，其中，所述第一间隔件不被从所述中间共用层和所述半透明电极的组中选择的至少一个覆盖，并且其中，所述第一间隔件具有比所述像素限定部分高得多的高度。

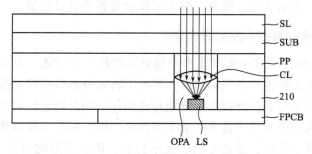

图 3-7-13　US2018204526A1 透光区结构

为了使屏下摄像头接收到更多光线，2020 年 6 月，华星光电申请了专利 CN111725426A，其公开了显示装置的双层绝缘层具有相对设置的第一面和第二面，所述第一面对应于所述显示装置的显示面，双极层设置在所述第二面，第一粘合层设置在所述双层绝缘层和所述双极层之间，泡沫层设置在所述双极层远离所述双极绝缘层的一面，第二粘合层设置在所述双极层与所述泡沫层之间，其中，所述双极层、第一粘合层、泡沫层以及第二粘合层开设有通孔，所述通孔用于与摄像头对应，所述第二面设置有微透镜阵列结构，且所述微透镜阵列结构位于所述通孔内。

为了减少穿过透射区域的光的衍射，三星于 2020 年 10 月提出申请，公开号 US2021202900A1，其对透光区结构进行改进，具体技术方案为：基板包括显示区域和包括透射区域的组件区域；以及设置在所述基板上的显示元件，其中，所述基板包括与所述部件区域的透射区域相对应的凹槽，凹槽 100Gv 以防止光在穿过透射区域 TA 时被衍射，在凹槽 100Gv 可以处于相似关系的情况下，可以进一步减少在透射区域 TA 中发生的衍射。

2022 年 2 月 7 日，华星光电提交申请，公开号为 CN111276516A，其公开了显示面板包括第一衬底、第二衬底、阴极层、隔垫柱以及封装层，其中，隔垫柱围绕第二衬底上的开孔至少设置为一圈结构，沿开孔的中心向边缘，隔垫柱的高度逐渐增加，不同高度的隔垫柱能再次反射光线并使光线再次射向开孔区的内部，进而提高光线的出光率，增加开孔区域附近子像素的发光亮度，增强面板的显示效果。

为了解决开孔区域的膜层不能对盖板稳定支撑，容易产生气泡的问题，维信诺在 2022 年 3 月提交申请，公开号为 CN114582237A，通过设置透明支撑层能够保持显示装置非显示区的透光性，且对盖板具有支撑的作用。具体的，相比于现有技术中在盖板和光学膜层之间采用具有一定流动性的光学胶，透明支撑层不会因第一开孔或者非显示区内凹陷的膜层而下凹，在保证非显示区具有高透光率的同时，透明支撑层能够对盖板进行稳定支撑，防止了因透明支撑层凹陷而和盖板之间产生气泡，提高了贴合效果，保证了显示装置的显示效果。

3.7.5 真全面屏技术发展路线分析

图 3-7-14 示出了真全面屏技术专利申请的技术功效图。真全面屏，指光学传感器，如摄像头放置在显示屏之下，屏幕不再是刘海屏或滴水屏，是真正的全面屏。真全面屏不对显示屏幕进行物理打孔操作，而是通过控制显示屏功能器件放置区域的透明度或者预留透光区域来实现全面屏。由技术功效图可以看出，在透光区结构、像素设计、驱动布线、显示控制、阴极图形化方面的申请量最多，表明相关企业在这几方面的关注程度最高。提升透光率和提升显示效果是真全面屏的主要目标，对于真全面屏技术而言，透光区结构改进和像素设计是提升透光率的主要技术手段，其也可以提升显示面板的显示效果，因此其申请量也最多。为了实现真全面屏，显示屏上没有挖孔，其透光率问题最为突出，如何提升透光率以及实现全屏幕的均匀显示是各大厂商研发人员长期以来的研究方向，并布局了较多专利数量。而透光区结构和材料、像素设计和驱动布线等都是影响透光率和显示效果的主要因素。从图中可以看到，通过透光区结构、像素设计、驱动布线、阴极图形化的改进可以提升透光率，通过透光区结构、像素设计、驱动布线、显示控制的改进可以提升显示效果，而透光区结构的改进还有助于提升检测精度。

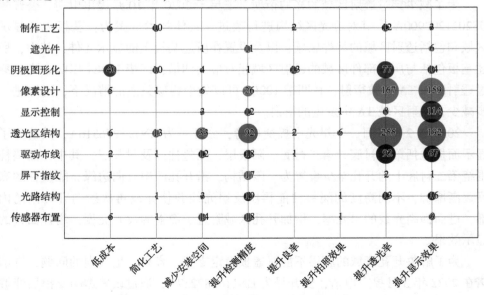

图 3-7-14　真全面屏技术专利申请的技术功效图

图 3-7-15 所示的是真全面屏技术专利申请技术发展路线图,从整个技术发展路线图可以看出,真全面屏技术主要围绕透光区结构、像素设计、驱动布线、显示控制、阴极图形化等方面进行。

下面从真全面屏的专利申请中筛选出一部分具有基础技术或前沿技术的专利作为重点专利进行详细分析,以获取全面屏技术领域的技术研发现状,并从中预测全面屏未来的技术发展方向。真全屏的迫切需要解决的问题在于透光率差,因此,在此选择与提升真全面屏透光率密切相关的透光区结构和像素设计两个技术分支展开介绍。

3.7.5.1 透光区结构

真全面屏没有在显示屏上挖孔,其透光率较差,为了其透光率问题,三星在 2016 年 9 月提交了公开号为 US2017212613A1 的专利申请,通过设置像素结构、走线数量和密度等方式实现传感器所在区域的透光率大于非传感器区域的透光率,进而增加了显示面板的光感测能力。

透光区的透光率提升后,其显示效果会受到一定影响,为了优化显示效果,三星在 2017 年 2 月申请了专利 US2017235398A1,通过在透光区设置可遮光的结构来优化显示效果,该结构在显示模式下位于透光面板和相机之间,在拍照模式下从透光区移出,可以在满足拍照模式下高透光率的同时,优化显示模式下的显示效果。

为了进一步优化显示和透光效果,天马微电子在 2018 年 9 月申请了专利 CN 108986678A,其通过在传感器区域设置 Micro-LED 以实现透光区的显示功能,由于 Micro-LED 尺寸较小,除 Micro-LED 之外的区域均为透光区,因此其也可以实现较高的透光率。

2018 年 12 月,华星光电申请了专利 CN111370441A,其通过在拍摄区的像素之间设置透明的准直器,以提高透光率。准直器为透明材质,可以保证光线通过准直器射出的光线平行,准直器对光线具有聚焦作用,从而提高所述摄像区的透光性。

2019 年 3 月,华星光电申请了专利 CN110047380A,其通过在透光区使用柔性材料,实现透光区可伸缩,当拍照时,透光区处于拉伸状态,透光区变大,增加透光率,显示模式时,透光区处于收缩状态,透光区变小,实现高密度的完整显示。

2020 年 3 月 20 日,国显光电申请了专利 CN111223912A,其通过在显示面板中设置光调制层来优化透光率,光调制层被配置为至少一部分能够提高预设波长光线在夹设光调制层的相邻透光层之间的透过率。

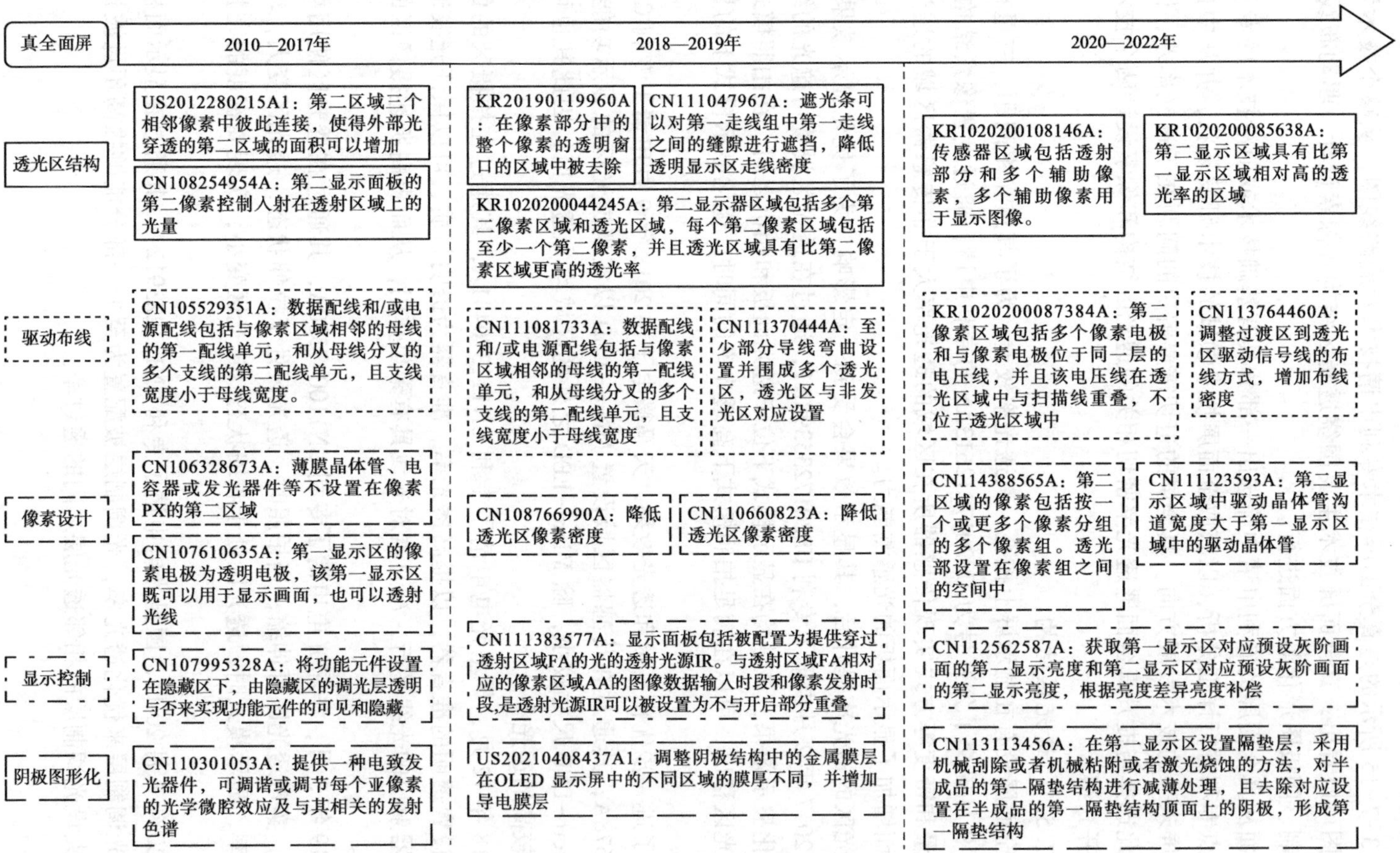
真全面屏
2010—2017年
2018—2019年
2020—2022年
透光区结构
驱动布线
像素设计
显示控制
阴极图形化
US2012280215A1：第二区域三个相邻像素中彼此连接，使得外部光穿透的第二区域的面积可以增加
CN108254954A：第二显示面板的第二像素控制入射在透射区域上的光量
KR20190119960A：在像素部分中的整个像素的透明窗口的区域中被去除
CN111047967A：遮光条可以对第一走线组中第一走线之间的缝隙进行遮挡，降低透明显示区走线密度
KR1020200044245A：第二显示器区域包括多个第二像素区域和透光区域，每个第二像素区域包括至少一个第二像素，并且透光区域具有比第二像素区域更高的透光率
KR1020200108146A：传感器区域包括透射部分和多个辅助像素，多个辅助像素用于显示图像。
KR1020200085638A：第二显示区域具有比第一显示区域相对高的透光率的区域
CN105529351A：数据配线和/或电源配线包括与像素区域相邻的母线的第一配线单元，和从母线分叉的多个支线的第二配线单元，且支线宽度小于母线宽度。
CN111081733A：数据配线和/或电源配线包括与像素区域相邻的母线的第一配线单元，和从母线分叉的多个支线的第二配线单元，且支线宽度小于母线宽度
CN111370444A：至少部分导线弯曲设置并围成多个透光区，透光区与非发光区对应设置
KR1020200087384A：第二像素区域包括多个像素电极和与像素电极位于同一层的电压线，并且该电压线在透光区域中与扫描线重叠，不位于透光区域中
CN113764460A：调整过渡区到透光区驱动信号线的布线方式，增加布线密度
CN106328673A：薄膜晶体管、电容器或发光器件等不设置在像素PX的第二区域
CN107610635A：第一显示区的像素电极为透明电极，该第一显示区既可以用于显示画面，也可以透射光线
CN108766990A：降低透光区像素密度
CN110660823A：降低透光区像素密度
CN114388565A：第二区域的像素包括按一个或更多个像素分组的多个像素组。透光部设置在像素组之间的空间中
CN111123593A：第二显示区域中驱动晶体管沟道宽度大于第一显示区域中的驱动晶体管
CN107995328A：将功能元件设置在隐藏区下，由隐藏区的调光层透明与否来实现功能元件的可见和隐藏
CN111383577A：显示面板包括被配置为提供穿过透射区域FA的光的透射光源IR。与透射区域FA相对应的像素区域AA的图像数据输入时段和像素发射时段，是透射光源IR可以被设置为不与开启部分重叠
CN112562587A：获取第一显示区对应预设灰阶画面的第一显示亮度和第二显示区对应预设灰阶画面的第二显示亮度，根据亮度差异亮度补偿
CN110301053A：提供一种电致发光器件，可调谐或调节每个亚像素的光学微腔效应及与其相关的发射色谱
US20210408437A1：调整阴极结构中的金属膜层在OLED 显示屏中的不同区域的膜厚不同，并增加导电膜层
CN113113456A：在第一显示区设置隔垫层，采用机械刮除或者机械粘附或者激光烧蚀的方法，对半成品的第一隔垫结构进行减薄处理，且去除对应设置在半成品的第一隔垫结构顶面上的阴极，形成第一隔垫结构

图 3-7-15　真全面屏技术路线

2021 年 5 月，三星申请了专利文献 CN113764471A，其公开了基底包括彼此顺序地堆叠的第一基体层、第一阻挡层、第二基体层、补偿层和第二阻挡层，并且补偿层的折射率具有在第二基体层的折射率与第二阻挡层的折射率之间的值，通过设置膜层之间不同的折射率，可以实现光有效地透射通过组件区域 CA。

3.7.5.2　像素设计

为避免将前置摄像头模组放置于显示区域在显示区域内形成无法显示的孤岛挖孔区域，而影响显示的连续性，京东方在 2017 年 7 月提出了公开号为 CN109285860A 的专利文献，通过对图像获取区域内的各亚像素分成不透明显示区域和透明区域的方式，以使放置于图像获取区域下方的摄像头可以通过透明区域进行图像获取，从而实现在显示区内实现摄像功能，有利于实现全屏显示设计。

为进一步实现真全面屏，国显光电在 2018 年 2 月提交了公开号为 CN108269840A 的专利申请，通过调整显示屏设置摄像头处的子像素密度，既满足了摄像头正常显示的要求，又兼顾了摄像头处需保持较高透光率的要求，由于不用为前置摄像头预留位置，因此可以省去有效显示区上方的非显示区，扩大屏占比，优化使用感受，从而，可以解决非显示区的存在导致使用者的使用感受不佳的技术问题。

透明显示区域要兼顾透明和显示两种功能，会使得该透明显示区域中 PPI 较低，则该区域的显示亮度会降低，这样，该透明显示区域与周边正常显示区域存在明显的亮度差异，针对此问题，京东方在 2018 年 11 月提出了公开号为 CN109192076A 的专利申请，通过将该透明显示区域内至少两个相同颜色的子像素的阳极电极相连接，可以使得显示面板在扫描过程中同时开启该透明显示区域内阳极电极相连接的多个相同颜色的子像素，从而可以有效提高透明显示区域的显示亮度。

为了彻底避免在屏幕上挖孔切槽，国显光电在 2019 年 6 月提交了公开号为 CN110767720A 的专利文献，设置第一显示区的透光率大于第二显示区的透光率，则可将感光器件设置在第一显示区下方，保证感光器件正常工作的前提下实现显示基板的全面屏显示。第一像素单元的第一尺寸与第二尺寸的比值及第二像素单元的第一尺寸与第二尺寸的比值大致相同，则第一像素单元与第二像素单元的形状比较接近，可降低由于第一像素单元与第二像素单元的形状差异较大导致的显示基板显示时出现图像变形的概率，提升显示基板的显示效果，进而提升用户的使用体验。

为解决多个显示区边界产生差异的问题，国显光电在 2020 年 7 月提出了名为"显示面板及显示装置"的专利申请，公开号为 CN111710708A。其中，第三像素组位于第一显示区和第二显示区的至少一者且与分界线相邻，且两个第三像素单元与对应的第一像素单元中，预设发光颜色的第三子像素的数量与同种发光颜色的第一子像素的数量相同，使得在分界线两侧的发同种颜色光的子像素的数量合理，进一步地，可以通过控制第三子像素的显示亮度与同种发光颜色的第二子像素的显示亮度相同，能够使显示画面中较高像素密度（Pixels Per Inch，PPI）的第二显示区与较低 PPI 的第一显示区之间的分界线模糊化，避免两个显示区的分界线出现明显的亮线或者暗线，提高显示效果。

针对在显示面板中设置屏下摄像头结构，使得显示面板的显示效果变差的问题，天马微电子在 2021 年 5 月申请了公开号为 CN112767870A 的专利文献，将第一发光器件设置于第一子显示区，而将与第一发光器件相连的第一像素电路设置于过渡子显示区，能够保证第一子显示区处的透光率较高；并且将第一像素电路设置于过渡子显示区，保证第一像素电路与第一发光器件之间距离小，缩小了信号传输距离而保证信号传输受干扰概率降低。以及，该发明提供位于显示区两侧相对应级扫描电路同时为同一扫描线提供信号，降低了扫描线不同区段传输信号的不一致性的情况，进而能够设计第一子显示区位于显示区任意位置，且保证显示装置的显示效果高。

3.7.6　本节小结

从全面屏技术专利申请布局分析来看：全面屏技术近年来专利申请量激增，中国已经成为全面屏技术主要原创国和目标国；且中国在该领域的主要申请人也占据较大优势，主要有天马微电子、华星光电、维信诺、京东方、友达光电和群创光电；说明我国很重视在全面屏技术研发投入；通孔和真全面屏技术是目前各大申请人布局的热点，且真全屏技术在 2019 年后已经占据较大优势，有望成为未来全面屏技术的主流技术。

从全面屏专利技术发展路线分析来看：真全面屏虽然在全面屏显示效果上为最佳选择，但其在实际应用中还面临着透光性不足、漏光干扰等因素导致的屏下摄像头进行图像采集和光线捕捉时，清晰度不佳、泛白等缺陷，使其在市场推广上仍需要时间。因此，短期仍是以通孔技术为主，重点研究提升检测精度、阻隔水氧、缩小孔尺寸及提升显示效果上；长期来看，真全面屏技术确实是全面屏技术的大势所趋，国内各厂商均针对如何平衡前摄拍照质量与显示效果进行了诸多改进，主要通过对透光区结构、透光像素设计及驱动布线进行优化，以提升透光率，并防止光衍射及漏光；虽然目前真全面屏显示屏已经实现量产，但其摄像头与屏幕的深度融合还需要继续改进；可以考虑重点研究提升透光率、防漏光、提升拍照效果及提升显示效果上。若通过相关技术改进，使得真全屏的拍照效果与挖孔屏相媲美，则真全屏技术未来必然是全面屏技术的主流方向。

3.8　显示亮度调节技术

3.8.1　OLED 显示亮度调节技术基本理论概述

3.8.1.1　OLED 的发光原理及特性

1. OLED 的发光原理

OLED 是一种基于有机半导体材料的电致发光器件，其典型的结构如图 3-8-1 所示：其核心结构包含 ITO、空穴传输层、发光层、电子传输层和阴极；为了进一步降低载流子注入势垒，还可以分别引入空穴注入层和电子注入层；同时为了提高电子与空穴的复合效率，还可以加入空穴阻挡层。由图 3-8-1 可以看出，OLED 发光原理可以分为以下 3 个步骤：（1）在电压驱动下，电子与空穴分别从阳极与阴极通过空穴注入层和电子注入层注入并进入电子传输层与空穴传输层。（2）在电场作用下，电子与空穴迁移到发光层，并且在发光层复合形成激发态的激子。（3）有机发光分子中的电子被激子激发，受到辐射后发出可见光。因此 OLED 像素可以实现自发光[1]。

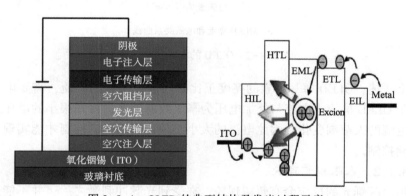

图 3-8-1　OLED 的典型结构及发光过程示意

2. OLED 的电光特性

OLED 电流密度和电压的关系曲线、OLED 亮度和电压的关系曲线及 OLED 亮度和电流关系曲线如图 3-8-2 所示。由图 3-8-2（a）可知，当外加电压小于 OLED 阈值电压时，流过器件的电流接近零，当外加电压超过阈值电压时，电流密度随着外加电压的增大而增大。如图 3-8-2（b）所示，OLED 电压和亮度呈非线性关系，若采用电压驱动的方式来实现亮度级别的区分，那么驱动电压必须

❶ 刁玉洁. 关于 OLED 亮度和寿命的优化研究[D]. 山东：中国海洋大学，2014.

有很高的精度，对驱动电源部分的设计有很高的要求，不易实现。如图 3-8-2 (c) 所示，电流与发光亮度有着较好的线性关系，所以只要控制好流过各个 OLED 像素的电流，就可简单有效地实现亮度级别的区分。

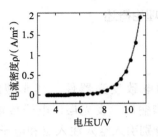

（a）OLED 电流密度和电压关系曲线

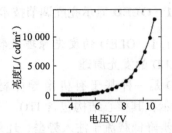
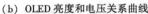

（b）OLED 亮度和电压关系曲线

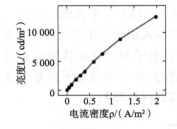

（c）OLED 亮度和电流关系曲线

图 3-8-2　OLED 的电光特性曲线

综上所述，OLED 每一像素的亮度正比于与流过像素的电流，需要电流源驱动。由于 OLED 的流入电流与外加电压为幂级数的关系，得知很小的电压变化必会导致电流的大范围变化。因此电流的大小必须得到精确的控制才能实现显示亮度的精确控制。

3.8.1.2　人眼视觉理论

人眼对闪烁光的反应会有暂留现象，在受到光脉冲刺激之后，并不能迅速达到响应的最大值。如果受到的光刺激是周期性的，周期较长的情况下，就有足够的时间使得残留的印象完全消失，从亮变暗的过程就比较明显，周期较短的情况下，由亮到暗的过程会比较缓慢，会出现闪烁现象，如果进一步缩短其周期，闪烁就会消失。一般情况下，闪烁从有到无对应的频率称为临界频率，临界频率的值会随着光信号以及视场角的变化而变化，而且与每个人的身体状况和精神状况有关系。如果想得到恒定光的感觉，必须使临界频率低于周期光信号的频率，视亮度为

$$\bar{L} = \frac{1}{T}\int_0^T L(t)\,\mathrm{d}t \qquad\qquad (3-3)$$

其中，T 表示周期；L（t）是时间的函数，为周期变化的光的实际亮度。可以看出，眼睛感觉到的是周期性变化的光的平均值，这就是塔尔波特定律[1]。

3.8.1.3　OLED 亮度主要影响因素

亮度作为 OLED 产品核心规格参数之一，一直受到面板和整机应用的极大关注。根据前述分析，OLED 为自发光电流型器件，其发光亮度正比于流过的驱动电流。而流经 OLED 的电流计算公式如下：

$$I_{OLED} = (\beta/2)(V_{gs} - V_{th})^2 = (\beta/2)(V_{dd} - V_{data} - V_{th})^2 \qquad (3-4)$$

其中，I_{OLED} 是流过有机 EL 装置的电流；V_{gs} 是驱动晶体管的源极和栅极之间的电压差；V_{dd} 是电源电压；V_{th} 是驱动晶体管的阈值电压；V_{data} 是数据电压，并且 β 是与晶体管工艺制程相关系数值。根据公式（3-4）可以看出，在提供相同的栅源电压情况下，发光亮度取决于晶体管的阈值电压。

1. OLED 自身特性影响

即使 OLED 器件制作工艺相同，也很难保证在出厂时每个 OLED 器件性能完全相同，因此，对于整个 OLED 显示面板，显示亮度很难达到完全一致。例如，在如今的 OLED 驱动电路中最为常见的低温多晶硅晶体管（LT-P-Si-TFT），其通过低温多晶硅技术制备，具有较高的电子迁移率。但是由于多晶硅的本身存在晶粒间界和大量的间界缺陷态密度，导致不同 TFT 的阈值电压不同，进而使 OLED 发光亮度不一致。

亮度均匀性指的是在全白场信号下，统计 81 个测试点，分别测量显示器中心与屏幕边缘图像之间的亮度，用测量出的最小亮度值/中间亮度值×100% 计算得到。因此，每个显示器在制作完成后，都会有固定的亮度均匀性。

2. 像素老化影响

OLED 像素在长时间、高亮度发光时，不可避免会发生像素老化现象。OLED 显示器的老化原理，主要来自两个方面：一是在工作电压的驱动下，像素驱动电路中薄膜晶体管 TFT 的特性参数发生改变，如阈值电压漂移、IR 电压降等引起开关 TFT、驱动 TFT 的工作点发生变化，就会导致加载 OLED 上的驱动电压或电流发生变化，进而引起寿命的衰退；二是 OLED 器件自身随着工作时间的增加，在恒定驱动电流下，其器件工作电压逐渐增加，发光效率就会越来越低，同时器件发光的色坐标也有偏移现象。因此，OLED 像素老化的过程中，其阈值电压等物理特性也会发生变化，从而直接影响 OLED 发光亮度。

非晶硅薄膜晶体管（a-si：H-TFT）作为一种重要的电子器件，在液晶显示、矩阵图像传感器等方面已经得到广泛的应用。由于 a-si：H-TFT 被广泛地用

---

[1]　赵星梅. LED 显示屏亮度非均匀性逐点校正技术的研究[D]. 陕西：西安电子科技大学，2009.

于LCD屏幕驱动电路中，生产制造技术成熟且价格低廉，因此使用a-si：H-TFT来驱动OLED屏幕能够大幅降低研发成本。但是a-si：H-TFT阈值电压在长时间栅极偏压下会发生漂移，且工作时间越长，阈值电压漂移越严重。造成阈值电压漂移的根本原因是a-si：H中亚稳态的产生与在栅应力下电荷的注入效应。当栅源为正值时阈值电压增大，为负值时阈值电压减小。阈值电压漂移的程度与栅源的大小、环境条件和工作时间有关[1]。

如图3-8-3为像素阈值电压随工作时间变化图，从图中可以得到，OLED像素老化会使其阈值电压增大。图3-8-4为像素不同阈值电压在不同驱动电压下对应的电流。由两张图可以得到，像素老化程度越严重，像素阈值电压越大，流经像素的电流越小，亮度下降越明显。

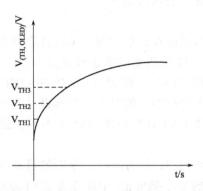 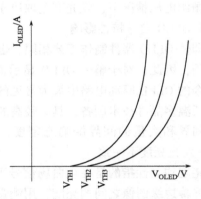

图3-8-3　像素老化引起的VTH变化　　　图3-8-4　I-V特性变化

OLED像素老化与像素工作时间和流经像素的电流大小有关，如今绝大多数OLED屏幕采用恒流驱动PWM调光技术，工作时间成为像素老化的主要因素。在屏幕的不同区域发光亮度不同，发光的时间也不同，因此像素老化的速度不同。亮度低的区域发光时间短，像素老化速度慢，亮度高的区域像素发光时间长，像素老化速度快，最终导致整个显示面板发光亮度的不均匀。

像素老化所引起的亮度衰退现象，无论是在消费领域还是工业领域都尤为重要。如今解决像素老化问题主要分为两个大方向：首先是从材料角度入手，开发新型像素材料，优化现有器件结构与制造工艺，从根本上解决像素老化问题。但是材料科学需要长期大量的投入且技术发展缓慢。第二大方向是通过像素补偿电路，将像素老化引起的变化存入电容，在显示时进行补偿。该方式虽然不能彻底解决像素老化问题，但是可以极大限度保证屏幕正常显示。

---

❶　陈伟.OLED器件的性能测试与分析及其光谱优化［D］.四川：电子科技大学,2006.

3.8.1.4　OLED 显示屏亮度调节方法概述

1. 电流调节

由图 3-8-5 可知，OLED 亮度与电流近似为线性关系，OLED 亮度会随着工作电流的增大而增大，即调节 OLED 的正向电流的大小可以达到对亮度的控制，但是，根据亮度与电流关系曲线，同样可以发现，红、绿、蓝三色灯管的亮度与工作电流的关系并不完全一致，所以，如果想通过调节工作电流来改善其亮度值，在调节的过程中不仅可以改变亮度，色度值也可以得到改变❶。

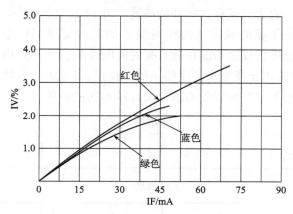

图 3-8-5　OLED 亮度与电流关系曲线

2. 电压调节

OLED 为电流型器件，通过调节驱动电压的方式来改变其亮度值，虽然在调节手段上与直接的电流调节不同，但其本质上还是改变了流过 OLED 器件的电流。从 OLED 驱动电流计算公式可以看出，影响发光元件 OLED 电流，即影响发光元件亮度的主要因素是电源电压 V_{dd}、数据电压 V_{data} 和晶体管的阈值电压 V_{th}。因此，通过改变驱动电压或阈值电压，可以实现对 OLED 的亮度调节。

3. PWM 调制

脉宽调制（PWM）在控制 OLED 的亮度方面是一种广泛应用的技术，该手段在调节 OLED 显示亮度的同时，可以达到兼顾色度的效果。PWM 不同于电流校正，其通过 OLED 高速的闪动，或亮或灭地运作。人眼不能察觉到 OLED 快速的闪动，每次闪动的时间（脉冲宽度）确定亮度。

OLED 显示屏亮度的调节，可以通过调整单位时间内 OLED 的导通时间来实现不同的灰度级。OLED 的响应特性最高可达数十兆赫兹，如果用占空比为 25%，

---

❶　赵星梅. LED 显示屏亮度非均匀性逐点校正技术的研究［D］. 陕西：西安电子科技大学，2009.

1MHZ，峰值电流为 1A 的脉冲驱动 OLED，其发光亮度与用 25mA 的直流驱动效果是相同的，显然，用脉宽调制的方式驱动脉冲的占空比，可以得到相同的灰度级。脉宽调制通过微处理器的数字输出控制模拟电路，该方法经济、抗噪性强且节约空间，在测量系统、功率控制与变换等许多领域都有广泛的应用。将脉宽调制用于 OLED 亮度的控制，其基本原理是根据本章之前介绍过的塔尔波特定律。

OLED 的亮度由 OLED 快速闪动的时间也即脉冲的宽度来确定，但通常情况下，单凭人眼根本不能感觉到 OLED 的快速闪动。图 3-8-6 为 PWM 调制的示意图。图中的脉冲一直为高或低，脉冲的高度为 0 和 1。显示的亮度由脉冲的时序时间单独决定。一个亮的显示（90% 亮度）的脉冲宽度是暗显示（10% 亮度）的 9 倍。显示的亮度仅仅由 OLED 被点亮的时间决定，并不是由通过 OLED 的电流决定。PWM 可以用于亮度和色度的一致性校正。PWM 一致性校正通过改变脉冲宽度来补偿那些有点亮或暗的 OLED 来显示不同的颜色。

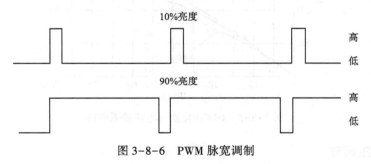

图 3-8-6　PWM 脉宽调制

4. 系数矩阵校正

OLED 显示屏亮度校正的关键是要调节或者调整各个显示像素点上的红绿蓝三个颜色分量。假设当显示屏某显示像素的蓝色分量亮度存在差异时，可以仅仅通过调整蓝色 OLED 的驱动脉冲，但是如果该像素的蓝色分量的色度也存在差异，则需要同时调节三种颜色分量来改善误差。

采用电流调节 OLED 亮度会改变 OLED 的色度，故非均匀校正采取 PWM 脉宽调制来调节 OLED 亮度。OLED 显示屏上一个显示像素的亮度和色度校正是通过分别调节该点的红绿蓝分量来实现的。例如，当红色分量的亮度和色度不准确时，可以通过 PWM 脉宽调制红色 OLED 的驱动脉冲来调节亮度。但对于色度的不准确，则需要使用另外两种颜色分量来弥补色度的误差。因此，对于 OLED 显示像素的一个颜色分量，需要红绿蓝三个校正系数，而对于一个显示像素，则需要×3 的校正系数 A，如公式（3-5）。根据使用与该校正矩阵对应的红绿蓝 OLED 脉冲宽度来驱动 OLED，从而使整个显示屏的亮度和色度获得很高的一致性[1]。

$$A = \begin{bmatrix} a_{11} & a_{12} & a_{13} \\ a_{21} & a_{22} & a_{23} \\ a_{31} & a_{32} & a_{33} \end{bmatrix} \qquad\qquad (3-5)$$

$$(R_{out}, G_{out}, B_{out}) = (R_{in}, G_{in}, B_{in})A \qquad\qquad (3-6)$$

通过上述对 OLED 显示亮度一般技术手段的理论分析与介绍可知，OLED 亮度调节技术从调节对象的角度主要可归纳为电流调节、驱动/阈值电压调节，以及另设调节电路的外部调节，从调节方法角度主要可划分为 PWM 调制和系数校正。而阈值电压调节技术属于像素内部调节，其除可实现 OLED 亮度调节外，还可解决 OLED 显示领域中其他技术问题，由于该技术手段在前述章节中已有介绍，本书 3.8 节内容中的后续部分的分析和数据主要涉及显示面板整体的亮度调节，而不再涉及阈值电压调节技术手段相关内容。

3.8.2　OLED 亮度调节技术全球专利态势分析

3.8.2.1　专利申请趋势分析

通过整理 OLED 显示面板亮度调节技术从 2003 年至今的全球专利申请，对该领域的重要专利申请人的专利情况进行分析。其中，图 3-8-7 展示了 OLED 亮度调节技术全球专利申请趋势，从图中可以看出，在 2003 年之前，几乎没有 OLED 亮度调节技术的专利申请，从 2003 年开始，该技术的专利申请量呈现爆发式增长，说明从 2003 年起，显示产业对 OLED 的需求日益凸显，OLED 亮度调节技术也已成为 OLED 显示技术的一个重要研发方向。但随着相关技术的发展，在 2005—2017 年，涉及 OLED 亮度调节技术的申请量发生了较大幅度的沉浮，并于 2017 年达到顶峰。自 2017 年后，受技术瓶颈所限，该领域申请量迅速下降。

图 3-8-8 展示出了 OLED 亮度调节技术中国专利申请趋势，从图中可以看出，在 2003—2012 年，OLED 亮度调节技术在中国的申请量不高，处于技术研发初期，然而从 2012 年开始，该技术在中国的专利申请量呈现爆发式增长，到 2017 年达到顶峰，这与中国显示产业的迅速崛起密不可分，同时，说明各国也开始将注意力转向中国市场，加大了 OLED 亮度调节技术在中国的专利布局。

3.8.2.2　国家/地区分布

图 3-8-9 展示出了 OLED 亮度调节技术全球专利申请来源国分布。如图所示，中国和韩国作为 OLED 显示屏的主要技术来源国，其在 OLED 亮度调节技术方面的关注程度较高，投入和研发力度比较大；日本的专利申请量紧随其后。

---

[1]　李玲玲. 基于 CCD 相机的 LED 显示屏亮度校正方法设计 [D]. 河北：河北科技大学，2011.

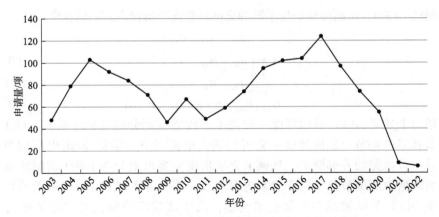

图 3-8-7　OLED 亮度调节技术全球专利申请趋势

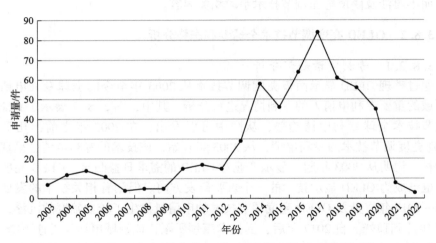

图 3-8-8　OLED 亮度调节技术中国专利申请趋势

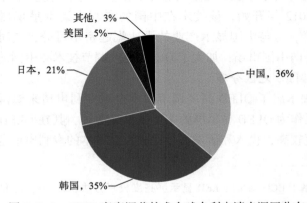

图 3-8-9　OLED 亮度调节技术全球专利申请来源国分布

图 3-8-10 展示出了中国、韩国和日本 OLED 亮度调节技术专利申请趋势，从该趋势图中看，日本作为传统电子显示产业强国，其早期申请量虽然高于中国和韩国，但总体体量较小。2004—2011 年，韩国申请量反超日本，韩国和日本均持续保持相对较多的申请数量，中国依然处于较低产出状态，说明在该阶段，中国在 OLED 亮度技术上的研发投入较少。从 2012 年开始，延续至 2017 年，中国对该技术的相关专利申请量呈爆发式增长，迅速拉开了与韩国和日本的距离，说明此阶段，中国加大了对 OLED 亮度调节技术方面的关注程度，投入和研发力度比较大，呈现良好发展势头。

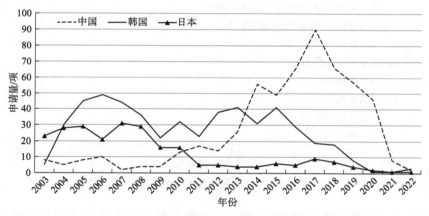

图 3-8-10 中国、韩国、日本的 OLED 亮度调节技术专利申请趋势

从图 3-8-11 的专利申请受理局分布情况来看，OLED 亮度调节技术的专利申请目标国主要集中在中国、韩国，其次是日本、美国。说明 OLED 亮度调节技术相关申请人都很重视中、韩市场。

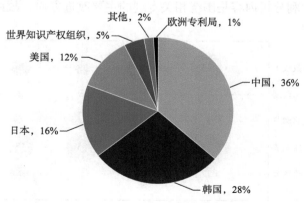

图 3-8-11 专利申请受理局分布

3.8.2.3 主要申请人分布

图 3-8-12 展示出了 OLED 亮度调节技术全球重要申请人排名情况。从图中可以看出，三星和乐金在 OLED 亮度调节技术上的布局较多，专利申请数量远超其他申请人，并且三星在驱动电压调节上拥有较多的重点专利；乐金紧随其后。在全球申请量排名前 10 的申请人中，中国企业占据 4 席，韩国企业占据 2 席，日本企业占据 4 席。

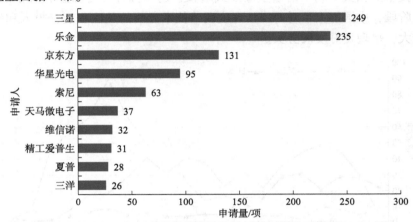

图 3-8-12　OLED 亮度调节技术全球重要申请人排名

图 3-8-13 展示出了 OLED 亮度调节技术专利重要申请人重点专利的技术功效气泡图，从图中可以看出，三星和乐金在 OLED 亮度调节方面的专利布局较为全面，均侧重于驱动电压调节和系数校正，此外三星还主要涉及外部电路调节。京东方主要从调整电路的角度进行专利布局。华星光电除关注电路调整外，还从控制方法的角度，聚焦于系数校正技术。以上五个技术主题虽分属于不同维度的划分，但以上专利分析内容是围绕相关专利的主要改进方向，故此数据并不存在交叉重叠的现象。

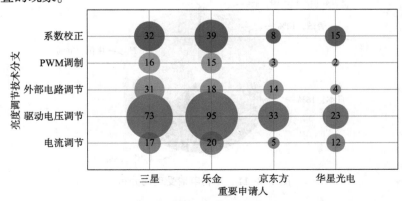

图 3-8-13　OLED 亮度调节技术专利重要申请人重点专利的技术功效气泡图（项）

3.8.3　OLED 亮度调节技术路线梳理

通过梳理 OLED 亮度调节技术自 2003 年至今的申请，对 OLED 显示亮度调节技术手段进行分类汇总，可划分的技术分支如下：从调整电路的角度，OLED 亮度调节技术主要分为内部调节和外部调节，其中内部调节技术主要涉及电流调节、电压调节。从控制方法的角度，OLED 亮度调节技术主要聚焦在 PWM 调制和系数校正技术。

图 3-8-14 是基于侧重解决的技术问题绘制的 OLED 亮度调节技术发展路线。

3.8.4　电流调节技术重点专利

为了改善 OLED 显示器件的亮度，2000 年，三星提交了名为"有机电致发光显示装置的驱动方法和电路"的申请，公开号为 KR20020018262A。该申请提出根据环境光的亮度来控制有机电致发光元件的亮度，从而降低功耗并延长有机电致发光元件的使用寿命，具体依据为：随着流过 EL 的电流量增加，有机 EL 的亮度变亮，并且随着电流量的减少，亮度降低。当环境光的亮度明亮时，大量电流 i 流过光电二极管 PD。当电流 i 的量变大时，电流/电压转换器 32 产生小的控制电压 Vc。另外，当环境光的亮度变暗时，少量电流 i 流过光电二极管 PD。

2005 年，三星提交了名为"数据驱动电路，使用该数据驱动电路的发光显示装置及其驱动方法"的申请，公开号为 KR20070015829A。该申请提供了一种能够显示均匀亮度的图像的数据驱动电路。该数据驱动电路使用至少一个电流吸收器以控制预定电流在连接至像素的数据线中流动，并使用当预定电流流过时产生的补偿电压来确定灰度的电压值；至少一个要复位的电压发生器，至少一个数模转换器，用于响应于从外部提供的数据的比特值，选择任意一个灰度电压作为数据信号，并且该数据信号至少提供了一个用于提供给数据线的开关单元，并且预定电流被设置为大于当像素以最大亮度发光时流动的电流的电流值。

2015 年，京东方提交了名为"一种像素电路、有机电致发光显示面板及显示装置"的申请，公开号为 CN104732926A（图 3-8-15）。其中像素电路包括：驱动晶体管、驱动控制模块、至少两个分流发光控制模块以及与各分流发光控制模块的输出端分别——对应连接的发光器件。由于多个分流发光控制模块可以根据对应的分流控制信号的大小对驱动晶体管输出的驱动总电流信号进行分流，从而使输出到对应的发光器件的驱动分电流信号小于驱动总电流信号，从而可以在不改变现有技术中电压的调节范围的基础上，实现在等同亮度下降低发光器件的驱动电流，进而可以实现高电流效率发光器件的各种灰阶显示的调整。

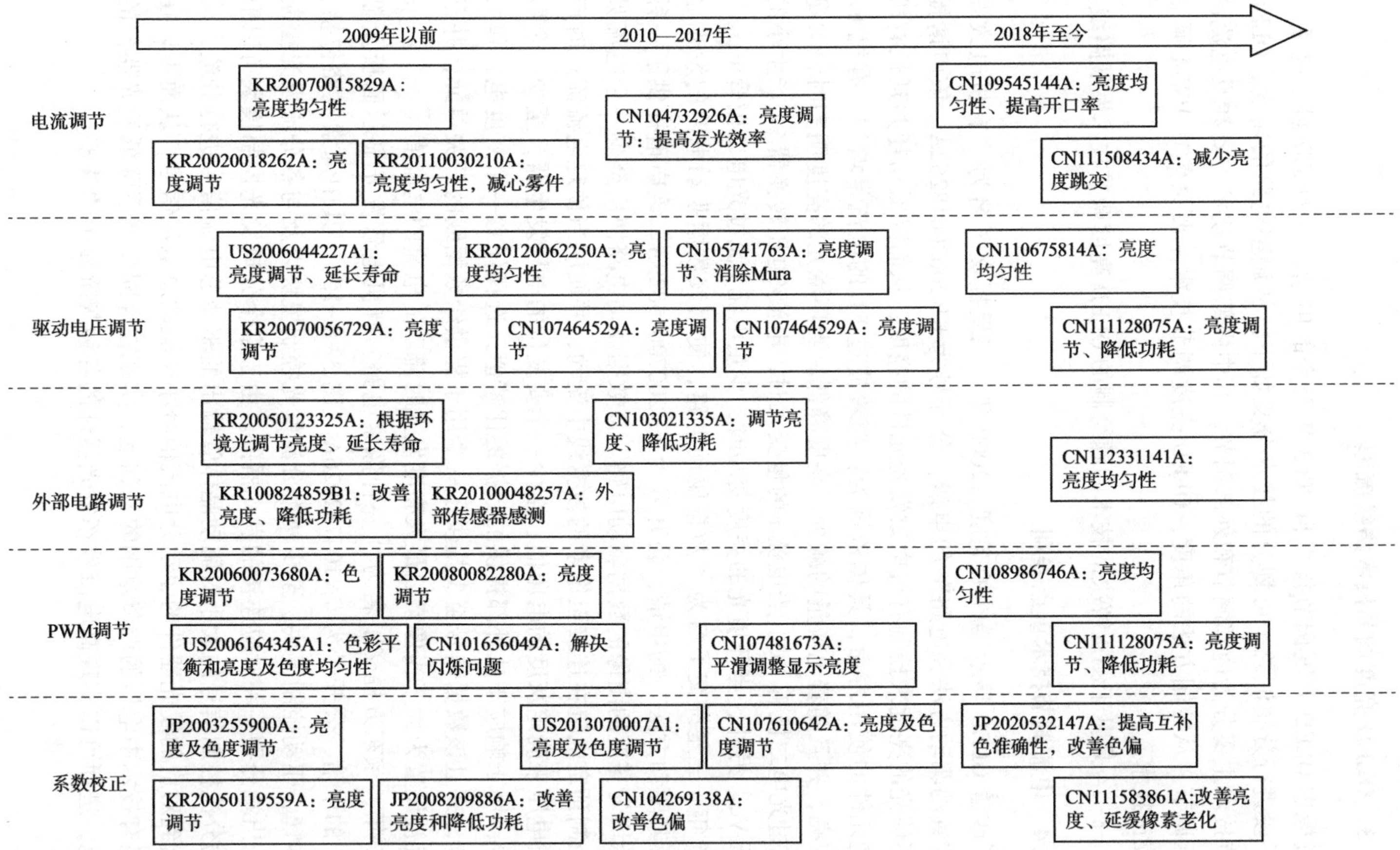

电流调节

KR20070015829A:
亮度均匀性

KR20020018262A: 亮
度调节

KR20110030210A:
亮度均匀性、减心零件

CN104732926A: 亮度调
节: 提高发光效率

CN109545144A: 亮度均
匀性、提高开口率

CN111508434A: 减少亮
度跳变

驱动电压调节

US200604-4227A1:
亮度调节

KR20070056729A: 亮
度调节

KR20120062250A: 亮
度均匀性

CN107464529A: 亮度调
节

CN105741763A: 亮度调
节、消除Mura

CN107464529A: 亮度调
节

CN11067-5814A: 亮度
均匀性

CN11112-8075A: 亮度调
节、降低功耗

外部电路调节

KR20050123325A: 根据环
境光调节亮度、延长寿命

KR10082-4859B1: 改善
亮度、降低功耗

CN103021335A: 调节亮
度、降低功耗

KR20100048257A: 外
部传感器感测

CN1123-1141A:
亮度均匀性

PWM调节

KR20060073680A: 色
度调节

US200616-4345A1: 色彩平
衡和亮度及色度均匀性

KR20080082280A: 亮度
调节

CN101656049A: 解决
闪烁问题

CN107481673A:
平滑调整显示亮度

CN10898-6746A: 亮度均
匀性

CN107610642A: 亮度及色
度调节

CN11112-8075A: 亮度调
节、降低功耗

JP202053-2147A: 提高互补
色准确性、改善色偏

系数校正

KR20050119559A: 亮度
调节

JP200325-5900A: 亮
度及色度调节

JP200820-9886A: 改善
亮度和降低功耗

US201307-0007A1:
亮度及色度调节

CN10426-9138A:
改善色偏

CN11158-3861A:改善亮
度、延缓缘素老化

图 3-8-14　OLED 显示亮度调节技术发展路线

2009年以前　　　2010—2017年　　　2018年至今

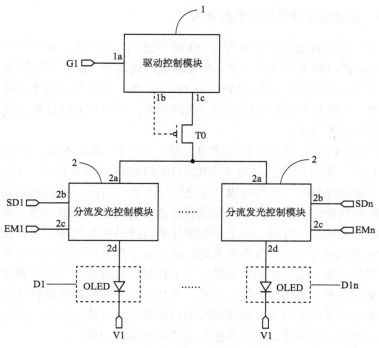

图 3-8-15　CN104732926A 的附图

2018 年，华星光电提交的公开号为 CN109545144A 的申请，提供了一种显示面板的亮度调整方法及装置（图 3-8-16）。该亮度调整方法包括：将显示区域划分为多个补偿区域，补偿区域包括至少一个子像素；获取每个补偿区域的初始亮度值与预设参考亮度值之间的差值；根据补偿区域的差值调整对应补偿区域中子像素的有机发光二极管的电流，得到调整电流；根据调整电流对对应补偿区域的初始亮度值进行补偿，得到目标亮度值，以使各补偿区域的亮度值一致。该发明的显示面板的亮度调整方法及装置，能够在提高显示面板的亮度均匀性的同时，提高开口率。

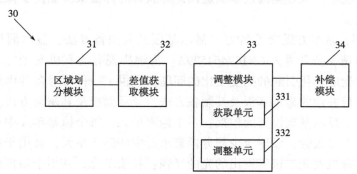

图 3-8-16　CN109545144A 的附图

3.8.5 驱动电压调节技术重点专利

2004 年，柯达提交的公开号为 US2006044227A1 的申请，提供了一种用于驱动 OLED 显示器以降低功耗的至少一个驱动电压的调整方法。该方法包括操作显示器以产生描述驱动电压对电流或亮度的校准曲线，以及基于校准曲线选择驱动电压的调整，以降低 OLED 显示器所消耗的功率，同时在 OLED 显示器的整个寿命期间保持期望的亮度。

为了提高 OLED 器件显示亮度的均匀性，三星在 2010 年提出了名为"有机发光显示装置"的申请，公开号为 KR20120062250A。该有机发光显示装置中，将一帧分为初始化时段、补偿时段、充电时段和发光时段；连接到扫描线，发射控制线和数据线的像素；切换单元连接在每条数据线和数据驱动器之间；作为连接到第一电源线的第一电源，用于在初始化期间提供初始电压，在补偿期间提供高于初始电压的参考电压以及在发光期间提供高于参考电压的第一高压。开关单元 1 的电源驱动器；第二电源驱动器，用于在初始化时段，补偿时段和充电时段期间向像素提供第二高压作为第二电源，并且在发光时段期间提供低于第二高压的低压；用于驱动扫描线和发射控制线的扫描驱动器。该方案由于在初始化期间将偏压施加到驱动晶体管，所以不会发生亮度不均的问题。

2016 年，华星光电提交的公开号为 CN105741763A 的申请，提供了一种消除 OLED 显示面板 Mura 的方法，能够快捷有效地消除 OLED 显示面板 Mura，保证 OLED 显示面板的亮度均匀性，提升 OLED 显示面板的显示品质。该方法包括：根据各个子像素的目标亮度、实际亮度、当前显示灰阶及 OLED 显示面板的伽马值计算得出应采用的补偿灰阶，再令 OLED 显示面板显示当前得到的补偿灰阶，并判断是否达到预设的结束补偿灰阶计算的条件，若没有达到预设的结束补偿灰阶计算的条件，则获取该补偿灰阶下子像素的实际亮度，再次计算得到下一次应采用的补偿灰阶，不断进行迭代计算直至达到预设的结束补偿灰阶计算的条件。相比于现有技术，该方案通过多次迭代计算获得的补偿灰阶能使子像素的亮度更接近目标亮度。

2017 年，京东方提交了名为"显示基板及其制备方法、显示面板及其驱动方法"的申请，公开号为 CN107464529A。为解决现有的有机发光二极管显示中无法补偿发光层老化引起的亮度变化的问题，提供了一种可对各种因素引起的亮度变化都进行补偿的显示基板及其制备方法、显示面板及其驱动方法。具体技术方案如下。将显示基板设置为包括：多个像素单元，每个像素单元中设有用于发光的有机发光二极管；设于至少部分像素单元中的感光单元，其用于检测其所在像素单元的有机发光二极管发出的光的光强；补偿单元，其用于根据感光单元检测到的光强与感光单元所在像素单元的有机发光二极管应有的理论光强的差，对提供给该像素单元的数据电压进行调整。

　　2019 年，华星光电提交的公开号为 CN110675814A 的申请，提供了一种 OLED 像素补偿电路及像素电路（图 3-8-17）。该 OLED 像素补偿电路包括控制芯片，以及与控制芯片连接的驱动电路；控制芯片用于在补偿阶段，从驱动电路中获取补偿信息，并根据补偿信息计算补偿电压；在发光阶段，根据补偿电压对数据电压进行补偿，并将补偿后的数据电压写入至驱动电路；驱动电路用于在补偿阶段，根据产生的阈值电压生成补偿信息；在发光阶段，根据补偿后的数据电压驱动 OLED 发光，从而避免 OLED 发光亮度的差异，保证像素之间显示亮度的均匀性。

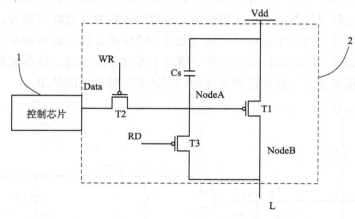

图 3-8-17　CN110675814A 的附图

　　2020 年，京东方提交的公开号为 CN111128075A 的申请，提供了一种 OLED 显示面板的驱动方法及驱动装置、显示装置，用于解决 OLED 显示面板在调节阴极电压以降低功耗过程中出现的闪屏问题。该 OLED 显示面板的驱动方法包括：获取 OLED 显示面板中对应阴极的基准电压；接收显示亮度指令，并根据显示亮度值指令，确定阴极的目标电压；根据基准电压和目标电压，确定呈阶梯分布的多个调节电压；按照多个调节电压，将基准电压逐渐调节至所述目标电压；该驱动方法用于降低 OLED 显示面板的显示功耗。

3.8.6　外部电路调节技术重点专利

　　2004 年，三星提交的公开号为 KR20050123325A 的申请，提供了一种能够根据环境光的亮度来控制图像显示单元的亮度的有机发光显示装置。该显示装置包括用于输出与环境光的亮度相对应的感测信号的光感测单元，用于输出具有与该感测信号相对应的电平的电源电压提供单元，用于输出扫描信号的驱动单元以及一种图像显示单元，其根据数据信号显示图像，并且其亮度由电源电压控制。该方案通过施加对应于液晶显示面板的电源电压，根据环境光的亮度来调节亮度，从而延长了像素的寿命并减少了功率损耗。

三星在 2006 年提出的公开号为 KR100824859B1 的申请，提出一种具有环境光感测电路的平板显示器，以通过基于当前环境亮度自动调节屏幕亮度来改善在黑暗和明亮区域的可见度（图 3-8-18）。该显示器包括环境光感测电路，该环境光感测电路包括第一和第二电容器，光电检测器以及第一和第二开关；环境光控制器，从环境光感测电路接收模拟输出信号，计算环境光，并将环境光转换为数字值；查找表和亮度选择单元的时序控制器从环境光控制器接收输出信号，并根据当前环境光输出控制信号；功率控制器从定时控制器接收输出信号，并输出与当前环境亮度相对应的电源电压，从而使得 OLED 面板从电源控制器接收电源电压并发光，以使 OLED 器件显示亮度更适应于外界环境亮度，使亮度根据外界环境亮度改变而改变，从而在改善亮度的同时达到降低功耗的效果。

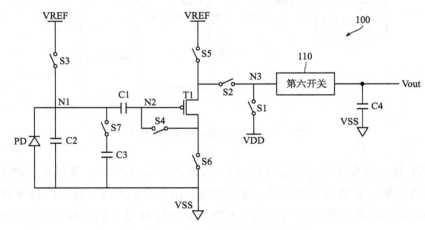

图 3-8-18　KR100824859B1 的附图

2012 年，京东方提交的公开号为 CN103021335A 的申请，提供了一种 OLED 驱动电路、OLED 显示装置，以及该显示装置亮度调节的方法（图 3-8-19）。该 OLED 显示装置具有更小的功耗，而且显示画面更稳定，采用的技术手段为：OLED 驱动电路，包括控制单元和驱动单元；控制单元，根据待显示的一帧图像的所有子图像数据，计算该帧图像的平均亮度，并以该平均亮度作为基准亮度，反向调整用于显示该帧图像的各子图像的亮度控制信号，调整后的亮度控制信号发送至驱动单元；驱动单元，接收调整后的亮度控制信号，并根据调整后的亮度控制信号驱动 OLED，使该帧图像按照调整后的亮度进行显示。

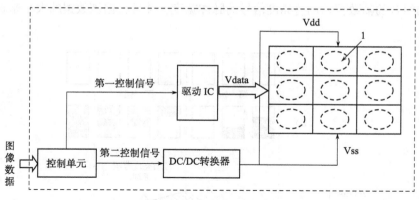

图 3-8-19　CN103021335A 的附图

3.8.7　PWM 调制技术重点专利

2004 年，三星提交的公开号为 KR20060073680A 的申请"扫描驱动器和有机发光显示器及其驱动方法"，提出通过外部控制方式改变起始脉冲宽度，以自由地调节发射控制信号的宽度。当将起始脉冲 SP 的宽度设置得宽时，发射控制信号 EMI 的宽度也设置得宽，而当将起始脉冲 SP 的宽度设置得窄时，发射控制信号 EMI 的宽度也设置得窄。因此，控制起始脉冲 SP 的宽度来调节发射控制信号 EMI 的宽度，从而自由地调节像素 140 的发射时间，以此达到色度调节的目的。

2005 年，霍尼韦尔提交的公开号为 US2006164345A1 的申请，提出了一种用于 AMOLED 显示器的宽动态范围调光的改进的 AMOLED 像素电路和方法，其在整个调光范围内保持颜色平衡，并且当显示器变暗到较低亮度值时，还将显示器的亮度和色度的均匀性保持在低灰度级。该 OLED 像素电路和调光方法使用 OLED 像素电流的脉宽调制（PWM）来实现期望的显示亮度。其中两个示例性电路，其在外部 PMM 调制公共阴极电压或公共电源电压以调制 OLED 电流，以便获得期望的显示亮度。通过 OLED 电流的 PWM 调制，结合数据电压（或电流）调制，可以实现宽动态范围调光，同时保持所涉及的显示器表面上所需的色彩平衡和亮度及色度均匀性。

2007 年，三星提交的公开号为 KR20080082280A 的申请，提供了一种 OLED 装置及其驱动方法，以通过确定与输入到像素单元的数据的组合相对应的亮度的限制范围来降低功耗（图 3-8-20）。该 OLED 装置包括像素单元，扫描和数据驱动器，控制器和电源单元。像素单元显示与扫描和亮度控制信号以及数据线相对应的图像。扫描驱动器将扫描和亮度控制信号传递到像素单元。数据驱动器使用视频数据生成数据信号，并将生成的数据信号传递到像素单元。控制器使用作为帧的视频数据的组合的帧数据来调整亮度信号的脉冲宽度，并且根据帧数据的大小来调整帧时间。

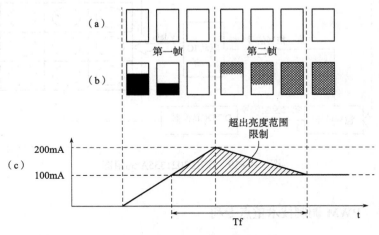

图 3-8-20　KR20080082280A 的附图

2017 年，天马微电子提交的公开号为 CN107481673A 的申请，公开了一种有机发光显示面板及其驱动方法和驱动装置。该驱动方法包括：设定有机发光显示面板的每个亮度等级和每个亮度等级对应的最高灰阶亮度，有机发光显示面板的最高亮度等级对应的最高灰阶亮度为第一最高灰阶亮度，驱动第一最高灰阶亮度的发光控制信号的有效脉冲占空比为第一有效脉冲占空比；在控制有机发光显示面板的显示画面切换时，确定切换后显示画面的目标亮度等级和目标亮度等级对应的目标最高灰阶亮度；根据切换后显示画面的目标最高灰阶亮度、第一最高灰阶亮度及第一有效脉冲占空比，调节驱动切换后显示画面的发光控制信号的目标有效脉冲占空比。通过该方案能够平滑调整有机发光显示面板的亮度，提高显示效果。

3.8.8　系数校正技术重点专利

2003 年，三洋提交的公开号为 JP2003255900A 的申请，提供了一种通过使用薄膜晶体管（TFT）驱动电致发光元件（EL）的有源型彩色有机 EL 显示装置（图 3-8-21）。具体技术方案为：不同的光发射材料被用于它们的光发射层中的每个 RGB；RGB individuallizedy 校正电路被提供用于该层的 RGB 到匹配与各自的亮度特性，使得该 RGB 的彩色平衡得以获得；每个伽马校正电路包括一 DAC 和参考电压的数模转换器被调整用于每个 RGB。

2007 年，三星提交的公开号为 JP2008209886A 的申请"有机电致发光显示器及其驱动方法"（图 3-8-22），公开了一种 OLED 显示装置，包括：像素单元，其具有多个像素以发射对应于数据信号、扫描信号和光发射控制信号的光；光电传感器，其经配置以产生对应于环境光线的控制信号；控制单元，具有设置对应于控制信号的伽马校正值的伽马控制单元和用于校正对应于控制信号的色坐标的色坐标控制单元；扫描驱动器，所述扫描驱动器被配置为生成扫描信号以驱动扫描线；数据驱动器，被配置为根据在颜色坐标控制单元中校正的数据信号和从伽马控制单元输出的伽马校正信号来校正数据信号的伽马值，数据驱动器可以被配置为将校正的伽马值提供给数据线；电源单元，被配置为向像素单元和发光控制单元供电。该方案通过控制亮度和/或饱和度而改善显示亮度和降低功耗。

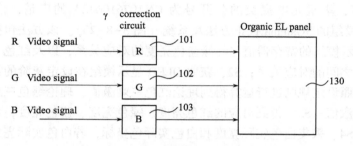

图 3-8-21 JP2003255900A 的附图

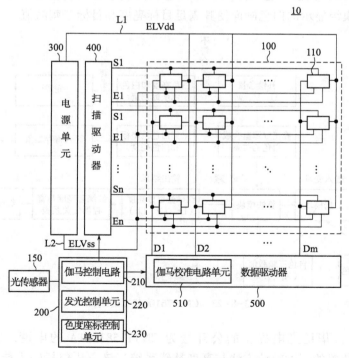

图 3-8-22 JP2008209886A 的附图

267

2012 年乐金提交的公开号为 US2013070007A1 的申请，提供了一种扫描驱动器以及用于有机发光显示装置的光学补偿方法和驱动方法。具体的技术方案为：设置 RGB 子像素的初始增益值；使每个 RGB 子像素收敛于目标亮度；从 RGB 子像素中选择与 W 子像素发光的子像素，并设置 W 子像素的初始增益值；测量应用了初始增益值的 w 个子像素的颜色坐标和亮度；计算 W 个子像素和选择的子像素的亮度比；调整所述 W 个子像素和所选择的子像素的最大增益；测量 W 个子像素和所选子像素的最大颜色坐标和亮度比；以及使 W 个子像素和所选择的子像素汇聚在目标颜色坐标和亮度上。

2017 年，华星光电提交的公开号为 CN107610642A 的申请，公开了一种 OLED 显示模组的 3Gamma 校正方法及系统（图 3-8-23）。该方法包括：S1、获取 OLED 显示模组的寄存器值与红绿蓝色亮度的对应关系，以及红色、绿色、蓝色三刺激值之间的对应关系；S2、获取 OLED 显示模组在设定灰阶的第一白色三刺激值，按照设定规则进行运算得到理论红色三刺激值、理论绿色三刺激值、理论蓝色三刺激值；S3、得到对应的红色亮度、绿色亮度、蓝色亮度，对白色画面进行校正；S4、采集白色实际亮度和白色实际色坐标，若白色实际亮度和白色实际色坐标不符合白色目标亮度和白色目标色坐标，则对第一参量数据进行补偿后再执行步骤 S2，直至白色实际亮度和白色实际色坐标符合要求。该方案能调试 OLED 显示模组显示的白色画面使其满足目标亮度和目标三刺激值。

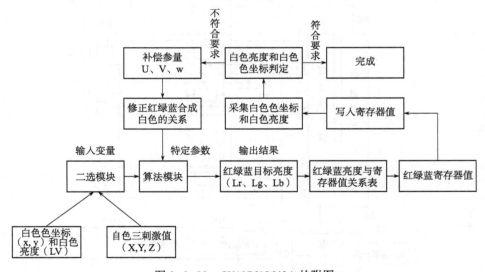

图 3-8-23　CN107610642A 的附图

2020 年，华星光电提交的公开号为 CN111583861A 的申请，提供了一种 OLED 显示装置的亮度补偿方法与亮度补偿系统。该方法包括输入待显示图像信号；根据待显示图像信号，计算出各像素的显示亮度与显示时间并储存；根据累计储存的各像素的显示亮度以及累计储存的显示时间计算出各像素的等效老化时间；根据各像素等效老化时间计算出各像素的老化效率；根据待显示图像信号，计算出画面亮度评价值；根据各像素的老化效率与画面亮度评价值计算出各像素的亮度补偿系数；以及根据各像素的亮度补偿系数对待显示图像信号进行亮度补偿后输出图像。通过结合老化效率与画面亮度综合评定各像素的亮度补偿系数，缓解因亮度补偿造成像素加速老化的现象，延缓 OLED 的老化。

3.8.9　本节小结

从前述的技术分支研究情况可以发现，我国在 OLED 亮度调节技术上起步较晚，但研究水平上升很快，并取得了一些很有价值的研究成果，且于 2014 年后相关专利申请量在全球占据首位。即便如此，以三星、乐金为代表的韩国企业仍在该领域保持申请总量第一。2018 年以后，OLED 亮度调节技术相关专利的申请量呈下降趋势，说明该技术的发展逐渐进入瓶颈期。

考虑到 OLED 使用寿命问题，韩国的三星、乐金以及国内的京东方、华星光电等各大生产厂商均将 OLED 显示面板亮度调节技术的研究方向主要集中在电压调节上。虽然上述手段在实现上相对容易，但从兼顾色度的角度，上述手段的调整优势并不明显。而因为受到相关控制理论基础研究的制约，PWM 调制和系数校正等相关控制方法的改进相对较少。

目前，OLED 电视已经有产品上市，但是由于技术壁垒问题，成本较高，其优势还未发挥完全，在显示屏亮度调节中，无论从控制方法、电路结构、还是外部调节、器件的材料选择等技术层面都还有一定发展的空间。

3.9　本章小结

OLED 显示器因不需要背光，可以实现薄型化，此外相对于传统 LCD，OLED 还具有广色域、高对比度、高响应速度等优点。当前 OLED 显示技术正向大面积、超薄、低成本、柔性等方面发展，被称为最有"钱景"的产业。我国 OLED 产业起步相对较晚，在设备制造、材料制造等方面处于弱势，但因具有强大的市场优势和完善的政府政策扶持，中国 OLED 显示产业中游产生了很多有竞争力的企业，呈现"后来居上"的趋势，但在高品质 OLED 显示技术上与三星、乐金等国外企业存在较大差距，存在"卡脖子"关键技术的重大研发难题。在 OLED 产能方面，中国与韩国相差较大，但是随着国内市场的迅猛发展以及国内企业包括京东方、华星光电、维信诺、和辉光电在内的各厂商产能的相继爆发，不断缩小与韩国的差距。

从 OLED 显示技术全球专利申请趋势来看，国内 OLED 显示产业积极跟踪全球 OLED 显示技术发展步伐，进行了 OLED 较多相关专利布局。目前 OLED 显示技术专利布局主要位于中国、韩国、日本、美国和欧洲五个国家和地区，其中，中国以 40.01% 份额在专利数量上以一定优势领先。OLED 显示技术专利申请主要来源于中国和韩国，日本作为传统的显示领域强国，其在 OLED 的专利申请明显不足。OLED 显示领域申请人主要集中在中国、日本、韩国三国，三星和乐金作为韩国两大显示巨头申请量位居前列，占据绝对的优势；中国的主要申请人京东方、华星光电、天马微电子、维信诺，其申请量也占据一定的优势；日本的主要申请人为精工爱普生、半导体能源研究所、索尼等申请量相对较少。

从技术主题来看，随着日益变化的消费需求，全面屏和柔性显示技术在终端产品中的应用越来越广泛，也对 OLED 显示屏提出了相关的技术要求。同时，因 OLED 还存在诸如 TFT 器件稳定性差、阈值电压漂移、发光元件老化等原因导致面板显示亮度不均匀以及显示寿命等亟待解决的问题，因此，用于解决以上问题的阈值电压补偿技术、像素排布技术和显示亮度调节技术均是 OLED 显示研究的重要方向。

在阈值电压补偿方面，主要分为内部补偿和外部补偿两条技术路线，内部补偿技术对于中小尺寸面板形成了经典的 6T1C 像素结构，外部补偿也对大尺寸面板形成了改善均匀性的有效方案。阈值电压补偿技术的基础专利仍然掌握在韩国手中，中国企业也在不断崛起；其中，三星和京东方侧重于内部补偿，乐金则侧重于外部补偿。LTPO 晶体管生产工艺是当前各大厂商积极布局和研发的重点。

在像素排布结构上，主要包括 Stripe 排列、Pentile 排列、Diamand 排列和 Delta 排列等。Diamand 排列是三星在后期 Pentile 排列的基础上提出来的，可解决 PenTile 排列颗粒感重、锯齿明显的问题，是现阶段手机 OLED 屏幕像素排列方式的最优解，也是目前全球出货量最多的像素排列方式。中国企业为绕开该技术，研发出了珍珠排列、鼎型排列和风车排列等自身的像素排布技术，以规避知识产权风险，并形成了一定的技术储备和优势。

在柔性屏技术上，国内厂商已经在柔性屏技术上进行了各角度的专利布局，专利申请量占据领先地位。目前，克服弯曲应力，提高弯折性能是柔性 OLED 面板研究的重点技术之一，主要从基板、膜层、封装层和支撑件的改进入手。三星、乐金、华星光电、京东方等主要申请人在相应技术领域侧重点不同，华星光电和京东方重点研究基板的改进，三星侧重于研究支撑件的改进，乐金更多体现在对走线膜层的改进。目前国内已发布多款主打柔性折叠屏的电子设备，但是柔性屏的应用和市场大面积推广还需要一定的时间积累，是未来炙手可热的研究方向。

在全面屏技术上，全面屏技术近年来专利申请量激增，中国已经成为全面屏技术主要原创国和目标国，通孔和真全面屏技术是目前各大申请人布局的热点。虽然目前真全面屏显示屏已经实现量产，但其摄像头与屏幕的深度融合还需要继续改进，如能进一步提升透光率、拍照和显示效果，使得真全屏的拍照效果与挖孔屏相媲美，有望在未来占据更大市场。

在亮度调节技术上，韩国拥有的专利申请总量最多，自 2014 年后中国的专利申请量已跃升第一；但从全球申请量来看，自 2018 年后亮度调节技术的申请量呈现下滑趋势，说明该技术的发展逐渐进入瓶颈期。三星、乐金、京东方、华星光电等国内外主要申请人均将 OLED 显示面板亮度调节技术的研究方向主要集中在电压调节上，因受到相关控制理论基础研究的制约，PWM 调制和系数校正等相关控制方法的改进相对较少。

目前，中国面板厂商正在加速追赶 OLED 产业链布局，在各个技术方向上突破国外技术垄断和技术屏障。随着 OLED 生产成本下降、良率上升以及我国各大厂商生产线的逐渐投产，我国相关企业在该领域的竞争力也有望得到进一步提升。

第4章 Micro-LED显示技术专利分析

Micro-LED显示技术是指以自发光微米量级的LED为发光像素单元，将其集成到驱动面板上形成高密度LED阵列的全彩显示技术。根据业界主流，认为"微米量级"是指相邻LED发光像素单元间距在100微米以下（即P0.1以下）。

4.1 Micro-LED显示技术概述

4.1.1 Micro-LED显示技术发展历程

4.1.1.1 Micro-LED显示技术的产生背景

显示技术代替印刷技术成为知识、信息传播的主要途径，随着通信技术的迅速发展及人们对显示设备的色彩、清晰度、稳定性和实用性的追求，促使显示设备向高性能、多功能和数字化方向发展，形成新型显示技术产业。围绕新型显示技术发展起来的产业具有投资规模大、技术进步快、辐射范围广、产业集聚度高等特点，发挥着巨大的上下游产业拉动作用，是各国及地区近年来竞相发展的战略性新兴产业。近年来，全球显示面板产业开始出现结构性调整迹象。一方面，大屏化促进面板产能持续增长。另一方面，由于传统面板同质化竞争不断加剧，产业产值出现下滑趋势，显示产品的不断升级成为产业发展驱动力。智慧城市、智能网联汽车及虚拟现实等应用的兴起带动新型显示技术和产品进一步拓展。智慧城市建设的加速发展促进大屏商用显示面板销售出现爆发式增长态势。智能网联汽车的发展为显示技术提供了新的应用场景，车载显示面板继手机之后成为中小尺寸应用的第二大市场。虚拟现实技术逐步走向成熟，对显示技术进步和性能提升将产生重要推动作用。轻薄、柔性、环保、个性化是虚拟现实显示器件必须符合的标准，未来将给新型显示产业带来新的挑战与机会。消费电子产品加速升级对节能环保提出新的要求，智能手机、平板电脑、可穿戴设备等智能移动终端的续航、环境友好已成为消费者日益关心的焦点。此外，随着更为严格的节能降耗标准的实施，新型显示产业加快向高光效发光材料、低能耗背光模组、健康化用眼环境等节能、环保、绿色方向发展。具体来说，新型显示器件正向高密度、高分辨率、节能化、高亮度、彩色化、个性化的方向发展。●

　　根据显示原理的不同，新型显示器件可以分为主动发光显示、被动发光显示、激光投影显示三种类型。其中，主动发光显示主要包括电致发光显示（EL）、等离子体显示（PDP）、半导体发光二极管显示（LED）、有机半导体发光二极管显示（OLED）、激光荧光体显示（LPD）等。被动发光显示主要包括液晶显示（LCD）、电子纸显示（EPD）等。当前，市场上的显示技术主要为 LCD 显示技术、OLED 显示技术、LED 显示技术、Mini-LED 显示技术和 Micro-LED 显示技术。其中，LCD 显示技术、OLED 显示技术为当前市场主流技术。

　　LCD 显示面板通常包括背光模组、散光板、薄膜电晶体基板、液晶层、公共电极基板、彩色滤光片、偏光片等，层数较多，组装后 LCD 显示面板厚度较厚，同时 LCD 为被动发光，亮度和对比度较低，视角较窄，响应速度慢。

　　OLED 显示面板基本结构是在铟锡氧化物玻璃上制作一层几十纳米厚的有机发光材料作为发光层，发光层上方设置一层金属电极，层数较少，厚度较小，且由于其自发光，亮度和对比度较高，视角和色域较宽。同时，与 LCD 相比，OLED 节省了背光源、液晶和彩色滤光片等结构，功耗更低，且可实现柔性化显示。但是由于 OLED 为有机发光材料，有机发光材料相比于无机发光材料，其稳定性较低，容易出现烧屏现象，老化问题严重，寿命较短，响应速度相对较慢。

　　LED 显示的原理是利用半导体二极管的电致发光效应，使像素单元主动发光。在电场驱动下，半导体发光二极管中的电子和空穴经电极注入并相向传输，成对地结合为激子。特定材料中的激子衰变，可产生 RGB 三原色。在驱动电路的控制下，LED 像素矩阵即可实现彩色图像显示。LED 为主动发光器件，其发光亮度高，功耗小，且由于其采用无机发光材料，性能稳定，寿命较长。但是由于普通 LED 器件尺寸较大，组装后像素间距大，画面颗粒感严重，因此 LED 显示屏通常用于室内室外观看距离较大的大面积显示领域或照明领域。

　　小间距 LED 是指相邻 LED 灯珠的点间距在 2.5 毫米（P2.5）以下的 LED 背光源或显示屏产品。相比传统背光源，小间距 LED 背光源发光波长更为集中，响应速度更快，寿命更长，系统光损失能够从传统背光源显示的 85% 降至 5%。相比传统 LED 显示器件，小间距 LED 显示器件具有高的亮度、对比度、分辨率、色彩饱和度，以及无缝、长寿命等优势，在影视娱乐、购物零售、文化教育、安全监控、公共广告等应用领域具有广阔的应用前景。

---

❶ 中国电子信息产业发展研究院. Micro-LED 显示研究报告（2019）［EB/OL］. 2019-04-30）［2024-01-25］. https://ccidgroup.com/info/1096/22123.htm.

Mini-LED 为像素点间距在 2.5 毫米（P2.5）和 0.1 毫米（P0.1）之间的小间距 LED 产品。一方面 Mini-LED 显示可作为液晶显示直下式背光源获得主流市场应用，如手机、电视、车用面板及电竞笔记本电脑等；另一方面，Mini-LED 可作为直视显示屏，Mini-LED 显示屏由于使用的芯片和灯珠尺寸比通常的小间距芯片和灯珠更小，从而灯珠间距可以做到更小（小于 1mm）、像素密度更高，在可穿戴显示、高清移动显示、车载显示、高清大尺寸显示等领域具有广阔的应用前景。

Micro-LED 为像素点间距在 100 微米（P0.1）以下的小间距 LED 产品，由巨量微型 LED 单元组成 RGB 显示阵列，分辨率可达 1500 PPI 以上，是目前各类显示技术难以达到的超高像素密度，且寿命长，耗电低，响应速度快，拥有更宽的可视角度，更适用于远程医疗、AR 眼镜、VR 显示器等对亮度、功耗、分辨率、刷新率等要求较高的显示领域。

随着新一轮科技周期的来临，显示产业将呈现技术多元化发展。5G 超高清显示、万物智能交互、移动智能终端柔性化等需求推动下，各种新型显示技术在对应的细分领域有望实现良好的成长。在此基础上，Micro-LED 显示技术被认为是未来最具成长潜力的新型显示技术方向。

4.1.1.2 Micro-LED 显示技术的发展历史

LED 技术已经发展了近三十年，最初只是作为一种新型固态照明光源，之后虽应用于显示领域，却依然只是幕后英雄——背光模组。20 世纪初，LED 逐渐从幕后走向台前，迎来最蓬勃发展的时期。如今，LED 大尺寸显示屏已经投入应用于一些广告或者装饰墙等。然而 LED 显示屏的像素尺寸都很大，这直接影响了显示图像的细腻度，当观看距离稍近时其画面颗粒感严重，显示效果不佳。因此，小间距 LED 显示技术应运而生，最具代表性的小间距 LED 显示技术就是 Micro-LED 显示技术，它不仅有着 LED 的所有优势，还有着明显的高分辨率及便携性等特点。

自从 2000 年 Micro-LED 的概念被得克萨斯理工大学教授 Hong XingJiang 和 Jingyu Lin 提出之后，世界各地的厂商相继投入了 Micro-LED 技术的开发和研究❶。

随着 Micro-LED 技术进入大众视野，传统面板厂商和半导体企业纷纷加入研究行列，新兴 Micro-LED 显示技术公司不断涌现，掀起了 Micro-LED 技术研究热潮，迎来了 Micro-LED 时代。

---

❶ 陈跃,徐文博,邹军,等.Micro-LED 研究进展综述[J].中国照明电器,2020(2):10-16.

2000年	·Micro-LED 的概念被得克萨斯理工大学教授 Hong XingJiang 和 Jingyu Lin 提出
2001年	·日本的一个显示团队公布了一组Micro-LED显示阵列，这组显示阵列采用PM-OLED技术，具有简化的阵列结构，其全彩化的方式是将蓝绿红三基色LED芯片集成于同一硅基反射器之上，实现全彩像素显示。虽然这个阵列的提出意义重大，但由于其发光效率和分辨率较低，不适用于大屏显高分辨的显示发展趋势； ·H.X.Jiang团队也发布了一个10×10Micro-LED阵列，该阵列也采用PM-OLED技术，通过采用100个完全独立的p电极和4个公用的n电极，进一步简化线路布局，通过优化线路布局，提升了显示分辨率，但系统的集成仍然是一项严峻挑战
2006年	·香港科技大学一显示技术团队展示了一种Micro-LED阵列，该阵列也采用PM-OLED技术，通过倒装焊接集成显示阵列，其主要存在的问题是，正向导电电压控制难度大，行列像素发光不均，显示效果不佳
2008年	·多个团队发布了其研究的Micro-LED阵列，其中，Z.Y.Fan团队发布120×120的Micro-LED阵列，也是采用PM-OLED技术，像素尺寸为20μm×12μm，间隔为22μm，虽然其阵列打线布局仍较复杂，但已经极大程度上优化了尺寸大小的问题。 ·郑州大学团队展示的微阵列，同样采用PM OLED技术和倒装焊接技术，该阵列集成了370nm的UVMicro-LED阵列和470nm的蓝光的Micro-LED阵列，采用UV蓝光技术实现全彩化，验证了量子点彩色化技术的正确性
2009年	·香港科技大学团队也采用Micro UV-LED 阵列成功激发了RGB三色的荧光粉，制备了第1款全彩微显LED芯片。一年后，该团队再次利用RGB三色LED晶片制备出360PPI微显LED芯片，研制出了第一台无背光源全彩Micro-LED 投影设备
2011年	·得克萨斯理工大学一显示技术研究团队将互补金属氧化物半导体与Micro-LED结合，用以制造大规模集成电路芯片，并拥有可读写的特性，最终制成视频图形阵列的显示器，这种显示器分辨率极高，色彩显示变化快
2012年	·索尼国际消费性电子产品展会上推出55英寸"Crystal LED Display"电视原型机，率先将Micro-LED技术应用在消费电子领域，Micro-LED技术正式进入人们的视野，此后，Micro-LED显示技术进入市场竞争阶段
2013年	·LuxVue对AM Micro-LED显示技术进行了专项深入研究
2014年	·苹果公司收购LuxVue，进军Micro-LED技术领域，将Micro-LED技术正式推向大众视野。随着人们的关注，各大面板厂商纷纷加入

图 4-1-1　Micro-LED 研究历程

4.1.1.3　Micro-LED 显示技术的发展优势

从显示面板结构出发，主流的 TFT-LCD 显示面板通常包括背光模组、偏光片、下玻璃基板、TFT 电极、液晶分子层、公共电极、彩色滤光片、上玻璃基板、偏光片。OLED 显示面板通常包括下基板、金属阴极层、电子传输层、有机发光层、空穴传输层、阳极层、上基板、偏光片。Micro-LED 通常包括基板、电极层、RGBMicro-LED、防眩光保护膜。Micro-LED 相比于 LCD 去掉了背光，厚度优势不言而喻。相比于厚度相对较薄的 OLED，由于 OLED 需要上下两层基板，而 Micro-LED 仅需下侧一层基板，灯珠表面仅覆盖防眩光保护膜即可，因此，其厚度可做到更薄。

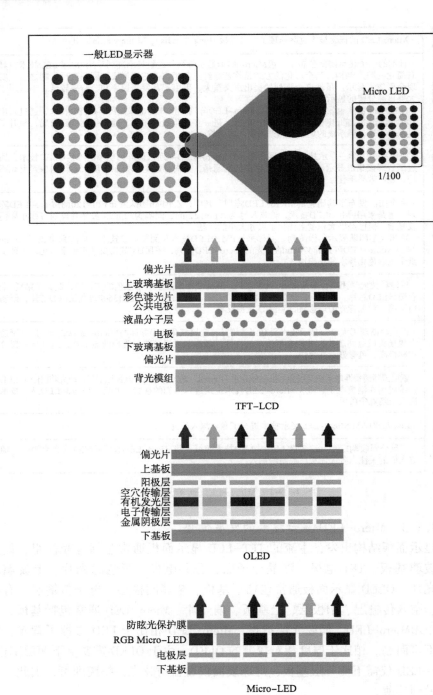

图 4-1-2　Micro-LED 与 TFT-LCD 和 OLED 面板结构比较

　　从显示原理出发，当前主流显示技术面临以下几点挑战：一是户外可视性差，LCD 属于背光显示机制，不适合户外显示。OLED 虽然属于自发光机制，但太阳光环境下户外可视必须增加电流或增大像素管芯尺寸。增加电流就意味着增大功耗，这不仅会降低续航能力，还会降低 OLED 器件的工作寿命，而增大管芯尺寸会降低分辨率。二是大尺寸显示受限。目前 OLED 受良品率和稳定性及烧屏现象的制约，成本居高不下；LCD 显示屏做超大尺寸，成本也居高不下。三是显示响应速度慢。LCD、OLED 响应速度为毫秒、微秒级，很难满足高刷新率要求。四是进一步省电节能难。功耗大制约便携式移动终端的续航能力，OLED 功耗难以进一步降低，LCD 依靠背光模式能效不到 10%。

　　Micro-LED 是将 LED 显示屏微缩化到微米级的显示技术，与 LCD、OLED 相比，它自发光，效率高；功耗低，约为 LCD 的 10%，OLED 的 50%；亮度高，比 OLED 高 30 倍；分辨率高，超过 1 500PPI；色彩饱和度高，120% NTSC；响应速度快，纳秒级；还具有对比度极高、可视角度宽以及无缝拼接可实现任意大小尺寸显示和使用寿命长达 10 万小时以上等优点。表 4-1-1[1] 展示出了 Micro-LED 与 LCD、OLED 的显示参数比较。

表 4-1-1　Micro-LED 与 LCD、OLED 显示技术比较表

显示技术	Micro-LED	OLED	LCD
发光源	自发光	自发光	背光板/LED
响应时间	纳秒	微秒	毫秒
寿命	长	中	中
可视角度	高	中	低/中
PPI（穿戴产品）	1 500 以上	最高 300	最高 250
耗电量	低	高分辨率时耗电高	低于 OLED
器件成本	昂贵	高	低
商品化	研发阶段 成品很少	小尺寸成熟，份额攀升； 中大尺寸（喷墨）研发阶段	已普及
亮度/nits	5 000	500	500
色域（NTSC）	140%	110%	70%
对比度	100 000∶1	100 000∶1	10 000∶1
工作温度/℃	(-100,120)	(-35,80)	(-40,100)
厚度/mm	≤0.05	≤1.5	≥2.5

　　[1]　中国电子信息产业发展研究院. Micro-LED 显示研究报告（2019）[EB/OL]. 2019-04-30)[2024-01-25]. https://ccidgroup.com/info/1096/22123.htm.

对比 LCD 和 OLED，Micro-LED 除在可靠性、寿命、显示速度、色彩、亮度、对比度等方面均占据优势外，Micro-LED 还有两大"撒手锏"。一是透明度，Micro-LED 可以实现 60% 的透明度，较以往的显示技术是一个巨大的突破，这也让 Micro-LED 有望成为未来汽车 HUD 的主流技术。二是极窄边框，Micro-LED 的无机材料特性，可以将边缘电路全部做到显示区，实现零边框。

相比于 Mini-LED、小间距 LED 和普通 LED，Micro-LED 在显示分辨率上有绝对优势，适合现在热门的手机终端、可穿戴设备和 VR/AR 设备等，Micro-LED 与 Mini-LED、小间距 LED 和普通 LED 的显示技术参数比较如表 4-1-2❶所示。

表 4-1-2 Micro-LED 与 Mini-LED、小间距 LED、普通 LED 显示技术比较表

产品类型	点间距 /mm	像素密度 /PPI	4K×2K 屏的边长尺寸 /(cm×cm)	对角线尺寸 /英寸	可分辨极限距离 /米	适用场合或观看距离
Micro-LED	<0.02	>1270	<8×4	<3.5	人眼不可分辨	手机、穿戴等消费电子
	<0.08	>300（视网膜屏）	32×16	14.1	人眼不可分辨	
	0.1	254	40×20	17.6	0.34	
Mini-LED	0.2	127	80×40	35.2	0.7	LED 电视
	0.5	51	200×100	88	1.7	
	0.7	36	280×140	123	2.4	
小间距 LED	1.0	25	400×200	176	3.4	室内，观看距离 3~6 米
	1.2	21	480×240	211	4.1	
	1.5	17	600×300	264	5.2	
	2	13	800×400	352	6.9	室内或室外，观看距离 5~15 米
	2.5	10	1000×500	440	8.6	
普通 LED 屏	3	8.5	1200×600	528	10.3	
	4	6	1600×800	704	13.7	
	>10	<2.5	>4k×2k	1761	>34.4	户外 30 米以上

4.1.1.4 Micro-LED 显示技术面临的困难与挑战

虽然 Micro-LED 显示技术相比于主流显示技术具备显著优势，但其工艺流程复杂，技术门槛高，导致成本居高不下，尤其是较大面积应用时，会面临良率和

---

❶ 华创证券. LED 行业深度研究报告［EB/OL］.（2018-12-13）［2024-01-25］. https://pdf. dfcfw. com/pdf/H3_AP201812141268437966_1. pdf.

成本的巨大挑战。Micro-LED 全彩化技术、巨量转移技术和微缩制程技术是目前 Micro-LED 显示技术研究的热点技术，其中巨量转移技术和微缩制程技术是 Micro-LED 产业化的主要痛点，巨量转移是 Micro-LED 产业化面临的最大挑战。

1. Micro-LED 全彩化技术

Micro-LED 全彩化是 Micro-LED 显示技术的一个重要的研究方向。全彩化是指使 Micro-LED 显示屏能够呈现更多色彩层次，具备更高的分辨率。由于组成 Micro-LED 显示屏的最小单元是 LED，而目前 LED 均是单色 LED，常见的单色 LED 为红、绿、蓝三基色，此外还有白色、黄色等辅助颜色，为了呈现彩色效果，则需对 LED 进行混色，常见的混色方式有采用三基色 LED 芯片组成子像素，对子像素进行驱动呈现不同的颜色，此外，还有采用单色 LED 芯片配合发光介质激发三原色，进而进行混色，达到全彩显示的效果。Micro-LED 显示屏由于其芯片尺寸极度微小，因此其全彩化的难度也非常之大，是目前研究的一项难点。

2. 巨量转移技术

目前 Micro-LED 量产的关键技术便是巨量转移技术，巨量转移指的是通过某种高精度设备将大量 Micro-LED 晶粒转移到目标基板上或者电路上。如何控制成本和良率是商业化的关键。巨量转移技术成为限制 Micro-LED 良率和成本的瓶颈。目前，巨量转移技术面临的挑战包括五项：一是在转移之前，要将 Micro-LED 芯片从外延片移动到载体，保障移动成品率的挑战；二是由于 Micro-LED 芯片的厚度仅为几微米，将其精确地放置在目标衬底上的难度非常高，Micro-LED 芯片在衬底上精准对位的挑战；三是 Micro-LED 芯片尺寸及间距都很小，要将芯片连上电路也充满挑战；四是 Micro-LED 芯片需要进行多次转移（至少需要从蓝宝石衬底→临时衬底→新衬底），且每次转移芯片数量巨大，要保障转移工艺的稳定性和精确度充满挑战；五是为实现 RGB 全彩显示，需将红、绿、蓝芯片分别进行转移，在多种颜色芯片的巨量转移中，不同颜色芯片的精准定位极大地增加了转移工艺难度，对转移工艺提出更高的挑战。

不同的 Micro-LED 巨量转移技术具有不同的技术特性，未来针对不同的显示产品，可能都会有相对适合的解决方案。现有的转移技术主要分为芯片转移和外延级键合两大类。芯片转移主要是通过剥离 LED 衬底，以一临时衬底承载 LED 外延薄膜层，再利用感应耦合等离子蚀刻，形成微米等级的 Micro-LED 外延薄膜结构；通过剥离 LED 衬底，再通过临时衬底承载 LED 外延薄膜结构。而外延级键合技术则是将一片单色 Micro-LED 外延片和一整片 CMOS 驱动电路晶圆键合在一起。其中，芯片转移技术分为物理方式和化学方式。物理方式主要为电磁力转移、静电吸附和流体装配技术；化学方式主要为范德华力/粘力、激光转移及滚轮转印等❶。

---

❶　利亚德光电技术有限公司. Micro-LED 显示技术和应用白皮书［EB/OL］.（2020-11-04）［2024-01-25］. https://microled.cn/MicroLED/335.html.

3. 微缩制程技术

将传统 0.5mm 级的 LED 微缩到 10μm 级以下，所采用的即微缩制程技术，又称为 μLED 技术。μLED 芯片在材质上的选择，与红蓝黄三色 LED 相近，外延生长技术主要采用的还是气相外延工艺。μLED 衬底的剥离方法，采用激光剥离技术，利用强光溶解分离氮化镓缓冲层，从氮化镓蓝宝石衬底上将 LED 的外延生长晶片进行剥离，能够合理改善芯片电路扩展问题，对于微结构的制备起到了很大的作用。在 LED 芯片的微缩过程中，时常产生侧壁缺陷，例如，在常规 250μm×250μm 尺寸的 LED 产生 2μm 左右的误差缺陷。但在 Micro-LED 的生产上，所要求的 LED 尺寸仅为 5μm×5μm，而 2μm 左右的误差缺陷，将会彻底破坏 Micro-LED 芯片的性能，芯片的剩余可使用率，仅占芯片尺寸的 4%❶。

当前微缩制程技术的制程种类大致有 3 种：芯片接合、晶片接合、薄膜传输。芯片接合就是将 LED 微缩剪切 Micro-LED 等级的芯片之后，再将其通过 COB、SMT 封装到电路基板上。晶片接合是直接使用耦合离子刻画 LED 磊晶结构，形成 Micro-LED 的薄膜层，并将 LED 晶粒封装到电路基板，通过物理或化学剥离在电路基板上进行 Micro-LED 的磊晶薄膜画面驱动。薄膜传输是先将电路 LED 基板剥离，将磊晶薄膜层置于临时基板上，再通过等离子刻画形成 Micro-LED 的薄膜层构造，依据显示需求进行 Micro-LED 的磊晶薄膜转移封装，从而形成显示驱动。

4.1.2 Micro-LED 显示技术产业的发展现状

当前阶段，Micro-LED 的商业应用领域大致可分为以索尼、三星为代表的超大尺寸彩电显示屏和以苹果公司为代表的便携式小屏。2012 年，索尼在国际消费性电子产品展会上推出 55 英寸"Crystal LED Display"电视原型机，率先将 Micro-LED 技术应用在消费电子领域，Micro-LED 技术正式进入人们视野。2014 年，苹果通过收购 Micro-LED 显示技术公司 LuxVue Technology，取得了多项 Micro-LED 专利技术，苹果公司致力于 Micro-LED 在便携式小屏幕上的应用，Micro-LED 的低能耗、高亮度特性，完美契合于移动小屏装备，具体落实到 Apple Watch 的显示应用。2018 年，三星在国际消费性电子产品展会上，推出了新型电视"The Wall"，其为第一款模块化拼接 Micro-LED 的大型彩电，具有超广色域以及高分辨率对比度，亮度最高可达 2000nit。

国内京东方（BOE）、华星光电（TCL）、康佳（KONKA）、天马微电子（Tianma Micro electronics）、维信诺（Visionox）等一众老牌面板生产商，以及辰显光电（VISTAR）、易美芯光（SHINEON）、北大青鸟显示（Jade Bird Display,

---

❶ 陈跃,徐文博,邹军,等. Micro-LED 研究进展综述[J]. 中国照明电器,2020(2):10-16.

JBD)、歌尔股份（Goertek）等新兴面板企业也均投入到 Micro-LED 产品的生产研发中。2017 年 7 月，北大青鸟显示在 SiIC 上展示了 5 000PPI 有源矩阵Ⅲ-Ⅴ族 Micro-LED 阵列。2018 年，三安光电（San'an）与三星签署了长期协议，共同开发和供应三星 Micro-LED 显示屏的 LED 芯片。2019 年三安光电宣布在中国湖北投资 120 亿元建立一个 Mini-LED 和 Micro-LED 生产中心。2018 年 5 月，维信诺展示了其首款 Micro-LED 显示屏。2019 年，易美芯光推出了与韩国流明斯合作开发的 139 寸 4KMicro-LED 显示器原型，天马微电子展示了其首款 Micro-LED 显示屏，是一款面向汽车内用的 7.56 寸高透明 Micro-LED 显示屏。2019 年 10 月，康佳推出了 APHAEA 品牌的拼接 Micro-LED 电视，并于同年 12 月，宣布在中国重庆投资 3.65 亿美元建立 Micro-LED 研发中心，2020 年，康佳在国际消费性电子产品展会上首次展出应用了 Micro-LED 技术的 Smart-Wall 系列产品，包括 118 寸 4K 以及 236 寸 8K 的模块化拼接 Micro-LED 显示屏。2019 年 12 月，京东方与罗茵尼（Rohinni）成立合资企业京东方像素（BOE-Pixey），将罗茵尼的 Mini-LED 和 Micro-LED 制造工艺与 BOE 的显示面板生产经验相结合，2020 年 BOE-Pixey 在国际消费性电子产品展会上展出了 Micro-LED 显示屏。2020 年 7 月，华星光电与三安光电子公司三安半导体成立联合实验室，联合实验室主要开发 Micro-LED 显示器端到端技术过程中所形成的与自有材料、工艺、设备、产线方案相关的技术，并于同年 10 月展示了一款 4 英寸的，基于 IGZO 玻璃基的 AM320x180Micro-LED 原型机，2021 年 11 月，联合利亚德推出全球首款玻璃基透明直显 MiniLED 系列显示屏，以及全球首款 75 英寸 P0.6 氧化物 AM 直显 MicroLED TV。2020 年 8 月，维信诺与成都国资投资平台共同投资成立辰显光电，并于 2021 年 7 月成功点亮 326ppi 的 1.84 英寸 Micro-LED 可穿戴产品。2021 年 9 月，晶能光电宣布成功制备了红绿蓝三基色硅衬底 GaN 基 Micro-LED 阵列。2021 年 12 月，天马微电子联合产业上下游企业以及高校、研究机构等成立 Micro-LED 生态联盟。2022 年 12 月，思坦科技（SITAN）推出其首款 0.18 英寸 Micro-LED 单屏全彩显示模组。2023 年 5 月，歌尔股份旗下歌尔光学推出 MicroLED 单绿色衍射光波导显示模组。

　　国外，索尼（SONY）、三星（SAMSUNG）、乐金（LG）、苹果（Apple）等老牌面板生产商，以及维耶尔（VueReal）、艾克斯展示（X-Display）、伊乐视（eLux）、罗茵尼（Rohinni）等初创企业也加入 Micro-LED 产品的生产研发中。2012 年，索尼展示了第一台 Micro-LED 电视（55 英寸，全高清），称之为 Crystal-LED，索尼的 55 英寸 Crystal-LED 从未上市，但在 2016 年，该公司推出了大面积户外 Micro-LED，2019 年，索尼开始为超高端住宅安装提供 Micro-LED Canvas 显示器。2017 年，维耶尔（VueReal）展示了一款 4K Micro-LED 微型显示器，该显示器达到当时世界上最高的显示密度，为 6 000PPI。2017 年年底流明斯（LUMENS）发布其首款高清汽车平视 Micro-LED 显示器，并于 2019 年初，流明斯（LUMENS）展示了一款 FHD 单色 Micro-LED 微型显示器。2019 年 11 月，日本显示（Japan Display，JDI）推出了与 Glo 合作开发的首款 Micro-LED 原型机。2020 年 9 月，乐金正式推出 163 寸模块化设计 4K Micro-LED 电视 LG MAGNIT，像素间距为 P0.93mm，采用 LG 自有的全黑涂层（Full Black Coating）技术，对比度达 150 000∶1。2021 年 4 月，三星公开展示了零售版本的 110 吋 MicroLED 电视，并在 CES 2023 大展上，宣布了最新的 Micro-LED 电视阵容，共有 50 英寸、63 英寸、76 英寸、89 英寸、101 英寸、114 英寸和 140 英寸七种尺寸供用户挑选。此外，东丽（TORAY）为 Micro-LED 行业提供 INSPECTRA 系列检测设备，该设备可用于 Micro-LED 件的测试、质量控制和维修。首尔伟傲世（SEOULVIOSYS）与首尔半导体合作开发了一种名为 Micro Clean LED 的新型 Micro-LED 技术，该技术将三个独立的 LED（红色、绿色和蓝色）封装到一个 Micro-LED 像素中。普列斯（Plessey）开发了独特的单片 Micro-LED 工艺技术，无须转移工艺即可用于生产 Micro-LED 显示器。伊乐视（eLux）致力于 Micro-LED "流体" 组装工艺的研发。罗茵尼（Rohinni）专注于 Mini-LED 和 Micro-LED 的精确的贴装技术研发，其与键盘和徽标背光合资企业 Luumii 已实现量产。

4.2 Micro-LED 显示技术专利总体态势分析

4.2.1 Micro-LED 显示技术全球专利状况分析

4.2.1.1 申请趋势分析

图 4-2-1 示出了 Micro-LED 显示技术全球专利申请趋势。随着经济的全球化以及产业链的不断分工，知识产权作为体现国家之间科技竞争力的重要指标，越来越受到各个国家和公司的重视。从图中可以看出，关于 Micro-LED 技术的专利申请的年申请量上呈现了前期平缓，近年来加速增长，而且并未看到减缓迹象。

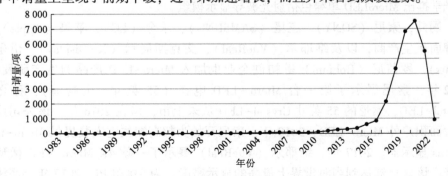

图 4-2-1　Micro-LED 显示技术全球专利申请趋势

1. 探索期（1983—2011 年）

具体来说，在 2011 年之前，有关 Micro-LED 显示技术的申请量增长比较平稳，每年都在 100 项以下。自 1983 年开始出现了关于 Micro-LED 显示技术的专利，一直到 1999 年之前都在 10 项以下，可见，在 1999 年以前都还属于探索期，申请量非常少。从 2000 年开始，申请量逐步增加到两位数，并于 2011 年增加到接近 100 项。Micro-LED 显示技术的探索期持续时间比较长，前后累计将近 30 年。可见，2011 年及之前，Micro-LED 显示技术的专利申请量一直没有特别大的提升，还属于探索阶段。

2. 快速增长期（2012 年至今）

随着 LCD 显示器的销量在 2003 年第一次超越 CRT 显示器，特别是 2007 年 LCD 显示器的销量彻底超越 CRT 显示器。可见，显示技术市场在 21 世纪第一个 10 年逐渐发生了较大变化，随着 LCD 技术的成熟，逐渐成为主流显示技术，显示技术市场的壁垒也逐渐形成，加之 LCD 技术有其本身的短板，显示领域也逐渐展开新的探索。Micro-LED 作为 LCD 后续演进的技术，在此时期逐渐被各个国家和公司所重视，Micro-LED 显示技术的专利申请逐步进入快速增长期。

2012 年 Micro-LED 显示技术的申请量突破 100 项，达到 172 项。随后申请量快速攀升，2017 年的申请量就达到 2 138 项，并于 2020 年达到 1983 年以来的最高峰 7 521 项。虽然，2021—2022 年相较于 2020 年有所下降，但是考虑到 2020—2021 年全球申请的相关专利尚未全数公开，目前 Micro-LED 显示技术的全球申请量尚未看到减缓的趋势。

4.2.1.2　专利申请国家或地区分析

如图 4-2-2 所示，Micro-LED 显示技术专利申请排名前 5 的国家或地区占据总申请量 98% 以上，由此可以看出，中国、美国、欧洲、日本和韩国在 Micro-LED 显示技术方面关注度较高。在上述几个国家或地区中，中国和美国占据申请量的前 2 名，遥遥领先其他国家和地区。可见，中国和美国都是 Micro-LED 显示技术的布局热点国家。

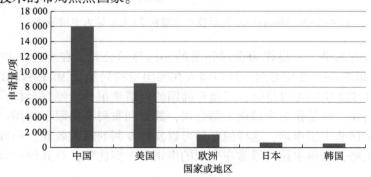

图 4-2-2　Micro-LED 显示技术专利申请国家或地区分布

4.2.1.3　主要申请人分析

如图 4-2-3 所示，在 Micro-LED 显示技术全球前 25 位申请人中，中国企业占据一半，其次为美国，韩国，日本的企业。可见，Micro-LED 显示技术的申请人，既有业内常见的显示器制造厂商，如三星、LG、华星光电和京东方等公司；也包括美国电子或互联网行业的大型公司，如苹果、Meta 和英特尔等公司；还包括一些的新兴公司，如锐创、流明斯和艾克斯显示公司等。可见，由于 Micro-LED 显示技术还处于百花齐放的阶段，各种类型的公司在该领域进入研发，期望在 Micro-LED 市场占据一席之地。

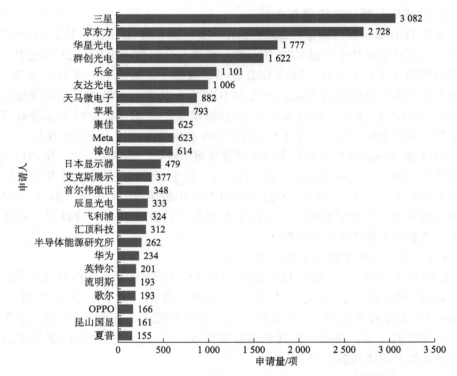

图 4-2-3　Micro-LED 显示技术全球前 25 名申请人申请量排名

值得注意的是，三星作为全球知名的韩国显示公司，在全球的申请量达到 3 082 项，而图 4-2-3 中显示全球申请人在韩国专利局关于 Micro-LED 显示技术的申请量才 522 项，可以得知，三星在韩国的申请量很少。经过分析，三星虽然作为韩国公司，但是作为全球化大型公司，其专利布局不局限于韩国，而是将重点放在了美国和中国申请，这样的布局可以发挥专利的最大效能。相较于三星的专利布局策略，中国申请人通常在中国的申请量占据优势，在其他国家申请量占比很小。

　　前 25 名申请人主要分布于中国、美国、韩国和日本，而上述这些公司也是 LED、LCD、OLED 显示技术的活跃国家，这也侧面说明 Micro-LED 技术作为后续演进的显示技术，中国，美国，韩国，日本的申请人不仅着眼于现有主流显示技术的研究，也积极布局面向未来演进的显示技术。

4.2.1.4　目标国和地区与来源国和地区分析

　　由图 4-2-4、图 4-2-5、图 4-2-6 可以看出，中国不仅是全球申请人最重要的申请目标国，也是主要技术的来源国，来源国和目标国均为中国的专利申请量为 10 150 项，除此之外，美国，韩国，日本的申请人在中国的申请量属于第二梯队，都在 900 项以上。可见，中国不仅是本国申请人专利申请的第一选择，也是其他显示技术发展活跃国家的重要目标申请国。值得关注的是，以申请人在本国以外的申请量和申请人在本国的申请量的百分比来看，中国相较于美国、日本和韩国都明显偏低，这说明中国的申请人在全球布局方面还需要加强。

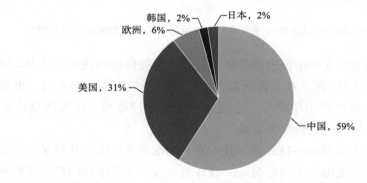

图 4-2-4　Micro-LED 显示技术目标国和地区申请量分布

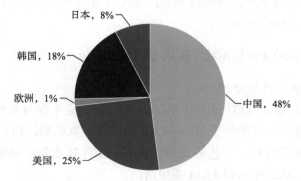

图 4-2-5　Micro-LED 显示技术来源国和地区申请量分布

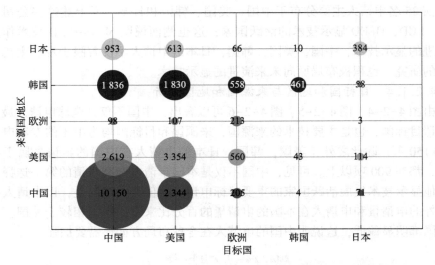

图 4-2-6　Micro-LED 显示技术目标国和地区与来源国和地区申请量统计

另外，美国是仅次于中国的重要来源国，其在美国的申请量为 3 354 项，在中国的申请量为 2 619 项，在其他国家和地区的申请量均少于 700 项。可见，美国申请人除了在本国提出申请外，也重点在中国进行布局，这也凸显出中国是 Micro-LED 显示技术的重要竞争市场。

韩国和日本也是 Micro-LED 显示技术专利的重要来源国，并都在中国和美国积极布局。综上，美国和中国是 Micro-LED 显示技术专利申请的最重要的两个国家，不仅本国申请人，其余国家申请人也都在这两个国家积极布局。因此，中国的申请人想要在专利布局的全面性和经济性之间做出平衡时，可以考虑除本国申请外，还可以在美国优先布局。

4.2.2　Micro-LED 显示技术国内专利状况分析

4.2.2.1　申请趋势分析

图 4-2-7 为 Micro-LED 显示技术国内专利申请量年度分布趋势图，从图中分析可得，在 2015 年以前关于 Micro-LED 技术缓慢发展期，相关申请量比较少，进入 2015 后，随着材料、工艺的发展，Micro-LED 技术发展迅速，专利申请量逐年增加，并在 2020 年达到 4 014 项申请量。

4.2.2.2　主要申请人分析

图 4-2-8 为 Micro-LED 显示技术国内专利申请人与申请量分布图，从图中分析可得，国内专利的主要申请人集中在京东方、华星光电、三星、友达光电、天马微电子、群创光电、乐金等，另外涉及该领域国内申请人还有辰显光电、三

安光电、汇顶科技、昆山国显，虽然这些公司规模相对较小，但其在各个细分领域，仍具有较高的技术优势。

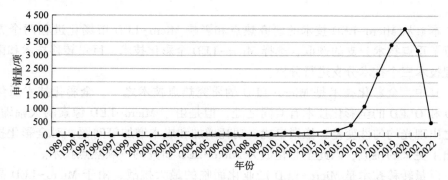

图 4-2-7 Micro-LED 显示技术国内专利申请量年度分布趋势

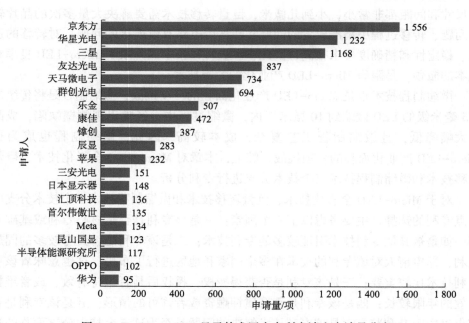

图 4-2-8 Micro-LED 显示技术国内专利申请人申请量分布

从上述申请量可以看出国内企业已经积极投入 Micro-LED 技术研发，并取得了较多的技术成果。其中京东方、华星光电、天马微电子、三安光电、辰显光电是国内最早进行 Micro-LED 技术研发的科技企业。

4.3 Micro-LED 重点技术和专利筛选原则

本章从 Micro-LED 技术的研究热点和影响 Micro-LED 市场化进程两个方面进行了重点技术分支的选取，选择 Micro-LED 全彩化技术、巨量转移技术和微缩制程技术三个技术分支进行分析。

其中，全彩化技术是 Micro-LED 的研究热点技术之一，全彩化技术虽然与 LED 和 OLED 的全彩化技术有共同之处，但是由于 Micro-LED 像素的大幅缩小，随之出现光均匀性变差、像素串扰、功耗增加和成本增加等问题，对全彩化技术提出了更大的挑战，因此全彩化成为 Micro-LED 研究的一项热点技术。

巨量转移技术是 Micro-LED 产业化面临的最大挑战，由于 Micro-LED 晶片需要先生长在蓝宝石衬底上，再转移到基板上，形成显示面板，而 Micro-LED 晶片尺寸和间距都非常小，小到几微米，巨量转移技术需要解决大量多次的晶片转移问题、转移过程中精准放置的问题和转移后电路有效连接的问题，对转移的速度、稳定性和精确度要求很高，因此，巨量转移技术成为限制 Micro-LED 良率和成本的瓶颈，是阻碍 Micro-LED 产业化的关键技术。

微缩制程技术也是 Micro-LED 产业化面临的一项挑战，微缩制程是将传统的 0.5 毫米级的 LED 微缩到 10 微米以内，微缩过程中，经常出现侧壁缺陷，成品率大幅降低，且微缩制程工艺复杂，成本较高，因此，微缩制程也成为也 Micro-LED 产业化面临的一项挑战。综上，本章对 Micro-LED 全彩化技术、巨量转移技术和微缩制程技术三个技术分支进行专利分析。

对于 Micro-LED 全彩化技术、巨量转移技术和微缩制程技术三个技术分支中重点专利的选择，主要考虑以下六个因素：一是该专利是否是核心专利或基础专利，如是被其他专利技术引证较多的专利技术；二是该专利是否具有较多的同族专利，即申请人对该专利的技术在多个国家和地区进行了布局，这也意味着该项专利技术比较重要；三是该专利是否获得授权，授权后是否维持有效，或者维持有效的年限较长；四是该专利是否有质押融资或者许可的情形；五是该专利是否获得过中国专利奖；六是该专利技术解决的问题是否为这三个技术分支面临的迫切需要解决的技术问题。只要满足前述六大因素中的一项即可认定为重点专利。

4.4 全彩化技术

在当今追求彩色化以及其高分辨率高对比率的趋势下，世界上各大公司与研究机构提出多种解决方式并在不断拓展中。全彩化是指为了使 Micro-LED 显示屏能够呈现更多色彩层次，具备更高的分辨率，对单色 LED 进行混色，达到全彩显示的效果。目前，全彩化技术主要包括 RGB 三色 LED 法、UV/蓝光 LED+发光介质法、光学透镜合成法三个技术分支。

4.4.1　全彩化技术申请态势分析

4.4.1.1　专利申请趋势分析

自 2010 年至 2021 年 12 月，全彩化技术在全球申请总量为 1 919 项，申请量随年份的变化如下。

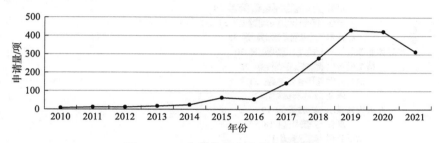

图 4-4-1　全彩化技术专利申请趋势

2015 年以前为全彩化技术的起步期，该阶段历年申请量均低于 30 项，专利申请数量从 2010 年的 8 项逐步递增至 2014 年的 25 项。

2016—2021 年为全彩化技术的快速发展期，随着 LCD 技术发展成熟，OLED 技术逐步产业化，以及消费端朝小面积高分辨率、低功耗的需求演进，各企业和研究机构朝下一代显示技术 Micro-LED 逐步加大投入，以期待在未来产业发展中占据有利地位。其中 2015 年和 2016 年申请量分别为 63 项和 55 项，2019 年达到目前最高的 431 项。由于 2020—2021 年全球申请的相关专利尚未全数公开，因此，目前全彩化技术专利尚未看到减缓的趋势。

4.4.1.2　申请人分析

从申请人的排名来看，涉及 Micro-LED 全彩化的技术专利申请主要以美国、中国和韩国申请人为主，其中美国主要以苹果、Meta、英特尔、艾克斯展示（X-Display）为主，韩国公司以三星、流明斯（Lumens）、乐金及首尔伟傲世为主，而中国主要以华星光电、京东方、康佳、天马微电子、群创光电、福州大学和南方科技大学为主。可见，随着显示面板技术的不断演进，苹果公司由于手机屏高清低功耗的诉求，对显示技术的发展进行了大力投入，Meta 作为互联网企业在 VR/AR 领域的全彩化技术进行重点关注，英特尔公司、艾克斯展示也在进行布局。

韩国既有业内熟知的三星、乐金显示面板公司，也有流明斯（Lumens）之前专注于 LED 技术的公司，以及首尔伟傲世这样的显示领域新秀进行投入。考虑到三星在 OLED 领域的强势地位，三星 Micro-LED 显示技术的申请量也位于全球前十，这说明三星在 Micro-LED 领域也在积极布局。

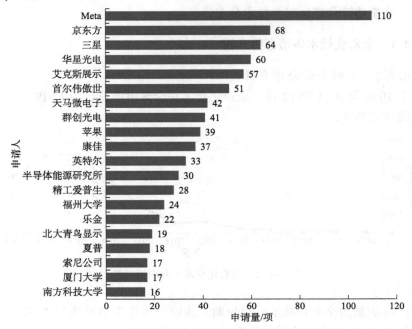

图 4-4-2　全彩化专利申请人排名

中国的申请人既有传统的面板厂商京东方、华星光电、天马微电子、群创光电，也有福州大学、南方科技大学、厦门大学等高校积极参与其中。

4.4.1.3　被引用次数最多的专利申请

表 4-4-1 列出了全球全彩化技术重点专利中被引用次数最多的 15 项专利申请。在 15 项全球专利申请中，4 项来自国内申请人，这个比例显然低于国内申请人占申请总量的比例。可见，国外公司的专利申请数量虽然不占优势，但是掌握着较多的基础专利和核心专利，国内企业在专利布局时，需要做好专利预警分析。

表 4-4-1　全球全彩化技术专利被引用次数最多前 20 项重点专利

公开（公告）号	被引用次数	申请（专利权）人	公开（公告）号	被引用次数	申请（专利权）人
US20170133818A1	1 024	艾克斯展示	US20170167703A1	64	艾克斯展示
US20140367633A1	684	苹果公司	CN108666347A	59	天马微电子
US2015371585A1	515	艾克斯展示	CN108257949A	57	福州大学
US20180182279A1	125	苹果公司	US20180197471A1	46	艾克斯展示
US20180131886A1	111	艾克斯展示	CN109256455A	38	福州大学
US20180075798A1	67	苹果公司	WO2018175338A1	33	香港北大青鸟显示

公开（公告）号	被引用次数	申请（专利权）人	公开（公告）号	被引用次数	申请（专利权）人
US20170270852A1	25	艾克斯展示	CN109004078A	22	天马微电子
CN109585342A	21	天马微电子			

4.4.2 RGB 三色 LED 技术专利分析

4.4.2.1 技术概况

RGB-LED 全彩显示原理主要是基于三原色（红、绿、蓝）调色基本原理。众所周知，RGB 三原色经过一定的配比可以合成自然界中绝大部分色彩。同理，对红色-LED、绿色-LED、蓝色-LED，施以不同的电流即可控制其亮度值，从而实现三原色的组合，达到全彩色显示的效果，这是目前 LED 大屏幕所普遍采用的方法。

在 RGB 彩色化显示方法中，每个像素都包含三个 RGB 三色 LED。一般采用键合或者倒装的方式将三色 LED 的 P 和 N 电极与电路基板连接。

之后，使用专用 LED 全彩驱动芯片对每个 LED 进行脉冲宽度调制（PWM）电流驱动，PWM 电流驱动方式可以通过设置电流有效周期和占空比来实现数字调光。例如，一个 8 位 PWM 全彩 LED 驱动芯片，可以实现单色 LED 的 256 种调光效果，那么对于一个含有三色 LED 的像素理论上可以实现 $256 \times 256 \times 256 = 16\,777\,216$ 种调光效果，即 16 777 216 种颜色显示。

但是事实上由于驱动芯片实际输出电流会和理论电流有误差，单个像素中的每个 LED 都有一定的半波宽（半峰宽越窄，LED 的显色性越好）和光衰现象，导致出光效率低，像素间存在串扰，继而产生 LED 像素全彩显示的偏差问题。针对前述问题，本领域主要从提高发光效率、降低像素之间串扰等方向进行改进。

4.4.2.2 重点专利介绍

1. 制造工艺

（1）为了实现全彩化的显示，苹果于 2013 年提交了名为"具有波长转换层的 LED 显示"的申请，公开号为 US20140367633A1。该显示器可以包括基板，该基板包括像素阵列，其中每个像素包括多个子像素，并且像素内的每个子像素被设计用于不同的颜色发射光谱。微型 LED 器件的阵列安装在每个子像素内，以提供冗余。在微型 LED 器件对的阵列上方形成包括磷光体颗粒的波长转换层的阵列，以用于可调的颜色发射光谱。

（2）为了改进发白光的微型 LED 结构，以提高功率效率并降低电路、布线和组装成本，艾克斯展示于 2021 年提交了名为"白光 LED 结构"的申请，公开号为 WO2021239474A1。发白光的无机发光二极管（iLED）结构包括串联电连接的第一 iLED，每个第一 iLED 发射与任何其他第一 iLED 不同颜色的光当向第一 iLED 和电连接到第一 iLED 之一的第二 iLED 供电时，当向第一 iLED 供电时，第二 iLED 发射与第一 iLED 中的一个相同颜色的光。第二 iLED 可以与发出相同颜色光的第一 iLED 中的一个串联或并联电连接。在一些实施例中，iLED 结构包括两个或更多个第二 iLED，每个第二 iLED 与第一 iLED 中的一个串联电连接或并联电连接。

2. 光的利用率

（1）为了解决现有技术中光输出效率低和分辨率不高，艾克斯展示于 2015 年提交了名为"激光阵的问题列显示"的申请，公开号为 US20170133818A1。提供源晶片和用于在其上显示图像的显示基板；在源晶片上形成多个可微转移印刷的微型 LED 激光器；和将微型 LED 激光器微转印到显示基板上以提供显示像素阵列，每个显示像素具有一个或多个布置在显示基板上的微型 LED 激光器，每个微型 LED 激光器在发射角内发光；设置一个或多个光扩散器，以增加每个微型 LED 激光器发射的光的发射角度。

（2）为了解决现有技术中微型 LED 的电性能和发光波长在小电流密度下相对不稳定的问题，锝创于 2019 年提交了名为"显示装置"的申请，公开号为 US20190378452A1。显示装置包括驱动基板和多个微发光器件（LED），驱动基板具有多个像素区域。多个微型 LED 设置在每个像素区域中并且电连接到驱动基板。驱动基板上的每个像素区域中的微型 LED 的正交投影面积相等。每个像素区域中的至少两个微型 LED 具有不同的有效发光面积。

3. 像素间串扰

（1）为了解决现有技术中显示器分辨率不高的问题，艾克斯展示于 2017 年提交了名为"数字驱动的脉宽调制输出系统"的申请，公开号为 US20180197471A1。有源矩阵数字驱动显示系统包括像素阵列。每个像素具有输出设备，响应于加载定时信号以在不间断的加载时间段期间接收和存储多位数字像素值的串行数字存储器以及响应于脉冲宽度调制（PWM）的驱动电路定时信号和多位数字像素值，以在不间断的输出时间段内驱动输出设备。像素阵列外部的控制器向每个像素提供在加载时间段期间的加载定时信号和多位数字像素值，以及在输出时间段期间的 PWM 定时信号。PWM 定时信号具有多个不同的 PWM 时间段，其在不同时间顺序地提供给像素。

（2）为了解决现有技术中 Micro-LED 显示在实现全彩化时，因红色（R）发光单元、绿色（G）发光单元与蓝色（B）发光单元之间的间距太小易形成像素之间串扰的问题，康佳于 2020 年提交了名为"一种显示背板、显示装置和显示背板制作方法"的申请，公开号为 CN112991966A。该显示背板包括：基板；若干像素单元，像素单元设置在基板之上；像素单元包括设置在基板之上的驱动阵列，以及与驱动阵列连接的多个发光单元；挡光结构，挡光结构包括挡光控制电路以及与挡光控制电路连接的多个挡光单元；挡光控制电路用于向挡光单元提供控制信号；挡光单元设置在各个像素单元之间。本发明通过在像素单元之间设置具有电致变色特性的挡光结构，该挡光结构具有灵活可调的优点，可依据综合视觉效果调节供给电压值或电流值来控制调控，因而本发明避免了 Micro-LED 显示背板的显示在实现全彩化时造成色偏以及显示色域下降的问题，进而提升了视效。

4. 功耗和散热

为降低功耗，英特尔于 2019 年提交了名为"微发光二极管显示驱动器体系结构和像素结构"的申请，公开号为 WO2019209411A1。描述了微发光二极管显示驱动器架构和像素结构。在示例中，用于微发光二极管器件的驱动器电路包括电流镜。线性跨导放大器耦合到电流镜。线性跨导放大器将生成脉冲幅度调制电流，该电流会提供给并联连接的一组微型 LED，以提供容错架构。

4.4.2.3　小结

从图 4-4-3 可以看出，对于 RGB 三原色效果的气泡图，将采用 Micro-LED 的专利申请分解成 LED 芯片、驱动电路、封装和转移、发光结构和其他共五大部分进行分析，其中优化制造工艺方面，申请人对 LED 芯片和封装转移方面进行了重点布局。另外，单个像素的发光效率，以及像素间串扰方面则各有侧重，对于提高单个像素的发光效率，从 LED 芯片本身以及驱动电路两个角度考虑。而像素间串扰，通过驱动电路来改善颜色质量的占比更大一些。

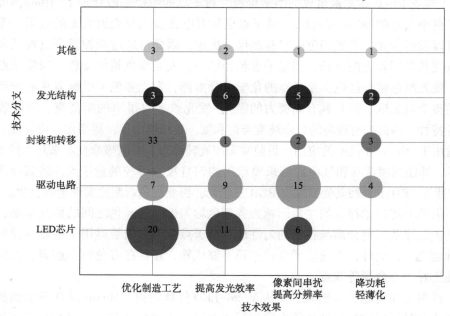

图 4-4-3　RGB 三原色 LED 效果图

4.4.3 UV/蓝光 LED+发光介质技术专利分析

4.4.3.1 技术概况

UVLED（紫外 LED）或蓝光 LED+发光介质的方法可以用来实现全彩色化。其中若使用 UV Micro-LED，则需激发红绿蓝三色发光介质以实现 RGB 三色配比；如使用蓝光 Micro-LED 则需要再搭配红色和绿色发光介质，以此类推。该项技术在 2009 年由香港科技大学刘纪美教授与刘召军教授申请专利并已获得授权（专利号：US13/466660、US14/098103）。

发光介质一般可分为荧光粉与量子点（Quantum Dots，QD）。纳米材料荧光粉可在蓝光或紫外光 LED 的激发下发出特定波长的光，光色由荧光粉材料决定且简单易用，这使得荧光粉涂覆方法广泛应用于 LED 照明，并可作为一种传统的 Micro-LED 彩色化方法。

荧光粉涂覆一般在 Micro-LED 与驱动电路集成之后，再通过旋涂或点胶的方法涂覆于样品表面。该方式直观易懂却存在不足之处：其一荧光粉涂层将会吸收部分能量，降低了转化率；其二则是荧光粉颗粒的尺寸较大，为 1~10 微米，随着 Micro-LED 像素尺寸不断减小，荧光粉涂覆变得愈加不均匀且影响显示质量。而这让量子点技术有了大放异彩的机会。量子点，又可称为纳米晶，是一种由 II-VI 族或 III-V 族元素组成的纳米颗粒。量子点的粒径一般介于 1~10nm，可适用于更小尺寸的 Micro-display。量子点也具有电致发光与光致放光的效果，受激后可以发射荧光，发光颜色由材料和尺寸决定，因此可通过调控量子点粒径大小来改变其不同发光的波长。当量子点粒径越小，发光颜色越偏蓝色；当量子点越大，发光颜色越偏红色。量子点的化学成分多样，发光颜色可以覆盖从蓝光到红光的整个可见区。而且具有高能力的吸光-发光效率、很窄的半高宽、宽吸收频谱等特性，因此拥有很高的色彩纯度与饱和度。且结构简单，薄型化，可卷曲，非常适用于 Micro-display 的应用。目前常采用旋转涂布、雾状喷涂技术来开发量子点技术，即使用喷雾器和气流控制来喷涂出均匀且尺寸可控的量子点。将其涂覆在 UV/蓝光 LED 上，使其受激发出 RGB 三色光，再通过色彩配比实现全彩色化。

但是上述技术存在的主要问题为各颜色均匀性与各颜色之间的相互影响，所以解决红绿蓝三色分离与各色均匀性成为量子点发光二极管运用于微显示器的重要难题之一。此外，当前量子点技术还不够成熟，还存在着色域不够宽、材料稳定性不好、寿命短等缺点。

针对上述问题，本领域主要从 Micro-LED 灯珠结构、Micro-LED 显示面板制造方法和量子层的材料选择等方面进行了改进，进而提升 Micro-LED 显示面板的寿命、颜色均匀性、扩大显示色域、提高蓝光转化率。

4.4.3.2　重点专利介绍

1. 制造工艺

（1）为了解决现有技术中 μLED 器件制作周期加长，制作成本高，福州大学于 2020 年提交了名为"一种无电学的问题接触的全彩化 μLED 微显示器件及其制造方法"的申请，公开号为 WO2021073282A1。无电学接触的全彩化 μLED 微显示器件包括设置于透明下基板表面的反射层、下驱动电极，设置于透明上基板表面的扩散层、上驱动电极，设置于上、下驱动电极之间的蓝光 μLED 晶粒和波长下转换发光层，以及控制模块和彩色滤光膜；上、下驱动电极和所述蓝光 μLED 晶粒无电学接触，控制模块与上、下驱动电极电学连接，所述控制模块提供交变驱动信号控制 μLED 晶粒激发出第一光源，经波长下转换发光层转化为第二光源，第一、第二光源经反射层和扩散层后，经彩色滤光膜实现全彩化 μLED 微显示。

（2）为了降低制作成本，提高制作良率，华星光电于 2017 年提交了名为"LED 显示面板"的申请，公开号为 CN106898628A。该 LED 显示面板至少包括薄膜晶体管阵列层、量子点发光层以及设置在薄膜晶体管阵列层和量子点发光层之间的 LED 阵列层，LED 阵列层发出激发光时激发量子点发光层发出至少两种颜色的光。通过上述方式，能够降低制作成本，并可以大幅提高制作良率，可有效降低显示面板能耗并提高使用寿命。

2. 光的利用率

（1）为了解决现有技术中由于量子点膜和空气之间的折射率失配，英特尔于 2018 年提交了名为"微发光二极管显示和像素结构"的申请，公开号为 US20190347979A1。描述了微发光二极管显示器和像素结构。微发光二极管像素结构在介电层中包括多个微发光二极管器件。透明导电氧化物层设置在介电层上方。钝化层在透明导电氧化物层上方，该钝化层具有包括亚波长特征的外表面。

（2）为了提高微米级 LED 显示的色彩转换和发光效率，福州大学于 2018 年提交了名为"可实现光效提取和色彩转换微米级 LED 显示装置及制造方法"的申请，公开号为 CN108257949A。可实现光效提取和色彩转换微米级 LED 显示装置包括设置于衬底表面呈阵列排布的若干个 LED 芯片、设置于 LED 芯片表面且与 LED 芯片一一对应的微结构；微结构包括倒梯形储液槽，储液槽内周侧设置有反射层；呈阵列排布的微结构与 LED 芯片沿横向依次构成 R 单元、G 单元以及 B 单元，其中，R 单元/G 单元的储液槽自下而上依次设置有红/绿色量子点层以及分布式布拉格反射层，B 单元储液槽自下而上依次设置有透明层以及分布式布拉格反射层；LED 芯片能够发出蓝光，LED 芯片发出的蓝光经红/绿色量子点层而转换为红光/绿光。

3. 像素间串扰

（1）为了解决现有技术中利用量子点颜色转换的微型 LED 显示器易遭受烙印的问题，英特尔于 2020 年提交了名为"发光二极管显示屏中的多余子像素"的申请，公开号为 US20200327843A1。显示装置，包括用于实现像素阵列的发光二极管（LED）装置，其中阵列中的每个像素都与相应的第一组 LED 装置相关联，以实现第一组子像素和相应的第二组像素。LED 器件为对应的像素实现冗余的第二组子像素。提供控制器电路以替代地使第一组 LED 设备或第二组 LED 设备能够实现对应像素的子像素。

（2）为了解决现有技术中量子点发光层容易暴露在大气中，在空气中水氧作用下，器件寿命严重下降，器件表面垂直光线的方向无法控制，严重出现串扰的问题福州大学于 2018 年提交了名为"一种光效提取和无像素干扰的全彩化 Micro-LED 显示结构及其制造方法"的申请，公开号为 CN109256455A。全彩化 Micro-LED 显示结构包括设置于一衬底表面且呈阵列排布的 LED 芯片阵列，设置于一透明基板上下表面的微透镜阵列以及与其一一对应的倒梯形微结构阵列，以及连接衬底和透明基板的封框体，倒梯形微结构阵列沿 LED 芯片的横向方向依次构成用于显示红光的 R 单元、用于显示绿光的 G 单元及用于显示蓝光的 B 单元。利用蓝色 LED 芯片激发 R 单元内的红色/G 单元内的绿色量子点层而转换为红光/绿光；同时，利用微结构中的分布式布拉格反射层，提高 Micro-LED 显示出光效率，还可利用微结构中的反射层和微透镜阵列提高垂直方向的出光效率和防止相邻像素色彩干扰。

4.4.3.3　小结

图 4-4-4 为 U/V 蓝光+发光介质法效果图对于 U/V 蓝光+发光介质法的专利布局和与 RGB 三原色法的专利布局存在差异，由于只涉及蓝光 Micro-LED，无论是优化制造工艺，还是提高发光效率专利申请量占比均不大。主要是从封装转移技术，以及发光结构方面进行改进，从而达到优化制造工艺，提高发光效率，以及减少像素串扰的效果。

4.4.4　光学透镜合成技术专利分析

4.4.4.1　技术概述

透镜光学合成法是指通过光学棱镜（Trichroic Prism）将 RGB 三色 Micro-LED 合成全彩色显示。具体方法是将三个红、绿、蓝三色的 Micro-LED 阵列分别封装在三块封装板上，并连接一块控制板与一个三色棱镜。之后可通过驱动面板来传输图片信号，调整三色 Micro-LED 阵列的亮度以实现彩色化，并加上光学投影镜头实现微投影。采用光学透镜可以增加 Micro-LED 的光线出射率，提高显示亮度，提升阵列基板的发光效果。

4.4.4.2　重点专利介绍

为了确保来自不同芯片的光完全重叠，香港北大青鸟显示于 2017 年提交了名为"多色微 LED 阵列光源"的申请，公开号为 US20180132330A1。包括多色微型 LED 阵列光源，其使不同颜色的光束完全重叠。多色微型 LED 阵列光源包括导热基板和集成在导热基板上的不同颜色的微型 LED 的多个阵列。每个阵列中的微型 LED 都电连接，因此它们都可以被一致地驱动。多色阵列光源还包括电耦合至微型 LED 阵列并驱动微型 LED 阵列的控制器。控制器以产生适合于用作光源的具有空间波长和角度分布的输出光分布的方式来驱动微型 LED。

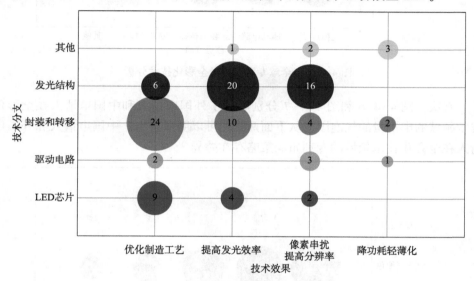

图 4-4-4　U/V 蓝光+发光介质法效果图

4.4.5　全彩化技术发展路线分析

对于全彩化技术的专利进行分析后，发现光学透镜合成法的相关专利申请量非常少，经过分析，发现光学透镜合成法虽然不涉及巨量转移的问题，但是光学透镜合成法涉及光的传播，系统很复杂，对位置精度要求非常高，且很难集成到小型设备上，导致该技术的使用场景比较狭窄，不属于显示面板产业重点关注的技术，通常只适合于投影显示。因此，下面重点对 U/V 蓝光技术和 RGB 三原色两个技术路线的专利申请进行分析。

首先，全彩化专利重点关注的技术分支如图 4-4-5 所示，从图中可以看出，U/V 蓝光技术对微 LED 的封装结构和转移方法，以及发光结构申请量的占比较大。由于 U/V 蓝光涉及发光介质和蓝光 LED 的结合，而发光介质的粘贴工艺，材料都对发光有影响，因此，对发光结构，以及如何封装 Micro-LED 的各个组件的申请比较活跃。而 RGB 三原色由于工艺上涉及 RGB 三种颜色子像素的巨量转移，不同颜色的 Micro-LED 芯片的布局和结构都对全彩化的显示效果有着重要影响。因此，LED 芯片、驱动电路、封装转移的申请量都有一定占比。

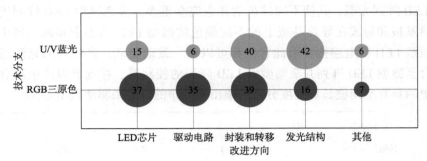

图 4-4-5　全球专利申请量全彩化技术分析

其次，图 4-4-6 和图 4-4-7 分别展示了外国申请人和中国申请人在全彩化技术领域的申请量的气泡图，从下面两张图可以明显看出，中国申请人和外国申请人在全彩化技术领域的专利布局策略存在差异。

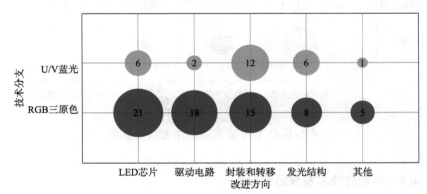

图 4-4-6　外国申请人的申请量全彩化技术分析

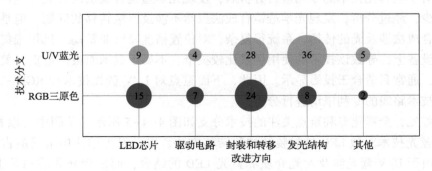

图 4-4-7　中国申请人的申请量全彩化技术分析

外国申请人在 RGB 三色 LED 技术领域申请量占据明显优势，而中国申请人在 RGB 三色 LED 技术领域、U/V 蓝光+LED 发光介质技术领域齐头并进，只是 U/V 蓝光+LED 发光介质领域申请量投入相对大一些。

4.4.6　本节小结

光学透镜合成技术虽然不涉及对微 LED 晶粒的巨量转移，减少了生成工序，但是由于 RGB 的颜色生成是采用将 RGB 光源透过透镜进行颜色合成，涉及光路的传递，加之透镜本身的体积大，也不适合安装在小型消费电子产品内部，例如 AR/VR，电子手表等。从技术角度看，光学透镜合成技术应用领域会受到限制。另外，从 Micro-LED 全彩化专利申请量来看，光学透镜合成技术申请量占比非常低，也进一步印证了该技术不可能成为全彩化的主流技术。

RGB 三色 LED 技术，以及 UV/蓝光 LED+发光介质技术是全彩化技术的两个主流方向。RGB 三色 LED 技术和 UV/蓝光 LED+发光介质技术采用不同的全彩化技术制造工艺，且均涉及巨量转移，不同之处在于，RGB 三色 LED 技术是每种颜色的微 LED 晶粒都需要巨量转移，而 UV/蓝光 LED+发光介质技术只需要转移蓝色 LED 晶粒。因而，后者巨量转移的次数较少，且转移复杂度较低，但是后者的三色合成是通过发光介质进行激发而产生红色，绿色，然后进行 RGB 合成，可见，后者涉及发光材料的选择。

从技术角度上看，上述两种技术各有很多难点需要突破，RGB 三色 LED 技术需要关注巨量转移效率，而 UV/蓝光 LED+发光介质技术要寻找可靠的发光介质，以及两者共同面临的成本等问题。因而，未来哪一个可以成为主流技术还需要经过业界的继续努力和探索。

从商业角度来看，由于勒克斯维公司（Luxvue）公司在涉及 RGB 晶粒的巨量转移方面取得了较多的专利，而苹果公司在 2014 年收购 Luxvue，基于苹果公司在消费电子的影响力，业界对 RGB 三色 LED 技术寄予了更大的期待。

从专利布局的角度来看，国外申请人针对 RGB 三色 LED 技术的申请量更多一些，可见，国外的公司和研究机构更倾向于 RGB 三色技术做重点布局，这点值得注意。国内申请人在 RGB 三色 LED 技术和 UV/蓝光 LED+发光介质技术的申请量比重接近。可见，基于全彩化主流技术尚未确定的情况下，国内申请人对两个分支均进行投入：一方面，可以避免在未来竞争中由于专利缺失而处于不利地位；另一方面，两个分支均进行投入，也可以与国外重点布局 RGB 三色技术进行差异化，给未来国内厂商引领全彩化主流技术提供了可能性。

4.5　巨量转移技术

Micro-LED 量产的关键技术便是巨量转移技术，巨量转移指的是通过某种高精度设备将大量 Micro-LED 晶粒转移到目标基板上或者电路上。如何控制成本和良品率是商业化的关键。巨量转移技术成为限制 Micro-LED 良品率和成本的瓶颈。

不同的 Micro-LED 巨量转移技术具有不同的技术特性，未来针对不同的显示产品，可能都会有相对适合的解决方案。现有的转移技术主要分为芯片转移和外延级键合两大类。芯片转移主要是通过剥离 LED 衬底，以一临时衬底承载 LED 外延薄膜层，再利用感应耦合等离子蚀刻，形成微米等级的 Micro-LED 外延薄膜结构；通过剥离 LED 衬底，再通过临时衬底承载 LED 外延薄膜结构。而外延级键合技术则是将一片单色 Micro-LED 外延片和一整片 CMOS 驱动电路晶圆键合在一起。其中，芯片转移技术分为物理方式和化学方式。物理方式主要为电磁力转移、静电吸附和流体装配技术；化学方式主要为范德华力/粘力、激光转移以及滚轮转印等。虽然它们各具特色，但是仍不能同时满足巨量转移技术对于转移数量、转移速度、转移精度、转移良率和转移成本的要求。

4.5.1　巨量转移技术申请态势分析

4.5.1.1　专利申请量变化趋势

图 4-5-1 列出了巨量转移技术在全球申请量的变化趋势，可以看出，巨量转移技术的专利申请量总体呈现稳步上升的态势。在 2014 年之前，申请量很小，从 2015 年开始，专利申请量保持了稳步的增长，2016—2020 年是一个发展高峰期，期间年申请量从 100 项/年突破到 500 项/年。然后由于巨量转移技术并未大面积实现商业化，所以该项技术仍处于技术发展期。

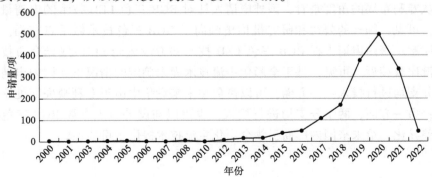

图 4-5-1　巨量转移技术的全球申请趋势

4.5.1.2　申请人分析

图 4-5-2 是巨量转移技术领域的全球前 20 位专利申请人分布，其中以京东方、华星光电、三星为首，康佳和天马微电子紧随其后，占据申请量排名前五。全球前二十的申请人有一半以上是中国的企业，还有很多是国内新兴的 Micro-LED 的企业，如辰显光电、思坦科技、三安光电等。这表明虽然 Micro-LED 目前仍在发展初期阶段，各大企业公司纷纷加大 Micro-LED 的研发投入与产品产出，进行技术和产品开发工作的布局。

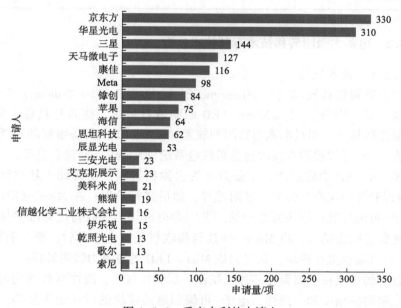

图 4-5-2　重点专利的申请人

4.5.1.3　被引用次数最多的专利申请

下表列出了全球巨量转移技术重点专利中被引用次数最多的 15 项专利申请。苹果公司的专利被引用次数最多，同时苹果公司也拥有最多的关于静电转移技术专利的公司。可见，国外公司的专利申请数量虽然不占优势，但是掌握着较多的基础专利和核心专利，国内企业在专利布局时，需要做好专利预警分析。

表 4-5-1　全球巨量转移技术专利被引用次数最多前 20 项重点专利

公开（公告）号	被引用次数	申请（专利权）人	公开（公告）号	被引用次数	申请（专利权）人
US8791474B1	257	苹果公司	US9166114B2	95	苹果公司
US9217541B2	114	苹果公司	US20160351539A1	77	艾克斯展示
US9105714B2	112	苹果公司	US8573469B2	55	苹果公司

公开（公告）号	被引用次数	申请（专利权）人	公开（公告）号	被引用次数	申请（专利权）人
US9570002B2	51	苹果公司	JP2001257218A	29	索尼公司
CN110231735A	50	华星光电	CN107170876A	26	思坦科技
US8928021B1	43	苹果公司	US20180007750A1	25	艾克斯展示
US9087764B2	41	苹果公司	CN106206651A	23	美科米尚
US20060146297A1	32	三星			

4.5.2 电磁力吸附转移技术专利技术分析

4.5.2.1 技术概述

电磁力吸附转移技术（Electromagnetic-Assisted Transfer Printing）是将磁性材料（铁、钴、镍等）混入 Micro-LED 的制造材料中，使芯片具备一定磁性，使用线圈作转移头，通过电磁力吸附和放置 Micro-LED，具备很好的选择性。拾取装置为电子-可编程磁性模块包括微机电系统（MEMS）和键合设备。

在 Micro-LED 拾取阶段，主要方式为去除牺牲层，使其处于悬空状态，电子-可编程磁性模块产生磁力，吸附芯片，然后进行拾取；在 Micro-LED 打印阶段，电子-可编程磁性模块通过加热工艺将导电模块与接收衬底对准并接触，从而有效地促进固态结合，将 Micro-LED 与接收衬底键合。最后，断电消除磁力，拾取电子-可编程磁性模块，最终完成 Micro-LED 的电磁力吸附转移。

该技术的难点在于需要在芯片上制作一层磁性材料，磁性材料的均匀性会影响电磁力吸附的精度和一致性，电子-可编程磁性模块的设计较为复杂，转移芯片间距不宜太小，电极材料需要匹配。

4.5.2.2 重点专利介绍

（1）三星于 2017 年提交了名为"电子元件转移装置"的申请，公开号为WO2019035557A1。提供一种能够具有高传输速度和低缺陷率的电子元件传输装置。利用多孔材料部和胶带的黏附力精确拾取 Micro-LED 芯片，利用真空部、多孔材料部和胶带提供的吸力精确拾取 Micro-LED 芯片，或拾取的微型 LED 可以提供一种能够防止芯片的相邻未拾取的微型 LED 芯片错位的重排装置。

（2）华星光电于 2017 年提交了名为"导磁板及器件转移装置"的申请，公开号为 CN107808835A。导磁板包括第一预定区域和第二预定区域；所述导磁板用于使得对应的器件转移装置中的磁性构件所生成的磁场聚集于所述第一预定区域，并在与所述第一预定区域相邻的所述第二预定区域处屏蔽所述磁场，以使所述磁场所对应的磁场作用力聚集于所述第一预定区域，从而使得待所述器件转移装置转移的器件在与所述第一预定区域对应的预定路径范围内转移至设置于所述器件转移装置的承载台上的阵列基板的预定位置处。该专利能快速地将大量的器件设置于阵列基板上，提高了包括器件和阵列基板的器件阵列基板的制造效率。

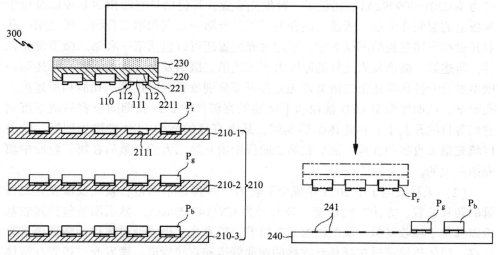

图 4-5-3　WO2019035557A1 的附图

4.5.3　流体装配转移技术专利技术分析

4.5.3.1　技术概述

流体装配转移技术（Fluidic Self Assembly）将芯片分装在流体内，利用流体拖拽力和 Micro-LED 自重力，通过控制流体的流动以及临时衬底上静电作用力的方式，实现 Micro-LED 的分散和排列，无须拾取放置过程和光学对准，最后将 Micro-LED 芯片转印到封装衬底上。流体组装技术仅需在 Micro-LED 芯片上做特殊设计，芯片即可准确对位，因此 Micro-LED 间距不受限于转移机台对位的精准度。具有高精度组装、低缺陷及结构稳定等特点。

这种生产方式可以用一个公式来控制和计算应用流体组装的速度，液体在衬底的板面上流过，利用液体的流力和重力的作用，可以有效地将其中的 Micro-LED 颗粒捕获并放置到固定的地方。流体装配转移技术可以进行一些原位的控制，通过设备感知捕获 Micro-LED 颗粒，并且可以清晰地知道哪些是多余的颗粒配备，同时配备 AOI 技术测试，可以识别出有缺陷的 Micro-LED 颗粒，让整个测试过程变得相对简单。

此技术难点在于芯片损伤的修复技术、流体选择是否会影响 Micro-LED 性能、多余芯片的去除、需要将流体挥发干后才能进行下一步的封装。该技术可适用于任意大小的芯片，芯片几何形状可多样，芯片间距不宜过小，晶圆利用率适中。

4.5.3.2　重点专利介绍

（1）伊乐视于2015年提交了名为"发光装置及其流体制造"的申请，公开号为WO2016209792A1。提供了一种发光装置，其包括具有凹槽的基板以及位于基板上的层间介电层。所述层间介电层可具有第一孔洞和第二孔洞，所述第一孔洞开设在所述基板的凹槽上方。所述发光装置还可以包括第一和第二微型发光元件，所述第一微型发光元件的厚度大于所述第二微型发光元件的厚度。所述第一微型发光元件和所述第二微型发光元件可以分别放置在所述第一孔洞和所述第二孔洞中。从而使微型LED就像如下所述的在流体输送组装期间较容易地下沉到它们各自的孔洞中。在流体组装期间，最大直径的微型LED被输送到第一阶段以填充最大直径的孔洞，随后在第二阶段中填充第二大的，最后在第三阶段中填充第三大的。

（2）天马微电子于2021年提交了名为"一种显示面板、装置及微发光二极管的转移装置、方法"的申请，公开号为CN114335063A。显示面板包括接收基板以及位于接收基板一侧的微发光二极管；微发光二极管通过流体传输通道进行转移，流体传输通道包括相互连接的弯曲管道和直线管道。微发光二极管在流体传输通道的弯曲管道和直线管道内流动转移，使得微发光二极管与接收基板精准对接，实现微发光二极管的巨量转移，提高转移效率，降低制作工艺的繁琐程度。

4.5.4　弹性印模转移技术专利技术分析

4.5.4.1　技术概述

弹性印模转移技术又称微转印（μTP）技术，最初是由美国伊利诺伊大学的约翰A. 罗杰斯等人利用牺牲层湿蚀刻和聚二甲基硅氧烷（polydimethylsiloxane, PDMS）转贴的技术，将Micro-LED芯片转移至目标基板上来制作Micro-LED芯片阵列的技术μTP技术，简单来说，就是使用弹性印模结合高精度的打印头，有选择地从源基板上拾取Micro-LED芯片，并将拾取的Micro-LED芯片打印（printing）至目标基板。

弹性印模是利用聚二甲基硅氧烷（PDMS）材料作为转移膜材料。要实现这个过程，对于原生衬底的处理相当关键。要让制备好的LED器件能顺利地被弹性体材料吸附并脱离原基底，需要先处理LED器件下面使之呈现"镂空"的状态，器件只通过锚点和断裂链固定在基底上面。当喷涂弹性体后，弹性体会与器件通过范德华力结合，然后将弹性体和基底分离，器件的断裂链发生断裂，所有的器件则按照原来的阵列排布，被转移到弹性体上面。

此技术的难点在于PDMS需要制作为PDMS-stamp形状，只有黏附在表面平整度极为平坦的平面，才不影响转移的良率和精度，而且需要精准控制各个阶段黏力大小，否则将无法实现转移。

4.5.4.2　重点专利分析

（1）华星光电于 2016 年提交了名为"一种显示面板、装置及微发光二极管的转移装置、方法"的申请，公开号为 CN106058010A（图 4-5-4）。当使用 PDMS 类传送头对 Micro-LED 进行转移时，由于 PDMS 膜层的黏附力在各处都近似，使得一次转印的图案结构被确定以后，无法适应于其他的图案结构。提供一种微发光二极管阵列的转印方法，可使用同一个 PDMS 传送头在接收基板上转印不同排列方式的微发光二极管阵列。接受基板上设置数个接受凸起，微发光二极管被置于接受基板上相应的接受凸起上，因此，对于同一个传送头，通过改变数个接受凸起在接受基板上的排列方式，便可实现在接受基板上转印不同排列方式的微发光二极管阵列。

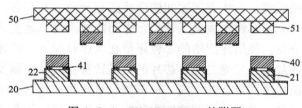

图 4-5-4　CN106058010A 的附图

（2）Meta 于 2019 年提交了名为"用于半导体器件拾取和放置的液晶弹性体"的申请，公开号为 US11328942B1。拾取头组件，包括液晶弹性体（LCE）主体，当暴露于第一频率的光时，所述液晶弹性体经历可逆膨胀，而当暴露于第二频率的光时，所述液晶弹性体收缩。用第一频率照射拾取头组件中 LCE 的选择部分，以使选择部分膨胀。LCE 的扩展部分的黏合力用于从第一衬底拾取半导体器件。通过将 LCE 的扩展部分暴露于第二频率的光，使扩展部分收缩，将半导体器件放置在第二衬底上。

4.5.5　激光剥离转移技术专利技术分析

4.5.5.1　技术概述

与芯片拾取与贴装技术相比，激光剥离（Laser Lift Off，LLO）转移技术跳过 Pick 环节，直接将尚未剥离的 LED 芯片衬底转移放置于背板上，可以快速、大规模地从原始基板上转移 Micro-LED。使用紫外激光器在蓝宝石晶圆的生长界面处照射，根据材料间不同的吸收系数，引起界面的热膨胀。

若为 GaN 外延片，界面处的 GaN 缓冲层分解成 Ga 和 N_2，实现芯片的分离和转移，做到平行转移，实现精确的光学阵列。其他衬底也类似。激光剥离技术可以进行 Micro-LED 的选择性转移，也可以多个 Micro-LED 同时转移。

此技术的难点在于，响应材料的选取，需要精准控制激光的功率和分辨率才不影响芯片的性能；激光维护成本较高；另外还需要控制好 GaN 分解的作用力才能实现精准对位。该技术适用于小尺寸芯片，小间距范围，单次转移面积适中。

4.5.5.2　重点专利分析

（1）歌尔于 2015 年提交了名为"微发光二极管的转移方法、制造方法、装置和电子设备"的申请，公开号为 CN105723528A。该用于转移微发光二极管的方法包括：在激光透明的原始衬底的背面形成掩模层，其中微发光二极管位于原始衬底的正面；使原始衬底上的微发光二极管与接收衬底上预先设置的接垫接触；从原始衬底侧用激光通过掩模层照射原始衬底，以从原始衬底剥离微发光二极管。

（2）乾照光电于 2019 年提交了名为"发光二极管芯片及制作和转移方法、显示装置及制作方法"的申请，公开号为 CN110838502A。通过在衬底上形成若干个呈阵列分布的凹槽，各相邻所述凹槽形成凸起台面，并在各凹槽底面及凸起台面生长芯粒，从而使芯粒形成上下错位，进而能较为简单地实现所述凹槽及凸起台面的芯粒的分离，使所述凹槽的芯粒保留在所述衬底上，所述凸起台面的芯粒转移至所述转移基板上发光二极管芯片的巨量转移；同时，该发光二极管芯片的结构，能同时满足不同色系的发光二极管的巨量转移；最后，通过各凹槽的侧壁设置保护胶，能进一步使位于凹槽底面的芯粒在巨量转移过程中不被损坏，从而提高产品的良率。

4.5.6　滚轴转印转移技术专利技术分析

4.5.6.1　技术概述

滚轴转印转移技术（Roll To Plate）主要是利用带有计算机接口的滚轮系统，进行滚轴对滚轴方式，通过反馈模块可以精确控制接触 Micro-LED，反馈模块包含两个负载传感器和两个 z 轴执行器。此外，滚轮系统通过两个安装的显微镜保持精确对准，最终将 Micro-LED 转印至接收衬底上，实现巨量转移。通过滚轴转印技术的巨量转移效率相较传统打件制程的速度平均快上 1 万倍，生产速度大大提高，可用于柔性、可拉伸、轻量级的显示设备。

此技术的难点在于，一个是使辊隙压力均匀化，另一个是使辊的角运动与样品安装台的平移运动同步。巨量转移技术突破了传统封装-SMT 工艺模式，使得工效大幅提高的同时，产品稳定性也大幅提升，随着良品率和转移速度的不断提高，Micro-LED 显示成本将不断下降。

4.5.6.2　重点专利分析

（1）韩国机械材料研究所（KIMM）于 2012 年提交了名为"大面积图像转印用印模及使用该印模的大面积图像转印设备"的申请，公开号为 WO2012150814A2（图 4-5-5）。通过使用辊来连续处理，以确保在大面积上形成的薄膜元件的紧密接触和移动，然后对准已经通过辊移动的薄膜元件；以及大面积图像转印设备，其使用用于大面积图像转印的印模，该设备适于通过使印模的表面接触力均匀来最小化图像转印期间对薄膜元件的损坏。厚度为 5 微米以下的非常薄且厚度偏差比较大的元件能够以更大的面积转印，同时，通过辊印的辊连续进行工序，从而使移送效率最大化。

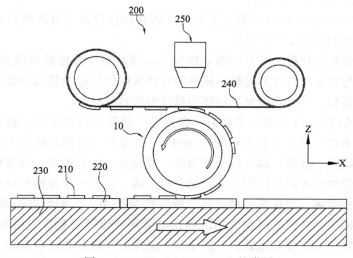

图 4-5-5　WO2012150814A2 的附图

（2）艾克斯展示于 2018 年提交了名为"带滚筒印章的微转印打印机"的申请，公开号为 US2019300289A1。辊式微转印打印机包括源衬底，所述源衬底具有由锚定件间隔开的牺牲部分及各自仅与牺牲部分相关联地安置且通过系绳物理地连接到所述锚定件中的至少一者的微型装置。包括设置成与所述源基板对准的黏弹性材料的辊压模接触所述源基板上的微装置，以断裂或分离所述系绳并将所述微装置黏附至所述辊压模。与辊压模对准设置的目标基板接触辊压模上的微装置并将微装置黏附至目标基板。所述辊压模经安置以围绕辊压模轴旋转，所述源衬底运输器经安置以在正交于所述辊压模轴的源衬底方向上平移，且所述目的地衬底运输器经安置以在与所述源衬底方向相反的目的地衬底方向上平移。

4.5.7　静电吸附转移技术专利技术分析

4.5.7.1　技术概述

静电吸附转移的基本原理利用静电作用力，将 Micro-LED 芯片吸附到基板上。转移过程可以分为以下 4 步：①拾取：构造类似介电层两侧硅电极的转移头平台，使两边硅电极带相反电荷，利用静电力实现目标 Micro-LED 芯片拾取。②分隔：

将显示器基板分隔为多个带电荷的安装孔室，当拾取后的 Micro-LED 芯片悬浮液流经孔室上方时，带相反电荷且数量可控的发光组件被孔室捕获，以便于后续装配。③装配：使安装孔室装载侧表面带电，吸引安装孔室内 Micro-LED 芯片匹配。④修补：利用紫外线探测装配缺陷，控制静电吸附机械臂，取出缺陷芯片并填入正常芯片。

4.5.7.2 重点专利分析

（1）LUXVUE 于 2013 年提交了名为"转移和接合微装置阵列的方法"的申请，公开号为 US2013210194A1。

利用支撑静电转移头阵列的静电转移头组件从载体基板拾取微型器件阵列，使接收基板与微型器件阵列接触，从静电转移头组件转移能量以将微型器件阵列接合到接收基板，以及将微型器件阵列释放到接收基板上。

（2）歌尔于 2018 年提交了名为"微发光二极管的转移方法、显示装置和电子设备"的申请，公开号为 CN108257905A。微发光二极管的转移方法包括以下步骤：提供基板，基板上具有用于容纳第一微发光二极管的第一容置槽；在第一微发光二极管的受托面上沉积正电荷聚合物薄膜，在第一容置槽的承托面上沉积负电荷聚合物薄膜，或在第一微发光二极管的受托面上沉积负电荷聚合物薄膜，在第一容置槽的承托面上沉积分别沉积正电荷聚合物薄膜和负电荷聚合物薄膜；转移第一微发光二极管至基板上，以使第一微发光二极管在正电荷聚合物薄膜和负电荷聚合物薄膜之间的静电引力下落入第一容置槽中。

4.5.8 巨量转移技术发展路线分析

在经过检索和人工标引后，通过对各个巨量转移技术分支的重点专利/专利申请进行梳理，得到各个公司在各技术分支的申请量的气泡图。从图 4-5-6 可知，国内的申请人，在激光剥离、弹性印章和电磁吸附的申请量较多，LUXVUE公司提出通过利用静电吸附方式实现巨量转移，后在 2014 年被苹果收购，苹果因收购勒克斯维而拥有众多静电转移技术专利；伊乐视公司最先提出利用流体装配实现转移，拥有众多流体转移技术专利。

图 4-5-7 是每年巨量转移各技术分支的申请比例，2011 年开始 Micro-LED 处于技术研发初期，专利申请量较少，2015 年 Micro-LED 显示技术进入快速发展阶段。2018 年以后进入爆发期。各个公司针对巨量转移方式开始进行研究与专利申请，国外公司以三星、苹果、伊乐视为代表，三星重点关注激光剥离技术。韩国机械材料研究所（KIMM）最先提出利用滚轴转移技术。

各大公司在巨量转移技术上各有侧重。同时，国内的终端厂和芯片厂也纷纷加入 Micro-LED 阵营。激光剥离、电磁吸附及弹性印章转移，是 Micro-LED 巨量转移中应用最多的技术，其中激光剥离应用最广，电磁吸附及弹性印章转移。

国内公司以京东方、华星光电、康佳、歌尔为代表，针对巨量转移的各个技术分支均进行了研究和专利申请，对激光剥离、电磁吸附及弹性印章转移的投入各有侧重，其中歌尔公司重点投入激光剥离技术，而康佳公司在自主开发的"混合式巨量转移技术"上有所突破。目前国内各高校也针对 Micro-LED 巨量转移技术进行专利申请，例如，北京大学、清华大学（浙江清华柔性电子技术研究院）、广东工业大学、福州大学、南方科技大学、华中科技大学、武汉大学、浙江大学等。

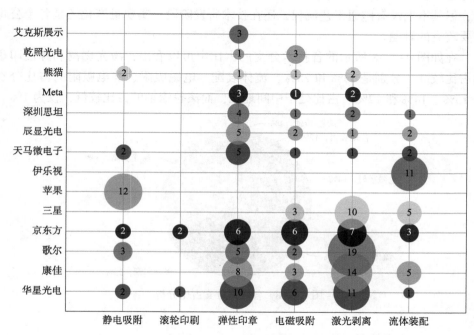

图 4-5-6　主要申请人在巨量转移各技术分支的申请量

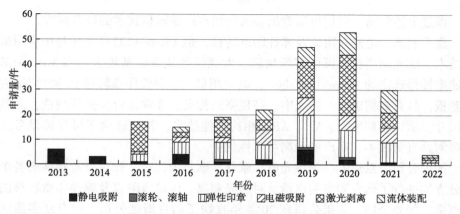

图 4-5-7　每年各技术分支的申请比例

与此同时，国内其他光电公司也纷纷投入到 Micro-LED 产业中，例如，天马微电子将重点研发基于 TFT 基板的巨量转移相关技术，包括巨量检测、巨量键合、巨量修复、封装模组制程等。维信诺投资的成都辰显光电已建成了 Micro-LED 的全制程中试线。TCL 华星与泉州三安成立的合资公司"芯颖显示"，三安光电还与辰显光电有合作。康佳也在重庆建设了 Micro-LED 中试线。南方科技大学副教授刘召军创立的思坦科技，也建了一条 Micro-LED 中试线，小米有战略入股思坦科技。然而，虽然各个公司开展了 Micro-LED 技术和产品开发工作的布局，但基本上没有跑通工艺流程，还在技术研发阶段，实现量产化还是各个公司需要攻克的难题。

在如图 4-5-8 所示的各技术分支的占比中可以看出，激光剥离和弹性印章的占比较高，分别是 33% 和 25%，流体装配、电磁吸附、静电吸附的占比分别是 15%、14% 和 12%，占比处于中间地位，而滚轮滚轴的占比较低，仅为 1%。

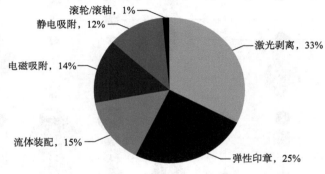

图 4-5-8　各技术分支占比分析

4.5.9　本节小结

通过上述分析，我们可以看出各大公司在巨量转移技术的各有侧重。

激光剥离、电磁吸附以及弹性印章转移，是 Micro-LED 巨量转移中应用最多的技术。激光剥离技术可以实现快速、大规模地从原始基板上转移 Micro-LED，高速率转移选定的 Micro-LED 芯片，其应用最广。弹性印章转移 PDMS 可适应任何基板，具有高精确性、高速率、高良率的特点，非常适合大批量制造，尤其是小尺寸显示设备如手表、VR、AR，相比其他技术，其更适合于可穿戴设备。电磁吸附具有低成本、高产能和高可靠性优势。

国内公司以京东方、华星光电、康佳、歌尔为代表，针对巨量转移的各个技术分支均进行了研究和专利申请，对激光剥离、电磁吸附以及弹性印章转移的投入更多。国外公司，苹果公司在 2014 年收购了勒克斯维公司，拥有众多静电吸附转移技术的专利，对其他公司在静电吸附的研究会有一定的影响，并对其他公司进入该领域形成了专利壁垒；伊乐视提出了流体自组装技术，并在 2020 年生产出 12.3 英寸显示屏，实现了 99.987% 的良率。自组装技术具有高精度组装、低缺陷及结构稳定等特点，但国内申请人在该分支的投入并不多。韩国机械材料研究所（KIMM）发明的滚轴转移技术，该方法生产步骤更少，生产速度更高，可实现高速率大批量转移，但它不能选择性转移 Micro-LED，精度和可靠性也难以保证，申请量非常小。在分析过程中发现，三星公司针对巨量转移的申请量较少，而根据产业新闻可知，三星公司已经生产出了 110 英寸的 Micro-LED 电视，笔者推测：一方面，可能因为三星在巨量转移的研究中投入不多，其通过投资子公司或与其他公司合作的方式获取该项技术，根据产业信息可知，三星公司是镎创光电的最大股东，镎创光电在巨量转移技术上进行了专利布局，并且是三星 110 英寸 Micro-LED 电视的代工厂商；另一方面，根据三星公司的专利申请习惯，可能对申请的专利申请了延后公开，因而目前获知的申请量有限。

目前来看，各大公司都在积极投资 Micro-LED，为未来布局。Micro-LED 正处于从样品走向产业化的关键时期，如何产业化是横亘在全球 Micro-LED 产业面前的一道难题。我国企业在各环节单点突破的基础上，也正形成全产业链合力协同发展的局面。天马微电子于 2021 年 12 月牵头成立 Micro-LED 生态联盟，联合上下游资源，结合产学研各环节持续技术创新、联合开发，稳固资源、创新实验、终端验证，加速商业化落地。

4.6　微缩制程技术

Micro-LED 微缩制程技术，又称为 μLED 技术，是将传统 0.5mm 级的 LED 微缩到 10μm 级以下。μLED 芯片在材质上的选择，与红蓝黄三色 LED 相近，外延生长技术主要采用的还是气相外延工艺。μLED 衬底的剥离方法，常采用激光剥离技术，即利用强光溶解分离氮化镓缓冲层，从氮化镓蓝宝石衬底上将 LED 的外延生长晶片进行剥离。其能够合理改善芯片电路扩展问题，对于微结构的制备起到了很大的促进作用。在 LED 芯片的微缩过程中，经常出现侧壁缺陷，例如，在常规 $250\mu m \times 250\mu m$ 尺寸的 LED 产生 $2\mu m$ 左右的误差缺陷。但在 Micro-LED 的生产上，所要求的 LED 尺寸仅为 $5\mu m \times 5\mu m$，而 $2\mu m$ 左右的误差缺陷，将会彻底破坏 Micro-LED 芯片的性能，芯片的剩余可使用率，仅占芯片尺寸的 4%。

当前微缩制程技术的制程工艺主要分为三大种类：芯片接合（Chip bonding）、晶片接合（Wafer bonding，又称外延级焊接）和薄膜转移（Thin film transfer）。Micro-LED 在微缩制程工艺发展中，面临的主要问题在于剥离成品率低，

Micro-LED 间距难以缩小，转移封装定位困难，另外 Micro-LED 芯片焊接可靠性低，微缩后相邻 Micro-LED 容易出现光串扰、电极短路等问题，因此，本节主要针对提高剥离成品率、缩小 Micro-LED 间距、提高转移定位精度、提高焊接可靠性、防止相邻 Micro-LED 光串扰、电极短路等方面的重点专利进行研究和分析。

4.6.1 微缩制程技术申请态势分析

4.6.1.1 专利申请趋势分析

图 4-6-1 微缩制程技术专利申请量年度分布趋势图，从图中分析可得，在 2015 年以前关于 Micro-LED 微缩制程技术缓慢发展期，相关申请量比较少，进入 2015 后，随着材料特别是制程工艺的发展，微缩制程技术在 Micro-LED 微型化上逐步得到应用，专利申请量逐年增加，并在 2020 年达到 361 项申请量。

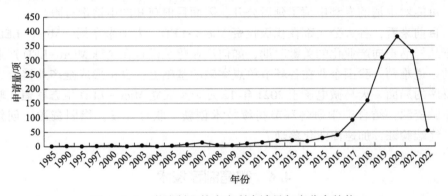

图 4-6-1　微缩制程技术专利申请量年度分布趋势

4.6.1.2 申请人分析

图 4-6-2 为微缩制程技术专利申请量与申请人分布图，从图中分析可得，国外的主要申请人集中在三星、Meta、苹果、锌创等大型公司，国内的主要申请人不仅有康佳、京东方、华星光电等传统的显示面板公司，还有三安光电、辰显光电、国星半导体、思坦科技、锌创等科技型公司，虽然这些公司规模相对较小，但其在各个细分领域，仍然占据优势地位。

4.6.1.3 被引次数最多的专利申请

表 4-6-1 中列举了关于全球微缩制程技术专利被引用次数最多的 20 项重点专利申请，其中国内申请人数量仅为 4 家，另外 16 家均为国外申请人，而且集中在美国，可见美国相关的企业和高校在微缩制程技术上的研究相比国外较早，也形成了重要的技术成果，特别是苹果公司在该领域的重要专利数量最多。

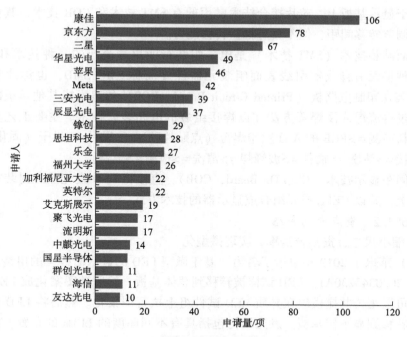

图 4-6-2　微缩制程技术专利申请人排名

表 4-6-1　全球微缩制程技术专利被引用次数最多前 15 项重点专利

公开（公告）号	被引用次数	申请（专利权）人	公开（公告）号	被引用次数	申请（专利权）人
US7732301B1	291	飞利浦	CN109065677A	30	京东方
US8791474B1	262	苹果	WO2016069766A1	27	加利福尼亚大学
US8518204B2	110	苹果	CN107369746A	23	华南理工大学
US9166114B2	97	苹果	US10096740B1	19	华星光电
US20110117726A1	97	飞利浦	US20170236807A1	18	加利福尼亚大学
US9087764B2	41	苹果	WO2017111827A1	13	英特尔
US9583466B2	35	苹果	US20190288156A1	13	维耶尔
US9314930B2	30	苹果			

4.6.2　芯片接合技术重点专利分析

4.6.2.1　技术概述

芯片接合技术（Chip bonding）是指将 LED 直接进行切割成微米等级的 Mi-cro-LED chip（包括磊晶薄膜和基板），并将微米等级的 Micro-LED chip 一颗一颗焊接于显示基板上。芯片接合技术常用的有 SMT 技术和 COB 技术，其优点在于可以调节转移间距，但不具有批量转移能力。

表面贴装技术（SMT 技术）是电子组装行业里最流行的一种技术和工艺。它是一种将无引脚或短引线表面组装元器件（简称 SMC/SMD，也称片状元器件）安装在印制电路板（Printed Circuit Board，PCB）的表面或其他基板的表面上，通过再流焊或浸焊等方法加以焊接组装的电路装联技术。主要工艺步骤包括：来料检测 =>PCB 的 A 面丝印焊膏（点贴片胶）=>贴片 =>烘干（固化）=>回流焊接 =>清洗 =>插件 =>波峰焊 =>清洗 =>检测 =>返修。

小间距显示技术（Chip On Board，COB）：直接将 LED 发光晶元封装在 PCB 电路板上，并以 CELL 单元组合成显示器的技术方式。

4.6.2.2 重点专利介绍

1. 缩小尺寸、提高分辨率，实现微型化

（1）苹果于 2019 年申请了名为"基于微型 LED 的显示面板"的申请，公开号为 US2020343230A1。LED 试样被转移到载体基板，然后被图案化成 LED 台面结构。可以用公共掩模组在异质 LED 试件组上执行图案化。然后将 LED 台面结构批量转移到显示器基板。发光结构包括具有不同厚度的 LEDs 的布置，以及接合到显示器衬底的具有不同厚度的对应底部接触件。

（2）三星于 2019 年申请了名为"显示面板"的申请，公开号为 WO2020017820A1。显示面板包括：薄膜晶体管基板；多个微型 LED，布置在所述薄膜晶体管基板的一个表面上；多个第一连接焊盘，设置在所述薄膜晶体管基板的所述一个表面上；多个第二连接焊盘，设置在所述薄膜晶体管基板的面向所述一个表面的另一表面上；多个连接布线，设置在所述薄膜晶体管基板的侧表面上以用于电连接所述多个第一连接焊盘和所述多个第二连接焊盘中的每个，其中，所述薄膜晶体管基板的所述一个表面上的边缘区域和所述另一表面上的边缘区域中的至少一个边缘区域包括沿着所述薄膜晶体管基板的向内方向切割的切割区域。

2. 降低工艺复杂度和成本，提高成品率

辰显光电于 2018 年申请了名为"一种 Micro-LED 芯片、显示屏及制备方法 Micro-LED 晶片、显示幕及制备方法"的申请，公开号为 CN110246931A。制备方法包括以下步骤：在蓝宝石衬底上依次生长 N 型 GaN 层、量子阱发光层和 P 型 GaN 层；由上至下依次刻蚀 P 型 GaN 层、量子阱发光层以及 N 型 GaN 层，形成第一沟槽；在 P 型 GaN 层上表面生长 ITO 层，并对其进行刻蚀，生成第二沟槽；在所述第一沟槽中生成 N 型接触电极；在 N 型接触电极上表面以及所述第二沟槽中生成上宽下窄的形状的反射电极；在 Micro-LED 芯片表面沉积绝缘层并对所述绝缘层进行蚀刻，露出所述反射电极；将驱动电路基板与所述反射电极进行焊接。

3. 提高键合稳定性、可靠性

（1）英特尔于 2016 年申请了名为"微型发光二极管"的申请，公开号为 WO2017171812A1。LED 包括第一电极、位于第一电极附近并具有接触表面的第一外延层、第二电极和位于第二电极附近的第二外延层。量子阱可以位于 LED 的第一外延层和第二外延层之间。量子阱可以包括位于第一外延层的接触表面附近的平坦表面，并且平坦表面可以具有比第一外延层的接触表面更大的表面积。

（2）三安光电于 2018 年申请了名为"微发光二极管及其显示装置"的申请，公开号为 CN111933771A。微发光二极管包括半导体层序列，至少在半导体层序列侧部的部分或全部区域覆盖有绝缘保护层，绝缘保护层包括竖直部分和水平部分，水平部分与桥臂相接或者作为桥臂，其中竖直部分的上端和水平部分相交，交点高度低于或者等于半导体层序列侧部的高度，通过半导体层序列来保护竖直部分的上端和水平部分的交点，避免交点处在半导体材料移除过程中受到损伤。

4. 缩短生产时间、提高生产效率

（1）三星于 2018 年申请了名为"芯片安装设备和使用该设备的方法"的申请，公开号为 CN109121318A。提供第一衬底，所述第一衬底包括具有第一表面和第二表面的透光衬底、提供在第一表面上的牺牲层以及接合到牺牲层的多个芯片；通过测试所述芯片来获得第一映射数据，所述第一映射数据定义所述芯片中的正常芯片和有缺陷的芯片的坐标；将第二衬底布置在第一表面下方；基于第一映射数据，通过向牺牲层的与正常芯片的坐标对应的位置处辐射第一激光束以移除牺牲层的一部分，从而将正常芯片与透光衬底分离，来将正常芯片布置在所述第二基底上；并且通过向第二衬底的焊料层辐射第二激光束而将正常芯片安装在第二衬底上。

（2）康佳于 2020 年申请了名为"球形微型 LED 及其制造方法、显示面板及其转移方法"的申请，公开号为 WO2021189775A1。球形微型 LED，包括第一半导体层、第二半导体层、发光层、第一电极和第二电极；所述发光层设置于所述第一半导体层和所述第二半导体层之间；所述第一电极与所述第一半导体层相连，所述第二电极与所述第二半导体层相连；所述第一半导体层、所述第二半导体层和所述发光层形成球体结构，所述第一半导体层、所述第二半导体层和所述发光层外设置有一球面结构，所述球面结构包裹设置于所述球体结构的外表面。第一半导体层、第二半导体层和发光层形成球体结构，进而形成球形微型 LED，避免转移过程中微型 LED 卡在装载阱外，便于在转移时与装载阱精准对位，能够有效提高转移良率和生产效率。

5. 避免光串扰、提高发光效率、提高显示效果

（1）锋创于 2021 年申请了名为"微型发光二极管面板及其制造方法"的申

请，公开号为 CN113594197A。面板包括电路基板、多个晶体管元件和多个微型发光二极管。电路基板包括多条信号线、多个接合垫与多个薄膜晶体管。接合垫延伸自这些信号线的至少一部分。晶体管元件电性接合至接合垫的一部分，并且与薄膜晶体管电性连接。微型发光二极管电性接合至接合垫的另一部分，并且与薄膜晶体管电性连接。每一个薄膜晶体管具有第一半导体图案。每一个晶体管元件具有第二半导体图案，且第一半导体图案与第二半导体图案的电子迁移率差值大于 30cm2/V·s。

（2）三安光电于 2021 年申请了名为"微发光二极管及制备方法和显示面板"的申请，公开号为 CN114287065A。所述微发光二极管包括半导体外延叠层，包含第一类型半导体层、第二类型半导体层和两者之间的有源层；第一电极和第二电极，分别与所述第一类型半导体层和第二类型半导体层形成电连接；其特征在于：所述第二类型半导体层包括 n 型磷化镓窗口层，所述 n 型磷化镓窗口层起到电流扩展作用。

4.6.3　晶片接合技术重点专利分析

4.6.3.1　技术概述

晶片接合技术（Wafer bonding）是指在 LED 的磊晶薄膜层上用感应耦合等离子蚀刻（ICP），直接形成微米等级的 Micro-LED 磊晶薄膜结构，此结构之固定间距即为显示像素所需的间距，再将 LED 晶圆（含磊晶层和基板）直接键接于驱动电路基板上，最后使用物理或化学机制剥离基板，仅剩 4～5μm 的 Micro-LED 磊晶薄膜结构于驱动电路基板上形成显示画素。其优点是具有批量转移能力，但是不可以调节转移间距。

剥离工艺成为外延接合能否成功的重要环节，目前常用的剥离方式，包括激光剥离技术、机械剥离和 2DLT 技术。

激光剥离技术是指通过利用高能脉冲激光束穿透蓝宝石基板，光子能量介于蓝宝石带隙和 GaN 带隙之间，对蓝宝石衬底与外延生长的 GaN 材料的交界面进行均匀扫描；GaN 层大量吸收光子能量，并分解形成液态 Ga 和氮气，则可以实现 Al2O3 衬底和 GaN 薄膜或 GaN-LED 芯片的分离，使得几乎可以在不使用外力的情况下，实现蓝宝石衬底的剥离。

机械剥离是指在微米厚度范围内制造薄膜，其工艺相对粗糙，产生的薄膜厚度在几百纳米到几微米范围内。

2DLT 技术是指利用 vdWE 和外延技术的优点来生成 free-standing 单晶膜。其通过 vdWE 和外延与二维材料辅助转移技术相结合实现的，其中二维材料的弱 vdWE 结合促进了外延生长薄膜从衬底上剥离，并在剥离后留下一个原始的表面。

4.6.3.2　重点专利分析

1. 缩小尺寸、提高分辨率，实现微型化

（1）加利福尼亚大学于 2015 年申请了名为"使用光电化学（PEC）剥离技术的微型发光二极管的柔性阵列"的申请，公开号为 WO2016069766A1。使用光电化学（PEC）蚀刻作为剥离技术来制造Ⅲ族氮化物微发光二极管（LEDs）柔性阵列。在主衬底上生长牺牲层，其中牺牲层包括Ⅲ族氮化物层，并且主衬底包括体氮化镓（GaN）衬底。然后在牺牲层上或上方生长Ⅲ族氮化物器件结构。制备其上沉积有聚合物膜的基台，并且将器件结构倒装芯片接合到基台的聚合物膜上。使用 PEC 蚀刻去除牺牲层，以将宿主衬底与接合到底座的聚合物膜的器件结构分离。最后，将具有器件结构的聚合物膜从底座分层。

（2）上海大学于 2021 年申请了名为"一种柔性 Micro-LED 基板结构及其制备方法"的申请，公开号为 CN112652697A。所述柔性 Micro-LED 基板结构包括：衬底基板；导电金属层，固定在衬底基板上，并覆盖部分衬底基板，导电金属层的面积小于衬底基板的面积；平坦化层，覆盖剩余部分衬底基板，且厚度大于导电金属层的厚度，用于填平导电金属层；平坦化层对应导电金属层处开设有通孔；绝缘层，设置在平坦化层上，绝缘层对应通孔处开设有过孔；键合金属层，穿过过孔以及通孔与导电金属层连接，并覆盖部分所述绝缘层；发光二极管 LED 芯片，设置在键合金属层上，并与键合金属层连接，能够实现柔性显示，减小了芯片间距，从而达到了更好的显示效果。

2. 降低工艺复杂度、成本，提高成品率

思坦科技于 2019 年申请了名为"LED 芯片的转移方法、基板及系统"的申请，公开号为 CN110611018A。LED 芯片的转移方法包括：LED 芯片转移基板置于盛放有缓冲液的溶液槽内，LED 芯片转移基板包括基板本体与基板本体定义的凹槽；将第一 LED 芯片、第二 LED 芯片和第三 LED 芯片浸入缓冲液中，第一 LED 芯片包括第一形状基部，第二 LED 芯片包括第二形状基部，第三 LED 芯片包括第三形状基部；驱动缓冲液流动，以将第一形状基部对位至第一凹槽内，第二形状基部对位至第二凹槽内，第二形状基部对位至第三凹槽内，第一凹槽和第一 LED 芯片之间、第二凹槽和第二 LED 芯片之间，和/或第三凹槽和第三 LED 芯片之间通过磁性力相互吸附。达到了进行 LED 芯片巨量转移时，有效区分红光、绿光和蓝光 LED 芯片，提高了转移时的效率和准确率。

3. 提高键合稳定性、可靠性

京东方于 2020 年申请了名为"微型发光二极管显示面板及制作方法、显示设备"的申请，公开号为 CN112531092A。在该微型发光二极管显示面板的制作方法中，将制备有多个微型发光二极管晶粒的供体基板直接与第一基板的黏结层贴合，同时在各供体基板和微型发光二极管晶粒远离第一基板的一侧依次制备遮光层和驱动电路层，并使得各微型发光二极管晶粒与驱动电路层电连接，然后再将各微型发光二极管晶粒与供体基板剥离。相比于先将微型发光二极管晶粒与供体基板剥离、再转移微型发光二极管晶粒的过程，本方案，能够避免微型发光二极管晶粒与驱动电路层之间出现位置偏差的情况，能够提升微型发光二极管晶粒与驱动电路层之间的对位精度，从而提高转移精度以及转移效率。

4. 缩短生产时间、提高生产效率

（1）国星半导体于 2020 年申请了名为"一种集成式立体 Micro-LED 及其制作方法"的申请，公开号为 CN111312741A（图 4-6-3）。所述 Micro-LED 包括导电衬底、阻挡层、外延层、透明导电层、保护层、遮挡层、第一电极和第二电极。本发明在图形化的导电衬底上形成若干个 Micro-LED 小面积的外延层，利用导电衬底上下电性导通的特性，省去激光剥离衬底的问题，在非图形区域形成透明导电层将若干个的外延层形成导电连接，形成阵列模式，同时配合第一电极和第二电极，实现 Micro-LED 的集成，解决了巨量转移的问题。

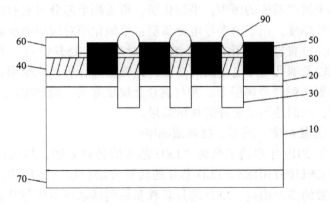

图 4-6-3　CN111312741A 的附图

（2）辰显光电于 2019 年申请了名为"微 LED 芯片、生长基板、显示面板以及微 LED 芯片的转移方法"的申请，公开号为 CN112736175A。所述微 LED 芯片包括：第一掺杂外延层，包括第一区域和第二区域；发光层，至少覆盖部分所述第一区域；第二掺杂外延层，覆盖所述发光层远离所述第一掺杂外延层一侧表面；第一电极，设置于所述第二区域，且与所述发光层处于同侧；第二电极，设置于所述第二掺杂外延层远离所述发光层一侧，且所述第一电极和所述第二电极在所述第一掺杂外延层上的正投影不重合；其中，所述第一电极和所述第二电极在所述微 LED 芯片的厚度方向上具有高度差，所述高度差大于 0.5 微米且小于 3微米。通过上述方式，本申请能够在激光剥离后使微 LED 芯片不全部陷入键合层中，易于转移。

5. 避免光串扰、提高发光效率、提高显示效果

（1）歌尔于 2017 年申请了名为"LED 器件及其制备方法"的申请，公开号为 CN107579143A。其方法包括：将多个 LED 晶片键合在背板上，得到包括多个晶片区域的晶片单板，其中，各晶片区域之间留有切割间隙；对晶片单板上的多个 LED 晶片的表面进行刻蚀处理，以裸露出 LED 表面导电层；将电极板键合于裸露出 LED 表面导电层的晶片单板上，得到晶片双板；沿切割间隙对晶片双板进行切割，得到多个待封装的 LED 器件。

（2）思坦科技于 2022 年申请了名为"微型 LED 芯片的制备方法、微型 LED 芯片及显示设备"的申请，公开号为 CN114744095A。微型 LED 芯片的制备方法包括步骤：提供发光芯片结构，发光芯片结构包括生长衬底以及生长于生长衬底的发光层部；在发光层部远离生长衬底的一侧制备防串扰层部，防串扰层部的部分结构电连接于发光层部，且防串扰层部的另一部分与发光层部的侧壁间隔设置；将发光芯片结构通过至少部分的防串扰层部与驱动芯片键合；将发光层部与生长衬底剥离。

4.6.4　薄膜转移技术重点专利分析

4.6.4.1　技术概述

薄膜转移技术（Thin film transfer）是指使用物理或化学机制剥离 LED 基板，以一暂时基板承载 LED 磊晶薄膜层，再利用感应耦合等离子蚀刻，形成微米等级的 Micro-LED 磊晶薄膜结构；或者，先利用感应耦合等离子蚀刻，形成微米等级的 Micro-LED 磊晶薄膜结构，再使用物理或化学机制剥离 LED 基板，以一暂时基板承载 LED 磊晶薄膜结构。最后，根据驱动电路基板上所需的显示像素点间距，利用具有选择性的转移治具，将 Micro-LED 磊晶薄膜结构进行批量转移，链接于驱动电路基板上形成显示像素。其成本低，对显示基板尺寸无限制，具有批量转移能力。

最后，根据驱动电路基板上所需的显示像素点间距，利用具有选择性的转移治具，将 Micro-LED 磊晶薄膜结构进行批量转移，键接于驱动电路基板上形成显示像素。

4.6.4.2　重点专利分析

1. 缩小尺寸、提高分辨率，实现微型化

（1）三星于 2019 年申请了名为"显示面板及使用该显示面板的大型显示装置"的申请，公开号为 US2021273147A1。所公开的显示基板可包括：薄膜晶体管基板；多个微型 LEDs，其布置于所述薄膜晶体管衬底的一个表面上；后衬底，所述后衬底具有耦合到所述薄膜晶体管衬底的另一表面的一个表面，并且具有比所述薄膜晶体管衬底的边缘突出得更远的边缘的至少一部分，以便与所述薄膜晶体管衬底一起形成台阶部分；多个布线，其形成在所述台阶部分和所述后衬底的所述另一表面上，以便电连接所述薄膜晶体管衬底的所述一个表面和所述后衬底的所述另一表面。

（2）南方科技大学于 2020 年申请了名为"一种 LED 显示器件"的申请，公开号为 CN111463199A。所述 LED 阵列包括 LED 芯片，以及由 LED 芯片依次连接的黏结层和量子点薄膜层，所述量子点薄膜层为具有散射增强效应的双连续多孔结构的量子点薄膜。所述显示器件使用特殊的具有散射增强效应的双连续多孔结构的量子点薄膜，极大提高了量子点薄膜对于 LED 的蓝光的吸收能力，提高了显示器件的亮度，简化了 LED 显示器件的结构。

2. 降低工艺复杂度、成本，提高成品率

（1）英特尔于 2019 年申请了名为"具有微槽或井的微型发光二极管显示器"的申请，公开号为 US2020411491A1。在示例中，微型发光二极管像素结构包括介电层中的多个微型发光二极管器件。透明导电氧化物层在介电层上方。介电层在透明导电氧化物层上，介电层中具有微槽，微槽在多个微型发光二极管器件中的一个上方。颜色转换器件（CCD）位于微凹槽中并且位于多个微发光二极管器件中的一个之上。

（2）辰显光电于 2019 年申请了名为"临时基板及其制备方法，以及微元件的转移方法"的申请，公开号为 CN112802756A。该制备方法包括：提供衬底；在衬底上涂覆未固化的模具成型材料层；提供生长基板，其中生长基板上形成有微元件；将衬底上的模具成型材料层与生长基板上的微元件进行压合，以在模具成型材料层上形成匹配微元件外形且未固化的模具槽；固化模具成型材料层，以形成模具层，其中模具层包括已固化的模具槽。

3. 提高键合稳定性、可靠性

LUXVUE 于 2014 年申请了名为"用于集成发光器件的反射堤结构和方法"的申请，公开号为 US2021313305A1。在一个实施例中，发光器件包括堤层内的反射堤结构，以及在堤层顶上并升高到反射堤结构上方的导电线。微 LED 装置在所述反射岸结构内，且钝化层在所述岸层上方且横向地围绕所述反射岸结构内的所述微 LED 装置。所述微 LED 装置的一部分及所述堤状物层顶上的导电线突出于所述钝化层的顶表面上方。

4. 缩短生产时间、提高生产效率

（1）京东方于 2019 年申请了名为"一种转移载板、其制作方法及发光二极管芯片的转移方法"的申请，公开号为 CN110416139A。该转移载板，包括：基底，具有贯穿基底厚度的多个通孔；基底包括相对的第一表面和第二表面；热塑性结构，热塑性结构填充对应的通孔，且热塑性结构的一端凸出于基底的第二表面，另一端覆盖对应的通孔周围区域的第一表面。

（2）镨创于 2019 年申请了名为"半导体材料基板、微型发光二极管面板及其制造方法半导体材料基板、微型发光二极体面板及其制造方法"的申请，公开号为 CN110707119A。半导体材料基板包括载板、牺牲层、无机绝缘层以及半导体材料层。牺牲层位于载板与无机绝缘层之间，且半导体材料层通过无机绝缘层接合于牺牲层。半导体材料层的电子迁移率大于 $20\text{cm}^2/\text{V}\cdot\text{s}$。多个晶体管元件设置于牺牲层上。多个晶体管元件电性连接线路基板，且多个微型发光二极管元件电性连接这些晶体管元件。

5. 避免光串扰、提高发光效率、提高显示效果

武汉大学于 2019 年申请了名为"一种 Micro-LED 显示芯片及其制备方法"的申请，公开号为 CN110729282A。Micro-LED 芯片阵列置于驱动面板上，由若干规则排布的倒梯形的三基色薄膜倒装 Micro-LED 芯片组成，每个 Micro-LED 芯片的梯形侧壁上沉积有反射层；弯曲反射镜置于 Micro-LED 芯片阵列的顶部，具有空腔阵列，每个空腔的内壁沉积有反射层，每个空腔对应一枚倒梯形的 Micro-LED 芯片；腔体填充物位于 Micro-LED 芯片与弯曲反射镜、驱动面板形成的腔体中；透明基板置于弯曲反射镜的顶部。

4.6.5　微缩技术发展路线分析

图 4-6-4 为微缩制程技术专利技术手段与效果二维气泡图，从图中分析可知，从手段上来看，关于芯片接合的申请量最多，主要原因在于各申请人进行 Micro-LED 的微缩化技术研发过程中，想从现有的 Mini-led 的小型化和微型中得到寻找相近的技术手段。例如，采用直接切割晶盘得到晶粒，转移后，进行键合固定的，常用的手段为焊接和黏接。而晶片接合由于能够提高转移效率，因而各申请人也在逐步地研发中，相关的专利申请量也在逐步提升。而薄膜转移的申请量相对较少，主要原因还是在于剥离的技术瓶颈还有待突破。

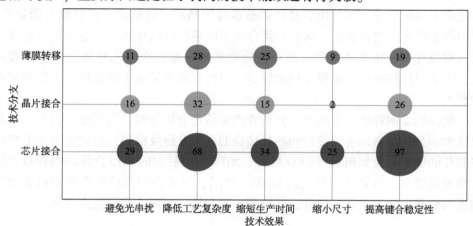

图 4-6-4　微缩制程技术专利技术手段与效果二维气泡图

通过整理 Micro-LED 微缩制程技术 2000 年至今的专利申请，并对该领域的重点专利申请进行分析，得出在 2015 年以前，主要是 Micro-LED 的准备期，这一时期，一些重要申请人如 LUXVUE、三星、飞利浦研发的重点主要集中材料和剥离的工艺上。由于在材料和制作工艺取得了突破，半导体材料和工艺逐步应用到 Micro-LED 上，并在芯片接合的基础上，又提出了晶片接合与薄膜转移微缩制程技术，从而进一步降低 Micro-LED 制作工艺复杂、提高了成品率和生产效率的问题。

由于 Micro-LED 微缩制程技术中从技术效果上分析涉及面较多，从上述的气泡图可见关于提高键合的稳定性、可靠性的申请量也最多，因此本文选取该分支上从避免电极短路，提高晶粒对位精度，从而提高键合稳定性与可靠性并梳理技术发展路线图，如图 4-6-5 所示。

从上分析可知 Micro-LED 在微缩制程过程中，其与电路基板键合的过程中，首要问题是解决其与电路基板上的电极对位的精度，而由于 LED 晶粒为微米级，需要更高电极对位的精度。因此从技术路线上看，2016 后 Micro-LED 在材料上取得突破后，其在如何提高晶粒对位精度上，国内外申请人在这方面的研究逐步加大，专利申请量也逐步增多。另外由于微型化的要求，电路基板上刻画的电极，线路也更多，更密，一致是困扰 Micro-LED 发展的重要问题，在这方面，国外申请人起步较早，从 2012 年就开始研究，不断从工艺和设备上寻找解决办法，并在 2018 后，发展逐步成熟。

4.6.6　本节小结

根据 Micro-LED 微缩制程技术专利布局分析可知，芯片接合的专利布局量最多，主要因为各申请人在微缩化技术研发过程中，希望从 Mini-led 的小型化和微型技术中寻求启发，如采用直接切割晶盘得到晶粒，转移后，进行键合固定的，常用的手段为焊接和黏接。而晶片接合由于能够提高转移效率，各申请人也逐步投入对晶片接合技术研发中，晶片接合专利布局量仅次于芯片接合的专利布局量。而薄膜转移的申请布局量相对较少，主要原因还是在于剥离的技术瓶颈突破难度大。

根据微缩制程技术专利布局分析和产业信息分析可知，飞利浦公司和加利福尼亚大学为较早布局芯片接合和晶片接合的厂商及研究机构，研究方向主要集中在芯片的微型化及如何剥离 LED 晶粒，2014 年之后 Micro-LED 微缩制程技术进入快速发展期，特别是苹果收购 LuxVue 之后，苹果公司先后在芯片剥离和对位精度的效率上投入大量的研究，并展开专利布局，形成一系列重点专利。

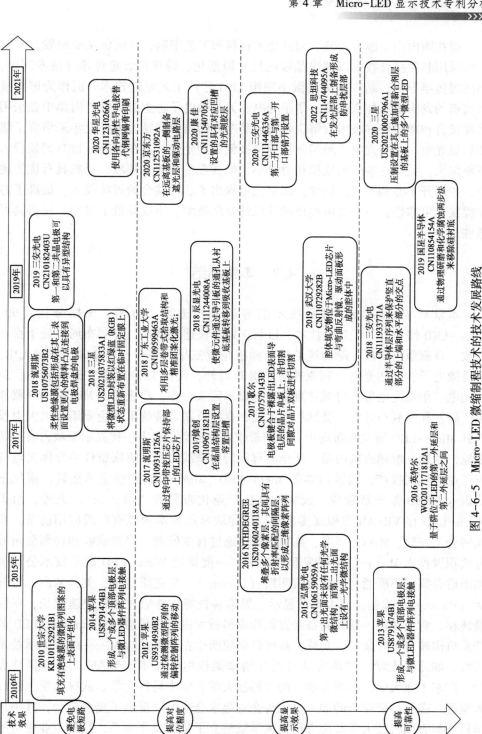

图 4-6-5 Micro-LED 微缩制程技术的技术发展路线

而在国内由于起步较晚，而且受到材料和工艺限制，目前将主要研发方向集中在采用芯片接合技术以解决晶粒的尺寸微型化、转移封装定位难等技术问题，例如国星半导体，新广联提出微小间距 LED 芯片工艺制造技术。而作为国内显示面板的龙头企业如京东方、华星光电、天马微电子将主要研发方向集中在采用晶片接合和薄膜转移技术以解决剥离成品率低的技术问题。另外近年来培育了诸如辰显光电、三安光电、思坦科技等科技创新型企业，其在 Micro-LED 研发投入不断加大，虽然这些公司规模相对较小，但其在各个细分领域，仍然具有优势地位，并展开了专利布局。例如，国星光电提出了芯片接合的焊接技术，提高了芯片焊接的可靠性；三安光电提出的晶粒的封装技术，不仅降低了尺寸，还提高可靠性。

4.7 本章小结

本章对 Micro-LED 显示技术的专利布局进行了分析，根据分析可知，Micro-LED 作为下一代显示技术，目前正处于快速发展期，专利布局正处于百花齐放、百家争鸣阶段，除传统的显示面板企业三星、乐金、京东方、华星光电、天马微电子、友达光电、利亚德等积极布局外，传统 LED 企业，三安光电、晶元光电、华灿光电等通过兼并重组或与显示巨头合作，积极切入 Micro-LED 器件生产研发和专利布局中，受到广泛关注和良好反馈。传统电视企业康佳也大力投入到 Micro-LED 研发和布局中，以期带领企业转型，在下一代显示领域占有一席之地，据悉，继建成国内第一条全制程巨转中试线之后，重庆康佳半导体光电科技产业园正式投产，园区内多条 Micro-LED、Mini-LED 产线全速运转，康佳正式迈入 MLED 量产新阶段，成为 MLED 产业化布局的"排头兵"。此外，由于 Micro-LED 在 VR/AR 虚拟现实技术、可穿戴显示技术领域有广阔应用前景，互联网公司谷歌、Meta、苹果、英特尔等也通过自主研发、筹资或收购初创公司等方式积极投入 Micro-LED 研发和布局中。一批新星 Micro-LED 显示技术公司也如雨后春笋，不断涌现，如有流明斯（Lumens）、艾克斯显示、美科米尚、普列斯（Plessey）、镎创、北大青鸟显示、思坦科技等，并通过融资快速成长，在巨量转移、背板驱动、器件制备等方面均取得较大进展。目前，全球 Micro-LED 的开发机构超过 140 余家。此外，高校科研院所也在积极参与 Micro-LED 显示技术研发，如北京大学、清华大学（浙江清华柔性电子技术研究院）、香港科技大学、广东工业大学、福州大学、南方科技大学、华中科技大学、武汉大学、浙江大学等。高校科研院所的加入，也为企业寻求合作发展提供了更多机会，其中思坦科技与香港科技大学和南方科技大学就建立了紧密合作关系，其他企业也可根据自身发展需求，积极寻求与高校的合作。

　　针对 Micro-LED 显示技术领域的三项热门研究技术，全彩化技术、巨量转移技术和微缩制程技术的专利布局分析可知，全彩化技术中，RGB 三色 LED 技术和 UV/蓝光 LED+发光介质技术是全彩化技术的两个主流研究方向，二者专利布局量相当，其中国外企业侧重于 RGB 三色 LED 技术的专利布局，而国内企业两个分支均进行投入，针对 UV/蓝光 LED+发光介质技术的专利布局稍多，国内企业的这种专利布局方式，一方面可避免在未来竞争中由于某一分支的专利缺失而处于不利地位，另一方面，也可以与国外重点布局 RGB 三色技术形成差异化发展，避免出现国外技术垄断的不利局面；全彩化技术中的 RGB 三色 LED 技术和 UV/蓝光 LED+发光介质技术目前仍在齐头并进，笔者推测，日后二者可能成为 Micro-LED 全彩化领域中分量相当的两项技术。

　　在巨量转移技术中，激光剥离、电磁吸附以及弹性印章转移是巨量转移领域研究的主流技术，但值得注意的是，静电转移技术和流体装配技术专利布局量较少，但主要集中于两个企业，静电转移技术主要掌握在苹果公司手上，流体装配技术主要集中于伊乐视手上，专利布局的高度集中形成专利壁垒，为其他企业进入该领域造成阻碍。滚轴转移技术专利布局量最少，主要原因在于其不能选择性转移 Micro-LED，精度和可靠性也难以保证。根据目前分析，笔者推测，激光剥离、电磁吸附、弹性印章、静电转移和流体装配都可能成为巨量转移的主流技术。

　　在微缩制程技术中，芯片接合是该领域目前研究的主流技术，专利布局量最多，而作为芯片接合技术的下一代技术，晶片接合技术专利布局量也在快速增长，有望成为日后的主流技术。薄膜转移技术专利布局量最小，但与晶片接合技术的专利布局量相差不大。微缩制程领域的三个技术分支均处于快速发展中。

　　目前作为 Micro-LED 显示技术中的研究热点，全彩化技术、巨量转移技术和微缩制程技术尚有一些困难需要克服，巨量转移更是阻碍 Micro-LED 市场化进程的最大挑战，相信随着其中瓶颈问题的不断攻克，Micro-LED 显示技术将迎来更蓬勃的发展，Micro-LED 显示技术也将以其独有的优势成为今后显示领域的主流技术。

第5章　显示领域高价值专利培育

5.1　高价值专利的社会意义

知识产权保护工作关系国家治理体系和治理能力现代化，关系高质量发展，关系人民生活幸福，关系国家对外开放大局，关系国家安全。全面建设社会主义现代化国家，必须从国家战略高度和进入新发展阶段要求出发，全面加强知识产权保护工作，促进建设现代化经济体系，激发全社会创新活力，推动构建新发展格局。[1]

据世界知识产权组织（WIPO）统计，我国专利、商标等知识产权申请量连续多年居世界首位，发明专利、PCT专利申请量优势显著，但发明专利有效量占比、多局同族专利数、重点领域专利布局等主要知识产权质量指标存在短板，与世界主要制造强国存在差距。知识产权质量补短板、强弱项是推动我国制造业高质量发展必须完成的艰巨任务。

5.1.1　促进我国专利从重数量到提质量的加速转变[2]

20世纪末，我国年发明专利申请受理量只有1万多项，进入新世纪，我国专利事业步入快速发展轨道，专利申请量逐年提升。2022年，我国发明专利授权量为79.8万项，实用新型专利授权量为280.4万项，外观设计专利授权量为

---

[1]　习近平.全面加强知识产权保护工作激发创新活力推动构建新发展格局[R/OL].（2020-12-03）[2023-12-15].https://www.cnipa.gov.cn/art/2020/12/3/art_2473_155384.html.
[2]　韩秀成,雷怡.培育高价值专利的理论与实践分析[J].中国发明与专利,2017(12):8-14.

72.1万项；截至2022年年底，我国发明专利有效量为421.2万项❶。

2020年11月，习近平总书记在十九届中共中央政治局第二十五次集体学习时强调：创新是引领发展的第一动力，保护知识产权就是保护创新。当前，我国正在从知识产权引进大国向知识产权创造大国转变，知识产权工作正在从追求数量向提高质量转变。高价值专利概念的提出，目的正是促进我国从专利数量向专利质量的加速转变，推动专利创造由大到强的转变。

5.1.2 我国高价值专利培育相关政策

为了加强高价值专利的培育工作，国家层面先后发布了包括诸如《知识产权强国建设纲要（2021—2035年）》、"十四五"规划在内的高价值专利培育的相关政策文件（表5-1-1），从高价值专利培育、保护、激励及目标等多个方面指导各部门各地方加强高价值专利的培育和保护。

表5-1-1 国家层面高价值专利培育相关政策文件

政策名称	发布部门	发布时间	主要内容
《"十三五"国家知识产权保护和运用规划》	国务院	2016.12	要提高知识产权质量效益，实施专利质量提升工程，实施商标战略，打造精品版权。到2020年，每万人口发明专利拥有量将从2015年的6.3项增加到12项。提升专利质量，重在培育高价值核心专利和原始专利
《高价值专利（组合）培育和评价标准》	国务院	2019.06	从高价值专利（组合）的培育目标、培育流程、评价标准等方面进行了详细阐述
《中华人民共和国国民经济和社会发展第十四个五年规划和2035年远景目标纲要》	国务院	2021.03	优化专利资助奖励政策和考核评价机制，更好保护和激励高价值专利，培育专利密集型产业

---

❶ 知识产权公开统计数据查询指引（2022版），统计简报（2023年第1期），国家知识产权局［R/OL］.（2023-02）［2023-12-15］. https://www.cnipa.gov.cn/module/download/down.jsp？i_ID.

政策名称	发布部门	发布时间	主要内容
《知识产权强国建设纲要（2021—2035 年）》	国务院	2021.09	1. 核心专利、知名品牌、精品版权、优良植物新品种、优质地理标志、高水平集成电路布图设计等高价值知识产权拥有量大幅增加；2. 每万人口高价值发明专利拥有量达到 12 项（上述指标均为预期性指标）
《国家知识产权保护示范区建设方案》	国家知识产权局	2022.06	加强事关国家安全的关键核心技术自主研发，强化高价值专利培育和保护

此外，各个地方政府也积极响应国务院及国家知识产权局的政策条件指示的号召，相继发布了符合地方实际的高价值专利培育的方案、标准或规划相关政策文件，为地方加强高价值专利的培育、保护和激励工作的开展提供了政策性的保障，部分省市的高价值专利培育相关政策文件见表 5-1-2。

表 5-1-2　地方层面高价值专利培育相关政策文件

政策名称	发布部门	发布时间	主要内容
《天津市知识产权局关于支持智能科技产业发展的实施细则》	天津市	2018.06	实施知识产权强企工程，大力培育高价值专利，鼓励和支持企业加强关键前沿技术专利创造，形成智能科技产业高价值核心专利
《高价值专利培育工作规范》	江苏省	2021.07	规范高价值专利培育工作流程和组织方式，推进高价值专利培育工作体系化、标准化，指导各类创新主体提升高价值专利培育效能，加快高价值专利储备和布局
《江苏省"十四五"知识产权发展规划》	江苏省	2021.09	加强知识产权高质量创造，提升产业核心竞争力；加强知识产权高标准保护，持续优化营商环境；加强知识产权高效益运用，增强创新驱动效能；加强知识产权高水平合作，促进区域协调发展；加强知识产权高品质服务，夯实事业发展基础

续表

政策名称	发布部门	发布时间	主要内容
《高价值专利布局工作指南》系列地方标准	广东省	2022.04	1. 国内首批高价值专利培育布局、知识产权国际合规管理和维权援助工作的地方标准；2. 在总结梳理企业、高等学校、科研机构等创新主体开展高价值专利培育布局工作的现状和存在问题的基础上，充分吸收粤港澳大湾区高价值专利培育布局大赛优秀项目的经验及广东省高价值专利培育布局中心建设的经验，围绕目标、导向、工具、流程等维度，提出了贯穿创新主体研发全过程的高价值专利培育布局的工作目标和程序
《重庆市高价值专利培育项目管理实施细则》	重庆市	2022.04	1. 建立完善高价值专利培育工作机制；2. 推进"知研合一"；3. 开展高质量专利布局；4. 加强专利转化运用；5. 强化专利保护；6. 发挥高价值专利培育的示范效应；7. 鼓励开展其他与高价值专利培育相关的创新性工作
《河南省推动知识产权高质量发展年度实施方案（2022）》	河南省	2022.06	1. 在知识产权创造方面，推进高价值专利培育中心建设；2. 提升专利产出质量，推动河南省"十四五"规划中每万人口高价值发明专利拥有量3项指标的实现，加强专利密集型产业培育监测评价
《关于加快推进知识产权强省建设的实施意见》	湖北省	2022.06	1. 2025 年，每万人口高价值发明专利拥有量达到 12 项；2. 2035 年，每万人口高价值发明专利拥有量进入全国第一方阵；3. 一是推进高价值知识产权培育，打造高水平知识产权策源地，加强高价值专利前瞻布局，开展知识产权强芯行动

政策名称	发布部门	发布时间	主要内容
《安徽省"十四五"知识产权发展规划的通知》	安徽省	2022.06	1. 强化高价值知识产权培育。……以产业链创新链高价值知识产权创造能力建设为主线，实施一批高价值专利培育项目；2. 围绕安徽新兴产业、未来产业，聚焦关键核心技术和共性技术，实施高价值专利培育项目，形成一批高价值专利和专利组合，打造一批高价值专利培育运营中心；3. 推动建立长三角地区"重点品牌保护名录""高价值专利保护名录""优质地标产品保护名录"互认机制
《高价值专利培育工作规范》	江苏省	2022.07	高价值专利培育的原则、流程、基础条件及全流程规范
《湖北省高价值专利培育中心管理办法》	湖北省	2022.09	（一）建立高价值专利培育体系；（二）开展高价值专利前瞻布局；（三）推动专利转化运用；（四）建立产业链知识产权联盟

5.2 高价值专利的内涵

高价值专利概念的提出源于全社会对专利质量的普遍关注。2007 年，朱丹博士首先使用了"高价值专利"一词。[1] 2014 年，江苏省率先提出"高价值专利"概念[2]，并在 2015 年先行先试推出了《江苏省高价值专利培育计划组织实施方案（试行）》。2016 年年初，国家知识产权局局长申长雨在《全国知识产权局局长会议上的工作报告》上指出，促进创造科技含量高、市场效益好的高价值专利。国家"十四五"规划纲要也首次将"每万人口高价值发明专利拥有量"纳入经济社会发展主要指标。随后，高价值专利成为社会关注的热点问题之一。

---

[1] 朱丹,曾德明,彭盾.技术标准联盟组建中专利许可交易的逆向选择[J].系统工程,2007.

[2] 江苏将推出高价值专利培育计划,中国知识产权资讯网[R/OL].（2014-01）[2023-12-15],http://www.iprchn.com/Index_NewsContent.aspx? newsId=68327.

那么高价值专利该如何界定？

5.2.1　高价值专利的定义

对于高价值专利，目前业界有多种定义。从狭义上讲，高价值专利是指具备高经济价值的专利，高经济价值成为高价值专利的充分条件。从广义上讲，高价值专利涵盖了高（潜在）市场价值和高战略价值专利。对于高市场价值或高战略价值，均需要以技术价值为基础、以法律价值为保障。此时，较高的技术价值和较高的法律价值是高价值专利的必要条件，而非充分条件，必须实现高市场价值和高战略价值，才能最终成为高价值专利。❶

5.2.2　国家知识产权局纳入高价值专利统计范围类型

国家知识产权局在 2021 年第二季度例行新闻发布会中明确将以下 5 种情况的有效发明专利纳入高价值发明专利拥有量统计范围：战略性新兴产业的发明专利、在海外有同族专利权的发明专利、维持年限超过 10 年的发明专利、实现较高质押融资金额的发明专利、获得国家科学技术奖或中国专利奖的发明专利❷。

5.2.2.1　战略性新兴产业的发明专利

所谓战略性新兴产业的发明专利，国务院在 2016 年就印发了"十三五"国家战略性新兴产业发展规划的通知，将新一代信息技术、高端装备制造、新材料、生物、新能源汽车、新能源、节能环保、数字创意产业、相关服务业 9 大领域认定为现阶段的战略性新兴产业，国家知识产权局也在 2021 年 2 月针对上述产业印发了战略性新兴产业分类和国际分类参照关系表。

5.2.2.2　在海外有同族专利权的发明专利

海外有同族的专利主要指申请人在全球的专利布局情况，体现出了相关申请人在国际不同地域的影响力。2022 年 2 月 10 日，世界知识产权组织（WIPO）在日内瓦发布的数据显示，2021 年我国申请人通过《专利合作条约》（PCT）途径提交的国际专利申请大约 6.95 万项，同比增长 0.9%，连续三年居全球申请量排行榜首位。2021 年，申请量排名前 5 的国家为中国、美国（5.96 万项，+1.9%）、日本（5.03 万项，−0.6%）、韩国（2.07 万项，+3.2%）和德国（1.73 万项，−6.4%）。共有 13 家中国企业进入全球 PCT 国际专利申请人排行榜

---

❶　马天旗,马新明,赵星,等.高价值专利培育与评估[M].北京:知识产权出版社,2018.

❷　国家知识产权局举行 2021 年第二季度例行新闻发布会[EB/OL].（2021−04−26）[2023−12−15].https://www.xuexi.cn/lgpage/detail/index.html? id=17129680508237476556.

前50位，较2020年增加1家。虽然我国海外同族总量上目前有一定优势❶，但多局同族专利占比以及平均布局国家数量均落后于美国、日本等发达国家。这也提示我们海外同族布局的影响力可以进一步全方位提升。

5.2.2.3 维持年限超过10年的发明专利

表5-2-1 发明专利年费

发明专利年费		发明专利年费	
1~3年（每年）	900元	10~12年（每年）	4000元
4~6年（每年）	1200元	13~15年（每年）	6000元
7~9年（每年）	2000元	16~20年（每年）	8000元

参考上述表格，从专利维持费用就可以看出，专利维持的年费并不是固定的，而是随着年份的增加递增的，专利能维持的年限越长，证明其越有价值，企业才会花大价钱来维持这些专利。举例而言，一项专利要维持10年，需要累积缴纳年费人民币1.63万元，而维持20年的专利需累计缴纳人民币8.23万元。对于大型企业而言，其拥有成千上万项专利，如果都能维持超过10年，其专利维持费用将十分可观，但同时也说明这些专利价值足够高，使得企业愿意花重金进行相关专利权的持续维持。

数据显示，截至2021年年底，我国国内维持年限超过10年的有效发明专利约32.3万项，同比增长27.7%。但其实我国国内发明专利平均维持年限仅为7.6年，低于美国和德国的9.7年和11.2年。如前提及，发明专利平均维持年限既反映出其高价值属性，才能让企业愿意维持。举例而言，2018年12月奥克斯从东芝公司购买了一项压缩机专利，仅过两个月时间，2019年1月奥克斯以侵害发明专利为由对格力电器进行起诉，并在同年10月再次起诉格力电器侵权，两项诉讼共计请求索赔1.67亿元。东芝早在2000年就申请了这项压缩机专利，在还有不到20个月就到20年的时候将专利出售给奥克斯，该公司能够将一项压缩机的专利维持近20年并且在快到20年有效期时进行专利权的出售转让，并且专利权的受让人最后还借助该专利要求索赔上亿元，足见该项专利的技术含量和价值属性之高。

5.2.2.4 实现较高质押融资金额的发明专利

专利权能够带来经济价值是其价值属性的最直接体现。数据显示，2022年

---

❶ 2021年我国PCT国际专利申请再次蝉联全球第一[EB/OL].（2022-02-10）[2023-12-15].福建日报,https：//baijiahao.baidu.com/s？id=1724376261000328792&wfr=spider&for=pc.

全国专利商标质押融资额达 4 868.8 亿元，连续三年保持 40% 以上增幅。2023 年以来，国家知识产权局从强化业务指导、提升评估能力、优化服务举措等多方面着力推进知识产权质押融资工作。2023 年上半年，全国专利商标质押融资金额达到 2 676.6 亿元，同比增长 64.6%，质押项目 1.6 万笔，同比增长 56.9%。其中，质押金额在 1 000 万元以下的普惠性专利商标质押项目占比 72.5%，惠及中小微企业 1.1 万家，同比增长 54.4%❶。

5.2.2.5　获得国家科学技术奖或中国专利奖的发明专利

国家科学技术奖于 2000 年由中华人民共和国国务院设立，由国家科学技术奖励工作办公室负责，授予在当代科学技术前沿取得重大突破或在科学技术发展中有卓越建树、在科学创新、技术成果转化、高技术产业化中，创造巨大经济或社会效益的科学技术工作者。中国专利奖于 1989 年由中国国家知识产权局和世界知识产权组织共同主办，评选包括四个重要指标，即专利质量、技术先进性、运用及保护措施和成效、社会效益及发展前景。显然，国家科学技术奖和中国专利奖的评选与高价值专利的定义十分契合。在众多专利奖金奖中，有一项自拍杆的专利，该专利的所属公司在全国 20 多个省市提起了 1 000 多项专利侵权诉讼，判决案项 300 多项，全部判决被告侵权，另有裁定书 800 多项，多为原告主动撤诉或双方达成和解，可见其价值含金量高。

5.2.3　高价值专利的分析维度❷

仅考虑经济价值对于高价值专利的培育来说是远远不够的，为深入实施我国专利质量提升工程，加快产业转型升级，高价值专利的培育一定是多维度、综合考虑的。目前业界认为可以从技术价值、法律价值、市场价值、战略价值及经济价值 5 个不同的维度入手，对高价值专利进行分析。

专利的技术价值是高价值专利的基石，每一项专利都记载了解决技术问题的技术方案，能否获得专利权在技术上的基本要求在于是否满足专利法意义上的新颖性、创造性和实用性。

专利权是法律意义上的一种私权，专利的法律价值是专利权能够存在并发挥价值的根基，是专利技术价值以及市场价值的保障，权利要求稳定性、保护强度、不可规避性和侵权可判定性是衡量法律价值的重要方面。

市场价值又可分为现有市场价值和未来市场价值，当前或预期未来能在市场

❶　国务院新闻办就 2023 年上半年知识产权工作有关情况举行发布会[EB/OL].（2023-7-18）[2023-12-15].国务院新闻办网站，https://www.gov.cn/zhengce/202307/content_6892780.htm.

❷　马天旗，赵星.高价值专利内涵及受制因素探究[J].中国发明与专利，2018(3).

上应用并因此获得主导地位、竞争优势和/或巨额收益的专利，均属于真正现实意义上的高市场价值专利。从与技术价值和法律价值之间的关系来看，高市场价值的专利技术须同时具备技术价值和法律价值。

高价值专利能够用于较强地攻击和威胁竞争对手，能够用于构筑牢固的技术壁垒，能够作为重要的谈判筹码，或者兼而有之。因此，在专利申请时，基于一定战略考量，在相关技术领域布局基本专利和核心专利，或者为了应对竞争对手而在核心专利周围布置的具备组合价值或战略价值的钳制专利，这些专利除了具备基本的技术价值和法律价值之外，还具有极高的战略价值，属于高战略价值专利。

具有高经济价值的专利一方面包括了大部分的高市场价值专利，另一方面包括了在专利质押、专利作价入股或专利转让许可等专利交易和运营过程中体现出高价格的其他专利，可见，专利的经济价值与市场价值有一定程度的交叉。

5.2.4　高价值专利应具备的条件

高价值专利应当具备一些必要条件，如高技术含量、高水平撰写、高权利稳定性等。其实质上对专利的研发、申请及审批三个阶段提出了高要求：首先，从技术含量角度来看，高价值专利在技术上应该能够促进产业的发展，其应该具备一定的先进程度、成熟度、独立性、不可替代性，总而言之有一个高水平高技术含量的技术方案；其次，高水平撰写是指通过恰当的描述和表达来撰写专利申请文件，使得技术方案能够通过申请条件获得合理、充分的法律保护；最后，在审查阶段审查员依法对专利申请条件进行高水平严要求的审查，符合专利的授权条件，权利有较好的稳定性。

5.3　高价值专利的培育

5.3.1　培育目标

高价值专利培育的直接目标在于能够解决企业发展过程中的一些显著问题或者发展需求，首先是一种策略性的选择，无论是彰显技术，还是进行防御，甚至进行进攻等，只要是合理运营，这些专利都能够为企业的发展带来比较现实的收益或者强竞争优势。具体而言培育目标主要包括三种类型：保护核心技术、获取先发优势和对抗竞争对手[1]。

---

[1]　Q/JHZZC 0001-2019,高价值专利(组合)培育和评价标准[S],2019 年 6 月.

5.3.1.1　保护核心技术

保护核心专利技术的目的在于围绕核心技术构建严密专利网，提升竞争者的规避设计难度和研发成本。以保护核心技术为目标进行高价值专利培育，具体通过分析行业内的专利布局态势、技术痛点并制定重点技术的开发策略；从技术、市场、法律等维度进行针对性的价值培育，围绕核心的重点技术进行强有力的、保护市场应用的专利布局，注重核心基础技术的重点保护、考虑技术应用场景的扩展等角度制定高价值专利培育方案；以及围绕重点的基础专利和核心专利，综合考虑技术多维度的组合、产品应用领域的延伸等角度构建高价值专利。

5.3.1.2　获取先发优势

获取先发优势是指依据技术发展方向，进行前瞻性的专利布局。通过对所属领域已有专利申请态势、技术功效、技术路线，分析行业发展趋势，厘清市场痛点和技术创新热点方向，围绕技术先进程度培育、技术应用广度培育、法律价值培育、基于市场预判和政策环境培育。重点围绕技术的发展方向进行前瞻式和储备式的卡位专利布局和专利挖掘，具体考虑技术应用场景预判、技术全要素各项和面向标准的储备式布局。

5.3.1.3　对抗竞争对手

对抗竞争对手主要是围绕竞争焦点布局有针对性的专利，形成对竞争者具有对抗作用或者牵制作用的专利筹码。通过专利预警梳理风险点，对竞争对手的专利布局态势、专利技术实力、专利技术布局路线、专利诉讼和运用策略、专利侵权风险以及专利规避方案进行分析，围绕竞争对手的产业链，针对性地进行高价值专利布局，占据竞争制高点。

5.3.2　高价值专利的培育手段❶

高价值专利具有技术价值、法律价值、市场价值、战略价值和经济价值五个不同的维度，每个维度的培育方法以及受制因素不尽相同。如何针对上述五个维度突破受制因素，最终形成高价值专利或高价值专利组，是本书关注的重点。

5.3.2.1　技术价值维度培育主要方法

专利的技术价值是培育高价值专利的基石，技术方案本身的先进性、成熟度、独立性、不可替代性以及应用前景和广度，是专利是否能达到一定高度的关键。作为高价值专利，该技术须能够解决市场痛点，能够经受市场和法律的考验，并产生实际的经济利益。因此专利的技术价值是培育高价值专利的必要条件，是专利壁垒形成的重要基础，也是专利产业化的推动力。

---

❶　马天旗，马新明，赵星，等.高价值专利培育与评估[M].北京:知识产权出版社,2018.

在高价值专利技术价值的培育过程中，是否能为研发人员提供可利用的情报资源、建立技术情报监测系统、调动研发人员的积极性，从而寻找到市场痛点，选择具有前瞻性的技术路线，是主要的受制因素。其培育通常考虑技术方案的技术先进性、成熟度、独立性、不可替代性、技术应用前景与广度等因素。

针对技术先进性的培育，不仅要专注技术性能，实现专利解决技术问题的技术方案和技术效果的先进性，还应该结合时间站位，体现技术的前瞻性与基础性。具体的培育方法可以包括：检索分析该技术领域的所有相关专利技术方案；从时间站位和技术性能的维度理清技术发展脉络；在绘制技术路线图的基础上判断当前技术方案在技术路线中的位置，进而培育相关专利。

针对技术成熟度的培育，需要结合技术应用目标，根据当前的技术开发所处的阶段制定相应的培育措施。当研发人员有了新技术的应用设想，并形成了技术概念时，可进行相关的基础专利申请；当研发人员开始对相应的技术进行整体可行性验证时，对核心技术进行专利布局；当技术趋于成熟，可针对在产品生产过程中针对技术问题提出的解决方案进行外围专利的布局。

针对技术独立性的培育，需要明确该技术的创新点，确保其不依赖于现有专利的许可，排除侵犯第三方专利的可能性。具体的培育方法可以包括：对相关的技术方案进行特征分解；针对新的特征点进行专利检索分析；将不以第三方有效专利为基础的新技术方案作为高价值专利培育的重点，申请相关的核心以及外围专利。

针对技术不可替代性的培育，重点在于通过检索与解决问题相同或类似的技术方案，寻求整体的可替代方案，作为专利布局的方向。首先确定主要技术方案，其次确定可替代的技术方案，最后将可替代的技术方案布局为相关的外围专利。

针对技术应用前景与广度的培育，需要结合具体研发和商业策略来进行专利培育，通过分析专利申请趋势判断技术的发展趋势，从而获知竞争对手的活跃情况，进而得到相关技术的应用领域情况，优先申请技术方案处于上升期、竞争对手活跃以及应用广度大的专利申请。

5.3.2.2 法律价值维度培育主要方法

法律价值是专利价值实现的基本保障，其具有专利价值的一票否决权，主要涉及权利要求稳定性、保护强度、不可规避性和侵权可判定等方面。由于专利法律价值的培育贯穿了专利挖掘、撰写、审查、效力维护等整个生命周期，法律价值的培育应当从申请文本撰写、专利审查跟踪以及专利效力维护三个方面出发。

在申请文本撰写阶段，以公开换保护是专利制度的核心，需要制定合理的技术秘密和专利保护策略以达到技术人员想要的全面保护效果。高质量的权利要求撰写需要在充分理解技术方案的基础上，通过专利查新检索对技术方案的创新之处进行初步评价，再通过权利要求类型组合、范围拓展及退路设置多个方面，提炼一个范围合适的权利要求。

在专利审查跟踪阶段，审查意见通知书的答复以及专利文本修改对专利法律价值的形成具有重要影响。对审查意见通知书的答复时，应当根据通知书的意见进行针对性的理由陈述；而对文本进行修改时，应当以说明书为依据，克服专利文本中存在的问题，不得超出原始申请文本记载的范围，寻求培育出具有高法律价值的专利。

在专利效力维护阶段，首先要进行维持专利权有效状态的持续管理，其次做好专利无效宣告的应对准备。在获得专利权后，维持专利权需要交纳年费，且年费标准随着专利权年限不断提高，因此制定合理的专利维持策略尤为重要。一方面需要企业对已有专利进行分级分类管理，适时地放弃技术已经过时且没有太多创新价值的专利；另一方面从决策流程上保障维持策略的客观性。专利权人面对无效请求时，则需要针对无效宣告请求的理由进行分析，制定坚持不修改、适当修改或者争取和解的应对策略。

5.3.2.3　市场价值维度培育主要方法

市场价值是高价值专利实现最直接的体现，涉及市场情况、竞争情况以及政策情况。在基于市场环境的培育方法上，首先对市场需求进行分析，基于市场痛点进行技术方案设计，进而进行专利布局方案的规划；在基于竞争环境的培育方法上，重点在于对竞争对手的产品和专利情况进行系统分析，有针对性地进行相应的专利布局；在基于政策环境的培育方法上，及时研究相关的产业政策，在政策的引导下，提前进行专利布局。

基于市场情况的专利价值培育路径具体包括：针对市场痛点的专利价值培育，通过识别市场痛点、分析市场痛点、围绕市场痛点针对性专利布局；基于持续市场反馈的专利价值培育；基于潜在市场预见的专利价值培育。而基于竞争情况的专利价值培育路径具体为比较自身以及竞争对手产品与专利情况，找到优势和差异，确定专利布局策略。

5.3.2.4　战略价值维度培育主要方法

专利的进攻价值、防御价值以及影响力是专利战略价值的体现，而专利组合是实现专利战略价值强有力的工具。专利组合可以从各个纬度提升整体价值，其策略的制定可以结合应用场景来进行，最终的目的是使专利资源得到最优化的运用，以最好的防御以及最强的进攻实现专利的战略价值。

5.3.2.5　经济价值维度培育主要方法

经济价值是在市场价值上更进一步，形成现金流，它是高价值专利的落脚点。而获得经济价值的方式有很多种，如通过专利诉讼侵权行为获利，专利转让、许可以及金融等。

5.4 显示技术领域的高价值专利培育

5.4.1 显示领域技术与高价值专利

根据前面章节的介绍，以下 5 种情况：①战略性新兴产业的发明专利；②在海外有同族专利权的发明专利；③维持年限超 10 年的发明专利；④实现较高质押融资金额的发明专利；⑤获得国家科学技术奖或中国专利奖的发明专利会纳入高价值专利的统计范畴。其中，战略性新兴产业包括新一代新兴技术产业、高端装备制造产业、新材料产业、生物产业、新能源汽车产业、新能源产业、节能环保产业、数字创意产业及相关服务业。

对于显示领域的高价值专利培育，依据国家知识产权局于 2021 年发布的《战略性新兴产业分类与国际专利分类参照关系表（2021）（试行）》可知，显示领域相关技术属于战略性新兴产业中的新一代信息技术产业的电子核心产业技术，即显示领域的相关专利技术属于国家知识产权局的高价值专利技术的认定范畴，也属于专利密集型产业。

截至 2022 年 6 月，显示领域在华申请的专利中，专利维持年限超过十年的专利约 32 万项，显示领域在海外有同族专利权的发明专利约 66 万项，其中中国的企业/个人在海外有同族专利权的发明专利约 40 万项。由此可知，能纳入高价值专利统计范畴的显示技术领域的专利数量庞大。此外，"中国专利奖"重在强化知识产权创造、保护、运用，推动经济高质量发展，鼓励和表彰为技术（设计）创新及经济社会发展做出突出贡献的专利权人和发明人（设计人）。截至 2022 年，一共开展了 23 届中国专利奖评选，显示技术领域共有 54 项专利获奖。其中，金奖 3 项、银奖 4 项、优秀奖 47 项。

综上所述，显示技术领域的相关专利技术属于国家知识产权局认定的高价值专利的统计范畴，其在海外有同族专利权的发明专利以及维持年限超过 10 年的发明专利数量庞大，且有多项专利获得中国专利奖，因此，从显示技术领域来分析高价值专利的培育工作具有一定参考意义。

5.4.2 从培育目标看显示领域高价值专利培育

目前高价值专利培育的直接目标在于能够解决企业发展过程中的一些显著问题或者发展需求，首先是一种策略性的选择，无论是彰显技术，还是进行防御，甚至是进行进攻等等，只要是合理运营，这些专利都能够为企业的发展带来比较现实的收益或者强竞争优势。具体而言培育目标主要包括三种类型：对抗竞争对手、保护核心技术和获取先发优势。

作为成熟普及的 LCD 显示技术，国内的华星光电、天马微电子、惠科、京东方等，国外的三星、乐金、夏普等，已经占据了大部分产能。而随着韩系厂商的逐渐退出，中国液晶面板主导地位将进一步巩固，同时，这也意味着国内液晶面板市场竞争更加激烈。想要在激烈的竞争中占据主导地位，就必须有锋利的武器，来对抗竞争对手。而高价值专利不仅能够获得技术价值、法律价值、市场价值、战略价值和经济价值，还能够成为对抗竞争对手的强有力武器。华星光电与惠科的专利诉讼案，正是典型案例之一。

在 OLED 显示领域，由于其代表了现阶段发展的主流显示技术，因此掌握核心技术是各大企业能够长期生存并以此占领市场、牵制对手的重要手段。而仅掌握核心技术显然不够，由此以保护核心技术为目标进行高价值专利培育，成为 OLED 显示领域各大企业的主流做法。保护核心技术的目的在于围绕核心技术构建严密的专利网，提升竞争对手的规避设计难度和研发成本。三星从保护核心技术出发，进行高价值专利培育，获得多维度的价值利益。

Micro-LED 技术是显示领域的重要发展方向，虽然 Micro-LED 技术不断发展，但目前受制于技术发展、良品率、成本等因素的影响，其市场份额占比较小，但其有希望成为未来显示技术的主宰。对于想要在 Micro-LED 显示领域有所建树的企业，获取先发优势是重要的策略之一。康佳深度聚焦关键核心技术领域，持续加大研发投入，取得了一系列技术成果，是以获取先发优势为目的，进行高价值专利培育的典型。

5.5　从中国专利奖看高价值专利培育

中国专利奖由国家知识产权局和世界知识产权组织共同主办，是中国唯一的专门对授予专利权的发明创造给予奖励的政府部门奖，也是中国专利领域的最高荣誉，得到联合国世界知识产权组织（WIPO）的认可。中国专利奖重在强化知识产权创造、保护、运用，推动经济高质量发展，鼓励和表彰为技术（设计）创新及经济社会发展做出突出贡献的专利权人和发明人（设计人）。中国专利奖包括：中国专利金奖、中国专利银奖、中国专利优秀奖、中国外观设计金奖、中国外观设计银奖、中国外观设计优秀奖。❶

5.5.1　显示领域中国专利奖获奖情况

截至 2022 年，一共开展了 23 届中国专利奖评选，显示领域共有 54 项专利获奖，其中获奖超过 2 项的公司和数量如图 5-5-1 所示。

---

❶　中国专利奖,百度百科,2023 年 8 月 31 日,https://baike.baidu.com/item/.

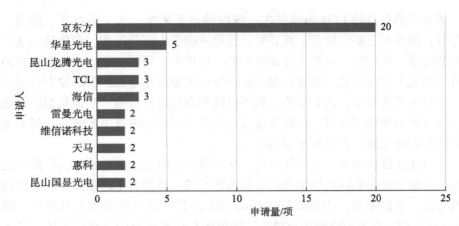

图 5-5-1　显示领域获奖专利公司及其数量

由图 5-5-1 可知，京东方一共有 20 项专利获得中国专利奖，位居榜首，其获奖数量是第二名华星光电获奖专利的 4 倍。可见，从专利获奖情况来看，京东方在技术创新上位于显示领域龙头位置。

5.5.2　京东方发展与中国专利奖

京东方的前身是始建于 1953 年的北京电子管厂。京东方科技集团股份有限公司（BOE）创立于 1993 年 4 月，是一家全球领先的物联网创新企业，为信息交互和人类健康提供智慧端口产品和专业服务，形成了以半导体显示为核心，物联网创新、传感器及解决方案、Mini-LED、Micro-LED、智慧医工融合发展的"1+4+N+生态链"业务架构。

截至 2022 年，京东方累计申请专利已超 8 万项，覆盖美国、欧洲、日本、韩国等多个国家和地区。世界知识产权组织（WIPO）2022 年全球国际专利申请排名中，京东方以 1 884 项 PCT 专利申请量位列全球第七，连续 7 年进入全球 PCT 专利申请 TOP10。❶

截至 2022 年，京东方共有 20 项专利获得中国专利奖，其中专利金奖 2 项，专利银奖 2 项，专利优秀奖 16 项。其中，2012 年，公开号为 CN101493617A 的发明专利"薄膜晶体管液晶显示器的驱动装置"摘得第十四届中国专利奖金奖；2014 年，公开号为 CN102254503A 的发明专利"移位寄存器单元、显示器用栅极驱动装置及液晶显示器"摘得第十六届中国专利奖金奖。

---

❶　京东方官网，https://www.boe.com/about/index.

5.5.3　从京东方第十四届中国专利金奖看高价值专利培育

5.5.3.1　识别市场痛点，研发先进技术

第十四届中国专利金奖 CN101493617A 薄膜晶体管液晶显示器的驱动装置，该专利技术属于液晶显示技术领域，依据国家知识产权局于 2021 年发布的《战略性新兴产业分类与国际专利分类参照关系表（2021）（试行）》可知，其属于战略性新兴产业中的新一代信息技术产业的电子核心产业；其申请日为 2008 年 1 月 25 日，专利权维持年限已超过 10 年；同时，该专利在海外有多个同族专利，并在美日韩三国均获得了专利授权。

薄膜晶体管液晶显示器（TFT LCD）的驱动装置，通常采用常白模式设计，即在像素电极施加电压时产生黑画面，而在没有施加电压时保持光透过的设计。通过在像素公共电极信号线上形成存储电容的方式（Cst on Common）来保持像素电压。图 5-5-2 为现有技术薄膜晶体管液晶显示器设计 Cst on Common 的等效图，像素公共电极信号线 4 直接与屏周边的外部公共电极信号线 3 相连，因此在工作状态下，无论此像素打开与否，Cst 的电极引线均施加与公共电极相同的电压。在像素电极 5 充电后，像素上电压（数据）一直保持到下一帧对该像素重新充电时为止，该像素点一直保持着画面数据，当下一帧画面改变时，画面数据在原来的画面基础上刷新，即在第 n 行驱动之后，第 n+1 行像素要打开之前，由于第 n+1 行像素没有及时清除原有的显示信息，造成视觉残留，形成运动图像的拖尾现象。

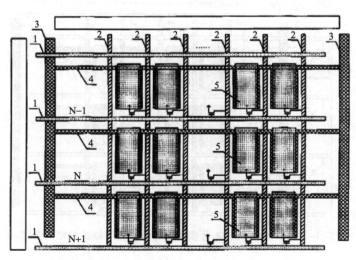

图 5-5-2　现有技术薄膜晶体管液晶显示器设计 Cst on Common 的等效图

各大液晶厂商均申请了相关专利来解决上述拖尾现象，大量申请均为国外专利申请。其中，使用黑数据对像素电极进行放电从而解决视觉残留技术问题，成为热门。如 LG. 飞利浦 LCD 有限公司申请的公开号为 CN1396581A 的专利申请，其提出了在一帧中交替地显示实际图像和黑色图像以避免运动模糊；京东方申请的公开号为 CN101373582A 的专利申请，提出了将液晶显示器的公共电极电压从固定的直流电压变为周期性的交流脉冲电压，从而产生周期性的黑屏。然而，采用上述方法，虽然可以解决残影的技术问题，但是却产生了图像数据充入时间被缩短的技术问题。

为了同时解决残影和图像数据充入时间被缩短的技术问题，部分厂家给出了新的解决方案。如 LG. 菲利浦 LCD 株式会社申请的公开号为 CN1892787A 的专利申请，其提出通过第二选通驱动器和第二开关，向像素电提供公共电压 Vcom，从而液晶单元显示黑灰度级电平。然而该方案需增加额外的第二选通驱动器，导致面板结构更加复杂，成本增加。三星申请的公开号为 CN101246676A 的专利申请，其提出了：存储电容器驱动器接收存储电容器电压信号并响应于来自定时控制器的时钟信号和控制信号在一个帧周期内改变施加到存储电容器线上的电压，从而将施加到像素上的像素电压转变成黑色显示电势，并控制最合适的插黑时间段。然而该控制时序复杂，还需制定最合适的插黑时间段。

京东方公司针对该市场痛点进行了创新，发明了一种薄膜晶体管液晶显示器的驱动装置，如图 5-5-3 所示。

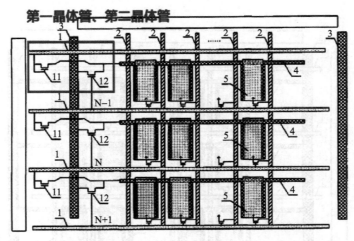

图 5-5-3　CN101493617A 薄膜晶体管液晶显示器的驱动装置结构

该专利提出了逐行对像素电极进行插黑放电，在一行像素画面刷新之前，先进行该行画面清零的发明构思。驱动装置的工作过程为：当第 n 行开启，也就是栅极信号线 1 施加高压信号（Vgh）时，第 n 行的像素电极 5 引入数据信号线 2 传来的数据信号，由于其他各行均处于低电压信号（Vgl）控制，因此第 n 行的第一薄膜晶体管 11 截止，而第二薄膜晶体管 12 工作，因此第 n 行的存储电容（Cst）的像素公共电极信号线 4 仍然通过第二薄膜晶体管 12 由外部公共电极 3 施加公共电压，第 n 行可以进行正常的充电过程，第 n 行像素工作；此时，第 n+1 行的第一薄膜晶体管 11 工作导通，即第 n+1 行存储电容（Cst）的像素公共电极信号线 4 同样被施加高压信号（Vgh），也就是说当第 n 行工作时，在第 n+1 行要打开之前，预先由第 n 行（上一行）对第 n+1 行（下一行）的存储电容（Cst）的像素公共电极信号线 4 施加了高压，因此在第 n+1 行的像素工作之前会形成黑画面，由此可以降低运动模糊现象。

一方面该专利通过实现逐行对像素电极进行插黑放电，在一行像素画面刷新之前，先进行该行画面清零，让液晶显示屏的拖尾问题得到彻底解决。另一方面，该专利仅改进液晶显示周边电路设计，增加两个晶体管，使得电路结构简单，控制时序简单，很好地解决了结构或者控制时序复杂的技术问题。

该专利的技术方案解决了关键的市场痛点，填补了国内技术空白，提升了中国企业在显示技术领域的国际竞争力。

5.5.3.2　注重权利范围，稳固法律价值

该专利在提交时，涉及三项独立权利要求 1、4、5，以及两项从属权利要求 2-3。审查员在第一次审查意见通知书中指出说明书中给出的技术手段是含糊不清的，所属技术领域的技术人员根据说明书的记载，无法实施该发明，因此说明书不符合专利法第 26 条第 3 款的规定。同时指出权利要求 1~5 中记载的内容不清楚，不符合专利法第 26 条第 4 款的规定。

申请人答复意见时对审查员指出的说明书不符合专利法第 26 条第 3 款规定的相关内容进行了解释说明，同时申请人将权利要求 1~5 中存在不清楚的内容进行了修改，从而将本申请的发明构思完整体现出来。

该申请最终获得授权，且自授权之日起，未被提出过专利无效，专利权具有强稳定性。

5.5.3.3　深入自主研发，坚持创新战略

20 世纪 90 年代，显示面板行业液晶显示技术逐渐取代真空管显示技术，以松下、日立、三星、乐金等为代表的日韩电子巨头在等离子体显示（plasma display panel，PDP）和液晶显示（liquid crystal dispay，LCD）两个技术方向同时发力，垄断了该领域的国际市场。彼时的中国企业尚不具备自主生产液晶显示面板的技术和能力，显示面板一度成为我国排在集成电路、石油、铁矿石之后的第四大进口商品。

TFT-LCD（薄膜晶体管液晶显示器）领域具有"三高一长"（高技术含量、

高投入、高产出和投资周期长）的特点，进入该领域的企业须拥有强大的基础研发、产品制造、工艺设计和市场运作能力，率先进入该领域的日韩企业已经开启大规模产业化阶段，形成了专利技术壁垒和市场控制力。从 1998 年到 2003 年的 5 年间，京东方一直探索进入 TFT-LCD 这一新兴领域的路径。

与此同时，上海广电集团（SVA）于 2002 年 4 月与日本电气株式会社（NEC）签署了《合作意向书》，2003 年 12 月，上海广电 NEC 液晶显示器有限公司正式开业。2003 年 5 月开始动工建设生产线，2004 年 10 月，生产线正式投产。至此，上广电从日本 NEC 引进了中国第一条 5 代[1] TFT-LCD 生产线并投产[1]。标志着上海广电集团采用了合资合营方式进入液晶显示面板产业，而生产 TFT-LCD 的核心技术依旧掌握在日本电气株式会社 NEC 上。

2003 年，京东方收购韩国现代显示株式会社（HYDIS）TFT-LCD 业务、相关专利及团队，进入薄膜晶体管液晶显示器（TFT-LCD）领域，标志着京东方的 TFT-LCD 事业的战略布局正式全面启动。即京东方通过国际收购方式进入液晶面板产业，通过对收购企业专利技术的学习、转化与创新，京东方逐渐掌握了液晶面板核心技术，于 2003 年 9 月投建中国（不包含台湾省数据）首条依靠自主技术建设的显示生产线——京东方北京第 5 代 TFT-LCD 生产线，并于 2007 年 5 月开始量产。

2008 年，上海广电 NEC 液晶显示器有限公司申请的公开号为 CN101561595A 的专利申请（下文称其为上海广电 NEC 专利），其公开了一种液晶显示装置及扫描方法，能够在显示动态画面时改善拖尾现象，如图 5-5-4 所示。其发明构思为：在每个显示单元上设置主晶体管和辅晶体管，当一行的主晶体管向显示单元写入数据电压时，下一行的辅晶体管向下一行的显示单元写入扫描线的高电压，从而使得下一行的像素电极形成黑态电压，对显示单元放电。

上海广电 NEC 专利与京东方金奖专利用来解决拖影问题的构思完全相同，即通过改进液晶显示周边电路设计，增加两个晶体管，在像素下一行打开之前，先对像素电极强制性地施加高压，以达到插入黑画面。唯一不同的地方在于，本申请是对公共电极施加高压形成黑画面，而上海广电 NEC 专利是对像素电极施加高压形成黑画面。然而两者都能同时解决拖尾和像素电路成本高以及控制时序复杂的技术问题。

京东方的创立者王东升就说过"进入一个新的产业领域一般有三种方式：自主研发、合资合营、收购进入。若通过合资合营的方式，核心技术仍然掌握在国外企业手里，投资风险却在中国企业自己身上"。2008 年受金融海啸影响，欧美电子市场对于液晶面板的需求出现大幅下滑，而其供货商日本、韩国等液晶面板

---

[1] 新闻调查：上广电联手 NEC 豪赌"第 5 代"液晶，经济观察报［R/OL］.（2004-12-18）［2023-12-15］. https://tech. sina. com. cn/it/2004-12-18/1027479086. shtml.

企业都出现了产能过剩的问题，库存猛增带来的直接结果就是生产成本暴涨，各大液晶面板企业都面临亏损。在此背景下，上海广电 NEC 液晶显示器有限公司的第五代线于 2009 年 10 月全面停产，相关技术也处于停滞状态。而京东方则抵挡住行业冲击，继续研发生产，该技术专利进入实审并获得专利授权，进一步获得专利金奖。如表 5-5-1 所示。

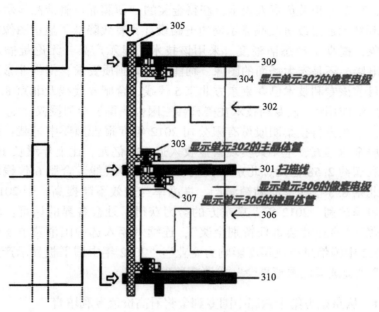

图 5-5-4　CN101561595A 的液晶显示装置

表 5-5-1　京东方和上海广电进入液晶面板产业战略对比

企业	京东方	上海广电
进入液晶面板产业战略	国际收购	合资合营
生产线建设	2003 年投建北京第 5 代 TFT-LCD 生产线	2003 年投建第一条 5 代 TFT-LCD 生产线
生产线规模	中国（不包含台湾省数据）首条依靠自主技术建设的显示生产线	引进的中国第一条 5 代 TFT-LCD 生产线
生产线状态	量产中	2009 年 10 月停产
公司状态	液晶面板龙头企业	解体
申请时间	2008 年 1 月 25 日	2008 年 4 月 18 日
相关专利走向	授权，荣获专利金奖	实审请求视撤失效

而京东方始终坚持自主研发核心技术的战略，始终保持技术创新、产品创新的战略布局，大量投入研发，把科技创新和关键技术牢牢掌握在自己手中，逐步

壮大成为中国液晶显示面板龙头企业。

5.5.3.4 积极转化技术,实现市场落地

2012 年年底,京东方发表公告称,控股子公司北京京东方光电科技有限公司的薄膜晶体管液晶显示器的驱动装置专利获得国家知识产权局与世界知识产权组织授予的第十四届中国专利金奖。

同年,京东方相关负责人表示,获得金奖的"薄膜晶体管液晶显示器的驱动装置"专利技术通过改进液晶显示周边电路设计,有效降低了显示图像在运动中的拖尾现象,提高了动态清晰度。采用该技术的显示产品,无论是播放体育节目、动作电影,还是宏大场面的图像,均能满足高画质要求,提供非常清晰的运动图像。目前该专利技术已在京东方北京 5 代线、合肥 6 代线及北京 8.5 代线等各生产线广泛应用❶。该专利技术在美日韩三国也获得了专利授权。

同年,京东方科技集团股份有限公司 2012 年度报告摘要中记载:公司全年出货量跃居全球第五,全年共实现营业收入近 258 亿元,比上年增长 102%;实现税后净利润约 2.58 亿元。北京 5 代线、成都 4.5 代线、合肥 6 代线均实现全年盈利、北京 8.5 代线提前满销满产,良品率与边效不断提高,于 2012 年第四季度实现单季盈利。2012 年,京东方的努力获得了社会各界的认可:获得"中国专利金奖""企业社会责任特别金奖";连续六年入选中国消费电子领先品牌10 强 "2012 中国信息产业年度影响力企业""2012 年中国平板显示产业杰出领袖企业奖""金圆桌优秀董事会"等诸多奖项❷。

5.5.4 从京东方第十六届中国专利金奖看高价值专利培育

2014 年,京东方的发明专利"移位寄存器单元、显示器用栅极驱动装置及液晶显示器"再次摘得中国专利金奖,该专利不但大幅提升了闸极驱动电路基板电路有效工作时间,将显示装置关键器项的使用寿命提升至 2 倍以上,增强了显示屏的稳定性和画质,而且满足了显示屏无边框和轻薄化的需求。该专利申请日为 2010 年 5 月 19 日,专利权维持年限已超过 10 年;同时,该专利在海外有多个同族专利,并在美日韩三国均获得了专利授权。

现有技术中,移位寄存器单元中由多个晶体管形成的结点会长时间处于高电平状态,使得该晶体管长时间处于较大的偏置电压,导致晶体管寿命较小,影响移位寄存器的稳定性。

在金奖专利提出前,京东方针对移位寄存器的稳定性问题已经提出了多篇专

---

❶ 京东方:创新是企业发展的源动力,中国知识产权资讯网[R/OL].(2017-03-15)[2023-12-15]. http://www.iprchn.com/Index_NewsContent.aspx? newsId=98726.

❷ 京东方科技集团有限公司 2012 年度报告摘要,证券时报网[R/OL].(2013-04-23)[2023-12-15]. http://epaper.stcn.com/paper/zqsb/html/2013-04/23/content_463419.htm.

利申请，其解决办法主要集中在补偿或者时序上的改进，如公开号为 CN 101562048A（申请日为 20080415）的专利申请，通过补偿开启电压单元补偿某一重要薄膜晶体管的开启电压，从而使得该薄膜晶体管工作一段时间后，虽然其开启电压随着正偏置电压而逐渐增加，但经过补偿后加于其上的开启电压仍能使其工作，使得该非晶硅薄膜晶体管的使用寿命延长。公开号为 CN102254503A 的专利申请，减少了第二结点处于高电平的时间，作为下拉结点的第二结点处于高电平的时间减少到原来的四分之一或二分之一，即减少了施加在第二薄膜晶体管栅极上高电平的时间，从而降低了第二薄膜晶体管阈值电压的偏移。

该金奖专利首次提出了通过让结点相关的薄膜晶体管的电平在帧间隔内保持低电平，使得结点处于高电平的时间缩短，延长其寿命。其移位寄存器单元的结构框图如图 5-5-5 所示。

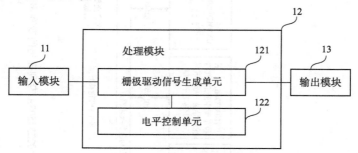

图 5-5-5　CN102254503A 移位寄存器单元

其技术原理为：电平控制单元与栅极驱动信号生成单元连接，使得所述栅极驱动信号生成单元中的至少二个薄膜晶体管形成的至少一个第一结点处的电平，在输入模块输入的第二时钟信号或第三时钟信号保持低电平的帧间隔内保持低电平。

2011 年，京东方再次提出实用新型专利申请 CN202258264U，在本专利的基础上，明确记载了包括电平拉低控制模块，包括下拉单元，用于移位寄存器单元处于非工作时间时，控制栅极信号生成模块拉低栅线的电位。

2011—2016 年，京东方基于该金奖专利发明构思，提交了一系列专利申请，具体如图 5-5-6 所示。

由此可知，上述系列专利申请均属于基于拉低结点电平缩短处于高电平偏置时间从而延长晶体管寿命的发明构思的延伸。通过进一步地设置下拉单元、双下拉单元、交流信号、轮流导通、交替工作等方式，从多个角度展开了对该金奖专利的技术延伸研发，形成完整的技术链，实现了提高移位寄存器可靠性的需求。

该金奖专利不但大幅提升了栅极驱动电路基板电路有效工作时间，将显示装置关键器项的使用寿命提升至 2 倍以上，增强了显示屏的稳定性和画质，而且满足了显示屏无边框和轻薄化的需求，对提高产品市场竞争力发挥了重要作用。

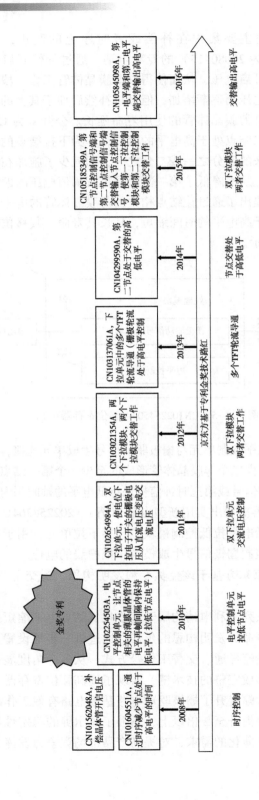

图 5-5-6 京东方基于 CN102254503A 专利提出的专利申请

5.5.5 小结

获奖专利仅是京东方诸多专利的一个缩影。目前，京东方已形成以专利战略为牵引，专利管理系统、能力提升平台、外部资源平台为支撑，以专利开发、专利风险管控和专利运营为核心的全面专利管理体系。❶

从仅有不超百项专利的企业成长为拥有数万项专利的创新强企，京东方用不断增强的知识产权实力获得了行业认可，赢得了市场份额，助力公司综合能力提升。因此企业的成功离不开创新，也离不开知识产权，企业要牢牢把知识产权"抓在手里"，把创新握在掌心。

5.6 LCD 技术——从专利诉讼看高价值专利培育

5.6.1 竞争对手之间的对抗——华星光电与惠科的专利诉讼案

近年来，随着市场竞争日趋激烈，三星、乐金逐步退出液晶面板市场，另外，中国面板厂商高世代线产能持续释放，市场份额也迅速攀升，国内液晶公司京东方、华星光电和惠科在 2021 年撑起全球液晶面板半壁江山。而作为液晶面板市场上的竞争对手，华星光电与惠科之间的竞争一直是行业关注的焦点。从 2017 年 1 月至今，两家面板厂商围绕着专利技术进行了多场的诉讼，双方从原告（被告）变被告（原告），再变原告（被告），上演着一场面板专利拉锯战。

关于华星光电与惠科之间的专利互诉之战❷，要从惠科三位员工因涉嫌侵犯华星光电商业秘密后被刑事拘留说起。三人先后在惠科公司内部分享华星光电公司的"液晶显示屏在线监测"及"液晶显示屏阵列玻璃基板设计"的技术信息和《PI 不沾-CFITO 改善报告》中包含的 PI 不沾生产工艺技术信息，上述技术信息均不为公众所知悉。三人因此被华星光电起诉，且均被法院判定构成侵犯商业秘密罪。

此后，华星光电于 2019 年 4 月 26 日对惠科提起专利侵权诉讼。涉案的三项专利号分别为 ZL200710089644.2（以下简称专利 2007）、ZL200410000446.0（以

---

❶ 京东方:自主创新显实力知识产权添动力,北京知识产权网［R/OL］.（2017-12-22）［2023-12-15］. https://mp. weixin. qq. com/s? __biz=MzA3OTg4MzcwMg==&mid=2658018136 & idx=2 & sn=4b92985230ff8f60c932ae81d9b2ca09 & chksm=84363f81b341b697a188f5c17fcbe6ef 498085584ca088534cdb0b3fd2242bc5314c30d9c072 & scene=27.

❷ 液晶面板市场竞争升级解密 TCL 华星与惠科专利互诉战的隐情,爱集微 APP［R/OL］,（2020-8-15）［2023-12-15］. https://baijiahao. baidu. com/s? id=1675820341991899733 & wfr=spider & for=pc.

下简称专利 2004）、ZL200610089897.5（以下简称专利 2006），其中专利 2006、专利 2007 原为中华映管股份有限公司所有，专利 2004 原为精工爱普生株式会社所有，并且申请诉中禁令，请求对惠科相关侵权产品进行禁售。华星光电起诉惠科侵权的产品为惠科（HKC）23.6 英寸（型号 PT236AT01）、32 英寸（型号 PT320AT01）、43 英寸（型号 PT430CT01）以及 50 英寸（型号 PT500GT01）液晶面板，基本覆盖了惠科所有量产并销售的主流液晶面板尺寸。惠科自 2017 年 3 月液晶面板产线投产后便大量制造、销售、许诺销售上述液晶面板，总销售量超过 2 000 万片。2019 年 11 月 14 日，法院就华星光电诉惠科专利侵权案作出诉中禁令裁定，要求惠科应立即停止涉嫌侵害专利 2006 液晶显示器发明专利权的行为，即立即停止制造涉嫌侵犯涉案专利权的惠科（KC）32 英寸液晶面板（型号 FT32DAT01），直到该案判决生效时止。惠科随后向法院申请复议，但未能使禁令解除。不过，惠科也对华星光电起诉的三项专利提出无效宣告请求。2020 年 1 月 13 日，国家知识产权局对专利 2006 作出全部无效和专利 2007 权利要求 1、4~8 无效，在权利要求 2、3 的基础上继续维持该专利权有效的决定，14 日，作出专利 2004 部分有效的决定，其中权利要求 1~3、5~16 无效，在权利要求 4 的基础上继续维持该专利有效。部分专利权未维持有效对惠科的市场拓展还是造成很大的影响。为此，惠科通过购买专利，对华星光电进行反诉。2019 年 8 月 6 日，深圳峰创智诚科技有限公司收购天马微电子有限公司专利号为 ZL2009100514004（以下简称专利 2009），几天之后便将该专利转卖给北海惠科光电技术有限公司。北海惠科与重庆惠科同属于惠科股份旗下子公司。2020 年 2 月，惠科分别在多地对华星光电方面提起诉讼，声称其侵犯了惠科收购而来的专利 2009 的专利权，并向法院提出了禁令申请。随后，华星光电也对惠科持有的专利 2009 向国家知识产权局提出无效宣告请求，该案于 6 月 4 日进行口头审理。同时，华星光电也向重庆惠科提出反诉，起诉惠科侵害其发明专利权，索赔 2 000 万元。至此，华星光电与惠科的专利纠纷进入拉锯阶段，双方的索赔金额合计达到数千万元。同时，这场专利互诉不仅仅是法律之战，更是竞争对手之间的对抗，是液晶显示面板产业格局之战，而最终的"胜者"将在市场竞争中处于有利的局面。

5.6.2　法律价值是高价值专利的保障

上面提到的专利互诉案中，专利 2004 主要涉及液晶显示装置的窄边框化，该专利有四项同族申请，并先后获得授权，目前各授权专利均保持专利权维持状态。

该专利具体要解决的技术问题是：在液晶显示装置的窄边框的要求下，如何解决布线空间的狭小化和减小多个布线的电阻。为了解决上述问题，如图 5-6-1

所示，在该基材上形成的多个布线 39a，从主线部分 49a 结束的地方 C 到弯曲部分 49b 的前端，布线 39a 的线宽 W0 随着远离主线部分 49a 而逐渐连续地加宽。这样，便可抑制布线 39a 的布线电阻。如果这样利用布线的弯曲部分增加线宽，就可以在几乎不增大应在基板形成多个布线区域的面积的前提下增加各个布线区域的总计面积，这样便既能实现窄边框的需要又可以抑制布线的电阻。

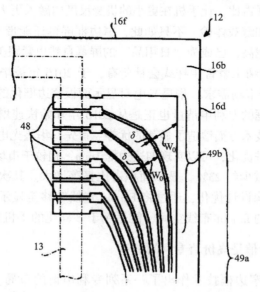

图 5-6-1　专利 ZL200410000446.0 说明书附图

专利 2004 于 2004 年 1 月在中国提交申请，2004 年 8 月进入实审阶段，审查员于 2006 年 3 月发出第一次审查意见通知书，指出权利要求 1、10 和 16 不符合专利法第 26 条第 4 款的规定，得不到说明书支持。申请人进一步限定了布线位置以及多个布线在第 1 边侧与驱动用 IC 连接。至此，该专利于 2007 年 6 月授权。而根据前面华星光电与惠科的互诉案可以得知，该专利于 2020 年被部分无效，其中权利要求 1~3、5~16 无效，在权利要求 4 的基础上继续维持该专利有效。

从上述审查过程可以看出，高价值专利的法律价值是专利技术的核心价值，是专利技术的保障。申请人既想获得较大的保护范围，从而获得更多的经济价值和效益，但与之相对应的，过大的保护范围，并不利于专利的稳定性，即使得到授权，后续也可能被专利无效请求造成该专利部分无效，甚至全部无效。因此，合理稳定的专利保护范围才是对申请人最有保障和价值的。

5.6.3　市场价值是培养高价值专利的直接驱动力

在显示产品技术日趋提升的当下，显示屏市场已进入"刺刀见红"的白热化竞争阶段，产品性能如何最优化、如何实现更美观的外形并提升使用体验，已成为众多终端厂商的重要课题。单从产品外观及使用体验来看，边框宽度成为影响视觉效果的一大关键因素。在面板与整机厂商的不断推动下，各类屏幕正向着窄边框的趋势发展，衍生出了可实现全面屏显示的窄边框技术。窄边框技术是指通过缩小屏幕边框的尺寸，提高显示区的比例，扩大屏占比。同常规边框技术相比，窄边框屏幕带来更高的屏占比，让手机在更小的机身尺度内融入更大的显示面积，从而带来更完美的视频和游戏体验。不只如此，窄边框屏幕还能带来更佳的视觉效果。大众审美水平越来越高，已成为"日用品"的屏幕自然也紧跟美学潮流。

专利 2004 原为精工爱普生株式会社所有，于 2016 年被华星光电买入，也就是在 2016 年，基于市场需求，华星光电对显示面板窄边框化的研究进入了高速发展阶段，基于窄边框的专利申请量也正是从 2016 年开始快速增长，其不断优化自身技术，在窄边框技术方面锻造了显著的优势：首先，华星光电对原有的下边框电路走线方案进行精进优化，可以实现四边边框 1mm，相较于市场主流高端品牌手机（1.45mm）下边框减少约 23%，显示面积占比显著增大。其次，华星光电对窄边框进行了新电路结构设计优化，通过将 Fanout 走线转移至显示区内部，从结构上规避了下边框需要的 fanout 布线空间，能适用于多样化的手机整机外形。

5.6.4 技术价值是高价值专利的基石

华星光电围绕窄边框技术作出了一系列专利申请的布局。图 5-6-2 示出了其窄边框各技术分支的技术发展路线图。华星光电围绕窄边框的专利布局可分为 2 个阶段：第一阶段是起步期，时间为 2011—2015 年，该阶段主要是针对窄边框化的初步性探索和基础性设计；第二阶段是高速发展期，时间为 2016—2022 年，该阶段主要是在原有的基础性结构上自主设计研发出更优的方案，包括设计新的扇出 fanout 走线结构、调整布线位置、减少 GOA 内元器项的数量、调整 GOA 位置以及调整驱动芯片的位置等方案，从而可以更好地压缩边框，提高屏占比。

窄边框的专利申请主要包括压缩布线空间、缩小 GOA 电路尺寸和调整驱动芯片位置三个分支。表 5-6-1 示出了窄边框各技术分支。

表 5-6-1 窄边框各技术分支

技术主题	一级技术分支
窄边框	压缩布线空间
	缩小 GOA 电路尺寸
	调整驱动芯片位置

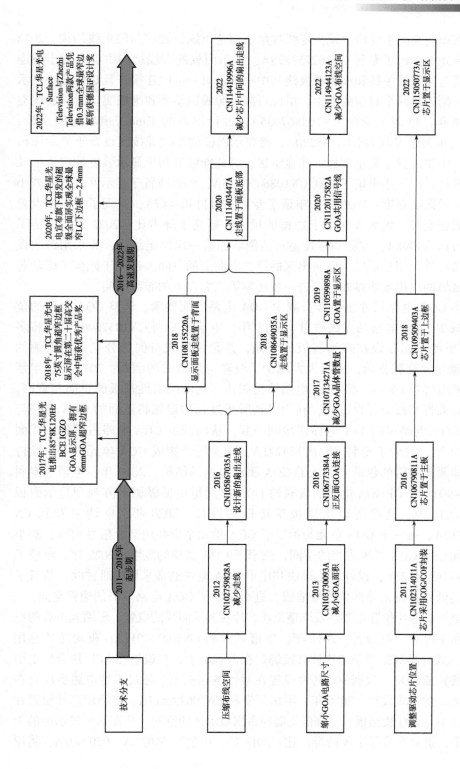

图5-6-2 华星光电窄边框技术路线

压缩布线空间主要涉及减少走线数量、调整布线位置和新的走线结构。2012年，华星光电申请了专利CN102759828A，显示面板的布线结构中设有若干条连接线，其与该等闸极线和该等源极线其中一者一对一电性连接，且延伸至该显示面板同一侧边或两个对应的侧边，借此可减少源极驱动器和闸极驱动器的布线空间；2016年，申请了专利CN105867035A，设计出新的Fanout扇出走线结构；2018年，申请了专利CN108155220A，将显示面板的走线焊接区设置于显示面板的背面，而非设置于显示面板的非显示区，因此能够有利于显示装置的窄边框及无边框设计；同年还申请了专利CN1086490035A，将走线置于显示区，有效减小边缘非显示区的宽度；2020年，申请了专利CN111403447A，实现了将走线设置于显示面板底部，大大缩短了下边框的尺寸，提高了屏占比；2022年，申请了专利CN114419996A，在驱动芯片左右两侧增加第一扇出走线组，并采用跨线设计，无须额外占用显示区指向扇出区的第二方向上的空间，还由于减少了驱动芯片中间区域的扇出走线排布，可进一步压缩第二方向上的布线空间。

缩小GOA电路尺寸主要涉及减少GOA电路的元器项、调整GOA电路的位置以及减少GOA电路的布线数量。2013年，申请了专利CN103730093A，将多个GOA驱动单元分设在阵列基板的两侧，并且使栅线奇偶行分别采用两侧的GOA驱动单元交替驱动；从而大大减少了驱动电路所占的面积；2016年，申请了专利CN106773384A，将GOA电路结构制作于超薄的柔性基板的正面与背面，并通过在柔性基板上开设过孔，利用穿越所述过孔的走线将正面的GOA电路与背面的GOA电路中的TFT电性连接到一起，从而减少GOA电路占用的布线面积；2017年，申请了专利CN107134271A，减少用于构成GOA单元中下拉维持模块的薄膜晶体管的数量，简化了GOA驱动电路的结构；2019年，申请了专利CN108649035A，将GOA电路的级联的GOA单元组由栅极驱动阵列型显示面板设置显示区内，这样可以实现极窄边框的设计；2020年，申请了专利CN112017582A，第一子GOA单元与第二子GOA单元至少共用部分信号走线，减小了显示面板中GOA器项占用的空间，缩窄了GOA器项的宽度；2022年，申请了专利CN114944123A，设计反相模块共用了GOA电路通常采用的时钟线，节省了传输上述低频控制信号的信号传输线，进而减小了GOA电路所需的边框空间。

调整驱动芯片位置主要涉及调整驱动芯片在显示面板的位置，压缩其占有的空间，从而实现窄边框设计。2011年，申请了专利CN102314011A，驱动芯片选用COG的方式（即数据驱动芯片被直接绑定在薄膜材上，与设置在LCD压合区上引线相连接）或COF（数据驱动芯片设置在柔性电路板上，通过柔性电路板压合在薄膜材上）的方式设计；2016年，申请了专利CN106790811A，将驱动芯片设置在主板上而不是柔性线路板上，降低元器项占据显示区的空间，从而达到显示屏的上下窄边框，进而提升显示屏的屏占比；2018年，申请了专利CN109509403A，将原本设置在下边框的 IC 芯片或 COF 进行倒置，设置于位于上边框的第一非显示区，从而实现该显示屏的下边框的窄边框化，进一步提高屏占比；2022 年，申请了专利 CN115050773A，使驱动芯片能够直接形成在位于显示区的驱动电路层上，不再占据边框区的空间，缩窄了显示面板的边框宽度，提高了显示面板的屏占比。

　　分析其技术演进方向，华星光电从 2016 年开始，对如何进一步缩小边框进行大量的自主研发，通过对窄边框三大技术分支进行归纳可以发现，无论是压缩布线空间、缩小 GOA 电路尺寸还是调整驱动芯片位置，都是为了在不影响显示效果的基础上，将原有的非显示区的空间尽可能地减小，压缩边框的空间，从而提高屏占比，进而实现全面屏。上述多个方向的发展，充分保证了华星光电可以研发出更窄的边框，从而实现带来更加接近 100% 的屏占比表现。

5.6.5　依靠高价值专利实现市场领先

　　近几年，华星光电研发投入占营业收入的比重均在 7% 以上，2021 年研发投入 57 亿元。截至 2022 年第一季度末，华星光电累计自主专利申请超 55 000 项，累计专利授权数达 18 819 项[❶]。如此巨大的研发投入，自然也带来了相应的产出，同时华星光电相继自主创新建设 t1、t2、t3、t4、t6 和 t7 等多条重要生产线，使得华星光电 2021 年，在大尺寸领域，出货面积 3 774.7 万平方米，实现收入 565.5 亿元，TV 面板市场份额全球第二，55 英寸产品市场份额稳居全球第一，8K 和 120Hz 高端电视面板市场份额全球第一；在中小尺寸领域，出货面积 174.5 万平方米，实现收入 234.1 亿元，电竞显示器市场份额跃居全球第一，LTPS 平板面板出货量全球第一；LTPS 笔电面板出货量全球第二；小尺寸 LTPS 手机面板与柔性 OLED 手机面板出货量全球前四[❷]。

　　在获得领先市场份额的同时，华星光电也在不断优化和革新产品：2017 年，华星光电推出 85″ 8K 120Hz BCE IGZO GOA 显示屏，拥有 6mmGOA 超窄边框，营造沉浸式视觉盛宴[❸]；2018 年在第二十届高交会上，华星光电 75 英寸圆角超

　　❶　一块屏,显示缤纷世界,武汉自贸区网[R/OL].(2022-07-28)[2023-12-15].https://mp.weixin.qq.com/s?__biz=MzI5MTY2NzYyNg==&mid=2247555454&idx=3&sn=ab3addcc6f7f96d34afd68aac9338b6d&chksm=ec0f72bbdb78fbadce8f440aaef260a093fd392985c959d9757bf5d6fae24acac89dffabd842&scene=27.

　　❷　TCL:2021 年营业收入 2523 亿元,同比增长 65%[R/OL].(2022-04-29)[2023-12-15].中国证券报,https://www.163.com/dy/article/H657F38V0514R9KC.html.

　　❸　华星光电携 3 款大尺寸显示屏及 18:9 健康护眼屏亮相高交会[R/OL].(2017-11-17)[2023-12-15].搜狐网,https://www.sohu.com/a/205072315_159067

窄边框显示屏成功斩获优秀产品奖❶；2020 年在原有 COG 的架构上独辟蹊径，成功研发出了全球最窄 LCD 下边框——2.4mm 的超级全面屏❷；2022 年，华星光电 Surface Television 与 Zhezhi Television 两款产品凭借 0.3mm 全球最窄边框与独具匠心的设计，一举斩获有"设计届奥斯卡"美名的 2022If Design Award 德国 iF 设计奖两项大奖❸。

5.6.6 小结

高价值专利包括技术价值、法律价值、市场价值、战略价值和经济价值五个维度。基于市场对显示面板窄边框化的需求，华星光电从 2016 年开始，对显示面板窄边框化进行了大量的研发和资金投入，主要从压缩布线空间、缩小 GOA 电路尺寸和调整驱动芯片位置三大技术分支实现窄边框，从而使极窄边框技术成为华星光电显示领域的关键技术之一。华星光电凭借自身不断的研究和发展，从借鉴学习开始，然后渐进、跃升，直至领先，伴随这个过程，跟随市场需求，不断优化革新，在窄边框技术方面锻造了显著的优势，并且近几年的出货量稳居全球前列，拥有自主研发的优势技术和产品，在市场上占据一定的领先地位，实现了技术价值、法律价值、市场价值、战略价值和经济价值的全面发展。

5.7 OLED 技术——从保护核心技术看高价值专利培育

5.7.1 技术价值是基础：基于市场痛点进行技术开发

在液晶显示面板时代，像素排布基本采用 RGB-Strip 排列。这种排列方式的优点是在相同分辨率情况下，主机应用处理器发送的图像数据能够一一驱动面板子像素，不需要子像素渲染处理，经过驱动芯片驱动到面板上的图像信息不会丢失，显示精度也不会有所下降。随着显示技术的快速发展，AMOLED 凭借其色域宽、亮度高、柔韧性等特点，逐渐取代液晶显示器成为下一代关键显示技术。在诺基亚发布全球首款 OLED 手机——N85 后，其他手机厂商也逐渐开始采用 OLED 显示面板。第二年，三星在其 i7110 中应用了 OLED 屏幕。而 AMOLED 屏

---

❶ 现场直击:2018 高交会除了 MINILED，还有这些亮点[R/OL].（2018-11-19）[2023-12-15].搜狐网,https://www.sohu.com/a/276405070_115028.

❷ 2.4MM 全球最窄 LCD 下边框来了[R/OL].（2022-8-12）[2023-12-15].搜狐网,https://www.sohu.com/a/413257418_120157221.

❸ 首届"设计奖奥斯卡"IF 大奖:TCL 华星推出全球最窄 8K 屏[R/OL].（2022-06-13）[2023-12-15].搜狐网,https://www.sohu.com/a/556942235_163726.

幕则出现在谷歌的 Nexus One 手机中，这款手机是 2010 年年初发布的 Nexus 系列中的第一款手机。2017 年苹果公司也推出了其首款 OLED 手机。

然而随着技术的不断演进，各大屏幕生产厂商逐渐意识到 AMOLED 材料寿命短的问题，为了提高 AMOLED 显示面板的使用寿命，除了对屏幕进行严密的封装和材料的选取，更多的只能从降低屏幕的亮度入手。而终端厂商制造的终端的亮度是有规定的，绝不能因为寿命原因，就私自降低屏幕亮度，加上驱动电路的设计逐渐成熟使得其占用面板的面积趋于固定。因此，在相同的亮度下，提高开口率成了各大厂商追求的目标。开口率越大，AMOLED 显示面板的寿命也越长，为了追求更好的显示效果以及更长的使用寿命，各大显示面板厂商开始通过改变子像素排列结构和减少子像素数量的方式解决这一问题，而其中，三星的相关专利明显区分于竞争对手的技术方案，在技术效果上也相对领先。

对于相同尺寸和相同子像素密度的 AMOLED 显示面板来说，RGB-Pentile 排列像素面板在显示经过相对应的子像素渲染算法处理后的图像时，其视频效果或图片细节显示能够达到甚至超过传统的 RGB-Stripe 排列显示面板。由于蓝色子像素发光二极管和绿色发光二极管的使用寿命比红色子像素发光二极管短，采用 RGB-Pentile 排列方式的像素在制造过程中增大了蓝色和绿色子像素的面积，从而可以增加显示面板寿命。

RGB-Pentile 通过相邻像素共用子像素的方式，减少子像素个数，达到以低分辨率去模拟高分辨率的效果，但是当需要显示精细内容的时候，RGB-Pentile 的本质就会显露无遗，清晰度会大幅下降，导致小号字体无法清晰显示；而为了弥补色彩问题，所以在 RGB-Pentile 技术下显示色彩分割区的时候，分割线会产生两倍于实际像素点距的锯齿状纹路，也就是会产生锯齿状边缘。在 RGB-Pentile 排列的基础上，三星进一步投入大量的精力，不断研发和反复试验，终于拿出了一种代表性的屏幕排列方案，即 RGB-Diamond 排列（钻石排列），并在 2012 年 3 月 6 日在韩国提出了专利申请 KR1020130101874A。RGB-Diamond 像素排列属于后期 RGB-Pentile 排列的衍生变形，因此，也属于 PenTile 排列，是现阶段三星 OLED 屏幕最常见的排列方式。RGB-Diamond 排列本质上仍然属于 RGB-Pentile 排列，同样是 RG-BG 循环的排列方式，只不过，R 和 B 子像素变成正方形、开口率也更大了，G 子像素被拆分成了两个小子像素，形成了类似钻石形状的排列。这种排列方式不但在色彩表现、可视角度以及亮度上达到了较高水准，同时也有细腻的画质表现，不管是显示直线、斜线还是曲线，都是一致的均匀和细腻。三星公司以在韩国的专利为优先权，在全球范围内进行专利布局，先后在中国、美国、欧洲、日本等多个局申请了 70 多项相关专利。

至此，一直走在显示技术前列的三星公司也再一次凭借着这一专利技术，夯实了行业龙头的地位，获得了 OLED 显示面板的先发优势，并将采用 RGB-Pentile 或 RGB-Diamond 像素排列方式的显示面板投入到生产应用中。正是 RGB-Pentile 或 RGB-Diamond 像素排列专利在行业的不可替代性和技术的先进性，使得三星成为目前全球 OLED 面板出货量最大的企业市场份额在 90% 以上。

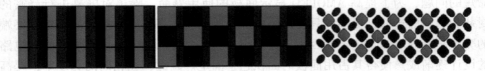

图 5-7-1　RGB-Strip 排列、RGB-Pentile 排列、RGB-Diamond 排列面板

5.7.2　市场和战略价值是目的：依靠高价值专利群提升市场和战略价值

高价值专利要么能够用于攻击和威胁竞争对手，要么能用于构筑牢固的技术壁垒，要么能作为重要的谈判筹码，或者兼而有之。

图 5-7-2 示出了三星在像素排布技术及产品上的演进。在三星致力于像素排布的研发之前，Clairvoyante 公司致力于克服传统 RGB-Stripe 排列限制而开发了 PenTile 技术，在大多数智能手机显示器中广泛使用。三星于 2008 年收购了 Clairvoyante 的知识产权资产，并成立了 Nouvoyance 以进一步开发 PenTile 技术❶。该项专利 US8039372B2 名为使用分离的蓝色子像素进行子像素渲染的平板显示器子像素排列和布局，公开 RGB-Pentile 排列。PenTile 技术中最早的像素布局之一是三星 Galaxy S 和 S Ⅲ 等手机采用的 RGBG 布局。与红色和蓝色相比，这种布局通过增加绿色子像素的数量来利用对绿色更敏感的人类视觉。布局包括两倍于蓝色子像素和红色子像素的绿色子像素。虽然 RGBG 减少了每英寸子像素的数量，但它仍然达到了与当时 LCD 屏幕相当的分辨率，而不会影响图像质量。

PenTile 矩阵系列中的另一个像素布局是 RGBW 布局，用于 Samsung Galaxy Note 10.1。RGBW 布局中的白色像素增强了显示图像的亮度，有助于降低显示给定亮度图像所需的总功率。

三星将其 PenTile 技术与传统 RGB 条纹（称为 Real Stripe）区别开来。这是第一款采用 Super AMOLED Plus 显示屏的三星手机，三星用于 Real Stripe 模式的营销名称，以及三星 Galaxy S Ⅱ。尽管这种布局在亮度，省电和减少像素化方面被认为比 PenTile 技术更好，但三星和其他制造商仅在少数手机中使用了 Real Stripe。三星在其 Galaxy S3 中恢复使用 PenTile 技术的 OLED 屏幕，尤其是具有 230+PPI 的 OLED 屏幕，与具有 RGB 条纹图案的 OLED 相比持续时间更长。如今，采用 PenTile 技术的 OLED 手机被认为优于 LCD 手机。

---

❶　PenTile 技术－OLED 技术的基石［EB/OL］.（2019－03）［2023－12－13］. 新浪网，http://k. sina. com. cn/article_5899531978_15fa3b6ca01900fo45. html.

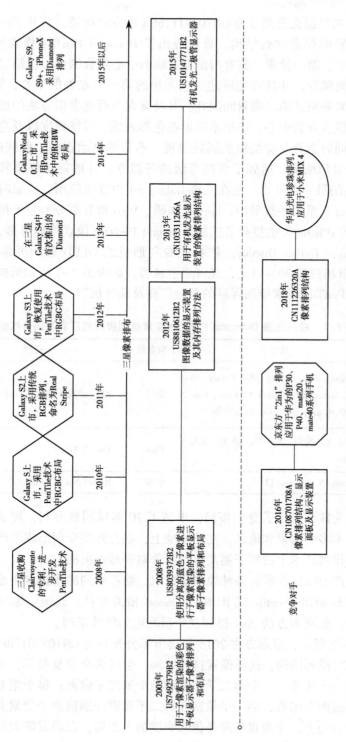

图 5-7-2　三星及其竞争对手像素排布技术及产品演进

2013 年，三星提交公开号为 CN103311266A 的专利申请，公开了一种用于有机发光显示装置的像素排列结构，首次提出了 Diamond PenTile 像素排列方法，这种排列方式中：第一像素，具有与虚拟方块的中心重合的中心；第二像素，与所述第一像素间隔开，并具有在所述虚拟方块的第一顶点处的中心；第三像素，与所述第一像素和所述第二像素间隔开，并具有在与所述虚拟方块的所述第一顶点相邻的第二顶点处的中心。该技术不但在色彩表现、可视角度以及亮度上达到了较高水准，同时也有非常细腻的画质表现，不管是显示直线、斜线还是曲线，都是一致的均匀和细腻，达到了更高等级的开口率，并取得了成果转化，作为 PenTile 矩阵族的另一个补充，它在三星 Galaxy S4 中首次应用，从那时起就被所有连续的 Galaxy S 系列手机采用；oppo、华硕、Vivo 均有部分型号手机采用钻石排布；Apple 的 iPhone X 也搭载了三星 Diamond PenTile 像素排列屏幕，Apple 已将其命名为 Super Retina Display。依托该专利形成的 OLED 显示屏幕占据高端 OLED 显示屏市场份额 90% 以上，经济效益显著。如表 5-7-1 所示可知目前应用三星 Diamond PenTile 像素排列屏幕的部分厂商及部分机型。

表 5-7-1　应用三星 Diamond PenTile 像素排列屏幕的厂商及部分机型

厂商名称	机型	厂商名称	机型
三星	Galaxy S4, Galaxy S6, Galaxy S6 Edge, Galaxy S7, Galaxy S7 Edge, Galaxy S9, Galaxy S9+, Galaxy S20 等	华硕	ROG 游戏手机 5
OPPO	Find X2 系列, Find X3 系列, K9, K9 Pro	Vivo	Vivo X Fold+
Apple	iPhone X, iPhone 12	小米	Redmi Note 11 Pro

以该专利为核心进行了专利布局，申请了 70 多项同族专利，覆盖中国、美国、欧洲、日本多个国家和地区，在此基础上，联合外围专利形成了严密的专利壁垒，在像素排列技术上占领了制高点，竞争对手难以突围。

在目前量产 OLED 屏幕的各种像素排列中，钻石排列的子像素密度较高，不过由于三星拥有 RGB-Pentile 或 RGB-Diamond 相关专利，其他厂家只能在此基础上另辟蹊径，如京东方的 2in1 排列及华星光电的珍珠排列。

如图 5-7-2 所示，京东方在 2016 年提出了公开号为 CN108701708A 的专利，公开了"2in1"排列结构，这种像素排列结构，包括多个重复单元，每个重复单元包括一个第一子像素、一个第二子像素和两个第三子像素；每个重复单元中的四个子像素形成两个像素，第一子像素和第二子像素分别被两个像素共用；在像素阵列的第一方向上，子像素密度是像素密度的 1.5 倍，在像素阵列的第二方向上，子像素密度是像素密度的 1.5 倍，可降低制备显示面板中像素的 FMM 工艺难度。京东方提出的这种"2in1"排列方式的原理与 PenTile 排列类似，通过扩大蓝色和红色子像素面积来延长屏幕的寿命，且避开了三星的专利。京东方的"2in1"像素排布已经应用于华为旗舰机上，如华为的 P30、P40、mate20、mate40 系列手机都搭载了由京东方生产的具有"2in1"像素排布的显示屏。

华星光电在 2018 年提出了公开号为 CN111226320A 的专利，公开了珍珠排列结构，珍珠排列和钻石排列在子像素的排列方式基本相同，都是以菱形 RB-BG 来组合，但不同之处在于，珍珠排列的蓝红子像素并非钻石排列的四边形，而是改为星形，而绿色子像素则是变成了椭圆形，且绿色子像素的面积小于红色和蓝色子像素的面积。理论上来说，珍珠排列与钻石排列的子像素密度都可以达到 80% 左右，而且前者的开口率更大，因此屏幕的寿命理论上应该也是更高。目前采用珍珠排列的显示屏由华星光电生产，小米 MIX 4 就是使用了这种排列的 OLED 屏幕。

5.7.3　法律价值是保障：形成专利壁垒，防止侵权风险

高价值专利的法律价值是一项专利技术实现其真正价值的保障，是专利价值一票否决的因素。一方面，申请人想要获得较大的保护范围，这样才能获得更高的经济价值；另一方面，保护范围过大，可能被无效的风险较高。

以三星的 RGB-Diamond 排列技术在中国申请的专利为例，该专利以 KR 1020130101874A 为优先权，2013 年向中国局提交了专利申请。

该专利在提交时，涉及 1 项独立权利要求 1，以及 19 项从属权利要求。审查员在审查过程中评述了部分权利要求的新颖性以及部分权利要求的创造性，申请人同意审查的意见，对权利要求进行合并形成了新的权利要求，审查员针对修改后的权利要求 1~18 作出了授权决定。之后，该专利一直处于授权后保护的状态。

基于三星钻石排布专利技术带来的优秀的显示效果以及寿命提升效果，诸多手机厂商选用搭载了该技术的 OLED 屏，如三星 S4 采用了钻石排列方式，到三星 S6、三星 S6 Edge、三星 Note 5、三星 S6 edge 和三星 S7、三星 S7 edge，都仍然采用了钻石排列。同时苹果公司部分 iPhone12 的屏幕，也是由三星供货，同样采用了钻石排列。

由于三星的 RGB-Diamond 排列技术的专利具有较强的市场控制力，其他竞争厂商为了在市场上分得一杯羹，只能另外寻求替代方案，其中京东方自主研发的"2in1"像素排布、华星光电自主研发的珍珠排列，就是其中的典型代表。

在该专利授权后的第 5 年，无效请求人于 2020 年向国家知识产权局提出了无效宣告请求。三星针对无效请求，对授权的权利要求提出了修改，删除原权利要求 1~3，将原权利要求 5 中的部分特征"所述第二像素和第三像素具有比所述

第一像素更大的面积"和原权利要求 18 中的部分特征"所述第一像素配置为发射绿光"并入原权利要求 4。最终，国家知识产权局宣告发明专利部分无效，在专利权人提交的修改后的权利要求 1~15 的基础上继续维持该专利有效。

可见，专利授权不是终点，能经受住无效的检验，是衡量一项专利质量的重要参考标准。

5.7.4　小结

高价值专利培育的直接目标在于能够解决企业发展过程中的一些显著问题或者发展需求，首先是一种策略性的选择，无论是彰显技术，还是进行防御，甚至是进行进攻等，只要是合理运营，这些专利都能够为企业的发展带来比较现实的收益或者竞争优势。具体而言培育目标主要包括三种类型：保护核心技术、获取先发优势和对抗竞争对手。

三星从保护核心技术出发，进行高价值专利培育，获得多维度的价值利益。围绕核心技术构建严密的专利网的目的是保护核心技术，提升竞争对手的规避设计难度和研发成本。三星在 OLED 显示面板出现之初，迅速对市场进行分析，明晰了 OLED 的发展趋势并发现 OLED 寿命短的致命痛点，通过收购 RGB-pentile 技术作为基础，从技术、市场、战略以及法律等维度进行针对性的价值培育，重点围绕核心技术进行高价值专利培育，围绕 RGB-Diamond 排列技术进行强有力的专利布局，对核心技术进行了保护。

5.8　Micro-LED 技术——从获取先发
优势看高价值专利培育

Micro-LED 显示利用微米尺寸（一般小于 50μm）无机 LED 器项作为发光像素来实现主动发光矩阵式显示。具体的，Micro-LED 就是将 LED 背光源进行阵列化、微小化、薄膜化后，批量转移到电路基板上，然后再加上保护层和电极进行封装，封装好以后制作成显示屏，其中每个二极管单元都可作为发光显示像素，可定址、单独驱动、将像素的距离由以往的毫米降至微米级。

Micro-LED 目前仍在发展初期阶段，如何产业化是横亘在全球 Micro-LED 产业面前的一道难题。如今，各地纷纷加大 Micro-LED 的研发投入与产品生产规模，虽然各有侧重，但总体处在同一起跑线上。

5.8.1　老牌企业转型，抢占产业化先机

康佳（KONKA）即康佳集团，全称为康佳集团股份有限公司，成立于 1980 年。2010 年以前，康佳凭借自身具备的优势、合乎时代社会的战略布局等，在

我国电视市场上拥有极高的地位，曾一度在我国电视行业中称霸。

然而在瞬息变化的市场上，因为各种原因，康佳的销售市场被不断蚕食，在 2018 年上半年的彩电出货量排行榜中，曾经的王者康佳只排在第十一位。排名的直线下滑也进一步证实了康佳被挤出国内彩电第一梯队的事实❶。

面对着社会的发展进步与市场上新势力的冲击，为了改变这种现状，2018 年 5 月 21 日，康佳在 38 周年庆典上正式发布了面向未来的全新战略——以消费电子业务为基础，以科技创新为核心驱动力，形成"科技+产业+园区"发展战略，推动各业务群协同发展。新战略里，正式成立半导体科技事业部，开启"康佳电子向"康佳科技"的转型之路。2019 年，康佳正式成立重庆康佳光电技术研究院，以攻克 Mini-LED/Micro-LED 量产化关键技术❷。截至 2022 年 10 月，康佳专利申请量趋势如图 5-8-1 所示。

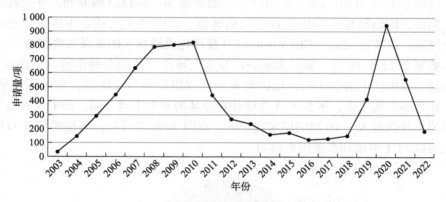

图 5-8-1　康佳专利申请量趋势

由图 5-8-1 可知，康佳从 2003 年到 2010 年的专利呈逐年递增趋势，此时的康佳正处于快速发展时期，获得我国电视市场上极高的地位；2011 年康佳的专利申请量相较于 2010 年减少 50%，接下来的几年更是持续减少。2011 年到 2018 年这段时期，康佳专利申请量速率减缓；2019 年后，得益于康佳以消费电子业务为基础，以科技创新为核心驱动力，形成"科技+产业+园区"发展战略的转型，康佳的专利申请量大幅度增加，2020 年年申请量接近千项。

此外，截至 2022 年 10 月，康佳 Micro-LED 的专利申请量趋势如图 5-8-2

---

❶　康佳兴衰史:曾经的王者,如今没落的贵族,砍菜网［R/OL］.（2019-03-14）［2023-12-25］. https://baijiahao. baidu. com/s? id=1627948313155133626 & wfr=spider & for=pc.

❷　紧扣战略定位加速转型升级创新发展成就康佳十年巨变,新华社客户端［R/OL］.（2022-10-13）［2023-12-25］. https://baijiahao. baidu. com/s? id=1746569197041314325 & wfr=spider & for=pc.

所示。

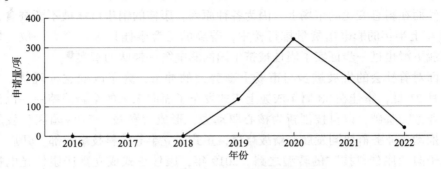

图 5-8-2　康佳 Micro-LED 专利申请趋势

由图 5-8-2 可知，康佳从 2019 年开始申请 Micro-LED 的专利，并呈持续增长的趋势。该趋势与其 2018 年决定战略转型，2019 年正式成立重庆康佳光电技术研究院，以攻克 Mini-LED/Micro-LED 量产化关键技术的发展战略相吻合。

截至 2022 年 10 月，康佳 Micro-LED 在全球已公开的专利申请总量达到 692 项，其中在中国申请 543 项，在世界知识产权组织申请 102 项，在美国申请 44 项，在日本申请 3 项，图 5-8-3 为康佳在全球的专利申请布局，图中仅列出了专利申请公开数量大于 10 项的国家或地区。由图 5-8-3 可知，康佳的海外布局目前主要以 PCT 申请和在美国申请为主。

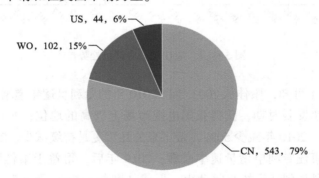

图 5-8-3　康佳 Micro-LED 全球专利布局

康佳在华申请已公开的专利总量为 543 项，其中发明专利 364 项，实用新型专利 179 项，发明专利占总申请的 67%，具体如图 5-8-4 所示。

进一步地，康佳 Micro-LED 在华申请的发明专利的法律状态如图 5-8-5 所示，其中已有 132 项专利获得授权，授权率达到 36%。

由此可知，康佳在战略转型的过程中，加强了对技术创新的投入，以期利用专利打造专利壁垒，获得市场竞争优势，提升企业核心竞争力。

2022 年 9 月 30 日，重庆康佳半导体光电产业园内秩序井然，数条 Micro-LED、Mini-LED 产线同时运转，宣告着重庆康佳半导体光电科技产业园正式进入了投产阶段。

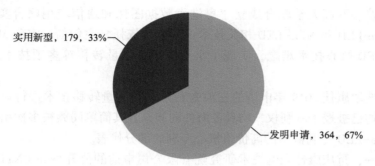

图 5-8-4　康佳 Micro-LED 在华申请的专利类型及其占比

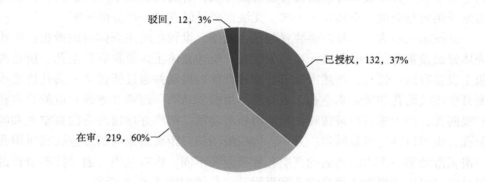

图 5-8-5　康佳 Micro-LED 在华申请的发明专利的法律状态

Micro-LED 的量产化一直是阻碍产品落地到大规模商用的"终极难题"。而巨量转移技术，则是决定了 Micro-LED 产业降本提效的核心一环。康佳已经在 Micro-LED 技术研发上取得了领先。Micro-LED 和 Mini-LED 产线的投产，标志着康佳半导体光电在产业化、规模化发展的路上又前进了一大步。重庆康佳半导体光电产业园的投产，无疑帮助康佳再一次抢占了新一代显示技术的先发优势。

5.8.2　攻坚克难，实现行业技术领先

据报道，2019 年，重庆康佳半导体光电技术研究院与重庆康佳半导体光电产业园落户璧山，成为康佳布局半导体光电技术产业的战略重心❶。同时，康佳

❶　重庆璧山："重庆康佳模式"背后的西部城市创新之路，封面新闻［R/OL］.（2022-09-22）［2023-12-25］. https://baijiahao. baidu. com/s? id=1744674565716909856 & wfr=spider & for=pc.

还引进、培养了一大批高精尖科技人才，为科技自主创新储备了大量生力军。在自主研发过程中，康佳还充分发挥企业的创新主体作用，与哈尔滨工业大学、咪咕、科大讯飞等高校或科研机构建立了 AIoT 综合实验室、5G 超高清实验室；与深圳通信院、深圳大学联合成立"粤港大数据图像和通信应用联合实验室"❶。围绕 Micro-LED 和 Mini-LED 相关技术，研究院依托自主创新，突破 Micro-LED 和 Mini-LED 核心技术难题，实现了小点间距、巨量转移等多项技术上的行业领先。

以下选取康佳 2019 年申请的三项专利来对其巨量转移技术进行说明。三项专利目前均已被授予专利权，均具备海外同族，且其简单同族被多次引用，属于康佳 Mirco-LED 专利群中的高价值核心专利的部分代表。

专利一，重庆康佳光电技术研究院有限公司申请的公开号为 CN111108586A 的专利申请，其涉及一种巨量转移装置及方法，解决现有技术中的巨量转移装置通常采用的是全取、全转移的方式，无法选择性转移某一部分微元项。

其技术核心为：巨量转移装置包括：壳体、设置在所述壳体内的滑板；所述壳体背面设置有用于吸附微元项的吸附孔，所述壳体正面设置有真空孔，所述滑板上设置有第一通孔，所述滑板可在所述壳体内滑动并通过所述第一通孔连通或断开所述吸附孔和所述真空孔。通过控制滑板滑动第一距离并连通对应的真空孔和吸附孔，即可进行巨量转移；控制滑板滑动第二距离并连通对应的真空孔和吸附孔，也可以进行巨量转移；其中，滑板滑动第二距离时连通的真空孔和吸附孔与滑板滑动第一距离时连通的真空孔和吸附孔不同。也就是说，通过控制滑板的滑动距离可以选择性连通真空孔和吸附孔。具体如图 5-8-6 所示。

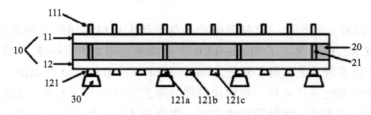

图 5-8-6　CN111108586A 专利申请的巨量转移装置

该专利自授权之日起，未发生专利无效、专利侵权等事项。该专利的专利权具有强稳定性。其简单同族被引用次数达到 5 次。该专利同时提交了 PCT 国际申请，目前已经进入美国国家阶段。

然而芯片转移方法依旧存在缺陷，转移后的芯片间距会由芯片工艺制作的暂

❶　深入技术研发，康佳科技创新结硕果，北青网［R/OL］.（2023-03-29）［2023-12-15］. https://baijiahao.baidu.com/s? id=1761688881640146968 & wfr=spider & for=pc.

时载板上的芯片间距决定，因此若要更改巨量转移的芯片间距，需要从芯片工艺做更改，较为费时。基于该技术问题，重庆康佳光电技术研究院有限公司申请的公开号为 CN110998822A 的专利申请，其涉及一种微器项转移装置及方法，其要解决现有技术无法高效更改微器项间距的技术问题。

其技术核心为：装置包括温控装置，设置在所述温控装置上的正负热膨胀材料层，所述正负热膨胀材料层远离所述温控装置的一侧设置有均匀排布的多个凸起转移头，所述凸起转移头远离所述正负热膨胀材料层的一侧涂覆有第一黏性高分子材料，所述凸起转移头通过所述第一黏性高分子材料黏合抓取微器项，所述温控装置通过对所述正负热膨胀材料层进行温控使得所述凸起转移头间距发生变化，抓取不同间距的微器项。通过所述温控装置对所述正负热膨胀材料层进行温度控制，可改变位于所述正负热膨胀材料层上的凸起转移头间距，从而可实现将不同间距的微器项转移至所述微器项转移装置上。具体如图 5-8-7 和图 5-8-8 所示。

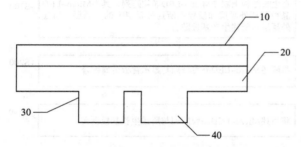

图 5-8-7　CN110998822A 专利申请的微器项转移装置

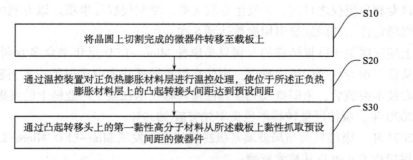

图 5-8-8　CN110998822A 专利申请的微器项转移方法

该专利自授权之日起，未发生专利无效、专利侵权等事项。该专利的专利权具有强稳定性。其同族被引用次数达到 12 次。该专利同时提交了 PCT 国际申请。

解决了巨量转移的芯片间距问题的同时，Micro-LED 显示背板的制作过程中要在生长基板上生长外延和金属，将外延和金属转移到暂态基板后，制作微元项，再拾取微元项，并将微元项转移到目的背板上，导致需要经过多次转移，工艺环节较多，制作成本高。为解决该技术问题，重庆康佳光电技术研究院有限公司申请的公开号为 CN111048634A 的专利，涉及一种 Micro-LED 转移方法及背板，其要解决 Micro-LED 显示背板制作过程中 Micro-LED 需多次转移的问题。

其技术核心为：Micro-LED 转移方法包括步骤：在生长基板上制作 Micro-LED 晶粒阵列，其中 Micro-LED 晶粒包括外延层和设置在所述外延层上的金属层，所述外延层与所述生产基板贴合；将所述 Micro-LED 晶粒阵列与显示背板金属键合；将所述 Micro-LED 晶粒阵列与所述生长基板剥离。本发明直接以所述生长基板为载体进行所述 Micro-LED 晶粒阵列的制作，便可直接将所述 Micro-LED 晶粒阵列转移至显示背板上，以进行显示背板的制作；整个过程只需要转移一次 Micro-LED 晶粒阵列，减少了转移次数，节省了工艺流程，降低了生产制作成本。具体如图 5-8-9 所示。

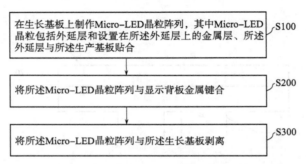

图 5-8-9　CN111048634A 专利申请的 Micro-LED 转移方法

该专利自授权之日起，未发生专利无效、专利侵权等事项。该专利的专利权具有强稳定性。其同族被引用次数达到 8 次。

上述三项关于巨量转移的专利只是康佳 Micro-LED 近年来众多专利的缩影，但是从这三项专利我们可以看出，康佳在巨量转移技术中实现了技术突破，在完成核心技术突破后，依旧继续完善其巨量转移技术在整个产业链上的突破。

2020 年，康佳巨量转移单色良率先突破 99.9%；

2021 年，康佳提前布局玻璃基板拼接技术，发展 Mini-LED/Micro-LED 玻璃基板拼接技术并攻克其技术瓶颈；

2022 年，康佳原创混合式巨量转移的红绿蓝三色一次性转移良率达到 99.99%，率先完成千万颗/小时的转移速度；自研开发出 1530（15μm×30μm）芯片，并开发了多款主流的倒装 Micro-LED 和 Mini-LED 芯片和垂直芯片。

经过四年的潜心钻研，康佳取得在 Micro-LED 领域的原创技术创新、国产化替代及强链补链三大突破，实现 Micro-LED 芯片巨量转移等核心技术重大突破，在巨量转移技术和芯片微小化技术等多个领域做到行业领先，在产业新蓝海中赢得了一定先机。

5.8.3　专利成果转化，率先推出产品

研究院的技术成果与核心专利，在产业园区内实现转化。进一步地，康佳近几年陆续推出了 118 英寸/236 英寸 Micro-LED 电视产品、全球首款 Micro-LED 手表 APHAEA Watch、P1.25 Micro-LED 柔性显示屏等产品，促进技术的应用成果转化。

康佳高端子品牌 APHAEA 率先在国内发布了一系列的 Micro-LED 产品，彰显了敏锐的技术嗅觉和强大的科技实力。康佳 APHAEA 将其 Micro-LED 新品命名为 Smart Wall（智慧墙）。❶ Smart Wall 涵盖五大尺寸，包括 4K 118 英寸、8K 236 英寸。

自从三星 2018 年 CES 上发布 Micro-LED 以来，业界认为 Micro-LED 还在商业化的过程中。但康佳动作很快，不但完成了相关技术布局，还推出了一系列上市产品，在国内先行一步。

"2020 重庆 Micro-LED 产业创新论坛暨康佳半导体显示技术及新品发布会"在重庆渝州宾馆举办。康佳集团宣布推出全球首款 Micro-LED 手表 APHAEA Watch，搭载 2 英寸 P0.12 主动式低温多晶硅（AM-LTPS）Micro-LED 微晶屏，点间距缩小至 0.12mm。该屏幕芯片尺寸小于 $30\mu m$，是一块真正意义上的 Micro-LED 屏幕，具备百万级超高对比度和高达 1 500nits 的屏幕亮度，以及 147% 的 DCI-P3 色域。❷ 这款手表还应用了重庆康佳光电技术研究院自主开发的 HMT 混合式巨量转移技术，转移效率超过了千万级。

经过四年的发展，康佳作为中国（不包含台湾省数据）唯一拥有 Micro-LED 全产业链技术的企业，在连续突破"芯片微小化、巨量转移"等核心技术后，有望成为中国最早一批实现 Micro-LED 技术和产品规模化生产的企业。目前，康佳已经具备了 Micro-LED 外延片及芯片的小批量供货能力，在巨量转移解决方案方面也有所突破，保证了康佳从 Micro-LED 应用端、市场端往上游核心技术转型，实现产业链的战略升级。❸

---

❶　康佳 MICRO LED 先拔头筹开创未来屏新赛道，第一财经［R/OL］.（2019-11-01）［2023-12-15］. https://baijiahao.baidu.com/s? id=1648985894975315147 & wfr=spider & for=pc.

❷　康佳推出全球首款 MICRO LED 手表:1500nit 最大亮度,IT 之家［R/OL］.（2020-12-18）［2023-12-15］. https://baijiahao.baidu.com/s? id=1686415738545588547 & wfr=spider & for=pc.

❸　押注 MICRO LED 四年:康佳的坚守和徘徊,中国电子报［R/OL］.（2022-04-24）［2023-12-15］. https://baijiahao.baidu.com/s? id=1731002701464038984 & wfr=spider & for=pc.

5.8.4　小结

专利技术价值是培育高价值专利的基石。专利技术价值的培育过程与技术研发息息相关，最终体现在对整个行业的技术发展路径的"占领"上及对竞争对手专利布局的应对效果上。

康佳从技术到产品，在外延、芯片、巨转、小间距等方面已经具备了全产业链技术和全制程能力，率先突破了 Micro-LED 和 Mini-LED 量产化难题，实现了 Micro-LED 和 Mini-LED 产业上布局、技术、规模、生态的全方位领先。

5.9　本章小结

高价值专利作为近些年提出的新名词，逐渐成为知识产权界的热门词汇。在国家层面先后发布的诸如《中华人民共和国国民经济和社会发展第十四个五年规划和 2035 年远景目标纲要》《知识产权强国建设纲要（2021—2035 年）》等此类条件中均有提及，首次将每万人口高价值发明专利拥有量纳入经济社会发展主要预期性指标之一。各地方政府也积极响应国家政策文件精神，相继发布了符合地方实际的高价值专利培育的方案、标准或规划相关政策文件，用于指导地方加强高价值专利的培育、保护和激励工作。

从广义上讲，高价值专利涵盖了高（潜在）市场价值和高战略价值专利。目前业内认为高价值专利具有技术价值、法律价值、市场价值、战略价值和经济价值五个不同的维度，每个维度的培育方法以及受制因素不尽相同。国家知识产权局也明确给出了将战略性新兴产业的发明专利、在海外有同族专利权的发明专利、维持年限超过 10 年的发明专利、实现较高质押融资金额的发明专利、获得国家科学技术奖或中国专利奖的发明专利 5 种情况的有效发明专利纳入高价值发明专利拥有量统计范围。

对于高价值专利的培育方式，业界给出了对应于其 5 个价值维度的对应的 5 种培育手段，即技术价值维度培育、法律价值维度培育、市场价值维度培育、战略价值维度培育以及经济价值维度培育。无论是哪种培育方式，或者哪几种培育方式的组合，其直接目标在于能够解决企业发展过程中的一些现实问题或者发展需求，即能够为企业的发展带来比较现实的收益或者强竞争优势的策略目标。目前业界高价值专利的培育目标主要包括保护核心技术、获取先发优势、对抗竞争对手 3 种类型。

显示领域得益于其技术特点的"高精尖"及应用市场的广阔，其一直是国家大力支持和发展的重点领域，自 2006 年起，国家层面推出多项显示行业相关的政策支持条件，显示领域的相关技术也成为国家要求重点突破的技术，以及国家重点研发的关键技术。而对于显示领域的高价值专利培育，依据国家知识产权局于 2021 年发布的《战略性新兴产业分类与国际专利分类参照关系表（2021）（试行）》可知，显示领域相关技术属于战略性新兴产业中的新一代信息技术产业的电子核心产业技术，即显示领域的相关专利技术属于国家知识产权局认定的高价值专利技术的认定范畴。

在具体实践案例中，由于中国专利奖是国家知识产权局认定的 5 种高价值专利类型中数量少，级别高，能够综合反映专利技术的综合价值的考量因素，通过对其梳理，发现京东方在显示领域中获得中国专利奖的级别和数量都明显多于其他企业。通过对京东方的 2 项金奖专利进行多维度分析，发现京东方在高价值专利培育过程中，不拘泥于收购和合资合作的方式，而是坚持技术的学习、转化与创新，并且具备良好的技术研发持续性和市场布局战略化思维。

虽然液晶显示技术的专利申请已逐渐呈现出技术"衰退期"趋势，三星等老牌显示领域企业也逐渐宣布退出 LCD 的生产，但是其在显示领域的市场份额目前仍然是市场最大的，相关的专利技术也主要呈现为基于市场经济的相互诉讼状态。通过对国内两大显示领域厂商的专利诉讼分析可知，华星光电的液晶领域高价值专利培育的基本策略就是先从该领域技术强劲的日企技术购入开始，不断强化相关技术的技术研发，市场布局，不断提升自身市场地位。

作为目前显示领域的主流技术，OLED 显示技术相关产品是目前市场上的热点产品，相关技术的挖掘和研发也呈现快速增长的趋势。老牌强企三星率先放弃液晶显示技术的持续布局，并迅速在 OLED 技术中深挖，在 OLED 的多个细分领域呈现较强核心技术控制力。以像素排布为例，三星公司率先发现市场痛点，并研制出钻石排布技术并积极布局，使得其在像素排布领域具备极强控制力。京东方、华星光电等国内优势企业只能另辟蹊径，采用其他排布技术进行规避。

作为公认的未来显示领域的热点新兴技术，Micro-LED 技术正处于技术的起步阶段，相关产品虽有发布，但未完全实现量产化，而这也是目前国内企业可能实现。因此，为了快速获取核心技术，迅速形成市场控制力，各大老牌强企以及新兴科技型企业均积极在 Micro-LED 领域进行布局，以期把握住显示领域的新风口。国内企业中，以国内老牌企业康佳为例，在经历过电视行业的第一梯队到逐渐丧失市场优势之后，康佳公司瞄准 Micro-LED 技术的新风口，快速调整市场战略，积极研发 Micro-LED 技术，进行专利战略化布局，并积极将专利成果进行转化，率先推出相关产品，有效实现先发技术优势的积累。

第6章 结 语

6.1 新型显示领域的产业特点

近三十年来，全球显示技术产业的发展经历了 LCD 显示逐步扩张替代传统 CRT 显示阶段、LCD 主导显示产业阶段，以及 LCD 与 OLED 显示"双核"为主导，多种新兴显示技术发展并存的多元化显示格局阶段。新型显示领域主要包括液晶显示（LCD）、有机发光二极管显示（OLED）、微型发光二极管显示（Micro-LED）、激光显示等。作为电子信息产业的重要组成部分，新型显示产业是重要的战略性新兴产业。新型显示产业链上游涉及原材料、芯片、生产工艺设备及零部件；中游涉及面板制造和模组生产；下游涉及显示终端的各类应用，包括手机、VR/AR、可穿戴设备、车载显示、平板/电脑等；新型显示产业对于整个产业链上下游具有强大的带动作用，全球面板及相关产业的产值具有千亿美元的规模。

近十年来，我国的新型显示产业进入快速发展期，以京东方为代表的中国显示企业实现了由跟跑，并跑再到领跑的跨越式发展，十年来我国新型显示产业规模与出货面积稳步增长，LCD 液晶显示出货量稳居全球第一，OLED 显示领域迎头赶上，Micro-LED、激光显示等新型显示技术迅速发展。这也是我国实行创新驱动发展战略，高新技术产业的产业规模快速增长，全球竞争力和创新能力不断提升的一个体现。新型显示领域既是战略性新兴产业，也是专利密集型产业，在准入门槛上具有显著的技术壁垒和资金壁垒，而在产出上也具有附加值高，经济贡献高的特点。本书从专利视角对新型显示领域进行分析，从专利技术的发展可以看到新型显示领域技术发展更迭快，技术壁垒高的特点。本书选择了 LCD，OLED 以及 Micro-LED 三类显示技术进行专利申请态势及重点专利技术分析，并结合高价值专利培育理论对显示领域高价值专利培育案例进行了分析。本书选取的三类显示技术也正处于不同的发展阶段，LCD 代表成熟普及的显示技术，

OLED 代表现阶段发展的主流显示技术，而 Micro-LED 则代表未来有前景的技术。通过本书的分析，能够为相关领域的研发技术人员提供技术资料，同时能够为相关知识产权从业者提供专利信息和专利分析运用的参考。

6.2　新型显示领域专利分析结论

6.2.1　LCD 显示技术—存量巨大增量放缓

在 LCD 显示领域，液晶显示面板的发展起源于日本，日本早在 1960 年就开始了对 LCD 显示技术的研究。LCD 的全球申请量自 2000 年起快速发展，到 2006 年形成了液晶显示技术的第一个高峰，2006—2015 年形成液晶显示技术的发展稳定期，自 2018 年后申请量呈现下降趋势。作为发展多年的成熟技术，液晶显示技术的申请总量远超 OLED 等其他显示技术的申请量总和。作为该领域的主导者，日本企业占据了近一半的申请量，在排名前十的申请人中，日企占据大半。日韩企业对液晶显示面板的研发早，因此液晶显示面板的基础核心专利基本掌握在日韩企业中；国内企业京东方和华星光电后来居上，也成为液晶显示技术的重要申请人，在液晶显示技术中占有重要地位。

在本书分析的 LCD 显示三项重要技术中，极性反转与残影技术均源于显示质量的需求，而 GOA 技术随着显示面板窄边框的需求而迅速发展。液晶极性反转关键技术是随着提高液晶寿命而较早提出并发展起来的技术。国外申请人对该技术的研究早于国内。极性反转技术的布局上外国企业夏普起步最早，国内企业京东方起步较早。在 LCD 面板发展的第一个高峰期 2006 年左右，基本上以夏普、LG 和三星的申请为主，京东方和华星光电的申请明显滞后。随着国内 LCD 面板的崛起，到 LCD 发展的第二个高峰值 2015—2016 年，京东方和华星光电的专利申请量已经远超夏普、三星和 LG，这也可以看出 LCD 产业已经逐渐从日韩转移到中国。

液晶显示中发生残影现象时会直观地体现在面板上，对显示质量的影响较大。夏普是较早的研发者，2011 年之后则逐步减少了对残影技术的布局。从全球残影专利申请量的排名来看，京东方作为 LCD 面板厂商，虽然起步较晚，但由于其主营业务是 LCD 面板，因此对残影技术的研发也是最多的。三星作为 LCD 面板的领跑者，对 LCD 面板的专利布局较全面，因此在残影技术上也投入了相当的研发力度，并且消除残影的各个技术分支均有布局，可见其技术发展的均衡性。

GOA 技术从专利布局情况来看，三星、LG 布局较全面，京东方、华星光电则是有重点进行布局。驱动可靠性、显示质量是所有公司普遍关注的重点问题，三星、LG 和华星光电在提高显示质量时主要通过时序控制来实现，京东方则主要通过对移位寄存电路结构的改进来实现；三星、LG 的 GOA 专利申请主要集中在提高显示质量上，京东方、华星光电的 GOA 专利申请主要集中在提高驱动可靠性上。在提高驱动可靠性上，四大申请人均主要通过对移位寄存器电路结构的改进来实现。三星、LG 通过移位寄存器或信号线布局提高驱动可靠性、提高显示质量、提高触摸感应效果，而京东方和华星光电在移位寄存器或信号线布局这一分支上的专利申请量相对较少，这也体现了国内企业和国外企业的研究方向略有不同。

整体而言，在本书研究的 LCD 显示的三项重要技术中，夏普是较早的研发者和重要基础专利的持有者。三星公司在各个技术分支均保持较高的申请量和重要专利，显示其技术发展的均衡性。以京东方为代表的国内企业经过多年的研发投入，形成了相应的研发路线，申请量逐年增加，保持了可观的专利申请数量，我国企业也占据了目前全球 LCD 制造的大部分产能。虽然日韩企业目前逐步退出 LCD 市场，但是 LCD 仍占据全球显示领域的主要市场份额。

6.2.2　OLED 显示技术——当前主流布局方向

作为当前主流显示技术，在 OLED 显示领域，申请量从 2003 年起呈逐步上升的趋势，并于 2020 年达到巅峰，整体保持持续上升的趋势。全球主要的申请人集中在中、日、韩三国的申请人。从产能和专利申请数量看，中国和韩国企业占据主要地位。从专利申请目标国来看，中国既是 OLED 技术领域主要技术原创国，也是主要申请目标国，体现出全球 OLED 显示企业对于中国市场的高度重视。在专利申请的数量上，以三星和乐金为代表的韩国企业具有明显优势，我国的华星光电、京东方等企业也形成了较大的申请规模。我国在上游设备制造、材料制造方面处于弱势，相关的技术储备较弱，大部分有机发光材料和制作设备需要进口，中、下游涉及的相关技术国内相关企业已经有较强的竞争优势，但在高品质 OLED 显示技术上与三星，乐金等国外企业存在一定差距。

在本书分析的各具体技术分支中，既包括阈值电压补偿、像素排布等涉及微观结构和电路设计的方向，也涉及柔性屏、全面屏等整体结构设计和性能改进的方向，这些技术对于提升显示屏的显示效果和用户体验均有重要影响。

阈值电压补偿是改善显示均匀性，提高显示质量的基础技术，其主要分为内部补偿和外部补偿两条技术路线，内部补偿技术对于中小尺寸面板形成了经典的 6T1C 像素电路结构，外部补偿也对大尺寸面板形成了改善均匀性的有效方案。阈值电压补偿技术的基础专利仍然掌握在韩国手中，中国企业也在不断崛起。三星和京东方侧重于内部补偿，乐金则侧重于外部补偿。

OLED 显示像素的排布方式同样影响显示屏的显示质量，这也是基于 OLED

像素自身发光特点而与 LCD 显示有显著区别的一个方面。在像素排布结构上，经过了一系列排布结构的演变发展。其中钻石排布是三星提出的重要专利技术，这也是现阶段手机 OLED 屏幕像素排布方式的最优解，也是目前全球中高端手机出货最多的像素排布方式。中国企业为绕开技术壁垒，研发出了珍珠排布、鼎形排布和风车排布等像素排布技术，以规避知识产权风险，形成了一定的技术储备和优势。

在柔性屏技术上，提高弯折性能是柔性 OLED 面板研究的重点技术之一，主要从基板、膜层、封装层和支撑件的改进入手。三星、乐金、华星光电、京东方等主要申请人在相应技术领域侧重点不同，华星光电和京东方重点研究基板的改进，三星侧重于研究支撑件的改进，乐金更多体现在对走线膜层的改进。目前国内已发布多款主打柔性折叠屏的电子设备，但是柔性屏的应用和市场大面积推广还需要一定的时间积累，是未来炙手可热的研究方向。

在全面屏技术上，全面屏技术近年来专利申请量激增，中国已经成为全面屏技术主要原创国和目标国，通孔和真全面屏技术是目前各大申请人布局的热点。目前真全面屏显示屏已经实现量产，但其摄像头与屏幕的深度融合还需要继续改进，如能进一步提升透光率、拍照和显示效果，使得真全屏的拍照效果与挖孔屏相媲美，有望占据更大市场。

在亮度调节技术上，韩国拥有的专利申请总量最多，从全球申请量来看，自 2018 年后亮度调节技术的申请量呈现下滑趋势。三星、乐金、京东方、华星光电等国内外主要申请人均将 OLED 显示面板亮度调节技术的研究方向集中在电压调节上，PWM 调制和系数校正等相关控制方法的改进相对较少。

整体而言，可以看到以三星、LG 为代表的韩国企业，在专利布局的数量和质量上均具有较大优势，掌握一批重要基础专利，保持领先地位，在中国，美国，韩国等多国市场均有较多数量的专利布局，这些专利技术和产品应用保持着十分紧密的联系，具有较强的市场控制作用。而以京东方和华星光电为代表的国内企业，在专利申请总数量上已经超越韩国企业，同时也探索出自身的技术改良和发展路线，在国内形成自身的专利布局，全球布局尚不明显。

6.2.3 Micro-LED 显示技术专利——争夺未来的热点领域

在 Micro-LED 显示领域，自 2012 年以来，Micro-LED 的申请量不断增长，目前一直保持上升态势。Mirco-LED 专利申请的主要申请人分布于美国、中国和韩国的相关企业，中国，美国和韩国也是主要的专利申请目标国。传统的显示面板制造企业以及 LED 制造企业均积极加入 Micro-LED 的制造研发和专利布局中。虽然传统的面板制造大厂三星，华星光电，京东方，乐金等企业仍然位于申请人的前列，但是诸如苹果，Meta 等消费电子和互联网公司，流明斯和艾克斯显示公司等新兴公司也加入了该领域。可见，由于 Micro-LED 显示技术还处于百花齐放的阶段，各种类型的公司在该领域进入研发，期望在 Micro-LED 市场占据一席之地。

作为非常具有前景的显示技术，Micro-LED 正处于研发到商品化的进程中，制造成本和良率情况是影响 Micro-LED 产业化发展的主要挑战。本书选择与 Micro-LED 的制造应用极为相关的全彩化技术，巨量转移技术和微缩制程技术进行分析。

全彩化技术中，RGB 三色 LED 技术和 UV/蓝光 LED+发光介质技术是全彩化技术的两个主流研究方向，二者专利布局量相当，其中国外企业侧重于 RGB 三色 LED 技术的专利布局，而国内企业两个分支均进行投入，针对 UV/蓝光 LED+发光介质技术的专利布局稍多。

在微缩制程技术中，芯片接合是该领域目前研究的主流技术，专利布局量最多，而作为芯片接合技术的下一代技术，芯片接合技术专利布局量也在快速增长，有望成为日后的主流技术。薄膜转移技术专利布局量最小，但与芯片接合技术的专利布局量相差不大。微缩制程领域的三个技术分支均处于快速发展中。

涉及 Micro-LED 制造关键的巨量转移技术的研发路线呈现出多样化的特点，除了传统企业外，高校及科研院所也积极投入研究和专利申请。苹果通过收购 luxvue 而基本掌握静电转移的全部专利技术，但是巨量转移技术同时还存在激光剥离、电磁吸附、弹性印章、流体装配等多种并行技术方向，传统面板厂商在这些方向均有专利申请布局，哪种技术方向将成为 Micro-LED 制造的主流方向也非常值得期待。我国企业也应当在基础研发上积极攻关或开展有效并购，抓住技术发展初期的机遇。相信随着制造技术难关的攻克，Micro-LED 凭借显示性能的优势，将成为未来显示的主流技术。

6.3 新型显示领域的高价值专利培育

技术研发的根本目的是实现市场落地，将技术以专利方式进行申请则是为了获得市场控制力，最终获得经济价值。只有专利权人的合法利益得到有效保障，才能提升申请人不断提高创新能力的积极性，并且推动发明创造的应用，促进科学技术进步和经济社会发展。高价值专利作为近些年提出的新名词，逐渐成为知识产权界的热门词汇。在国家战略层面，从"十二五"到"十四五"，已经连续第三次将专利指标列入主要经济社会发展指标，并在"十四五"规划中首次将高价值专利拥有量作为经济社会发展主要预期性指标之一。这也反映出伴随着创新重要性的提升，在高质量发展的主题下，对于知识产权质量的更高要求。进一步，国家层面也是先后发布了包括诸如《知识产权强国建设纲要（2021—2035

年）》在内的多项高价值专利保护和激励的相关政策文件。

　　广义上讲，高价值专利涵盖了高（潜在）市场价值和高战略价值专利。国家知识产权局也明确给出了 5 种情况的有效发明专利纳入高价值发明专利拥有量统计范围。对于高价值专利的培育方式，业界给出了对应于其 5 个价值维度的对应的 5 种培育手段。无论是哪种培育方式，或者哪几种培育方式的组合，其直接目标在于能够为企业的发展带来比较现实的收益或者增强竞争优势的策略目标。目前业界高价值专利的培育目标主要包括保护核心技术、获取先发优势、对抗竞争对手 3 种类型。显示领域得益于其技术特点的"高精尖"及应用市场的广阔，其一直是国家大力支持和发展的重点领域，国家层面推出多项显示行业相关的政策支持文件，该领域也属于专利密集型产业，因此，实现该领域的高价值专利培育非常有必要。

　　本书的三大显示领域中，虽然液晶显示领域专利布局呈现减少趋势，但其市场份额目前仍然是最大的，相关的专利技术也主要呈现为基于市场经济的相互诉讼状态。通过对国内两大显示领域厂商的专利诉讼分析，华星光电的液晶领域高价值专利培育的基本策略是先从该领域技术强劲的外企技术购入开始，不断强化相关技术的技术研发，市场布局，不断提升自身市场地位。而作为目前显示领域的主流技术，OLED 显示技术的挖掘和研发也呈现快速增长的趋势。老牌强企三星在 OLED 的多个细分领域呈现较强核心技术控制力。以像素排布为例，三星公司率先发现市场痛点，并研制出钻石排布技术并积极布局，使得其在像素排布领域具备极强控制力。国内优势企业只能另辟蹊径，采用其他排布技术进行规避。最后，作为公认的未来显示领域的热点新兴技术，Micro-LED 技术正处于技术的起步阶段，这也是目前国内企业可能实现抢占先机的技术领域。以国内老牌企业康佳为例，在经历过电视行业的第一梯队到逐渐丧失市场优势之后，康佳公司瞄准 Micro-LED 技术的新风口，快速调整市场战略，积极研发 Micro-LED 技术，进行专利战略化布局，并积极将专利成果进行转化，率先推出相关产品，有效实现先发技术优势的积累。

　　综上，液晶领域相关技术发展较早，目前趋于完善，主要核心技术被国外企业控制，国内企业成立和研发布局较晚，在行业中不可避免需要通过收购、合资进行市场运营。OLED 领域是目前发展的重点技术，国内企业也具备一定话语权，但是在高端 OLED 领域仍然缺乏核心技术，国内企业主要通过规避方式进行布局，进一步通过积极技术研发积极寻求弯道超车的机会。而 Micro-LED 领域作为未来的技术发展趋势，也是国内企业最有可能形成市场控制力的机会，国内企业应当把握该领域的发展特点，快速调整战略化布局，积极培育高价值专利技术，争取尽快获得该领域技术先发优势，掌握未来显示领域的市场核心控制力。

　　显示技术的良好发展，是众多国家战略性新兴产业良好发展的一个缩影。国务院在 2021 年印发的"十四五"国家战略性新兴产业发展规划的通知认定了 9 大领域作为现阶段的战略性新兴产业，这也是目前的产业的重点发展和突破方向，国家的科技战略规划方向。相关技术能够不断创新，依赖于各行各业工作者的不断努力和付出，而知识产权则是相关技术创新成果转化为资产和生产力的桥梁、法律基础以及重要保障。创新是引领发展的第一动力，保护知识产权就是保护创新。当前，我国正在从知识产权引进大国向知识产权创造大国转变，知识产权工作正在从追求数量向提高质量转变。高价值专利及知识产权概念的提出和培育是实现推动技术、产业及国家综合实力高质量发展的基础。而知识产权的应用和落地对于促进科学技术进步、经济社会发展及国家战略性发展具有重要意义。因此，全面建设社会主义现代化国家，更要注重推进知识产权保护工作。知识产权保护工作关系国家治理体系和治理能力现代化。我国正在从国家战略高度和进入新发展阶段要求出发，全面加强知识产权保护工作，促进建设现代化经济体系，激发全社会创新活力，推动构建新发展格局。